M 融会贯通·工程软件
Master Engineering Software

MIDAS软件在全国大学生结构设计竞赛的应用

MIDAS Software Applications in National Structural Design Competition for College Students

金冬梅　毕　鹏　艾贻学　编著
唐晓东　主审

人民交通出版社股份有限公司
北　京

内 容 提 要

本书结合全国大学生结构设计竞赛历届赛题，由浅入深地对赛题进行详细的分析，分别对各届赛题的材料、荷载、边界条件、加载检验方法与结果要求等进行了较全面的分析。在此基础上，应用 MIDAS 软件建立符合赛题要求的模型，并详尽描述了在 MIDAS 软件中添加材料数据、建立模型、施加荷载、施加边界条件等具体步骤以及相应的注意事项。在建立模型部分，本书详细描述了多种建模方法以适用于不同结构形式的建模。经过软件计算分析后，本书结合竞赛加载检验形式及要求给出对应结果，通过对计算结果的分析和对比给出结构模型的优化方案，最终使得建立的模型既能保证质量最轻，又能保证结构最稳定。

本书配有各届赛题有限元数值模拟分析视频等数字资源，读者可刮开封面增值贴，扫描二维码，关注“交通教育”微信公众号学习使用。

本书可供参加全国大学生结构设计竞赛的师生参考学习，也可作为相关专业学生学习使用 midas Gen 和 midas Civil 软件的参考书。

图书在版编目(CIP)数据

MIDAS 软件在全国大学生结构设计竞赛的应用 / 金冬梅，毕鹏，艾贻学编著. —北京 : 人民交通出版社股份有限公司，2020.5

ISBN 978-7-114-16440-8

Ⅰ. ①M… Ⅱ. ①金… ②毕… ③艾… Ⅲ. ①建筑结构—结构设计—计算机辅助设计—应用软件 Ⅳ. ①TU318-39

中国版本图书馆 CIP 数据核字(2020)第 052560 号

MIDAS Ruanjian zai Quanguo Daxuesheng Jiegou Sheji Jingsai de Yingyong

书　　名：**MIDAS 软件在全国大学生结构设计竞赛的应用**
著 作 者：金冬梅　毕　鹏　艾贻学
责任编辑：李　梦
责任校对：孙国靖　扈　婕
责任印制：刘高彤
出版发行：人民交通出版社股份有限公司
地　　址：(100011)北京市朝阳区安定门外外馆斜街 3 号
网　　址：http://www.ccpress.com.cn
销售电话：(010)59757973
总 经 销：人民交通出版社股份有限公司发行部
经　　销：各地新华书店
印　　刷：北京印匠彩色印刷有限公司
开　　本：787×1092　1/16
印　　张：13.5
字　　数：270 千
版　　次：2020 年 5 月　第 1 版
印　　次：2020 年 5 月　第 1 次印刷
书　　号：ISBN 978-7-114-16440-8
定　　价：48.00 元
(有印刷、装订质量问题的图书由本公司负责调换)

序

Congratulations on the publication of the new book, MIDAS Software Applications in National Structural Design Competition for College Students.

Creating happier world with advanced technology, this is the mission of MIDAS Information Technology (Beijing) Co., Ltd. It is also our direction that we are devoted enthusiasm to the development of national civil engineering field.

We have been developing and distributing civil engineering software for the past 20 years, applying MIDAS products to national monumental projects such as National Olympic Stadium, Expo China Pavilion, Hong Kong-Zhuhai-Macao Bridge, Beipanjiang Bridge, etc. We are honored to be able to participate in the process of growing China as a technological powerhouse in the field of civil engineering. In this process, we are not just a company that develop and distribute software. The company's mission is to cultivate talented people who will make the next 100 years of national and social growth.

In the past, computer application technology was nothing more than computing information. With the development of computer technology, it has enabled the visualization of calculation process/results and automation of information processing. Now, information integration processing technology, such as BIM sharing and linkage activation, big data and AI technology, are developing. MIDAS has also been working hard to integrate this advancement in computer information technology into civil engineering applications.

These efforts will help civil engineering students grow beyond simple functional knowledge and become engineering talents with comprehensive creativity. I also hope that juniors in the field of civil engineering will have the opportunity to demonstrate greater creativity and flexibility unique to young students based on the various successful cases of this book.

Lastly, we have made great efforts to improve the structural design capability of college students throughout the country, and we would like to thank and respect the efforts of the competition headquarters and the members of the competition headquarters.

MIDAS Information Technology (Beijing) Co., Ltd.

Jongsu Sung

May 2020

前　言

全国大学生结构设计竞赛始于2005年,是由浙江大学倡导并牵头国内11所高校共同发起、经教育部和财政部发文批准的全国性学科竞赛项目,是土木工程学科培养大学生创新精神、团队意识和实践能力的最高水平学科性竞赛,被誉为"土木工程专业教育皇冠上最璀璨的明珠"。为帮助大学生运用有限元理论完成结构分析,提升理论与实践应用水平,北京迈达斯技术有限公司多年来一直积极支持全国及多省市的大学生结构设计竞赛,为各大高校参赛的大学生们提供培训及软件应用支持。

本书由北京迈达斯技术有限公司技术中心组织编写,应用MIDAS系列软件中的Gen和Civil对历届全国大学生结构设计竞赛赛题完成有限元分析模拟,洞悉结构受力状态,为得到更合理的结构提供理论支撑。书中详细表述了建模的操作步骤,旨在帮助读者在短时间内快速熟悉程序功能、轻松掌握历届竞赛数值模拟流程。这里需要说明的是,第三届竞赛为风力发电塔的模拟分析,其中涉及复杂的流固耦合分析以及风叶扭转力的计算。这两项内容无论是理论还是计算过程都过于复杂,较短篇幅无法描述清楚,且超出了本科生的学习范围。因此,本书未对第三届竞赛赛题进行整理和编写。

迈达斯公司致力于为建筑、桥梁、地铁、岩土隧道、机械行业工程分析设计领域提供全新的解决方案,是国际领先的工程解决方案的提供者和服务者,秉承"用技术创造幸福"的理念,不断创新和进取。未来,我们将运用计算机辅助工程(CAE)等核心技术,不断向建筑信息模型(BIM)、工程数字化、航空、医疗等新一代尖端学科及产业领域进军,以"为工程师带来幸福,为行业做出贡献"为使命,将我们的技术与社会分享。

midas Gen和midas Civil是建筑和桥梁通用有限元分析设计软件。midas Gen适用于民用、工业、电力、施工、特种结构及体育场馆等多种结构的分析和设计,结合国内和国外规范并具有各种常规及高端分析功能。midas Civil集成了静力分析、动力分析、几何非线性分析、屈曲分析、移动荷载分析、预应力混凝土桥分析(PSC桥分析)、悬索桥分析、水化热分析等分析设计功能。

在本书编写和出版过程中,全国大学生结构设计竞赛秘书处给予了大力支持,迈达斯公司任惠亮、樊辉、管成栋、王超、马文江等参与了本书内容的审核,玉苏云·那斯尔、高泱泱完成了精美的封面设计,技术总监钱江、郭登榜、郭雪川、刘文雅给予了大力支持,人民交通出版社股份有限公司编辑李梦为本书的出版做了大量工作,全书由唐晓东主审,在此向各位表示深深的敬意和感谢!最后要真挚地感谢迈达斯中国区CEO郑善泰副社长,正是在郑副社长的大力支持下,才会有迈达斯公司与中国高校的深度合作,才会有更多的大学生可以使用正版的MIDAS软件实现理论与实践的完美结合。

由于作者水平有限,书中难免存在不足与错误,恳请广大读者不吝赐教,批评指正。

作　者

2020年5月

目　　录

第十三届全国大学生结构设计竞赛
——山地输电塔结构

1　赛题分析

我国是世界最大的能源消费国,能源供应能力的提升在我国主要受到能源资源分布不平衡以及各地区经济发展不平衡的制约,尤其是近年来我国能源开发加速向西部和北部转移,更使能源基地与负荷中心的距离越来越远。因此,为满足我国能源大规模、远距离输送和大范围优化配置的迫切需要,发展特高压输电通道已成必然。

输电塔(图1)作为输电通道最重要的基本单元,是输电线路的直接支撑结构,为高耸构筑物。由于输电塔所处环境条件、地形条件复杂,承受包括风荷载、冰荷载、导地线荷载等多种荷载作用,其安全性和可靠性长期以来受到广大学者及设计人员的密切关注。特别是随着近年来我国土地资源紧缺以及环保要求的提高,特高压输电通道所采用的输电塔正逐步趋于大型化,出现了众多新颖的结构形式。

图1　输电塔

1.1　材料

本届竞赛选用竹材制作结构构件,竹材参考力学指标见表1。

竹材参考力学指标　　表1

密　度	顺纹抗拉强度	抗压强度	弹性模量
$0.8g/cm^3$	60MPa	30MPa	6GPa

(1)弹性模量:$6GPa = 6000MPa = 6000N/mm^2$。

(2)泊松比:竹材的泊松比在0.24~0.30之间,平均值为0.2822,建议取值0.28。

(3)线膨胀系数:此参数与温度应力有直接关系,此模型不考虑温度影响,故此参数可以不填写。

(4)重度：$0.8g/cm^3 \times 9.8m/s^2 = 7.84 \times 10^{-6}N/mm^3$。

1.2 模型

模型上必须设置“低挂点”2 个、“高挂点”1 个用于悬挂导线，高挂点同时兼作水平加载点用于施加侧向水平荷载。低挂点应为模型最远外伸(悬臂)点，距离底板表面高度应在 1000 ~ 1100mm 范围内，2 个低挂点在底板面上的投影应分别位于挂点(图 2)的上、下扇形圆环阴影区域内；高挂点距离底板表面高度应在 1200 ~ 1400mm 范围内，其在底板面上的投影距离 O 点不得大于 350mm，且高挂点应为模型的最高点。模型低挂点、高挂点(兼水平加载点)的竖向位置应符合的要求见图 3。

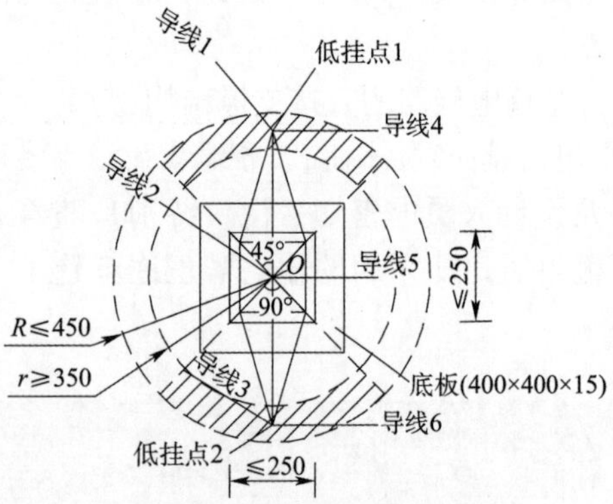

图 2　俯视图(尺寸单位：mm)

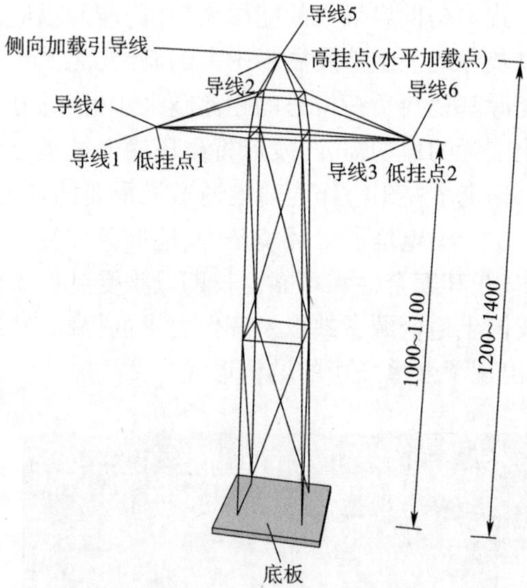

图 3　模型三维简图(尺寸单位：mm)

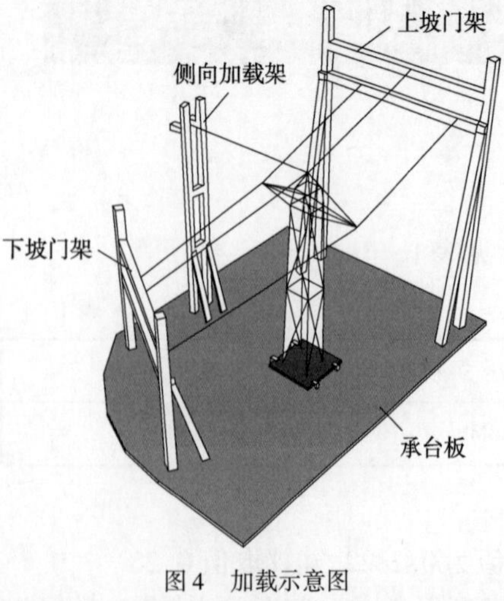

图 4　加载示意图

1.3 荷载

各参赛队根据竞赛抽签结果，自行选取 3 根指定导线中的 1 根，在其上所有加载盘上放置砝码(图 4、图 5)，即一级加载；保持一级荷载，对剩余 2 根指定导线上所有加载盘内放置砝码施加二级荷载，一级和二级加载时，每个加载盘上放置的砝码质量有 2.0kg、3.0kg、4.0kg 三种选择；保持一、二级荷载，在模型“水平加载点”通过“砝码 + 引导绳”的方式施加三级侧向水平荷载，砝码质量大小在 4 ~ 10kg 之间取值。

在空载、一级和二级加载阶段，都应保证导线跨中加载盘底面至承台板面的净空高度不得小于净空限制(表 2)，否则认为模型几何尺寸不符合要求或该级加载失败。

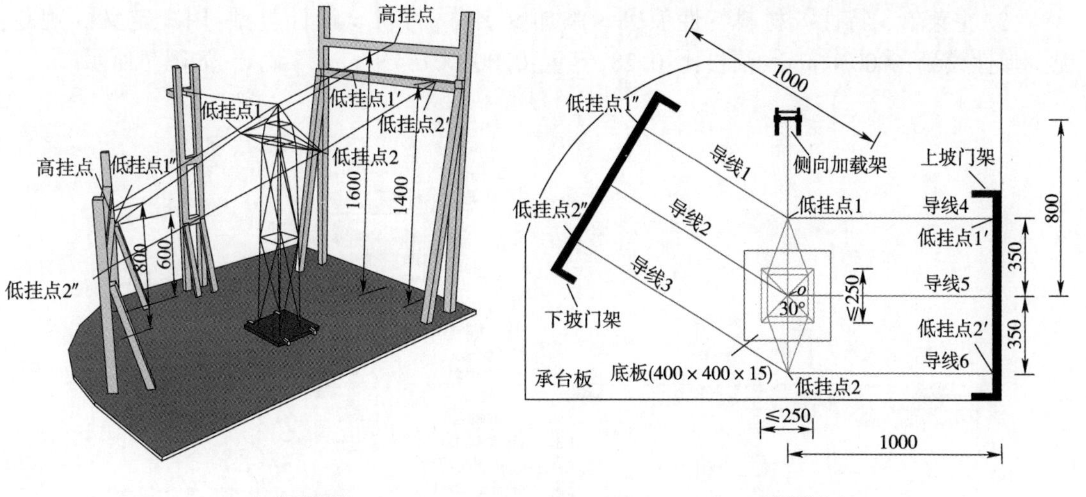

图5　导线悬挂示意图(以30°为例,尺寸单位:mm)

导线跨中加载盘底面至承台板面的净空限制　　表2

导线编号	1	2	3	4	5	6
净空限制(mm)	400	600	400	800	1000	800

1.4　边界条件

模型柱脚用自攻螺钉固定于400mm×400mm×15mm(长×宽×厚)的竹制底板上,模型底面尺寸限制在底板中央250mm×250mm的正方形区域内。边界条件设置为固定连接。

1.5　结果

加载过程中,若出现以下情况之一,则终止加载,本级加载及后续级别加载成绩为0:

(1)加载过程中,模型结构发生整体倾覆、垮塌。

(2)加载过程中,导线或加载盘与模型杆件碰触,或导线坠落、挂钩脱落。

(3)一级和二级加载过程中,任一激光测距仪的净空示数小于表2的规定或异常。

(4)专家组认定不能继续加载的其他情况。

2　建立模型

2.1　建立无钢绞线模型

2.1.1　设定操作环境及定义材料和截面

(1)双击midas Gen图标,打开Gen程序>主菜单>新项目>保存>文件名:大赛模型-1>保存。

(2)主菜单>工具>单位体系>长度:mm,力:N>确定。亦可在模型窗口右下角点击图标 N ▾ mm ▾ 的下拉三角,修改单位体系,如图6所示。

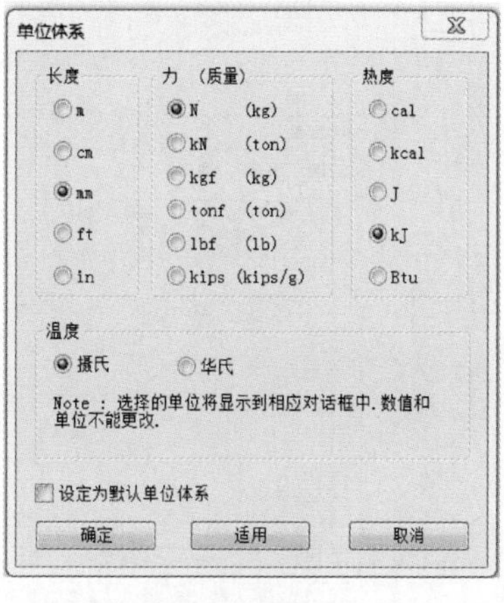

图6　定义单位体系

(3)主菜单 > 特性 > 材料特性值 > 添加 > 名称：竹材 > 设计类型：用户定义 > 规范：无 > 弹性模量：6000N/mm^2，泊松比：0.28，容重：0.00000784N/mm^3 > 确定，如图7所示。

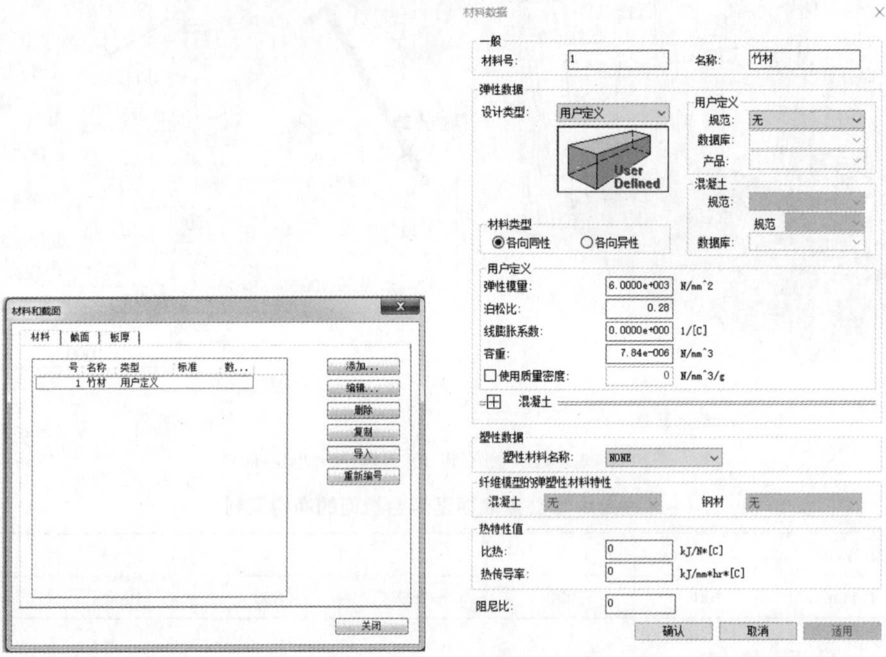

图7 定义材料

注：本书中，当直接引用软件操作时，为了与软件保持一致，便于读者理解，使用“容重”写法，其他地方均使用正确写法“重度”。

(4)主菜单 > 特性 > 截面特性值 > 数据库/用户 > 管型截面 > 数据库 > 截面名称：管型截面1 > D：15，tw：3 > 适用 > 管型截面2 > D：8，tw：2 > 确认，如图8所示。

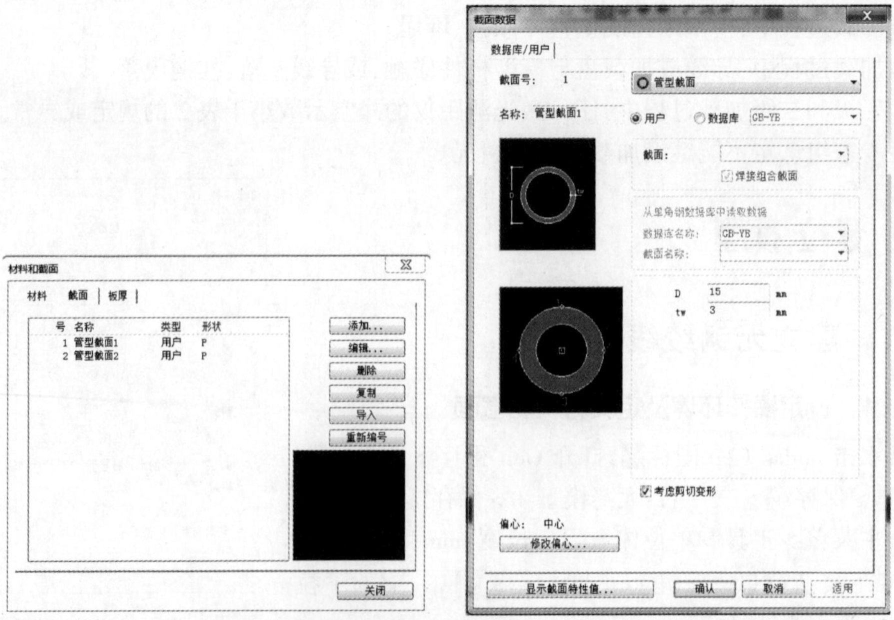

图8 定义截面

注：①midas Gen 提供多种截面特性值，特性 > 截面 > 截面特性值中可以选择数据库/用户截面，数值中定义截面数据、组合截面、型钢组合、变截面、组合梁截面，并且在定义好截面后可以点击截面对话框中的“显示截面特性值”，程序自动计算该截面的面积、惯性矩等物理力学参数。

②定义异形截面，可以通过主菜单工具 > 生成器 > 截面特性计算器，导入 AutoCAD DXF 文件或直接在 SPC 中绘制图形 > 生成截面 > 计算截面特性 > 导出. sec 文件 > 导入 Gen 中特性 > 截面特性 > 截面特性值 > 数值 > 任意截面 > 导入. sec 文件。

③本书中，当直接引用软件操作时，为了与软件保持一致，便于读者理解，使用“管型截面”“T 型截面”“箱型截面”写法，其他地方均使用正确写法“管形截面”“T 形截面”“箱形截面”。

2.1.2 建立山地输电塔模型

(1)主菜单 > 节点/单元 > 节点 > 建立节点 > 坐标(x,y,z)中分别输入(-125,-125,0)点击适用或 Enter 键，继续建立节点(125,-125,0)、(125,125,0)、(-125,125,0)、(-100,-100,1100)、(100,-100,1100)、(100,100,1100)、(-100,100,1100)、(0,0,1300)，点击关闭。

注：点击右上角动态视图控制，可实现 9 个方向的视角查看。点击快捷工具栏显示节点号，点击显示单元号。

(2)主菜单 > 节点/单元 > 节点 > 移动复制 > 形式：复制 > 等间距 > 方向，(dx, dy, dz)：(0,0,500) > 复制次数：2 > 点击，选取节点 1、2、3、4 > 适用 > 关闭，如图 9 所示。

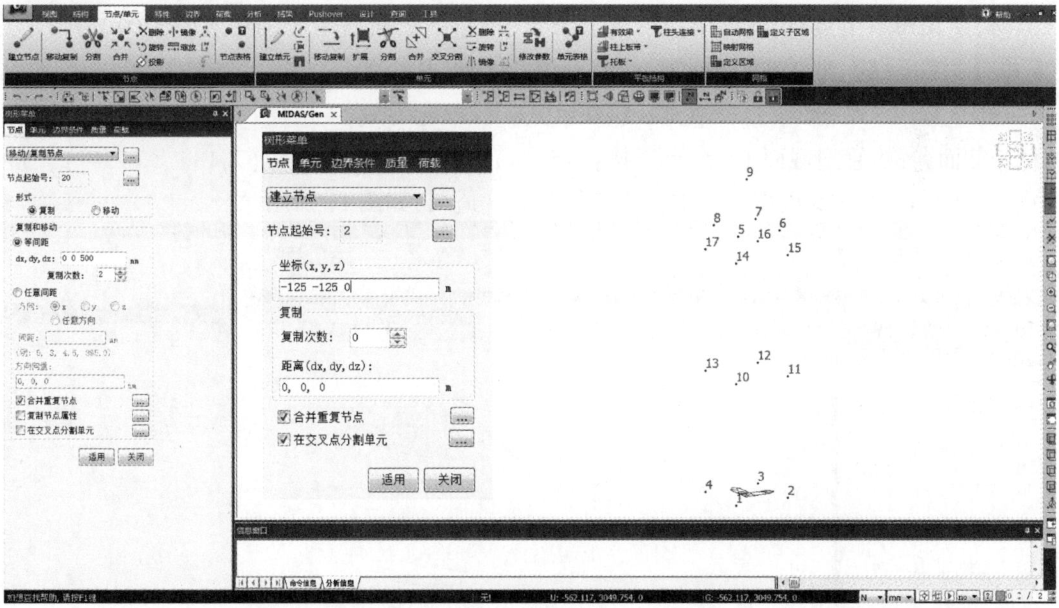

图 9　复制节点

(3)主菜单 > 节点/单元 > 单元 > 建立单元 > 单元类型：一般梁/变截面梁 > 材料名称：竹材 > 截面名称：管型截面 1 > 节点连接：(14,1)、(15,2)、(16,3)、(17,4)、(17,14)、(14,15)、(15,16)、(16,17)、(13,10)、(10,11)、(11,12)、(12,13)、(14,5)、(15,6)、(16,7)、(17,8)、(5,6)、(6,7)、(7,8)、(8,5)、(5,9)、(6,9)、(7,9)、(8,9) > 模型窗口中直接点取节点 > 适用，如图 10 所示。

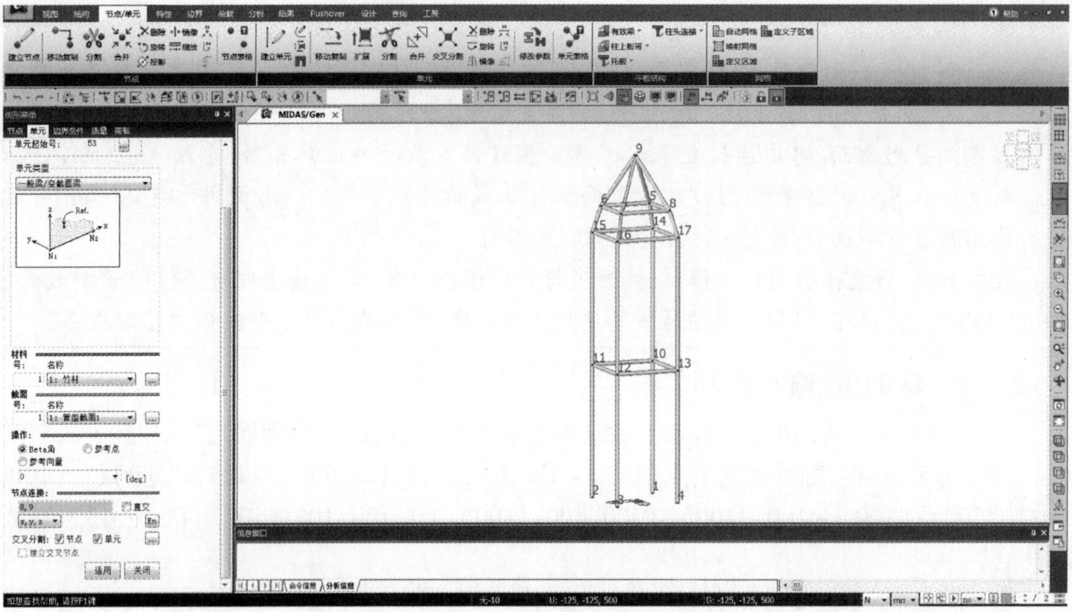

图 10　建立单元

注:点击快捷图标栏中的消隐可查看隐藏单元的截面形式,点击快捷图标栏中的观察缩小单元后的形状可查看构件是否被节点打断。

(4)主菜单 > 节点/单元 > 节点 > 建立节点 > 坐标(x,y,z)中分别输入(350,0,1000),点击 适用 或 Enter 键,继续建立节点(-350,0,1000),点击 关闭 。

(5)主菜单 > 节点/单元 > 单元 > 建立单元 > 单元类型:一般梁/变截面梁 > 材料名称:竹材 > 截面名称:管型截面 1 > 节点连接:(15,18)、(16,18)、(6,18)、(7,18)、(14,19)、(17,19)、(5,19)、(8,19) > 模型窗口中直接点取节点 > 适用,如图 11 所示。

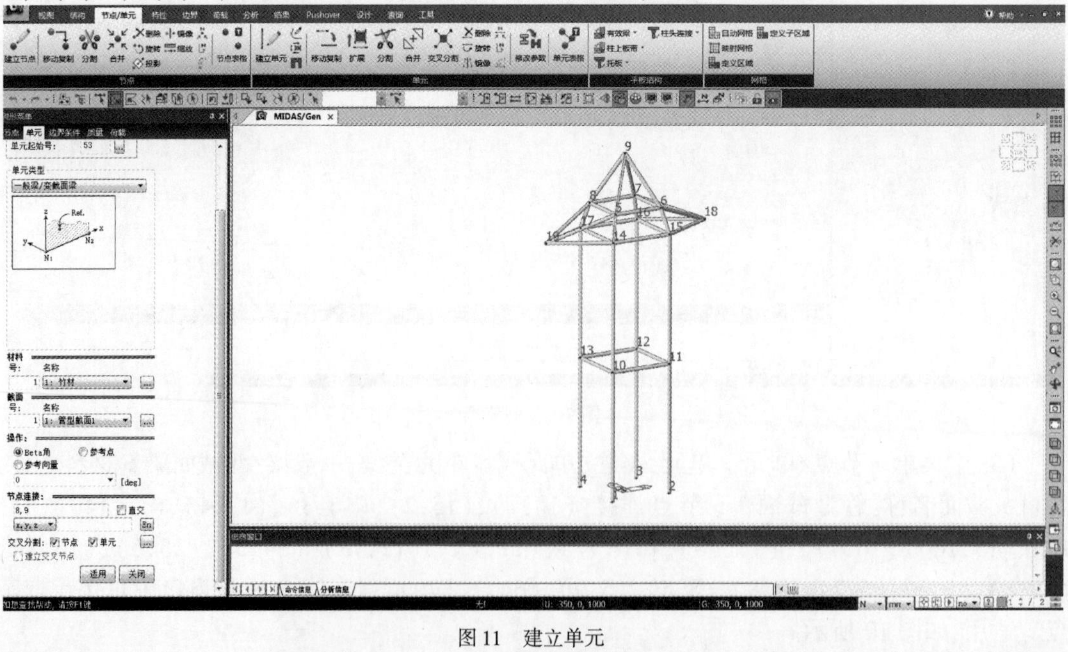

图 11　建立单元

(6)主菜单 > 节点/单元 > 单元 > 建立单元 > 单元类型:一般梁/变截面梁 > 材料名称:竹材 > 截面名称:管型截面 2 > 交叉分割:不勾选节点、单元 > 节点连接:(10,2)、(11,1)、(11,3)、(12,2)、(12,4)、(13,3)、(13,1)、(10,4)、(14,11)、(15,10)、(15,12)、(16,11)、(16,13)、(17,12)、(14,13)、(17,10) > 模型窗口中直接点取节点 > 适用,如图 12 所示。

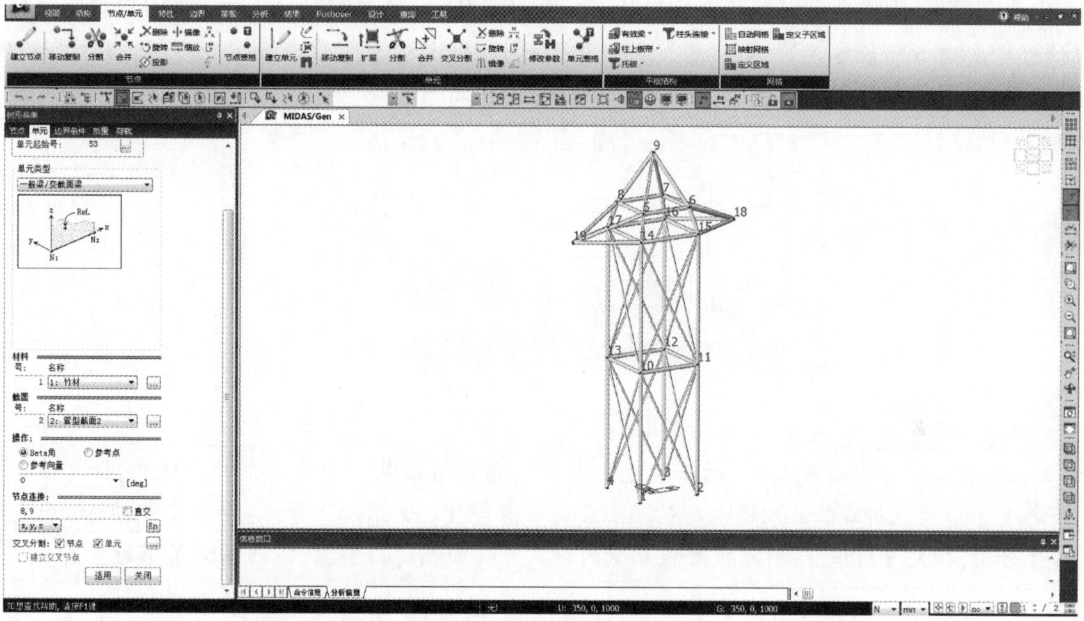

图 12　建立支撑单元

2.1.3　定义边界条件

主菜单 > 边界 > 一般支承 > 选择:添加 > 勾选“D-ALL” > 勾选“Rx、Ry、Rz” > 窗口选择柱底节点 > 适用 > 关闭,如图 13 所示。

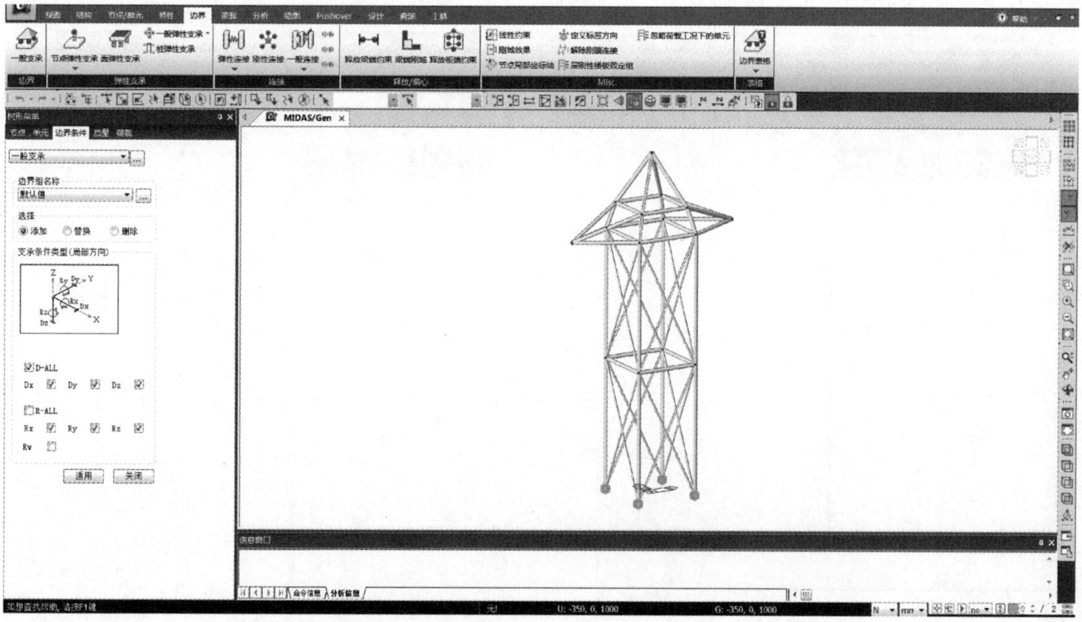

图 13　定义边界条件

注:薄壁截面受扭为主时,根据分析目的需要考虑翘曲约束时,可勾选“Rw”。

2.1.4 定义荷载

(1)主菜单 > 荷载 > 荷载类型 > 静力荷载 > 建立荷载工况 > 静力荷载工况 > 名称:第一级荷载 > 类型:用户自定义的荷载(USER) > 添加 > 名称:第二级荷载 > 类型:用户自定义的荷载(USER) > 添加 > 名称:第三级荷载 > 类型:用户自定义的荷载(USER) > 添加 > 名称:自重 > 类型:用户自定义的荷载(USER) > 添加 > 关闭,如图 14 所示。

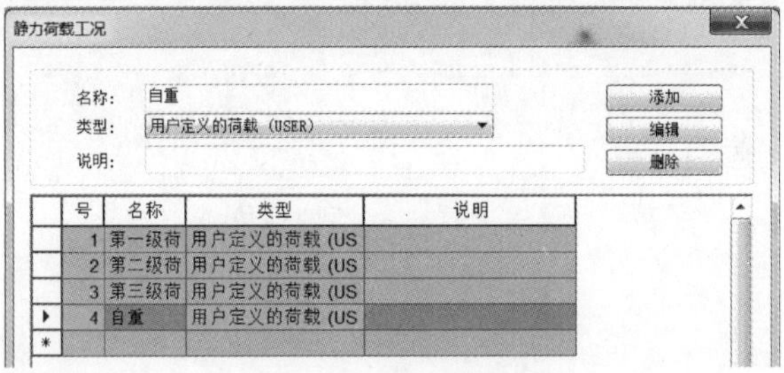

图 14 定义荷载工况

注:在实际输电塔项目中,两个输电塔之间的导线与输电塔分为两个部分计算,计算出导线的受力后经过折减加载到输电塔的节点或是塔身等处。如果加上导线,按照程序需要进行非线性分析,加大分析难度,所以将导线承受的荷载直接加载到结构上,实则增大了塔身受力。

(2)主菜单 > 荷载 > 荷载类型 > 静力荷载 > 结构荷载/质量 > 节点荷载 > 荷载工况名称:第一级荷载 > 荷载组名称:默认值 > 选项:添加 > 节点荷载:FZ = -60N > 模型窗口选择 19 号节点 > 适用,如图 15 所示。

(3)主菜单 > 荷载 > 荷载类型 > 静力荷载 > 结构荷载/质量 > 节点荷载 > 荷载工况名称:第二级荷载 > 荷载组名称:默认值 > 选项:添加 > 节点荷载:FZ = -60N > 模型窗口选择 18 号和 9 号节点 > 适用,如图 16 所示。

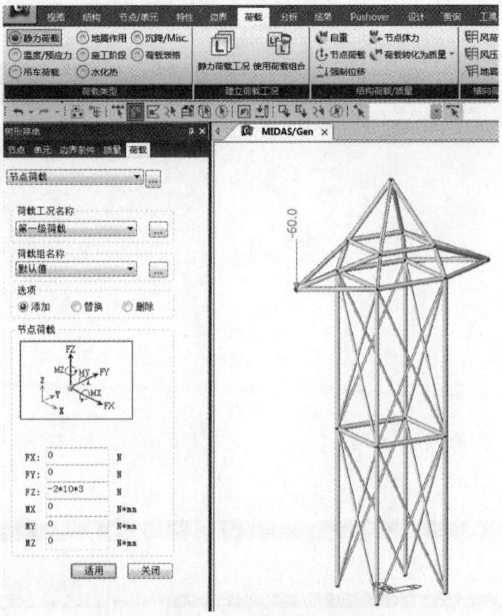

图 15 定义一级荷载

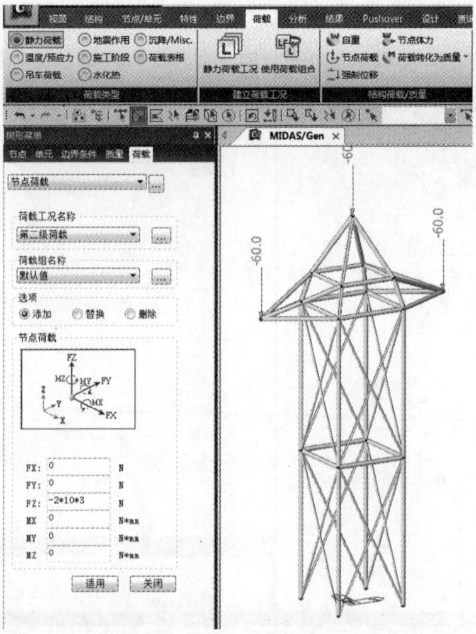

图 16 定义二级荷载

(4)主菜单 > 荷载 > 荷载类型 > 静力荷载 > 结构荷载/质量 > 节点荷载 > 荷载工况名称:第三级荷载 > 荷载组名称:默认值 > 选项:添加 > 节点荷载:FY = 40N > 模型窗口选择 9 号节点 > 适用,如图 17 所示。

(5)主菜单 > 荷载 > 荷载类型 > 静力荷载 > 结构荷载/质量 > 自重 > 荷载工况名称:自重 > 荷载组名称:默认值 > 自重系数:Z = -1 > 添加 > 关闭,如图 18 所示。

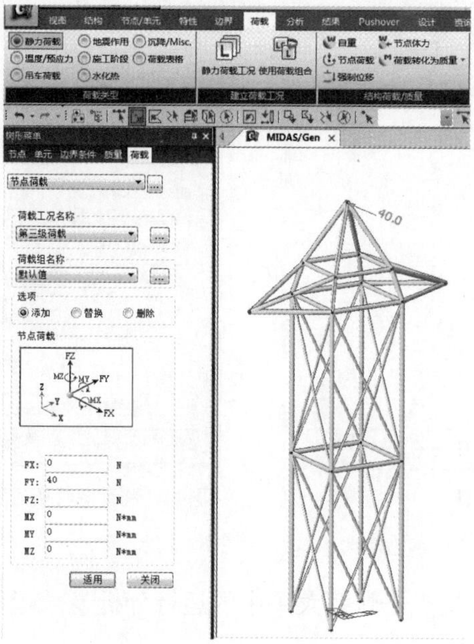

图 17　定义三级荷载

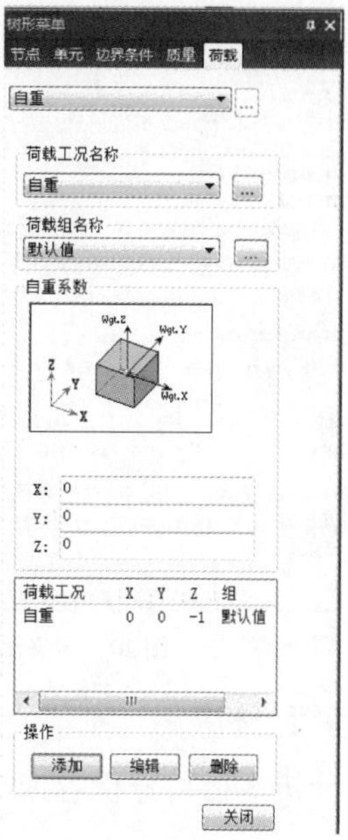

图 18　定义自重

2.1.5　定义特征值分析

主菜单 > 分析 > 分析控制 > 特征值 > 分析类型:Lanczos > 振型数量:10 > 确认,如图 19 所示。

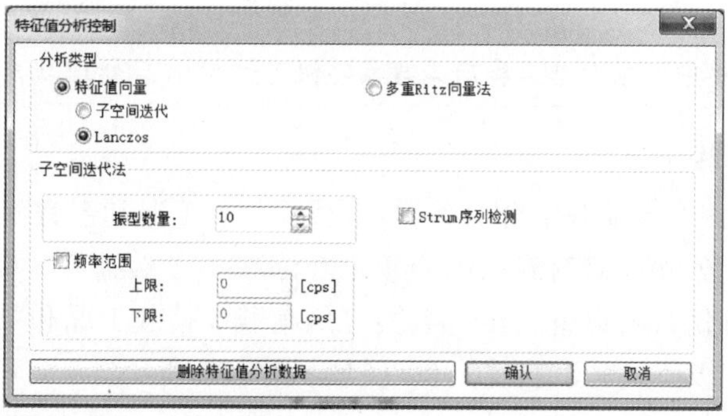

图 19　定义特征值分析控制

2.1.6　定义结构类型及荷载转换为质量

(1)主菜单 > 结构 > 结构类型 > 结构类型:3-D > 质量控制参数:集中质量 > 勾选“将自重转换为质量” > 转换为 X,Y,Z(地震作用方向) > 确认,如图 20 所示。

(2)主菜单 > 荷载 > 静力荷载 > 结构荷载/质量 > 荷载转换成质量 > 质量方向:X、Y、Z > 荷载工况:自重 > 组合系数:1.0 > 添加 > 荷载工况:第一级荷载 > 组合系数:1 > 添加 > 荷载工况:第二级荷载 > 组合系数:1 > 添加 > 荷载工况:第三级荷载 > 组合系数:1 > 确认。右侧竖向快捷工具栏 > 重画或初始画面,恢复模型初始显示状态,如图 21 所示。

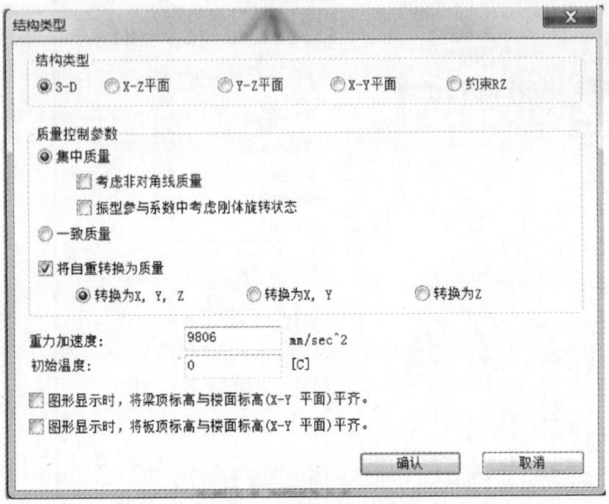

图 20　定义结构类型

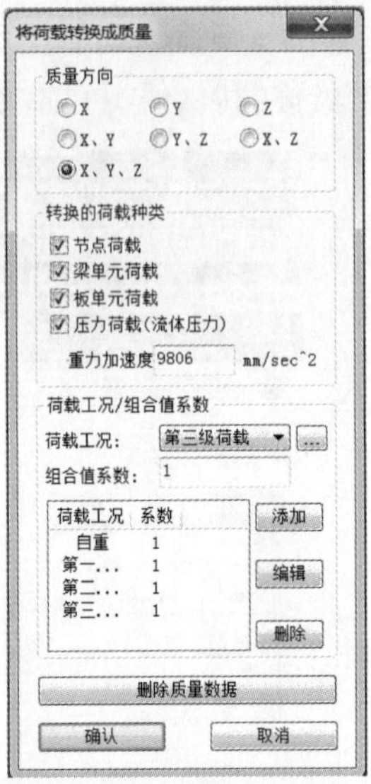

图 21　将荷载转换为质量

2.1.7　运行分析

主菜单 > 分析 > 运行分析,或者直接点击快捷菜单中的运行分析,如图 22 所示。

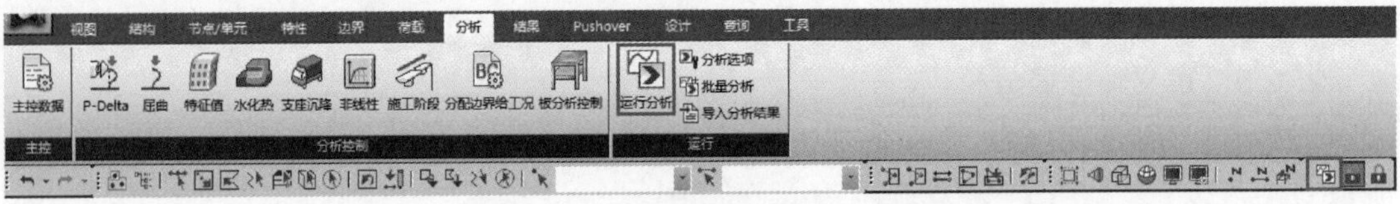

图 22　运行分析及前后处理模式切换

注:点击快捷菜单中的前处理和后处理按钮可切换前后处理状态。

2.1.8　定义荷载组合

主菜单 > 结果 > 组合 > 荷载组合 > 名称:空载 > 荷载工况和系数:自重 1.0 > 名称:一级荷载 > 荷载工况和系数:第一级荷载 1.0,自重 1.0 > 名称:二级荷载 > 荷载工况和系数:第一级荷载 1.0,第二级荷载 1.0,自重 1.0 > 名称:三级荷载 > 荷载工况和系数:第一级荷载 1.0,第二级荷载 1.0,第三级荷载 1.0,自重 1.0 > 关闭,如图 23 所示。

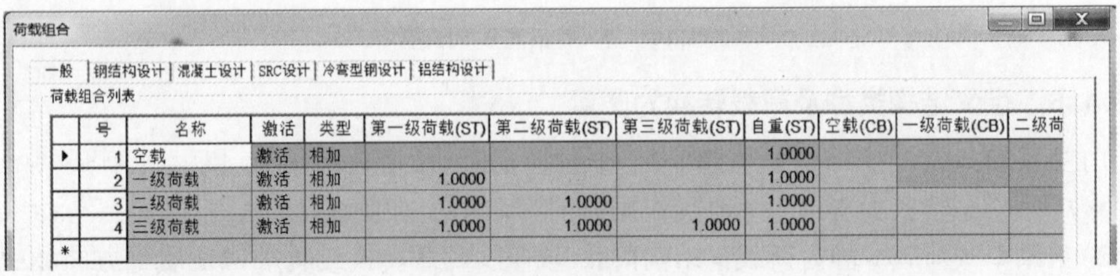

	号	名称	激活	类型	第一级荷载(ST)	第二级荷载(ST)	第三级荷载(ST)	自重(ST)	空载(CB)	一级荷载(CB)	二级荷
▸	1	空载	激活	相加				1.0000			
	2	一级荷载	激活	相加	1.0000			1.0000			
	3	二级荷载	激活	相加	1.0000	1.0000		1.0000			
	4	三级荷载	激活	相加	1.0000	1.0000	1.0000	1.0000			
*											

图 23　定义荷载组合

2.1.9 查看结果

(1)主菜单 > 结果 > 结果 > 反力 > 反力 > "荷载工况/荷载组合"选择"CB:三级荷载","反力"选择"FXYZ","显示类型"勾选"数值、图例",点击"适用",如图 24 所示。

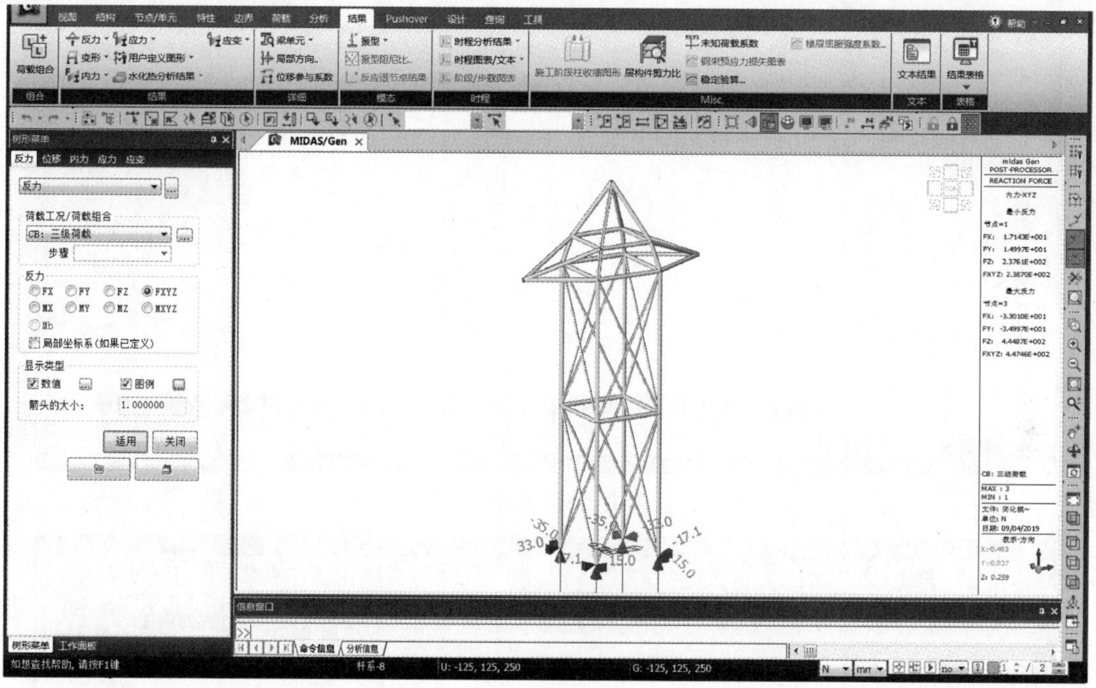

图 24　查看反力

注:①勾选数值后程序可在模型视图窗口查看到结构反力的大小,点击数值后面的图标,可修改"小数点以下位数"、是否应用"指数型"的形式表示。

②图例中显示的 MAX/MIN 分别代表出现该项数值的最大节点和最小节点。

(2)主菜单 > 结果 > 结果 > 变形 > 位移等值线 > "荷载工况/荷载组合"选择"CB:三级荷载","位移"选择"DZ","显示类型"勾选"等值线、变形、图例",点击"适用",如图 25 所示。

注:点击"变形"后图标,可详细设定变形,弹出"详细变形对话框"。

①变形图的比例:程序默认为 1.0000,可以手动修改。

②变形的表现形式:程序也可以分别通过节点位移或者变形位移查看变形的实际表现形式。

③模型窗口中展示的结构变形可能很大,由于在详细设定变形中采用"适用于选择确定时"的变形比例查看变形结果,比例数为图例中系数。只需在详细设定变形中勾选"实际位移"(关闭自动调整),可查看结构的真实变形,此时图例中系数变为 1.0000。

(3)主菜单 > 结果 > 结果 > 内力 > 梁单元内力图 > "荷载工况/荷载组合"选择"CB:三级荷载","内力"选择"My","显示类型"勾选"等值线、变形、图例",点击"适用",如图 26 所示。

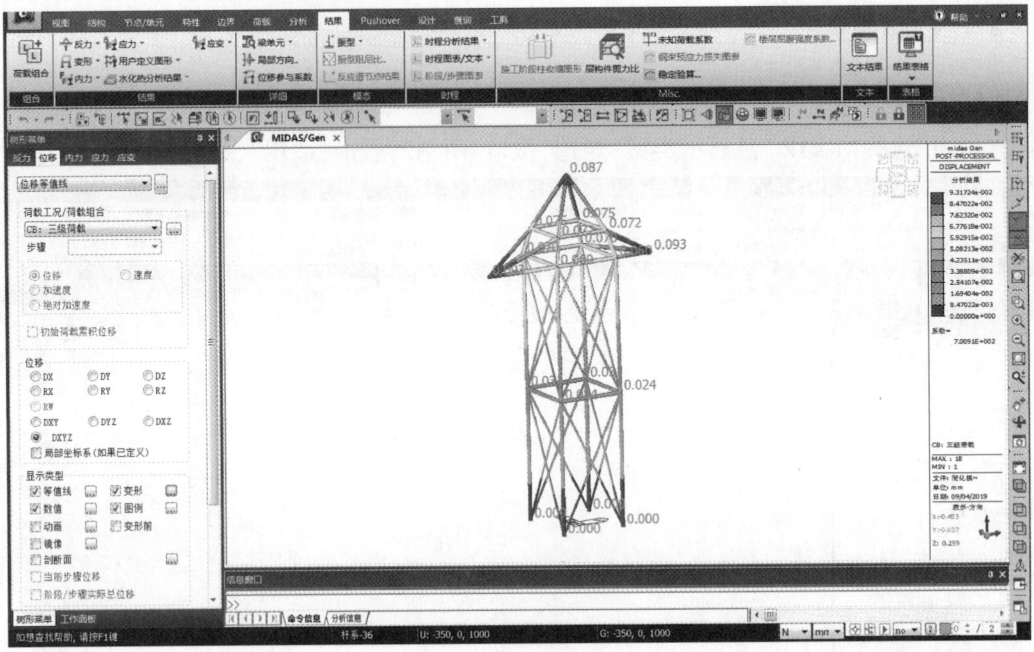

图 25　查看竖向位移

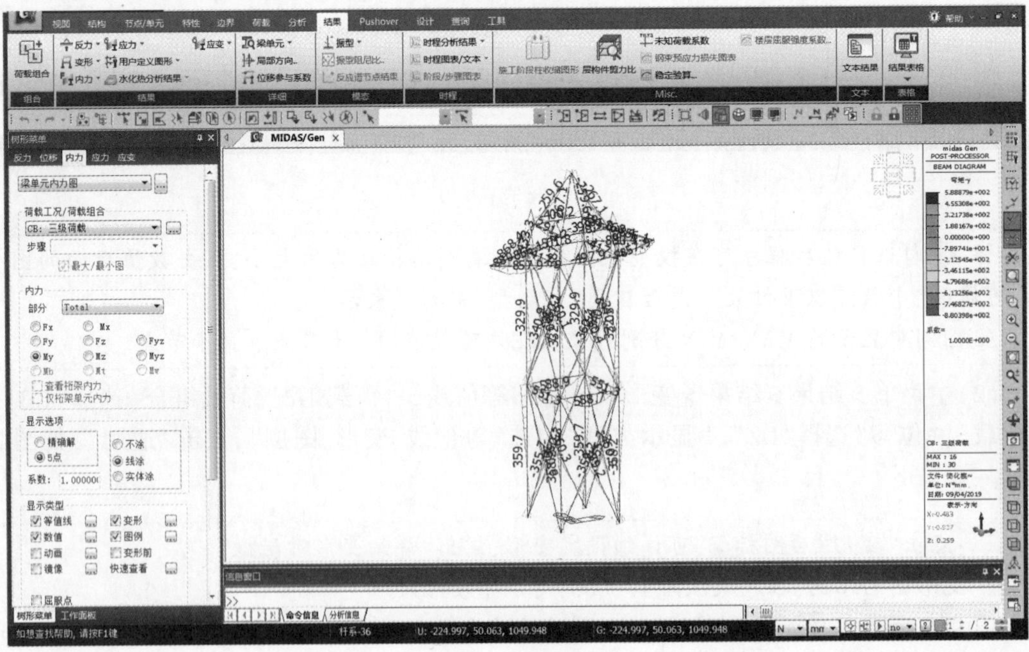

图 26　查看内力

(4)主菜单 > 结果 > 结果 > 应力 > 梁单元应力图 > “荷载工况/荷载组合”选择“CB：三级荷载”，“应力”选择“组合”，“显示类型”勾选“等值线、变形、图例”，点击“适用”，如图 27 所示。

注：可以通过应力值判断构件是否发生破坏，考虑抗拉强度、抗压强度是否超过允许值，拉正压负。

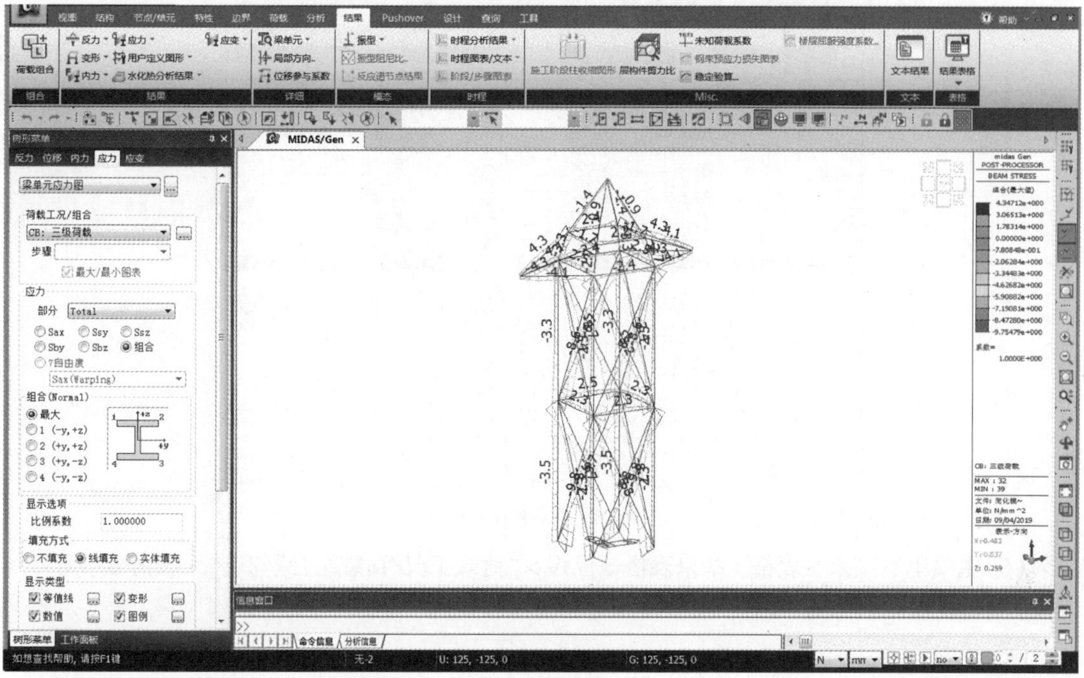

图 27 查看应力

(5) 主菜单 > 结果 > 模态 > 振型 > 振型形状 > 荷载工况(模态号):Mode1 > 模态成分:Md-XYZ > "显示类型"勾选"变形前、数值、图例" > 适用,如图 28 所示。

点击"自振模态"后图标□,查看周期、频率等表格结果,可以查看各个振型下的自振模态,用以判断结构是否发生局部振动破坏。

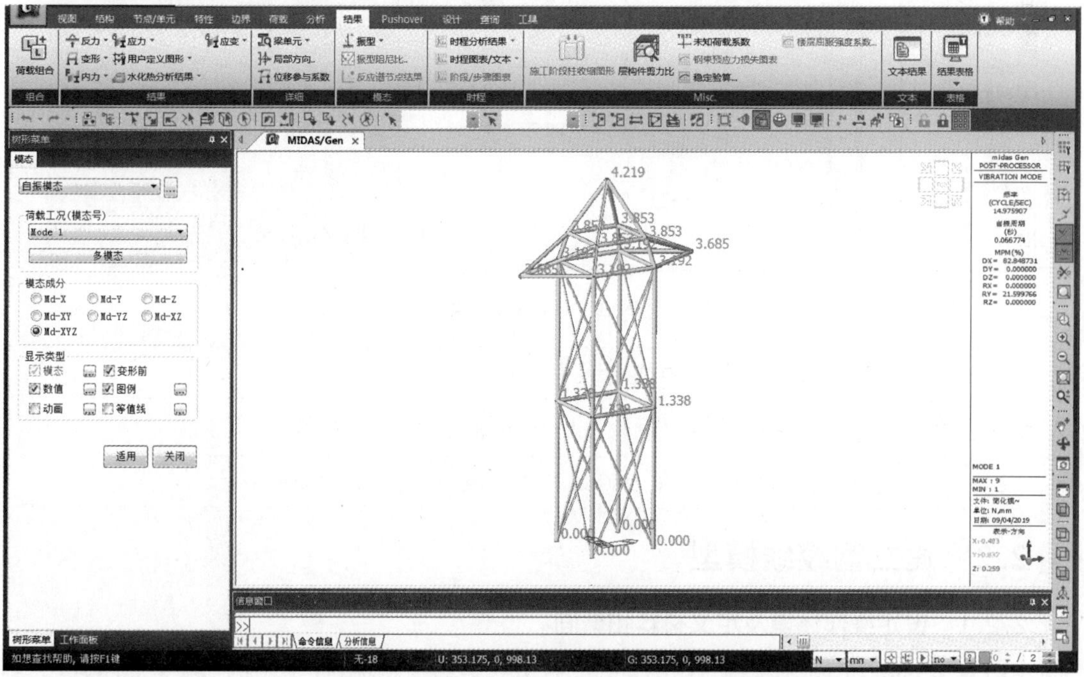

图 28

MIDAS/Gen　结果-[特征值模态]

节点	模态	UX	UY	UZ	RX	RY

特征值分析

模态号	频率 (rad/sec)	频率 (cycle/sec)	周期 (sec)	容许误差
1	94.0964	14.9759	0.0668	0.0000e+000
2	96.2956	15.3259	0.0652	0.0000e+000
3	118.0453	18.7875	0.0532	0.0000e+000
4	209.3658	33.3216	0.0300	0.0000e+000
5	345.2209	54.9436	0.0182	7.6414e-114
6	374.9942	59.6822	0.0168	1.7391e-110
7	395.2505	62.9061	0.0159	8.1433e-108
8	421.5675	67.0946	0.0149	2.3810e-105
9	583.7222	92.9023	0.0108	1.7369e-094
10	593.3308	94.4315	0.0106	7.6930e-094

振型参与质量

模态号	TRAN-X 质量(%)	TRAN-X 合计(%)	TRAN-Y 质量(%)	TRAN-Y 合计(%)	TRAN-Z 质量(%)	TRAN-Z 合计(%)	ROTN-X 质量(%)	ROTN-X 合计(%)	ROTN-Y 质量(%)	ROTN-Y 合计(%)	RO 质量(%)
1	82.8487	82.8487	0.0000	0.0000	0.0000	0.0000	0.0000	0.0000	21.5998	21.5998	0.0000
2	0.0000	82.8487	86.9544	86.9544	0.0000	0.0000	17.8642	17.8642	0.0000	21.5998	0.0000
3	0.0000	82.8487	0.0000	86.9544	0.0000	0.0000	0.0000	17.8642	0.0000	21.5998	94.6616
4	6.8299	89.6786	0.0000	86.9544	0.0000	0.0000	0.0000	17.8642	17.5218	39.1215	0.0000
5	0.0000	89.6786	0.0000	86.9544	0.0000	0.0000	0.0000	17.8642	0.0000	39.1215	0.1911
6	0.0000	89.6786	12.9629	99.9173	0.0000	0.0000	77.6873	95.5515	0.0000	39.1215	0.0000
7	10.2353	99.9139	0.0000	99.9173	0.0000	0.0000	0.0000	95.5515	56.5145	95.6361	0.0000
8	0.0000	99.9139	0.0000	99.9173	0.0000	0.0000	0.0000	95.5515	0.0000	95.6361	5.1370
9	0.0000	99.9139	0.0000	99.9173	48.0277	48.0277	0.0000	95.5515	0.0000	95.6361	0.0000
10	0.0000	99.9139	0.0000	99.9173	0.0000	48.0277	0.0000	95.5515	0.0000	95.6361	0.0098
模态号	TRAN-X		TRAN-Y		TRAN-Z		ROTN-X		ROTN-Y		RO

图 28　查看自振模态

(6) 主菜单 > 结果 > 表格 > 结果表格 > 位移 > “荷载工况/荷载组合”勾选“三级荷载(CB)” > 确认，如图 29 所示。

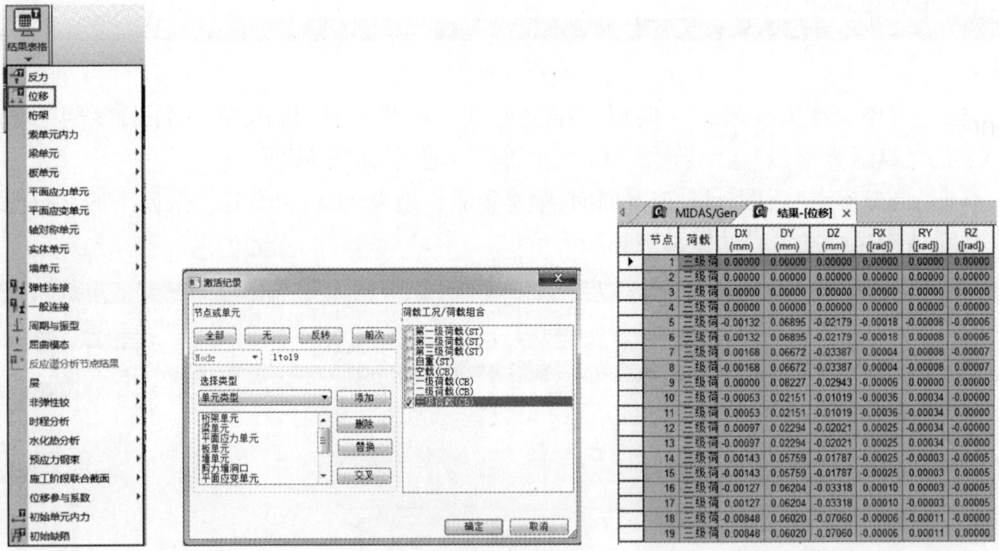

节点	荷载	DX (mm)	DY (mm)	DZ (mm)	RX ([rad])	RY ([rad])	RZ ([rad])
1	三级荷	0.00000	0.00000	0.00000	0.00000	0.00000	0.00000
2	三级荷	0.00000	0.00000	0.00000	0.00000	0.00000	0.00000
3	三级荷	0.00000	0.00000	0.00000	0.00000	0.00000	0.00000
4	三级荷	0.00000	0.00000	0.00000	0.00000	0.00000	0.00000
5	三级荷	-0.00132	0.06895	-0.02179	-0.00018	-0.00008	-0.00006
6	三级荷	0.00132	0.06895	-0.02179	-0.00018	0.00008	0.00006
7	三级荷	0.00168	0.06672	-0.03387	0.00004	0.00008	-0.00007
8	三级荷	-0.00168	0.06672	-0.03387	0.00004	-0.00008	0.00007
9	三级荷	0.00000	0.08227	-0.02943	-0.00006	0.00000	0.00000
10	三级荷	-0.00053	0.02151	-0.01019	-0.00036	0.00034	-0.00000
11	三级荷	0.00053	0.02151	-0.01019	-0.00036	-0.00034	0.00000
12	三级荷	0.00097	0.02294	-0.02021	0.00025	-0.00034	-0.00000
13	三级荷	-0.00097	0.02294	-0.02021	0.00025	0.00034	0.00000
14	三级荷	0.00143	0.05759	-0.01787	-0.00025	-0.00003	-0.00005
15	三级荷	-0.00143	0.05759	-0.01787	-0.00025	0.00003	0.00005
16	三级荷	-0.00127	0.06204	-0.03318	0.00010	0.00003	-0.00005
17	三级荷	0.00127	0.06204	-0.03318	0.00010	-0.00003	0.00005
18	三级荷	-0.00848	0.06020	-0.07060	-0.00006	-0.00011	-0.00000
19	三级荷	0.00848	0.06020	-0.07060	-0.00006	0.00011	0.00000

图 29　查看表格结果

注：midas Gen 的 Excel 表格数据支持复制粘贴。

(7) 主菜单 > 查询 > 重量/质量/荷载表格 > 质量统计表格，如图 30 所示。

注：N/g 得到质量，在程序中将单位修改为 N、mm，此时 $g = 9806\text{mm/s}^2$。

2.2　建立钢绞线模型

2.2.1　设定操作环境及定义材料和截面

(1) 双击 midas Gen 图标，打开 Gen 程序 > 主菜单 > 新项目 > 保存 > 文件名：大赛模型-2 > 保存。

节点	节点质量(N/g)	荷载转化为质量	结构质量(N/g)	合计(N/g)
1	0.0000	0.0000	0.0039	0.0039
2	0.0000	0.0000	0.0039	0.0039
3	0.0000	0.0000	0.0039	0.0039
4	0.0000	0.0000	0.0039	0.0039
5	0.0000	0.0000	0.0047	0.0047
6	0.0000	0.0000	0.0047	0.0047
7	0.0000	0.0000	0.0047	0.0047
8	0.0000	0.0000	0.0047	0.0047
9	0.0000	0.0031	0.0044	0.0075
10	0.0000	0.0000	0.0102	0.0102
11	0.0000	0.0000	0.0102	0.0102
12	0.0000	0.0000	0.0102	0.0102
13	0.0000	0.0000	0.0102	0.0102
14	0.0000	0.0000	0.0078	0.0078
15	0.0000	0.0000	0.0078	0.0078
16	0.0000	0.0000	0.0078	0.0078
17	0.0000	0.0000	0.0078	0.0078
18	0.0000	0.0031	0.0049	0.0080
19	0.0000	0.0031	0.0049	0.0080
合计	0.0000	0.0092	0.1208	0.1300

图 30　查看结构质量

(2)主菜单 > 工具 > 单位系 > 长度:mm,力:N > 确定。亦可在模型窗口右下角点击图标 N mm 的下拉三角,修改单位体系。

(3)主菜单 > 特性 > 材料特性值 > 添加 > 名称:竹材 > 设计类型:用户定义 > 规范:无 > 弹性模量:6000N/mm^2,泊松比:0.28,容重:0.00000784N/mm^3 > 确定 > 添加 > 名称:钢绞线 > 设计类型:用户定义 > 规范:无 > 弹性模量:195000N/mm^2,泊松比:0.28,容重:0.000005N/mm^3 > 确定。

(4)主菜单 > 特性 > 截面特性值 > 添加 > 数据库/用户 > 实腹长方形截面 > 数据库 > 截面名称:6×6 > H:6,B:6 > 适用 > 实腹长方形截面 > 数据库 > 截面名称:2×2 > H:2,B:2 > 适用 > 实腹圆形截面 > 数据库 > 截面名称:钢绞线 > D:2 > 适用 > 确认,如图 31 所示。

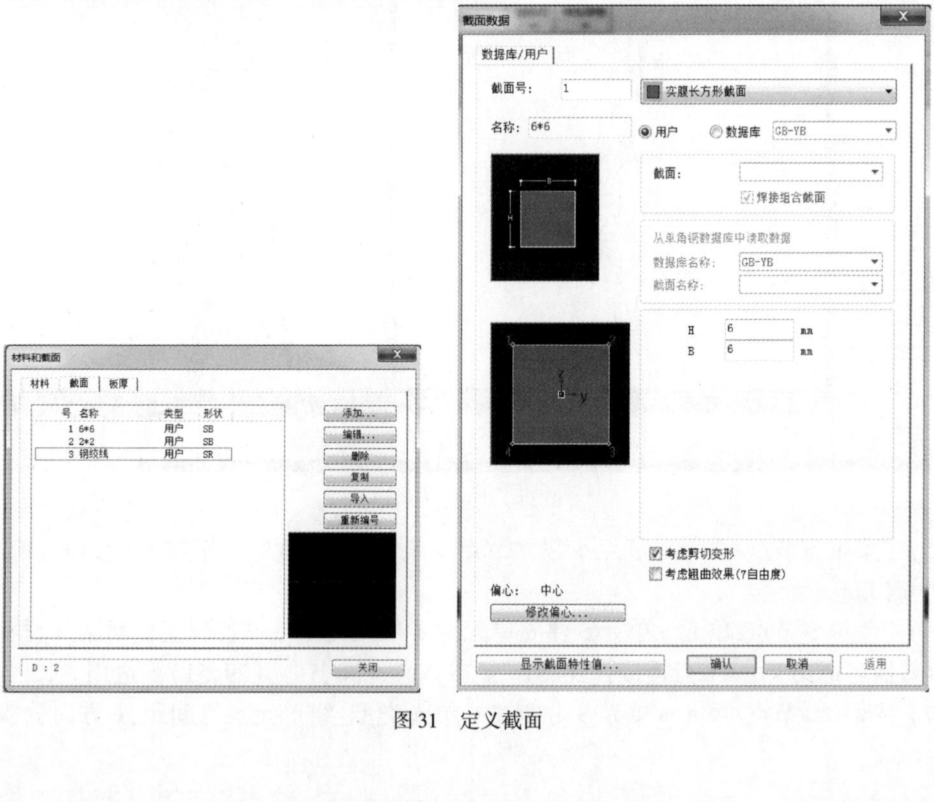

图 31　定义截面

2.2.2 建立山地输电塔模型

(1)树形菜单 > 表格 > 结构表格 > 节点 > 将 Excel 表格中的数据粘贴到节点表格中,视图跳转至 midas Gen 界面,如图 32 所示。

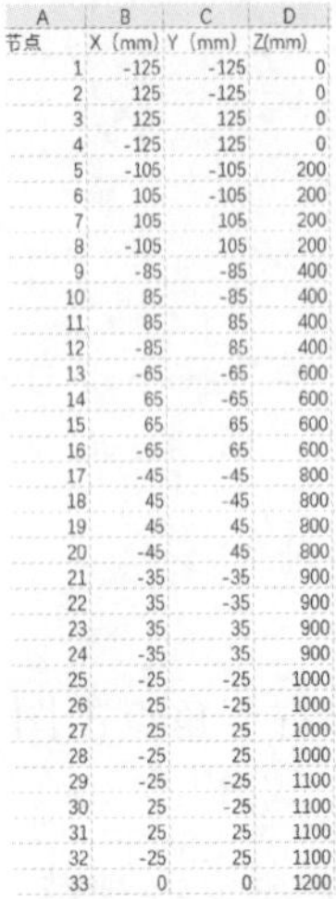

A	B	C	D
节点	X (mm)	Y (mm)	Z(mm)
1	-125	-125	0
2	125	-125	0
3	125	125	0
4	-125	125	0
5	-105	-105	200
6	105	-105	200
7	105	105	200
8	-105	105	200
9	-85	-85	400
10	85	-85	400
11	85	85	400
12	-85	85	400
13	-65	-65	600
14	65	-65	600
15	65	65	600
16	-65	65	600
17	-45	-45	800
18	45	-45	800
19	45	45	800
20	-45	45	800
21	-35	-35	900
22	35	-35	900
23	35	35	900
24	-35	35	900
25	-25	-25	1000
26	25	-25	1000
27	25	25	1000
28	-25	25	1000
29	-25	-25	1100
30	25	-25	1100
31	25	25	1100
32	-25	25	1100
33	0	0	1200

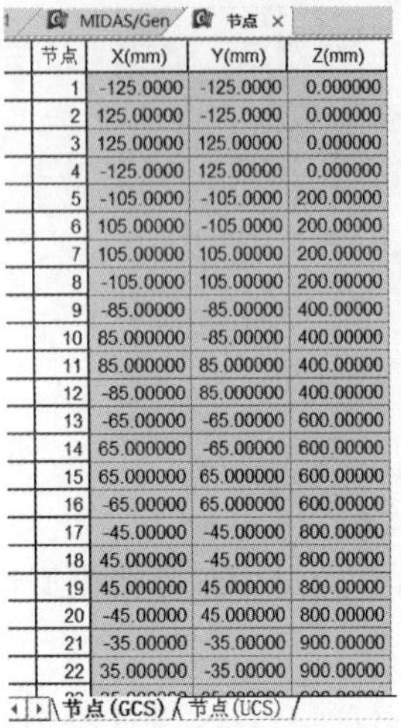

节点	X(mm)	Y(mm)	Z(mm)
1	-125.0000	-125.0000	0.000000
2	125.00000	-125.0000	0.000000
3	125.00000	125.00000	0.000000
4	-125.0000	125.00000	0.000000
5	-105.0000	-105.0000	200.00000
6	105.00000	-105.0000	200.00000
7	105.00000	105.00000	200.00000
8	-105.0000	105.00000	200.00000
9	-85.00000	-85.00000	400.00000
10	85.000000	-85.00000	400.00000
11	85.000000	85.000000	400.00000
12	-85.00000	85.000000	400.00000
13	-65.00000	-65.00000	600.00000
14	65.000000	-65.00000	600.00000
15	65.000000	65.000000	600.00000
16	-65.00000	65.000000	600.00000
17	-45.00000	-45.00000	800.00000
18	45.000000	-45.00000	800.00000
19	45.000000	45.000000	800.00000
20	-45.00000	45.000000	800.00000
21	-35.00000	-35.00000	900.00000
22	35.000000	-35.00000	900.00000

图 32 建立节点坐标

(2)主菜单 > 节点/单元 > 单元 > 建立单元 > 单元类型:一般梁/变截面梁 > 材料名称:竹材 > 截面名称:6 ×6 > 节点连接:(5,6)、(6,7)、(7,8)、(8,5)…(模型窗口依次连接同一标高节点,创建框架梁)。

(3)主菜单 > 节点/单元 > 单元 > 建立单元 > 单元类型:一般梁/变截面梁 > 材料名称:竹材 > 截面名称:6 ×6 > 节点连接:(33,32)、(32,28)、(28,24)、(24,20)、(20,16)、(16,12)、(12,8)、(8,4)…(模型窗口依次连接同一侧节点,创建柱)。

(4)主菜单 > 节点/单元 > 单元 > 建立单元 > 单元类型:一般梁/变截面梁 > 材料名称:竹材 > 截面名称:2 ×2 > 节点连接:利用捕捉功能捕捉连接框架梁单元中点,框架梁中点与底端柱角连接,依次创建模型,如图 33 所示。

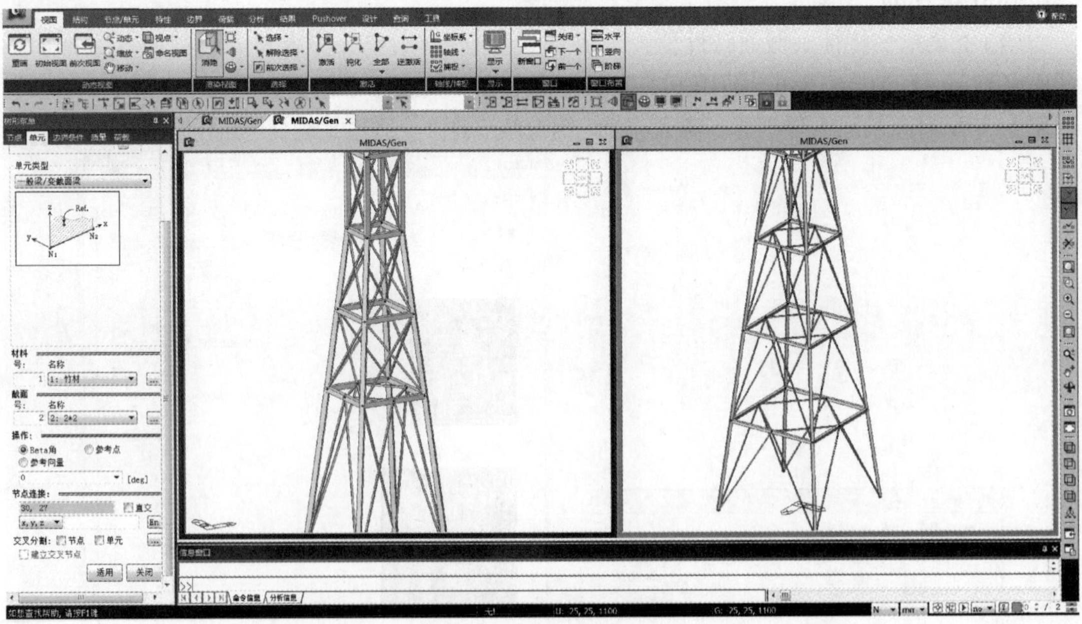

图 33 建立塔身模型

(5)主菜单 > 节点/单元 > 节点 > 建立节点 > 坐标(x,y,z)中分别输入(0,400,1000),点击 适用 或 Enter 键。

(6)主菜单 > 节点/单元 > 单元 > 建立单元 > 单元类型:一般梁/变截面梁 > 材料名称:竹材 > 截面名称:6 ×6 > 节点连接:(26,51)、(25,51)、(30,51)、(29,51) > 适用。

(7)主菜单 > 节点/单元 > 单元 > 分割 > 单元类型:线单元 > 等间距,x 方向分割数量:

4 > 模型窗口框选最新建立的 4 个单元 > 适用。

(8)主菜单 > 节点/单元 > 单元 > 建立单元 > 单元类型：一般梁/变截面梁 > 材料名称：竹材 > 截面名称：2 × 2 > 节点连接：连接分割后创建的节点，创建支撑单元，如图 34 所示。

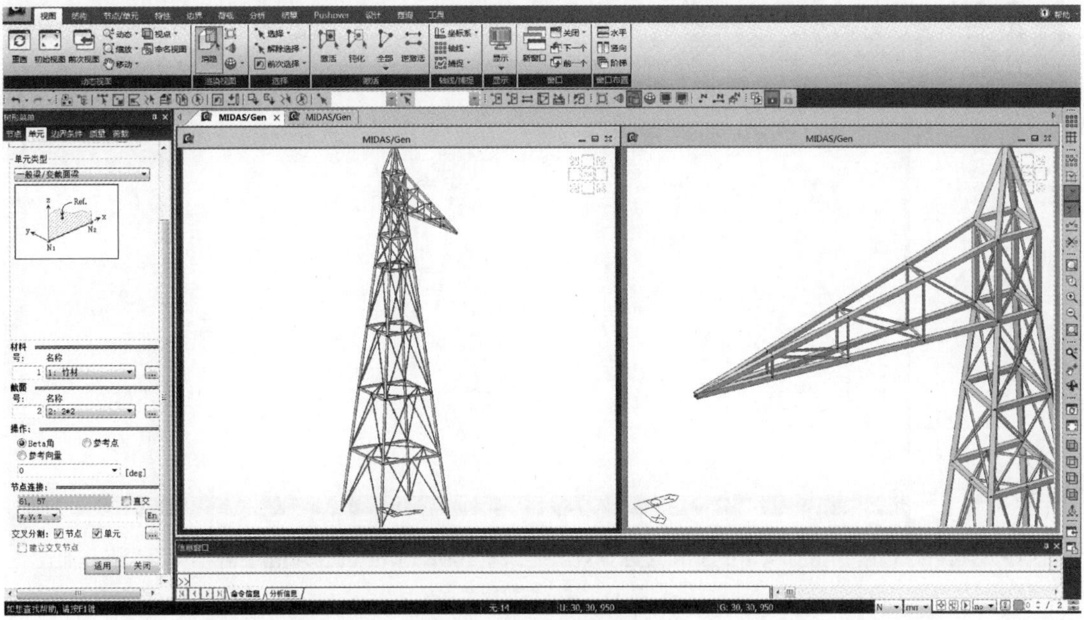

图 34　建立塔架侧翼模型

(9)主菜单 > 节点/单元 > 单元 > 镜像 > 形式：复制 > 镜像平面：z-x 平面，y：0 > 模型窗口选择塔架侧翼 > 适用，创建塔架整体模型，如图 35 所示。

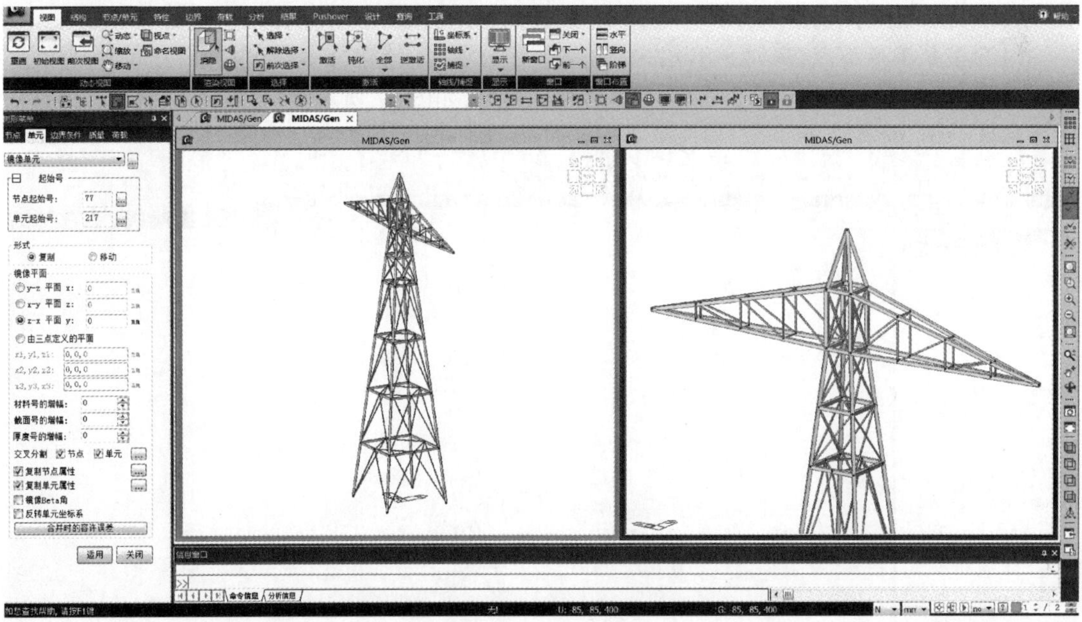

图 35　建立塔架整体模型

(10)主菜单 > 节点/单元 > 节点 > 移动/复制 > 形式：复制 > 等间距，(dx，dy，dz)：(−1000，0，−400) > 复制次数：1 > 模型窗口选择最高挂点及低挂点两节点 > 适用。

重复操作,等间距,(dx,dy,dz):(-1000,0,400)>复制次数:1>模型窗口选择低挂点节点>适用,如图36所示。

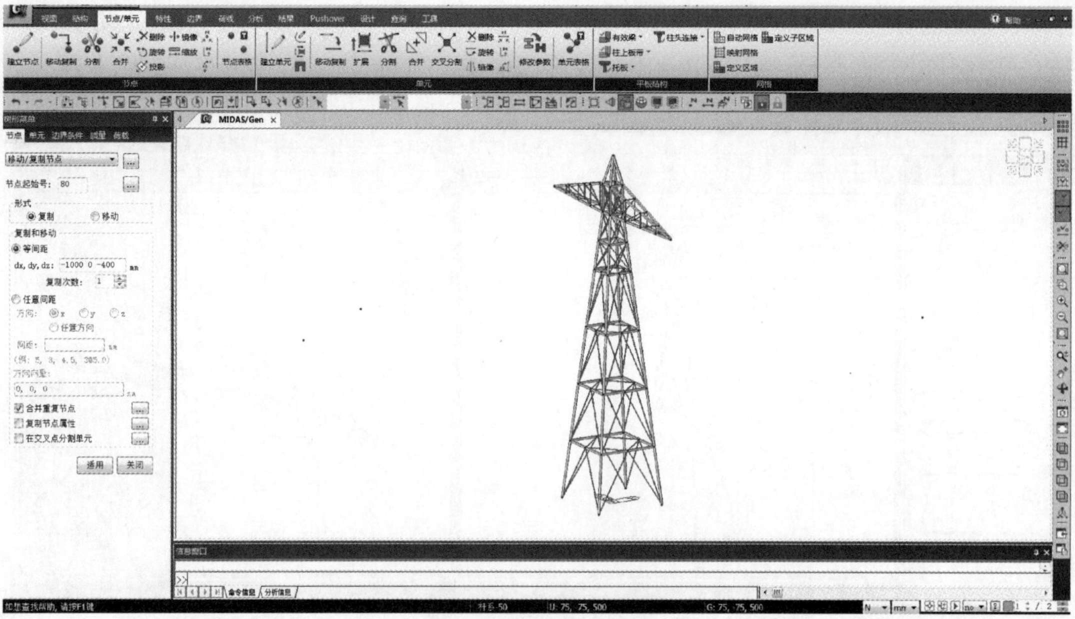

图36　建立钢绞线节点

(11)主菜单>节点/单元>单元>建立单元>单元类型:只受拉/钩/索>勾选"索",初拉力:100N(实际工程项目中索的初拉力需要找形分析,找形分析可参考《midas Gen典型案例操作详解》中的张弦结构分析)>材料名称:钢绞线>截面名称:钢绞线>节点连接:模型窗口捕捉塔架节点与钢绞线节点适用。

(12)主菜单>节点/单元>单元>分割>单元类型:线单元>等间距,x方向分割数量:4>模型窗口框选最新建立的3个钢绞线单元>适用,如图37所示。

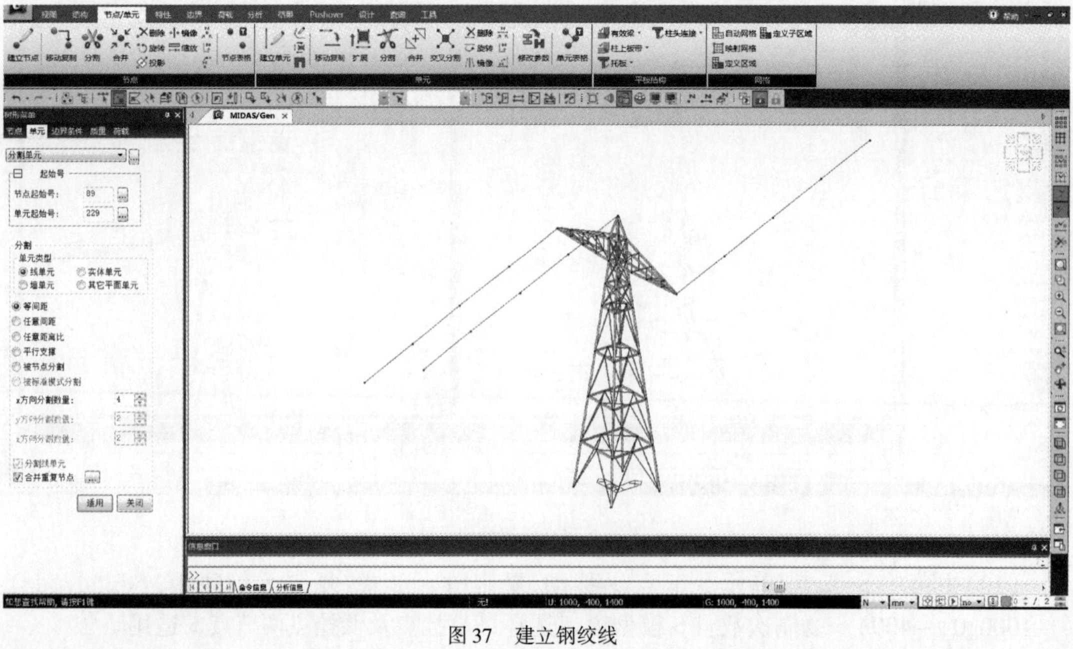

图37　建立钢绞线

2.2.3 定义边界条件

(1)主菜单 > 边界 > 一般支承 > 选择:添加 > 勾选“D-ALL” > 勾选“Rx、Ry、Rz” > 窗口选择柱底节点 > 适用。

(2)主菜单 > 边界 > 一般支承 > 选择:添加 > 勾选“D-ALL” > 窗口选择钢绞线端节点 > 适用 > 关闭。

(3)主菜单 > 边界 > 弹性支承 > 节点弹性支承 > 节点弹性支承(局部方向),类型:线性 > SDx ~ SDz 和 SRx ~ SRz 均输入 1×10^6 > 模型窗口中框选钢绞线与塔体连接的 3 个节点 > 适用,如图 38 所示。

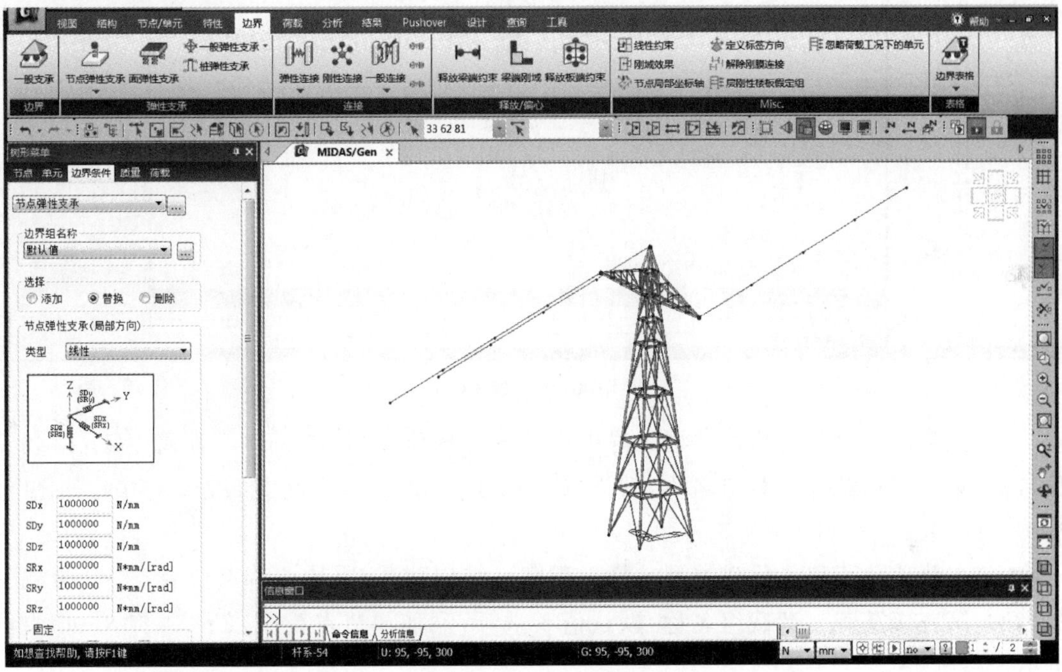

图 38　定义边界条件

2.2.4 定义荷载

(1)主菜单 > 荷载 > 荷载类型 > 静力荷载 > 建立荷载工况 > 静力荷载工况 > 名称:第一级荷载 > 类型:用户自定义的荷载(USER) > 添加 > 名称:第二级荷载 > 类型:用户自定义的荷载(USER) > 添加 > 名称:第三级荷载 > 类型:用户自定义的荷载(USER) > 添加 > 名称:自重 > 类型:用户自定义的荷载(USER) > 添加 > 关闭,如图 39 所示。

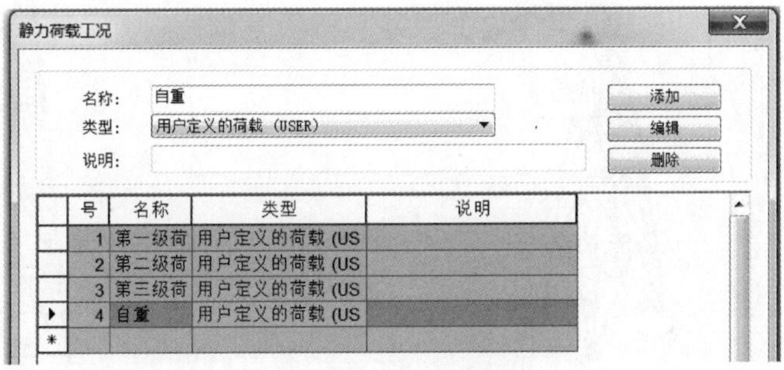

图 39　定义荷载工况

(2)主菜单＞荷载＞荷载类型＞静力荷载＞结构荷载/质量＞节点荷载＞荷载工况名称：第一级荷载＞荷载组名称：默认值＞选项：添加＞节点荷载：FZ =－20N，如图40所示。

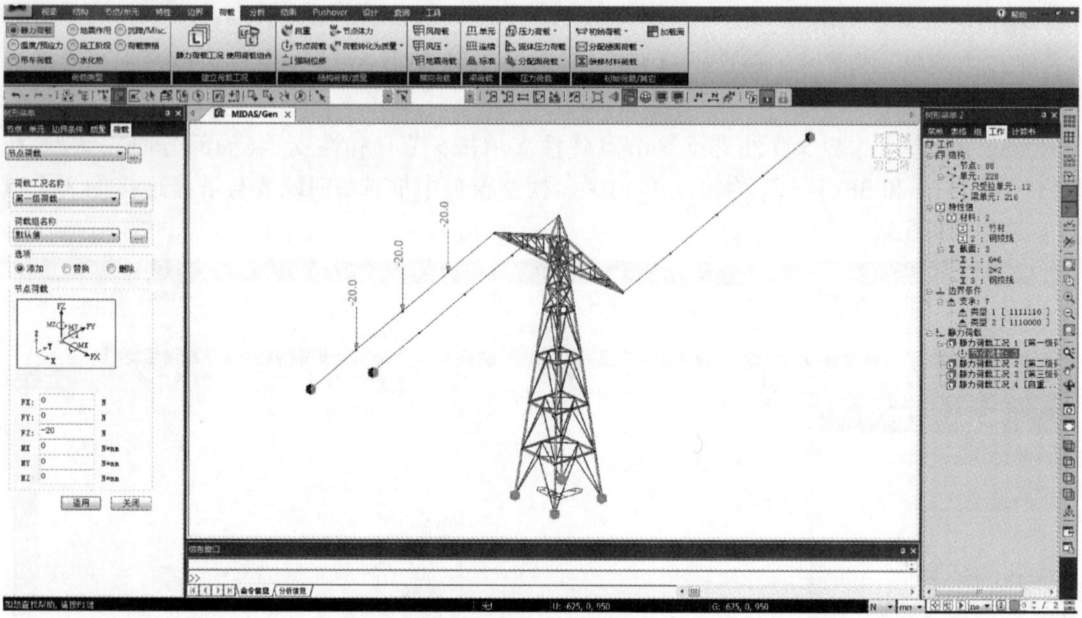

图40　第一级荷载

(3)主菜单＞荷载＞荷载类型＞静力荷载＞结构荷载/质量＞节点荷载＞荷载工况名称：第二级荷载＞荷载组名称：默认值＞选项：添加＞节点荷载：FZ =－30N，如图41所示。

(4)主菜单＞荷载＞荷载类型＞静力荷载＞结构荷载/质量＞节点荷载＞荷载工况名称：第三级荷载＞荷载组名称：默认值＞选项：添加＞节点荷载：FY =－50N，如图42所示。

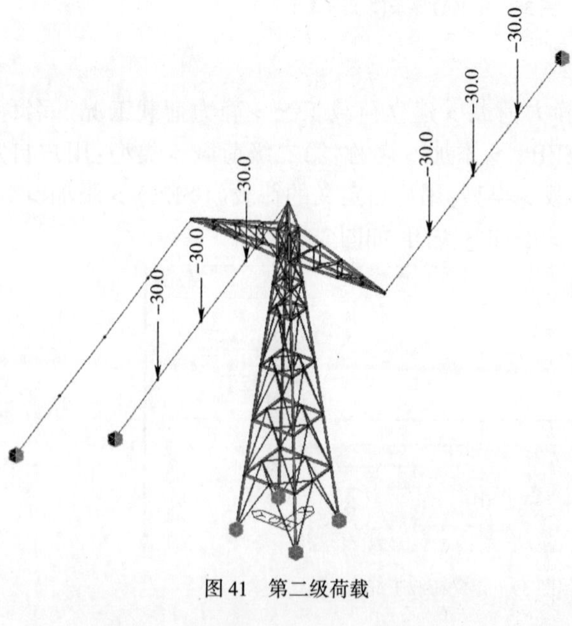

图41　第二级荷载

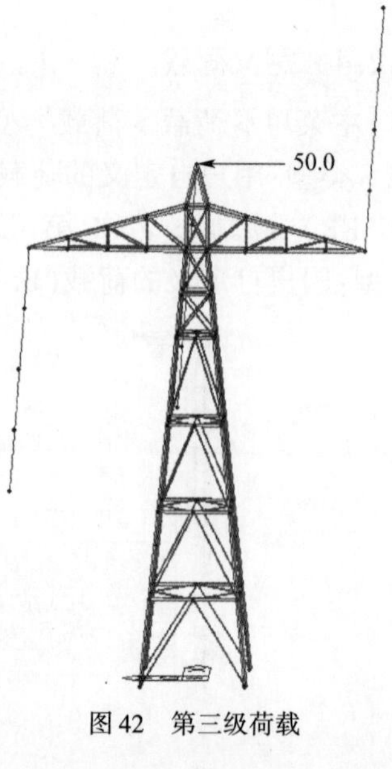

图42　第三级荷载

(5)主菜单 > 荷载 > 荷载类型 > 静力荷载 > 结构荷载/质量 > 自重 > 荷载工况名称:自重 > 荷载组名称:默认值 > 自重系数:Z =-1 > 添加 > 关闭,如图 43 所示。

2.2.5　定义非线性分析工况

主菜单 > 分析 > 分析控制 > 非线性分析 > 非线性类型:几何非线性 > 计算方法:Newton-Raphson > 加载步骤数量:1 > 子步骤内迭代次数:30 > 确认,如图 44 所示。

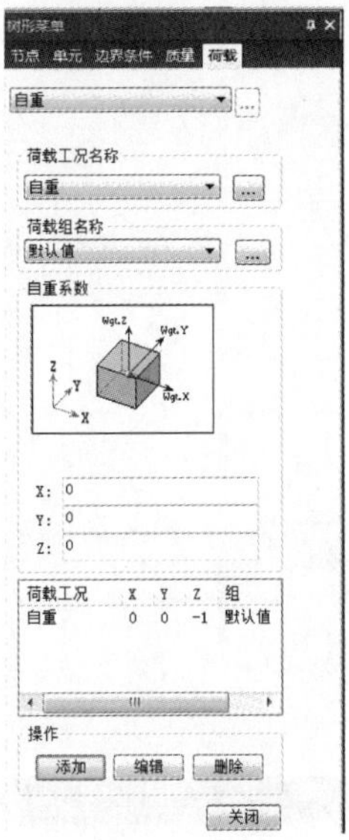

图 43　定义自重

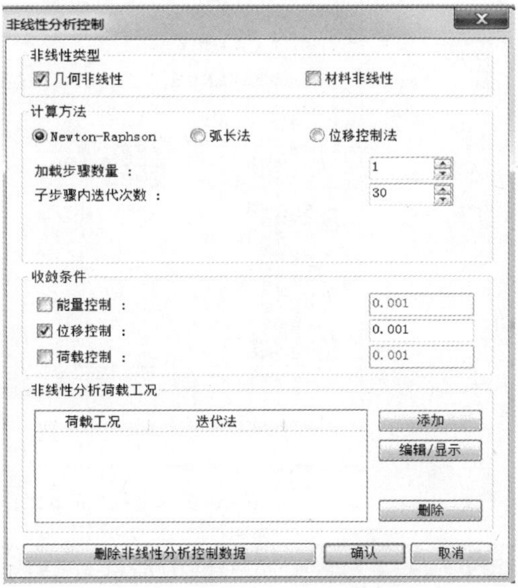

图 44　定义非线性分析控制

2.2.6　定义非线性分析荷载组合

(1)主菜单 > 结果 > 组合 > 荷载组合 > 名称:空载 > 荷载工况和系数:自重 1.0 > 名称:一级荷载 > 荷载工况和系数:第一级荷载 1.0,自重 1.0 > 名称:二级荷载 > 荷载工况和系数:第一级荷载 1.0,第二级荷载 1.0,自重 1.0 > 名称:三级荷载 > 荷载工况和系数:第一级荷载 1.0,第二级荷载 1.0,第三级荷载 1.0,自重 1.0 > 关闭,如图 45 所示。

号	名称	激活	类型	第一级荷载(ST)	第二级荷载(ST)	第三级荷载(ST)	自重(ST)	一级荷载(CB)	二级荷载(CB)
1	一级荷载	激活	相加	1.0000			1.0000		
2	二级荷载	激活	相加	1.0000	1.0000		1.0000		
3	三级荷载	激活	相加	1.0000	1.0000	1.0000	1.0000		
4	空荷载	激活	相加				1.0000		
*									

图 45　定义荷载组合

(2)主菜单 > 荷载 > 使用荷载组合 > 将“CB:一级荷载”“CB:二级荷载”“CB:三级荷载”调至选择的组合 > 适用,如图 46 所示。

2.2.7　运行分析

主菜单 > 分析 > 运行分析,或者直接点击快捷菜单中的运行分析。

注:非线性分析中,点击分析后提示报错,需要在主菜单 > 结构 > 建筑 > 控制数据 > 定义层数据 > 点击 [...] > 不勾选“层构件剪力比” > 确认,即可解决(图 47)。

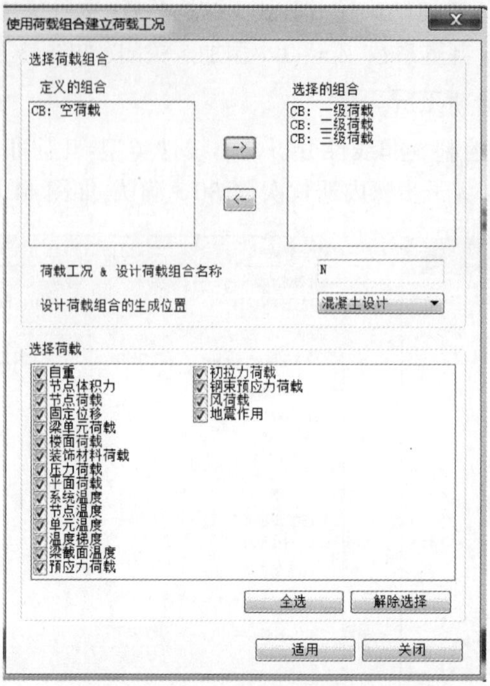

图 46　定义非线性荷载组合工况

信息窗口
生成分析用数据。
[错误] 在几何非线性分析中不能计算层中心、层剪力。请修改建筑物控制数据。

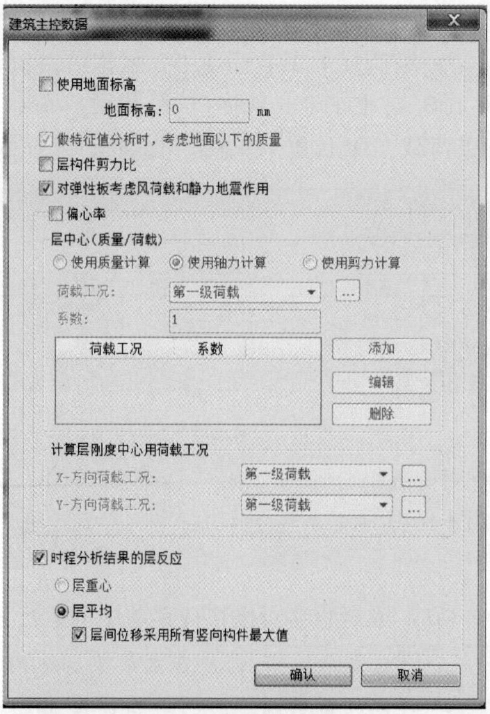

图 47　修改层数据

2.2.8 查看结果

主菜单 > 结果 > 结果 > 变形 > 位移等值线 > “荷载工况/荷载组合”选择“CB:N 三级荷载”,“位移”选择“Dz”,“显示类型”勾选“等值线、变形、图例”,点击“适用”,如图 48 所示。

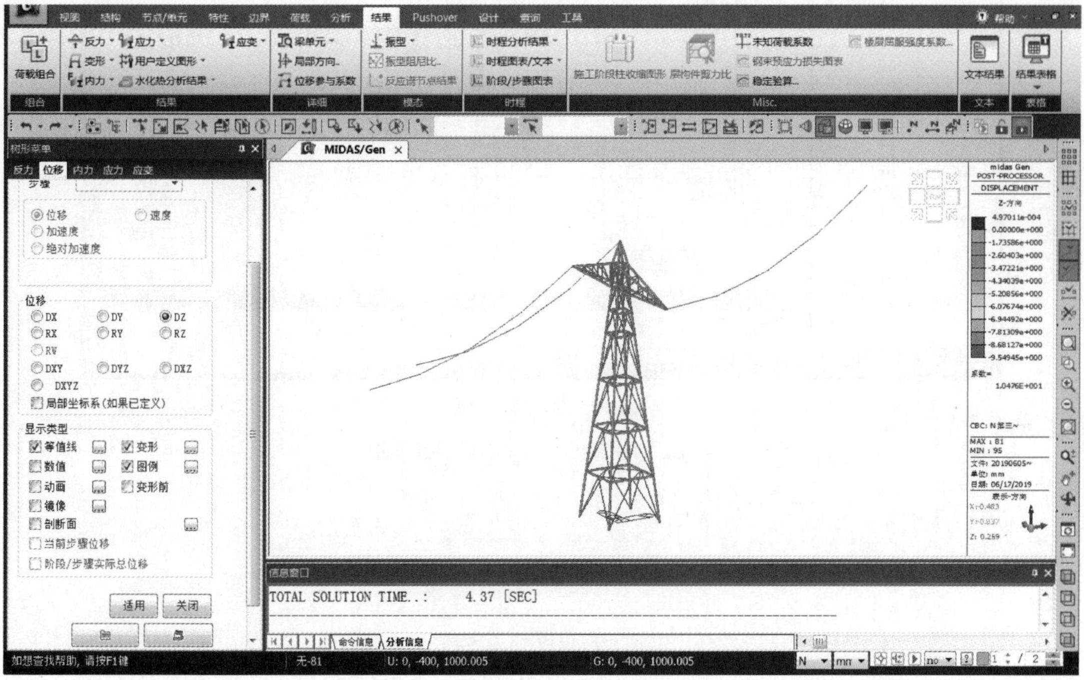

图 48 查看位移

注:查看钢绞线的位移,则需要对钢绞线分析,方便查看各部分节点位移,与赛题中钢绞线最小导线跨中加载盘底面至承台板面的净空限制进行比较。其余结果可参考第 2.1.9 节。

3 动态计算书

midas Gen 2016 增加动态计算书功能,可按照工程特点及审图要求生成计算书,结构模型发生变化后可一键更新计算书。

(1)存储计算书中图形及表格。模型窗口 > 点击鼠标右键 > 动态计算书图形 > 动态计算书图形 > 名称:位移模型 > 确认,将模型图片保存到树形菜单 > 计算书 > 图形 > 用户自定义图形中,如图 49 所示。

注:参照上述操作步骤,程序可保存云图结果、表格结构至树形菜单 > 计算书 > 图形 > 用户自定义图形和用户自定义的表格中。

(2)主菜单 > 工具 > 动态计算书 > 生成器 > 勾选新文件 > 确认,生成可编辑的 Word 文档,如图 50 所示。

(3)树形菜单 > 计算书 > 分别设置单位、页眉页脚等,如图 51 所示。

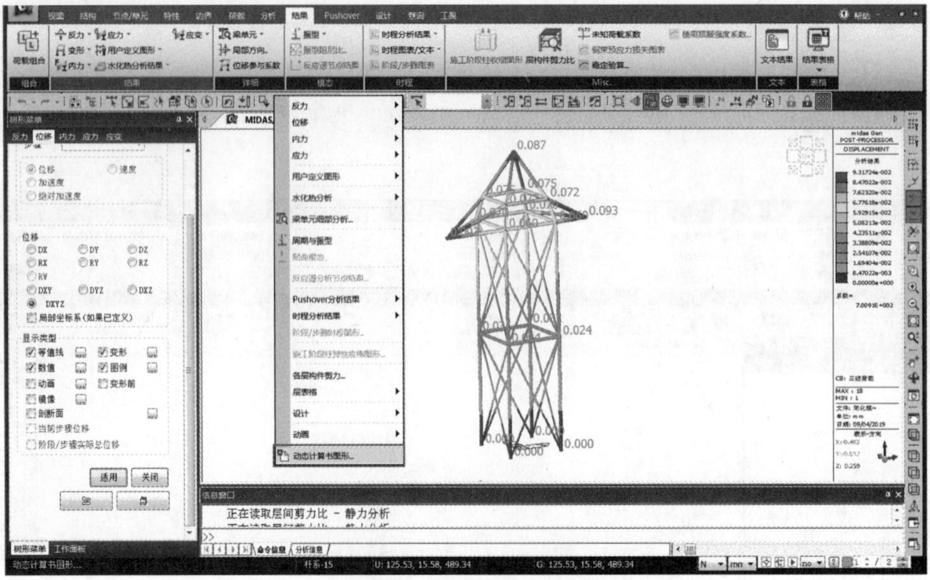

图 49　存储模型图形

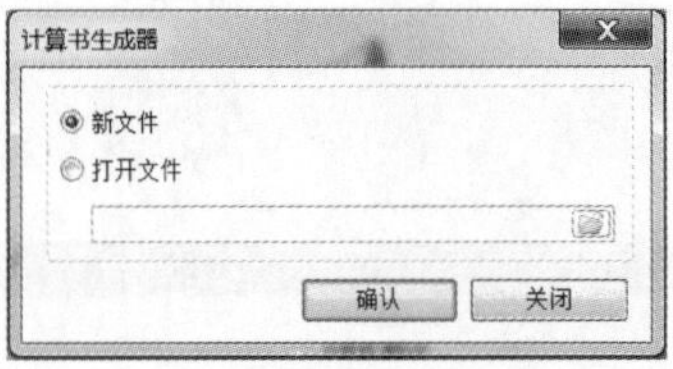

图 50　生成 Word 文档

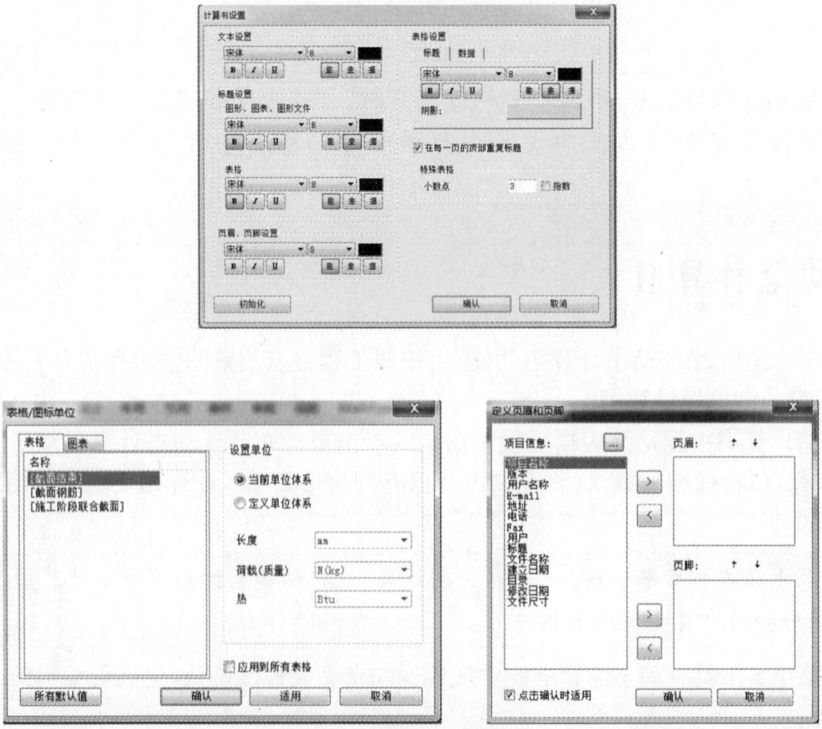

图 51　设置 Word 文档

（4）树形菜单 > 计算书 > 图形 > 用户自定义图形/表格位置处点击鼠标右键 > 插入到报告中，或者通过拖放功能将需要的图形及表格存入 Word 文档中。

（5）按照大赛格式生成计算书，保存计算书，可将树形菜单 > 计算书 > 表格 > 特殊表格 > 截面结果等拖放至计算书中，如图 52 所示。

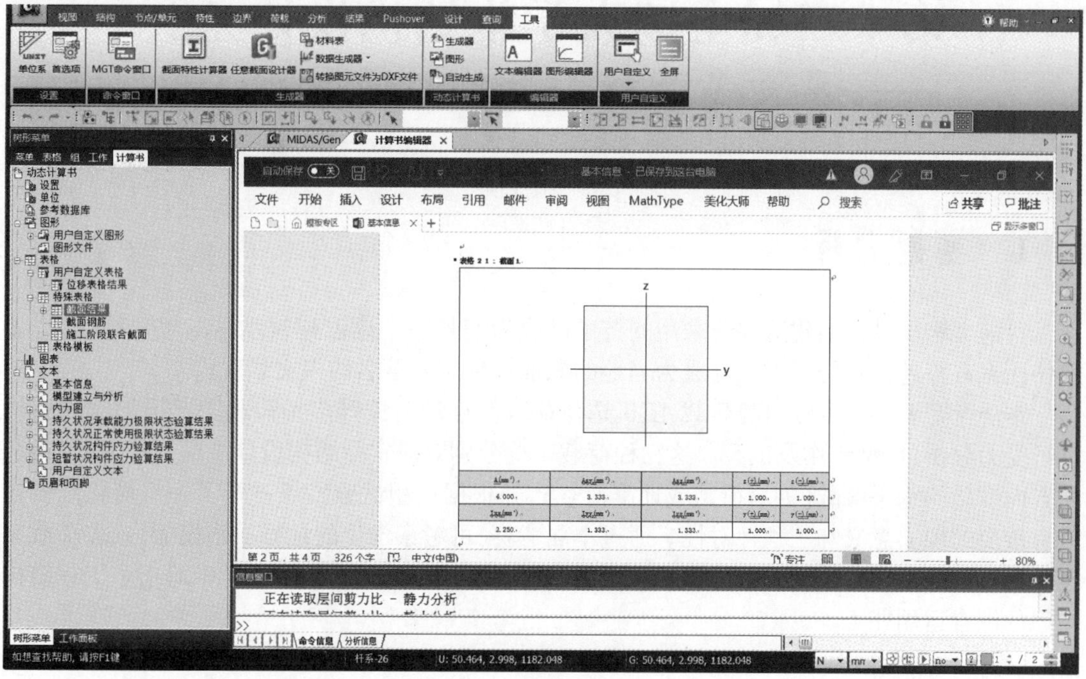

图 52　编辑计算书

（6）保存计算。

（7）一键修改计算书。主菜单 > 工具 > 动态计算书 > 生成器 > 勾选打开文件 > 打开保存的 Word 文档 > 确认，如图 53 所示。

（8）点击工具 > 动态计算书 > 自动生成 > 自动生成列表 > 点击图形 > 勾选全选/解除选择 > 重新生成，使用类似的操作可修改报告书中表格结果、图表结果、文本结果、图形结果，如图 54 所示。

图 53　打开计算书

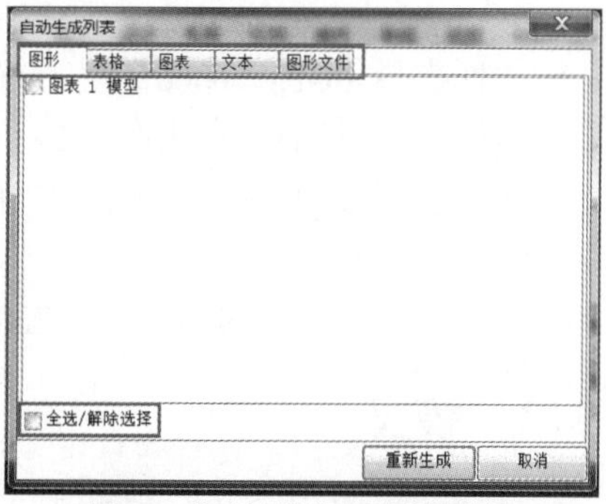

图 54　修改计算书中图形等结果

第十二届全国大学生结构设计竞赛
——承受多荷载工况的空间网架结构

1 赛题分析

目前大跨度结构的建造和所采用的技术已成为衡量一个国家建筑水平的重要标志,许多宏伟而富有特色的大跨度建筑已成为当地的象征性标志和著名的人文景观。

本届竞赛要求学生针对静荷载、随机选位荷载及移动荷载等多种荷载工况下的空间结构进行受力分析、模型制作及试验。这三种荷载工况分别对应实际结构设计中的恒荷载、活荷载和方向变化的水平荷载(如风荷载或地震荷载),并根据模型试验特点进行了一定简化。赛题具有重要的现实意义和工程针对性。通过本届竞赛,可考察学生的计算机建模能力、多荷载工况组合下的结构优化分析计算能力、复杂空间节点设计安装能力,检验大学生对土木工程结构知识的综合运用能力。

1.1 材料

本届竞赛选用竹材制作结构构件,竹材参考力学指标见表1。

竹材参考力学指标 表1

密　度	顺纹抗拉强度	抗压强度	弹性模量
$0.8g/cm^3$	60MPa	30MPa	6GPa

(1)弹性模量:$6GPa = 6000MPa = 6000N/mm^2$。

(2)泊松比:竹材的泊松比在0.24~0.30之间,平均值为0.2822,建议取值0.28。

(3)线膨胀系数:此参数与温度应力有直接关系,此模型不考虑温度影响,故此参数可以不填写。

(4)重度:$0.8g/cm^3 \times 9.8N/kg = 7.84 \times 10^{-6}N/mm^3$。

1.2 模型

竞赛要求模型构件允许位置范围为两个半球面之间的空间,如图1所示,内半球半径为375mm,外半球半径为550mm。

1.3 荷载

加载分为三级,第一级是竖直荷载,在所有加载点上施加50N的竖向荷载;第二级是在第一级的荷载基础上，在选定的 4 个点上每点施加 40 ~ 60N 的竖向荷载（每点荷载需是同一数值）；第三级是在前两级荷载基础上，施加变方向水平荷载，大小在 40 ~ 80N 之间。

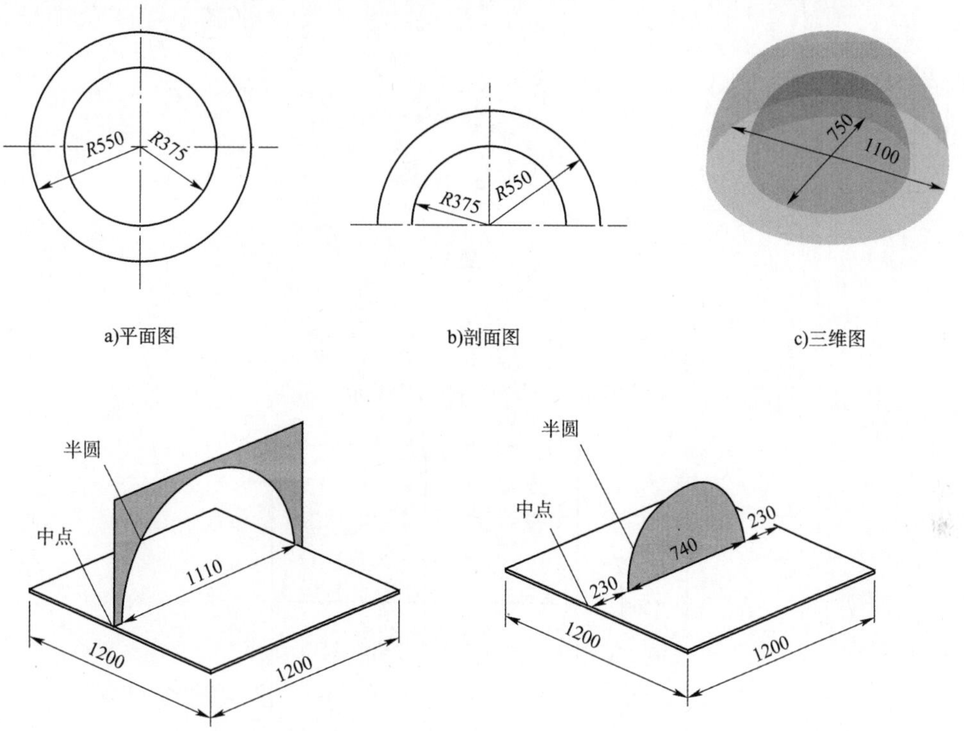

a)平面图　b)剖面图　c)三维图

d)外轮廓检测装置A　e)内轮廓检测装置B

图 1　模型区域示意图和检测装置几何外观尺寸示意图（尺寸单位：mm）

在半径为 150mm 和半径为 260mm 的两个圆上共设置 8 个加载点（图 2），第一级荷载在所有 8 个点上施加竖直荷载，第二级荷载在 $R = 150$mm 及 $R = 260$mm 两圈加载点中各选取两个加载点施加竖直荷载（图 3），第三级荷载在内圈加载点中抽签选出 1 个加载点施加水平荷载（图 4）。

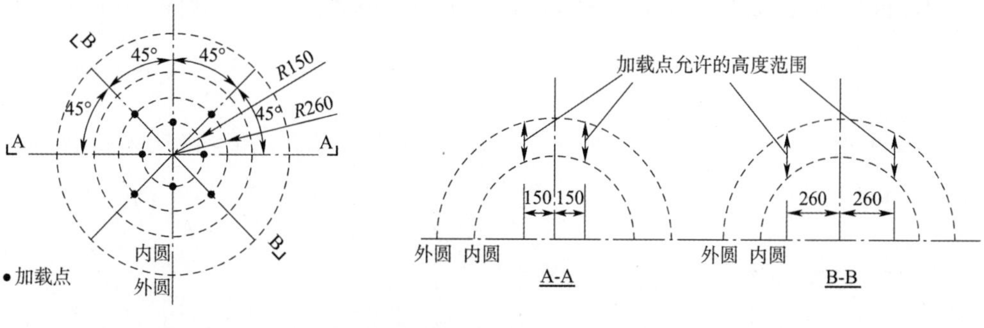

a)加载点平面位置图　b)加载点剖面位置图

图 2　加载点位置示意图（尺寸单位：mm）

1.4　边界条件

模型制作完成后采用螺钉将模型固定到底板上，边界条件设置为固定连接。

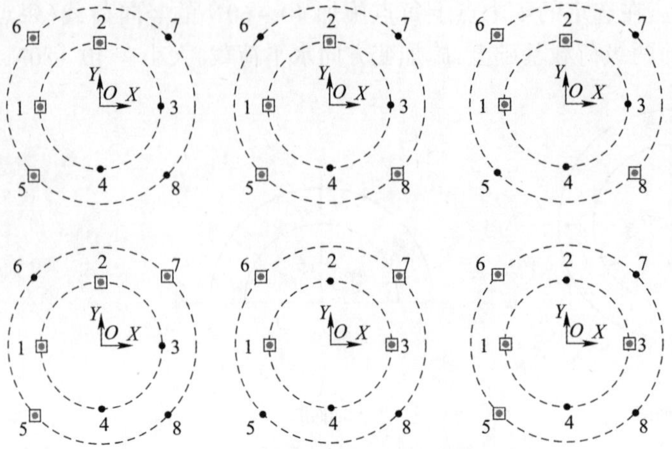

图 3　第二级竖向荷载加载模式示意图

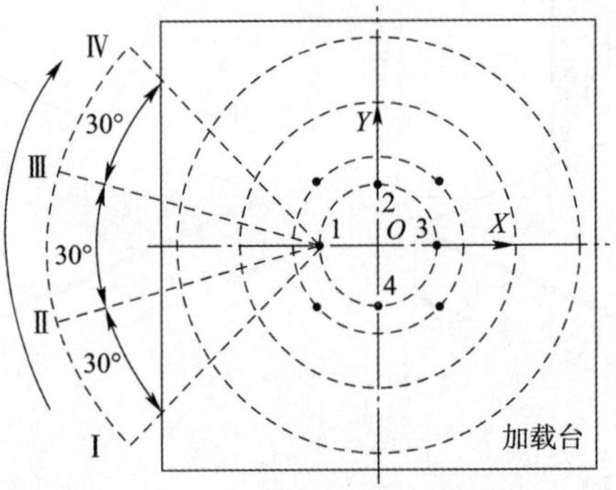

图 4　第三级水平荷载加载模式示意图

1.5　结果

结构的强度与刚度是结构性能的两个重要指标。在模型第一、二级加载过程中，通过位移测量装置对结构中心点的垂直位移进行测量。根据实际工程中大跨度屋盖的挠度要求，按照相似原理进行换算，再综合其他试验因素后设定本模型最大允许位移为[w] = 12mm，如图 5 所示。

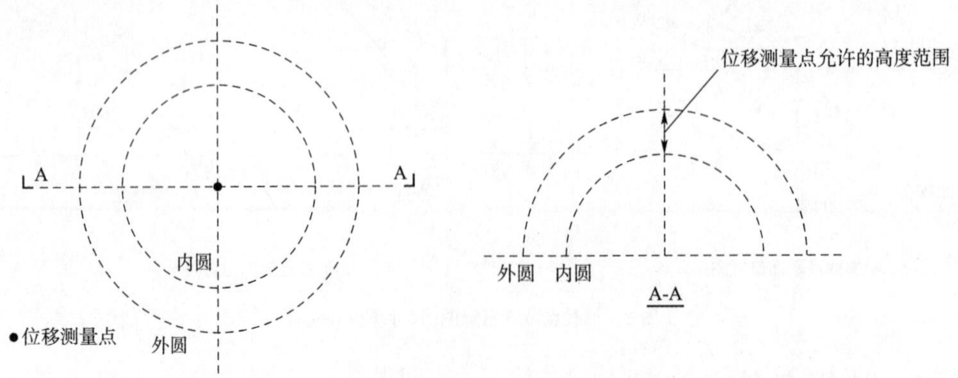

a)位移测量点平面图　　b)位移测量点剖面图

图 5　位移测量点位置示意图

建立模型，如图 6 所示。

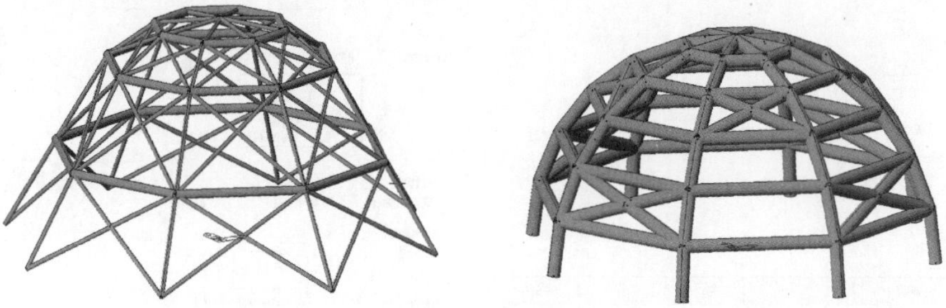

a)大赛模型-1　　b)大赛模型-2

图 6　大赛模型示意图

2　建 立 模 型

2.1　建立大赛模型-1

2.1.1　设定操作环境及定义材料和截面

(1)双击 midas Gen 图标，打开 Gen 程序 > 主菜单 > 新项目 > 保存 > 文件名：大赛模型-1 > 保存。

(2)主菜单 > 工具 > 单位体系 > 长度：mm，力：N > 确定。亦可在模型窗口右下角点击图标N mm的下拉三角，修改单位体系，如图 7 所示。

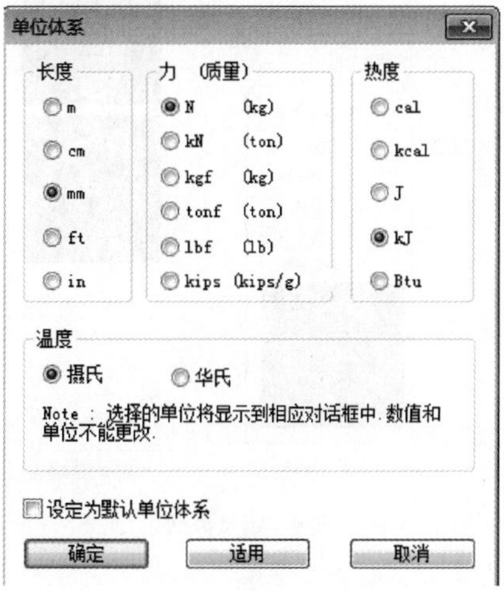

图 7　定义单位体系

(3)主菜单 > 特性 > 材料特性值 > 添加 > 名称：竹材 > 设计类型：用户定义 > 规范：无 > 弹性模量：6×10^3N/mm^2，泊松比：0.28，容重：7.84×10^{-6}N/mm^3 > 确定，如图 8 所示。

(4)主菜单 > 特性 > 截面特性值 > 添加 > 数据库/用户 > 管型截面 > 用户 > 截面 1 名称：P20 × 1 > D：20，tw：1 > 适用 > 截面 2 名称：P10 × 0.5 > D：10，tw：0.5 > 适用 > 确认，如图 9 所示。

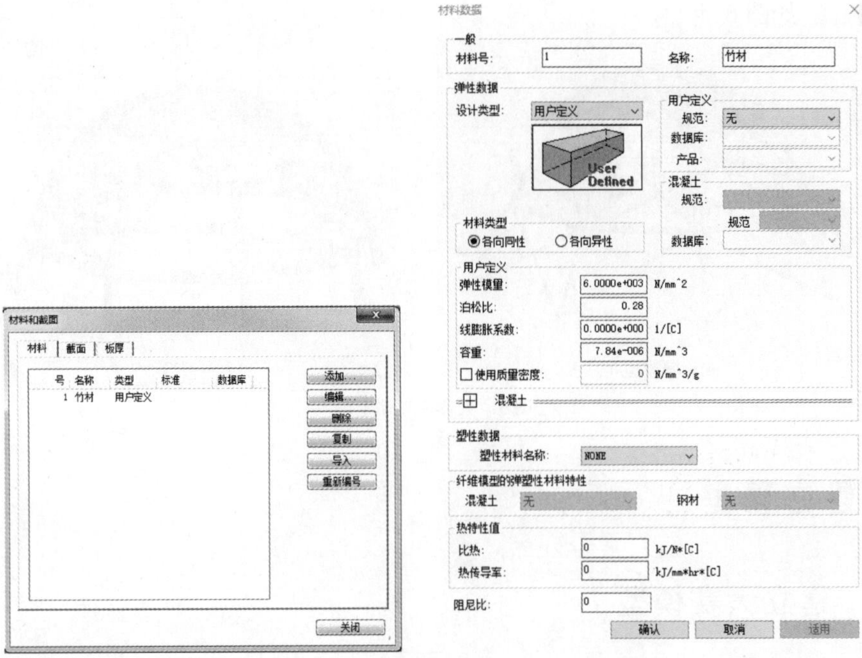

图 8　定义材料

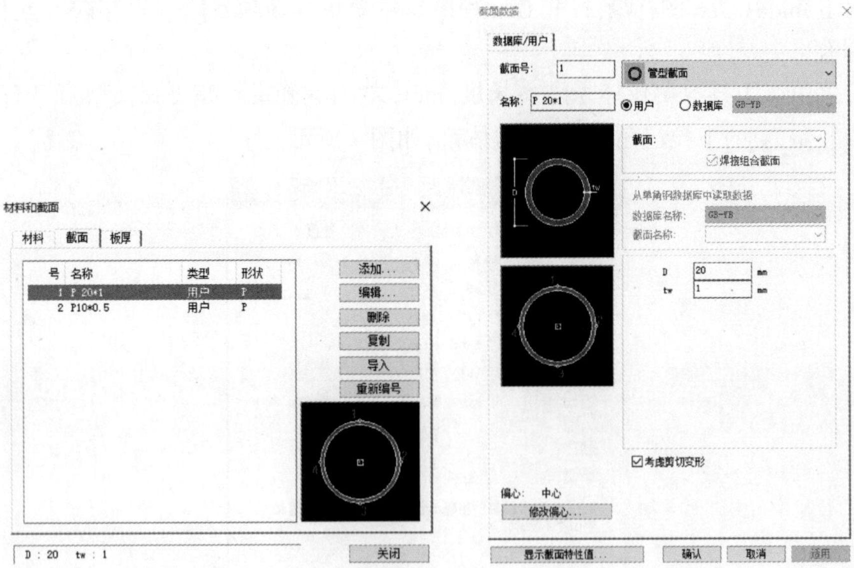

图 9　定义截面

2.1.2　建立大赛模型-1

(1)主菜单 > 节点/单元 > 节点 > 建立节点 > 坐标(x,y,z)中分别输入(0,0,0) > 点击适用或 Enter 键,继续建立节点(500,0,0)、(0,500,0)、(380,0,0)、(0,380,0)、(260,0,0)、(0,260,0)、(150,0,0)、(0,150,0),点击关闭。

(2)主菜单 > 节点/单元 > 单元 > 在曲线上建立直线单元 > 曲线类型:圆中心 + 两点 > 单元类型:梁单元 > 材料号:竹材 > 截面号:P20 × 1 > 方向:beta 角 0 > 分割数量:8 > 曲线终点:圆心点 C,P1 和 P2 点依次点选节点(1,2,3)、(1,4,5)、(1,6,7)、(1,8,9),如

图 10 所示。

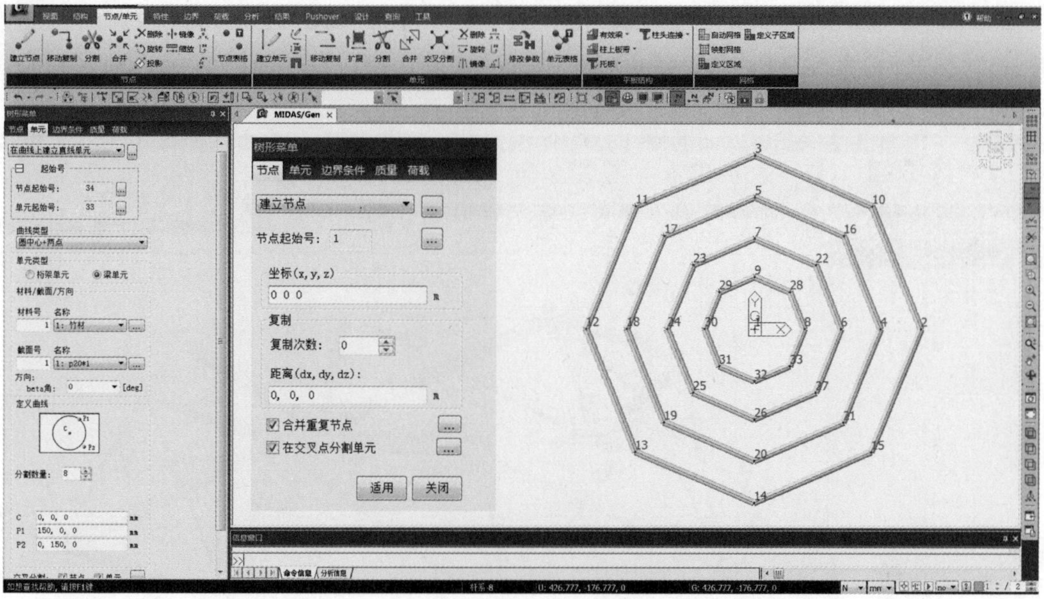

图 10　建立节点和单元

(3)主菜单 > 节点/单元 > 单元 > 移动复制 > 形式:移动 > 等间距 > 方向,(dx,dy,dz):(0,0,480) > 点击窗口选择模型内侧第一圆环 > 关闭。依次选取模型内侧第二环和第三环,按上述步骤分别按(0,0,400)、(0,0,200)将模型移动。

(4)主菜单 > 节点/单元 > 节点 > 删除 > 类型:选择 > 勾选"只适用于自由节点" > 点击全选,选取整体模型 > 适用,如图 11 所示。

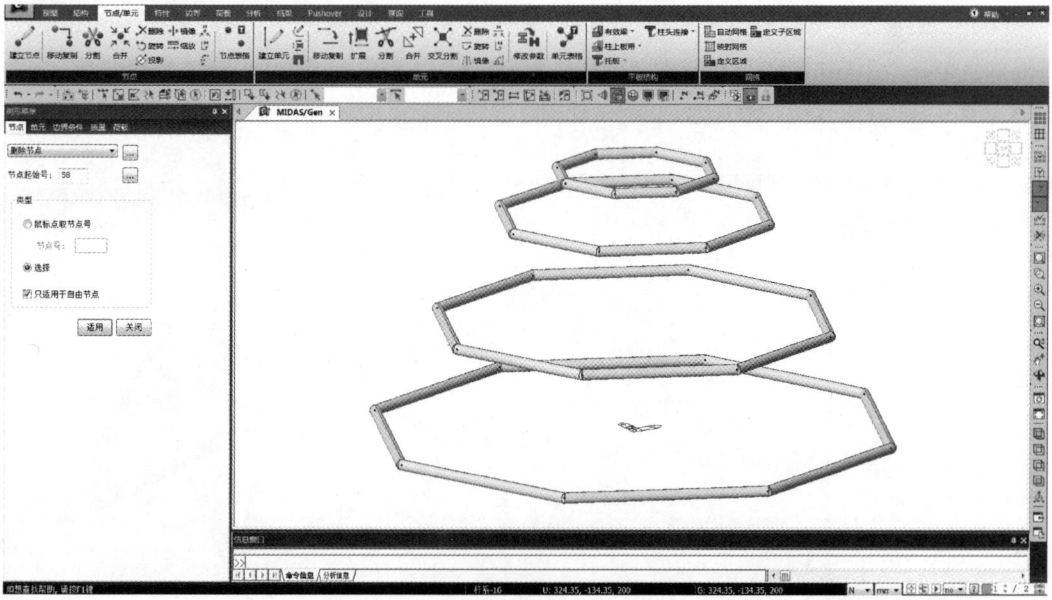

图 11　删除节点

(5)点击选择模型内侧第一环和第二环,点击钝化。主菜单 > 节点/单元 > 单元 > 建立单元 > 单元类型:一般梁/变截面梁 > 材料名称:竹材 > 截面名称:P10 ×0.5 > 交叉分割:节

点和单元都勾选 > 节点连接:(3,52)。按上述步骤,依次连接(10,51)、(2,50)、(15,57)、(14,56)、(13,55)、(12,54)、(11,53)、(11,52)、(52,10)、(10,50)、(50,15)、(15,56)、(56,13)、(13,54)、(54,11)、(12,55)、(55,14)、(14,57)、(57,2)、(2,51)、(51,3)、(3,53)、(53,12),如图12所示。

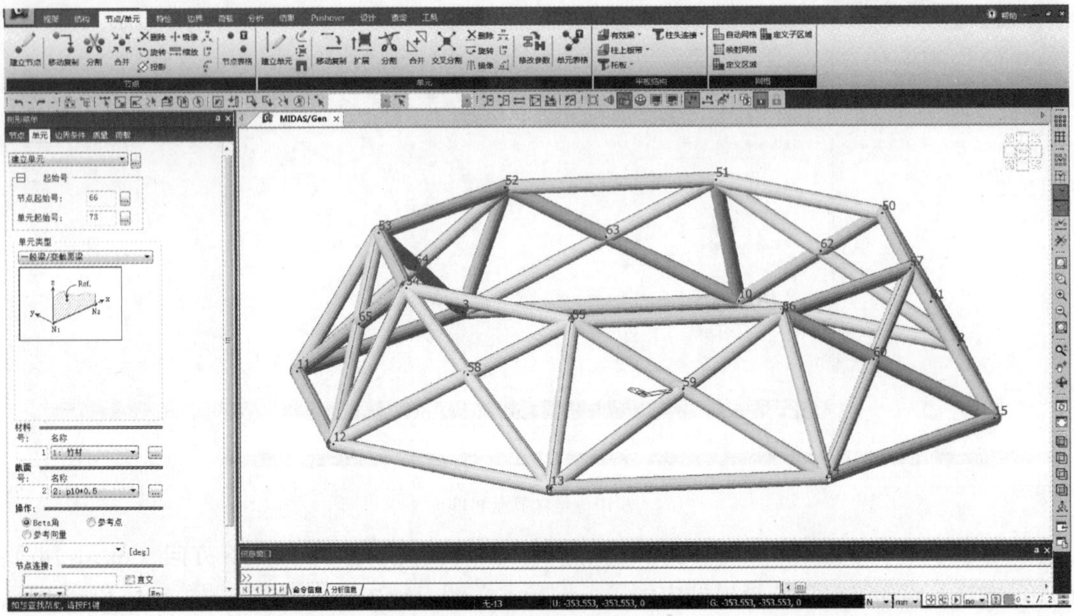

图12　建立支撑

注:应用竹材建立的交叉支撑单元可以不生成节点,不需要勾选"节点和单元"。

(6)点击显示单元号。主菜单 > 节点/单元 > 单元 > 删除 > 类型:选择 > 勾选"只适用于自由节点" > 点击选取单元号1~8共8个单元 > 适用,如图13所示。

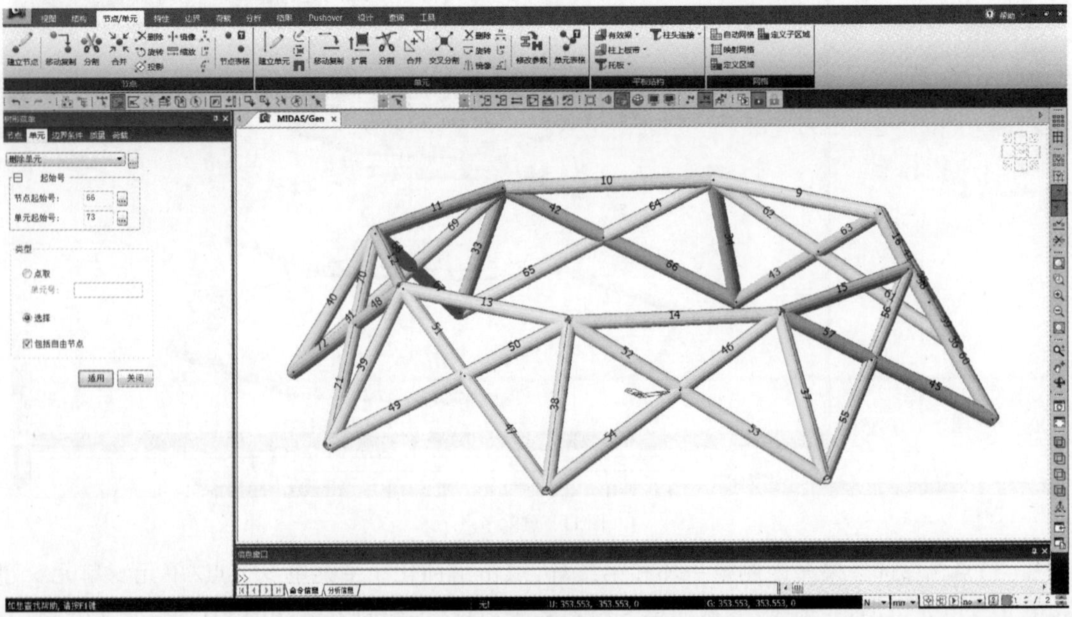

图13　删除单元

(7)点击全部激活模型。主菜单 > 节点/单元 > 单元 > 建立单元 > 单元类型:一般梁/变截面梁 > 材料名称:竹材 > 截面名称:P10 × 0.5 > 交叉分割:节点和单元都勾选 > 节点连接,依次连接节点(52,44)、(51,43)、(50,42)、(57,49)、(56,48)、(55,47)、(54,46)、(53,45)、(52,43)、(43,50)、(50,49)、(49,56)、(56,47)、(47,54)、(54,45)、(45,52)、(53,44)、(44,51)、(51,42)、(42,57)、(57,48)、(48,55)、(55,46)、(46,53)、(44,36)、(43,35)、(42,34)、(49,41)、(48,40)、(47,39)、(46,38)、(45,37)、(44,35)、(35,42)、(42,41)、(41,48)、(48,39)、(39,46)、(46,37)、(37,44)、(45,36)、(36,43)、(43,34)、(34,49)、(49,40)、(40,47)、(47,3)、(38,45)、(36,40)、(35,39)、(34,38)、(41,37)。

(8)主菜单 > 节点/单元 > 节点 > 移动复制 > 形式:移动 > 等间距,(dx,dy,dz):(0,0,20) > 点击选取节点 82 > 适用,如图 14 所示。

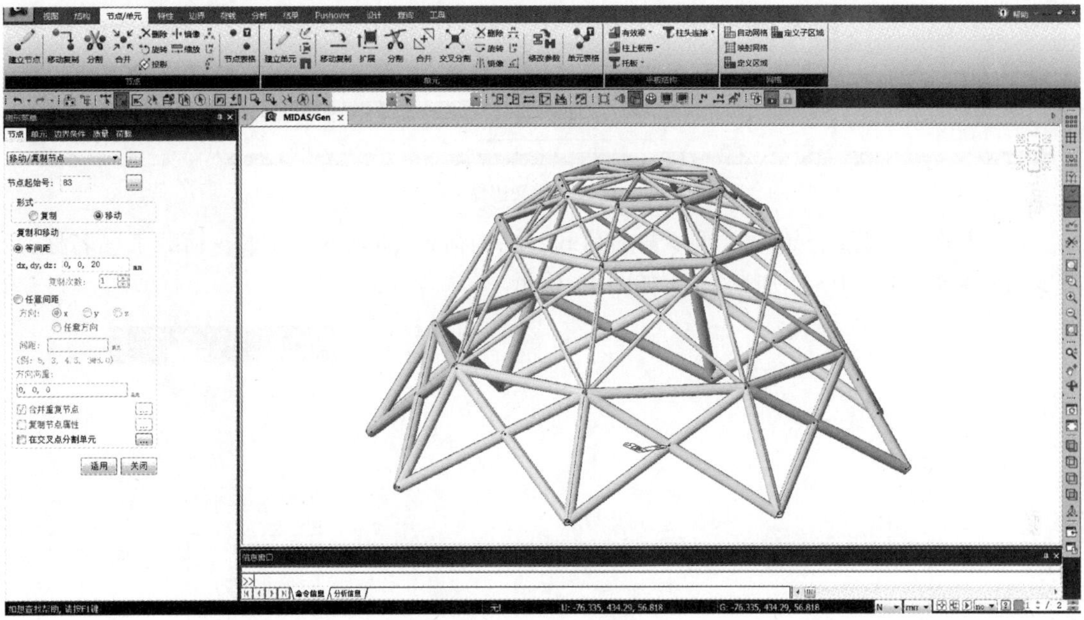

图 14　建立整体模型

注:①主菜单 > 视图 > 显示 > 显示选项 > 绘图,模型窗口的单元可根据基本颜色、单元颜色、材料颜色、截面/厚度颜色等选取不同的显示颜色。

②程序可通过树形菜单 > 工作目录树增加、删减特性、边界、荷载等,可通过树形菜单的拖放功能修改材料、截面的特性值。

2.1.3　定义边界条件

主菜单 > 边界 > 一般支承 > 选择:添加 > 勾选“D-ALL”“R-ALL” > 窗口选择柱底节点 > 适用 > 关闭,如图 15 所示。

2.1.4　定义荷载

(1)主菜单 > 荷载 > 荷载类型 > 静力荷载 > 建立荷载工况 > 静力荷载工况 > 名称:自重 > 类型:用户自定义的荷载(USER) > 添加 > 名称:第一级荷载 > 类型:用户自定义的荷载(USER) > 添加 > 名称:第二级荷载 > 类型:用户自定义的荷载(USER) > 添加 > 名称:第三级荷载 > 类型:用户自定义的荷载(USER) > 添加 > 关闭,如图 16 所示。

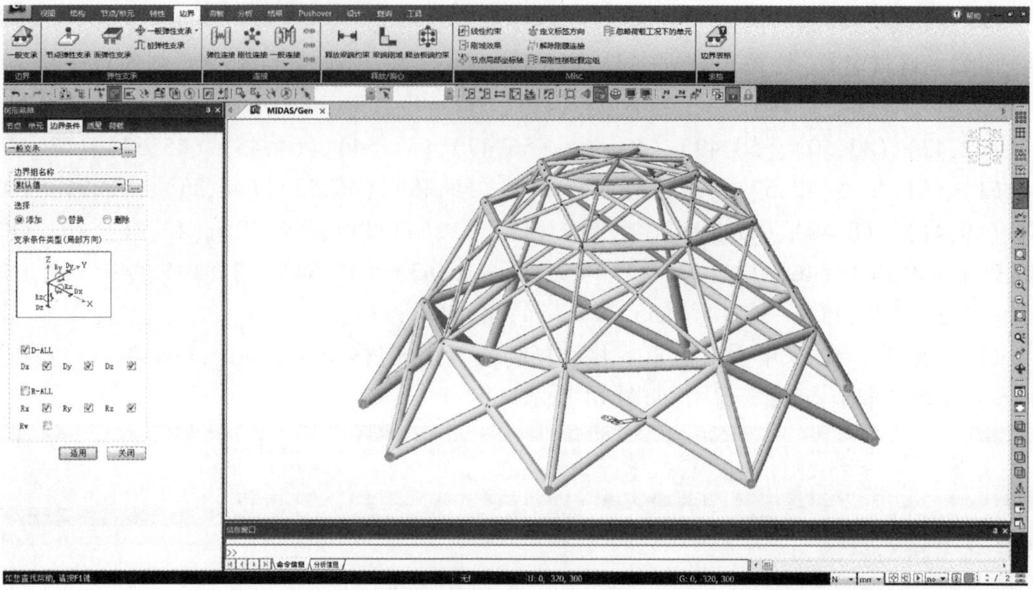

图 15　定义边界

(2)主菜单 > 荷载 > 荷载类型 > 静力荷载 > 结构荷载/质量 > 自重 > 荷载工况名称:自重 > 自重系数:Z =–1 > 添加 > 关闭,如图 17 所示。

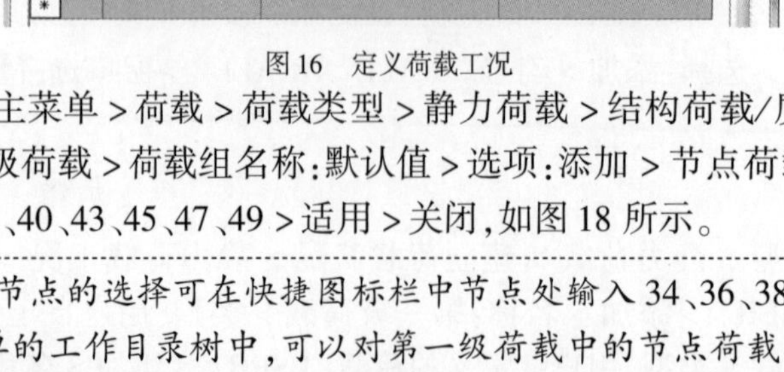

图 16　定义荷载工况

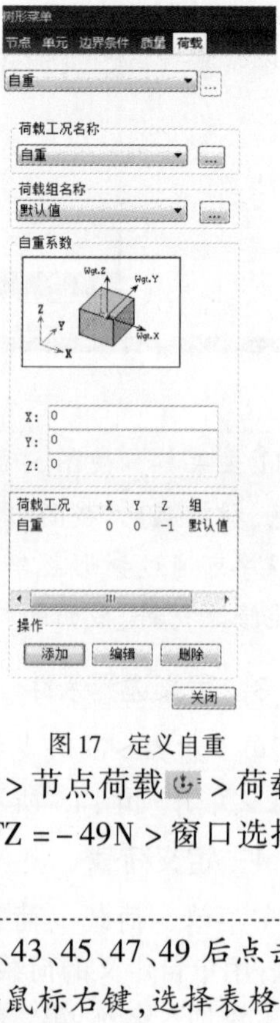

图 17　定义自重

(3)主菜单 > 荷载 > 荷载类型 > 静力荷载 > 结构荷载/质量 > 节点荷载 > 荷载工况名称:第一级荷载 > 荷载组名称:默认值 > 选项:添加 > 节点荷载:FZ =–49N > 窗口选择节点 34、36、38、40、43、45、47、49 > 适用 > 关闭,如图 18 所示。

注:节点的选择可在快捷图标栏中节点处输入 34、36、38、40、43、45、47、49 后点击 Enter。树形菜单的工作目录树中,可以对第一级荷载中的节点荷载单击鼠标右键,选择表格,即可在表格中查看节点荷载,并且可以直接在 Excel 中修改节点荷载大小。

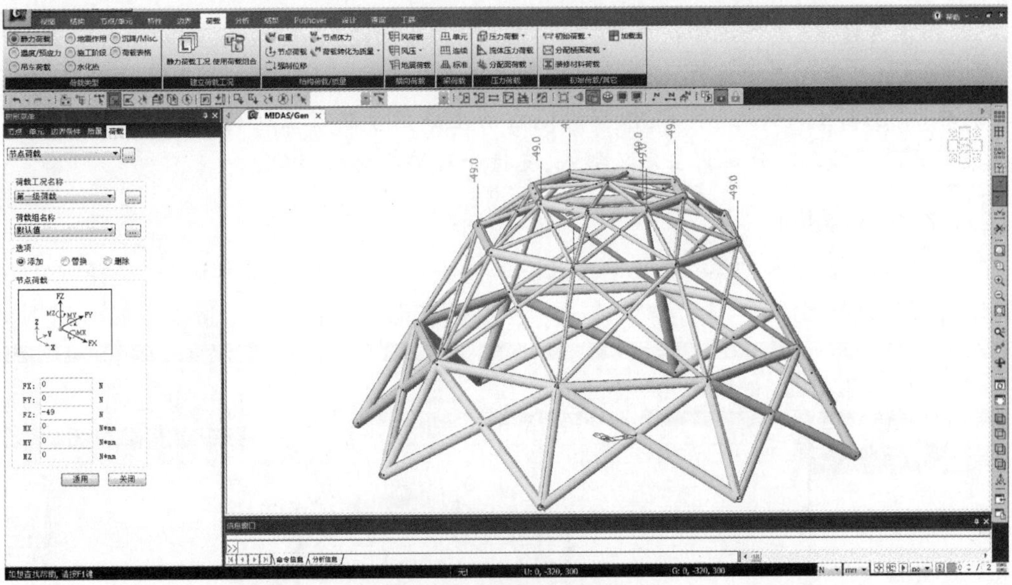

图 18　施加第一级荷载

(4)主菜单 > 荷载 > 荷载类型 > 静力荷载 > 结构荷载/质量 > 节点荷载 > 荷载工况名称:第二级荷载 > 荷载组名称:默认值 > 选项:添加 > 节点荷载:FZ = -49N > 窗口选择节点 36、38、47、49 > 适用 > 关闭。

注:按照赛题第二级加载中的 b 项加载。

(5)主菜单 > 荷载 > 荷载类型 > 静力荷载 > 结构荷载/质量 > 节点荷载 > 荷载工况名称:第三级荷载 > 荷载组名称:默认值 > 选项:添加 > 节点荷载:FX = 40N、FY = 40N > 窗口选择节点 38 > 适用 > 关闭。

2.1.5　运行分析

主菜单 > 分析 > 运行分析,或者直接点击快捷菜单中的运行分析,如图 19 所示。

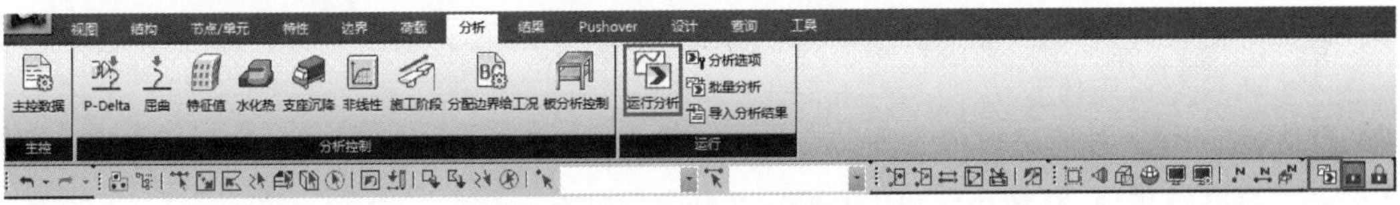

图 19　运行分析及前后处理模式切换

2.1.6　定义荷载组合

主菜单 > 结果 > 组合 > 荷载组合 > 名称:空载 > 荷载工况和系数:自重 1.0 > 名称:二级荷载 > 荷载工况和系数:自重 1.0,第二级荷载 1.0 > 名称:三级荷载 > 荷载工况和系数:自重 1.0,第一级荷载 1.0,第二级荷载 1.0,第三级荷载 1.0 > 关闭,如图 20 所示。

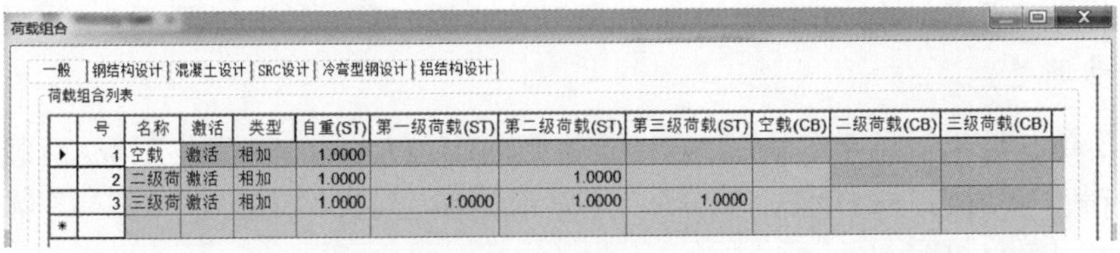
荷载组合

一般 | 钢结构设计 | 混凝土设计 | SRC设计 | 冷弯型钢设计 | 铝结构设计

荷载组合列表

	号	名称	激活	类型	自重(ST)	第一级荷载(ST)	第二级荷载(ST)	第三级荷载(ST)	空载(CB)	二级荷载(CB)	三级荷载(CB)
▶	1	空载	激活	相加	1.0000						
	2	二级荷	激活	相加	1.0000		1.0000				
	3	三级荷	激活	相加	1.0000	1.0000	1.0000	1.0000			
*											

图 20　定义荷载组合工况

注：程序可按照《建筑结构荷载规范》(GB 50009—2012)自动生成、手动编辑荷载组合，“一般”选项卡可用于查看内力、变形等，可生成包络组合，但设计时不调取其中的荷载组合进行验算。“混凝土设计”选项卡，依据规范自动生成用于混凝土结构设计的荷载组合。大赛模型定义的荷载工况是用户自定义形式，支持手动编辑荷载组合。

2.1.7 分析结果

(1)主菜单 > 结果 > 结果 > 变形 > 位移等值线 > “荷载工况/荷载组合”选择“CB:三级荷载”，“位移”选择“DZ”，“显示类型”勾选“等值线、变形、图例”，点击“适用”，如图21所示。

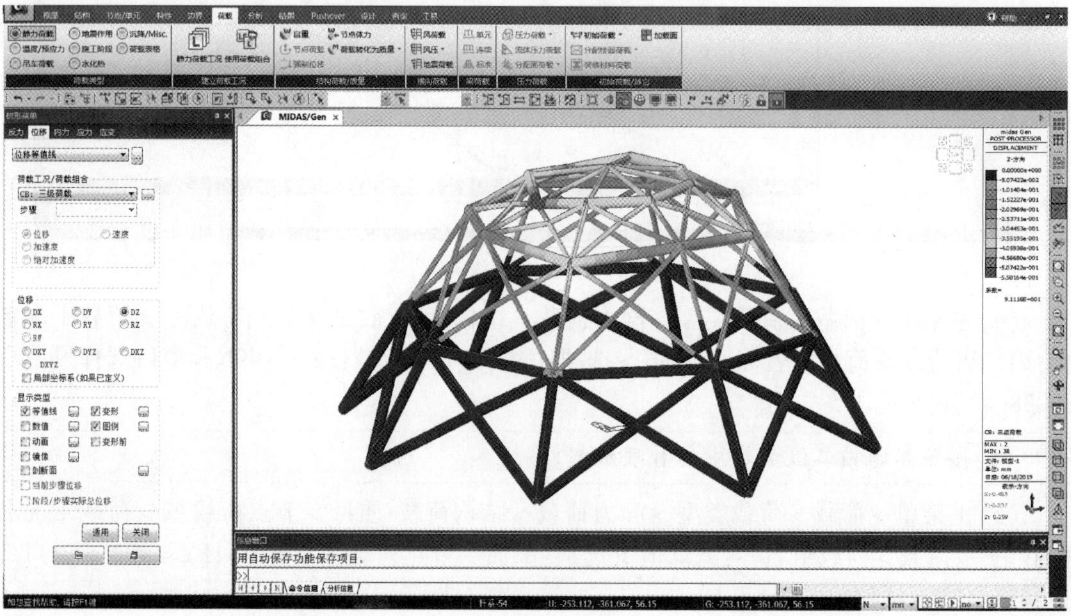

图21 查看位移

注：①ST为静力工况，是在主菜单 > 荷载 > 荷载类型 > 静力荷载 > 建立荷载工况 > 静力荷载工况中定义的工况。CB为组合工况，是在主菜单 > 结果 > 组合 > 荷载组合中定义的多个静力工况组合而成的。

②点击“变形”后图标，可详细设定变形，弹出“详细变形对话框”。

a. 变形图的比例：程序默认为1.0000，可以手动修改。

b. 变形的表现形式：程序也可以分别通过节点位移或者变形位移查看变形的实际表现形式。

c. 模型窗口中展示的结构变形可能很大，由于在详细设定变形中采用“适用于选择确定时”的变形比例查看变形结果，比例数为图例中系数。只需在详细设定变形中勾选“实际位移(关闭自动调整)”，可查看结构的真实变形，此时图例中系数变为1.0000。图例中的系数 = 91.16是变形显示比例，可以通过点击变形后的图标，在详细设定变形中勾选实际位移(关闭自动调整)。

(2)主菜单 > 结果 > 结果 > 内力 > 梁单元内力/应力图 > “荷载工况/荷载组合”选择“CB:三级荷载”，“内力”选择“Fx、Fz、My”，“显示类型”勾选“等值线、变形、图例”，点击“适用”，如图22～图24所示。

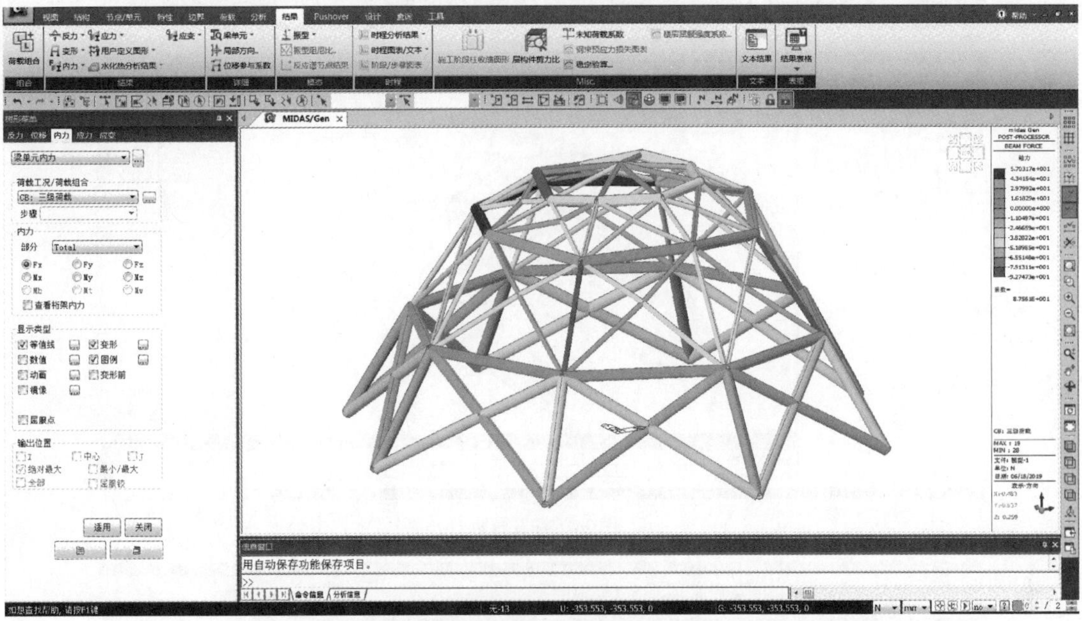

图 22　查看轴力

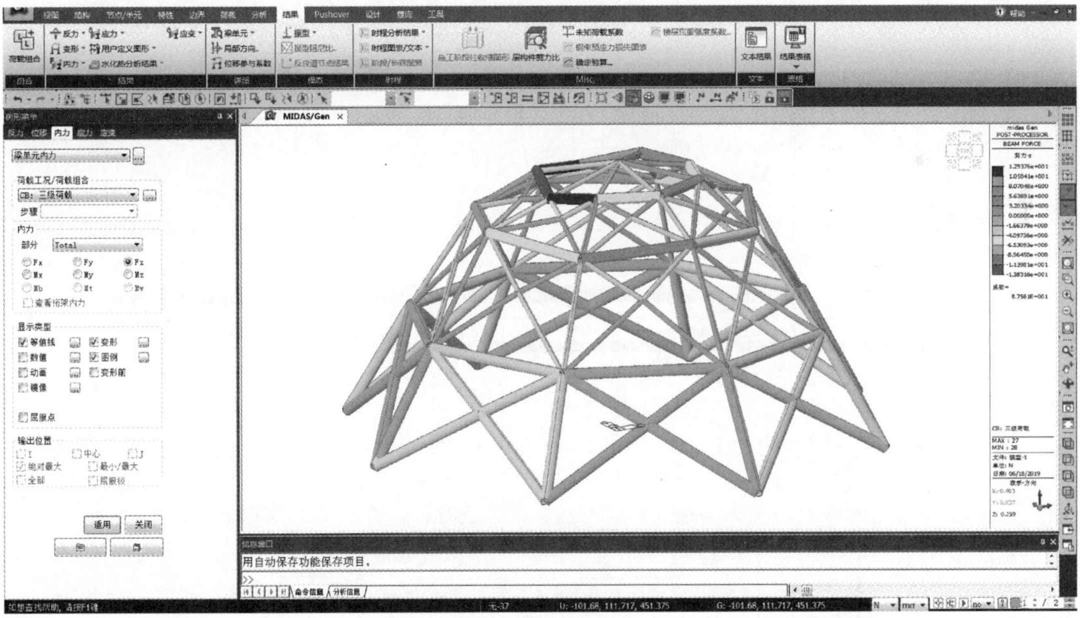

图 23　查看剪力

(3)主菜单 > 结果 > 结果 > 应力 > 梁单元应力图 >“荷载工况/荷载组合”选择“CB:三级荷载”,“应力”选择“组合”,“显示类型”勾选“等值线、变形、图例”,点击“适用”,如图 25 所示。

根据轴力图、拉力图、剪力图可以得到结构最不利位置,可以合理选择结构单元截面,对于受力较大的部分构件适当增大截面,保证结构整体稳定性;结构受力较小的部位可适当减小截面。可以通过应力值判断构件是否发生破坏,考虑抗拉、抗压强度是否超过允许值,拉正压负。

(4)主菜单 > 结果 > 表格 > 结果表格 > 位移 > 勾选“三级荷载(CB)”> 确认,如图 26 所示。

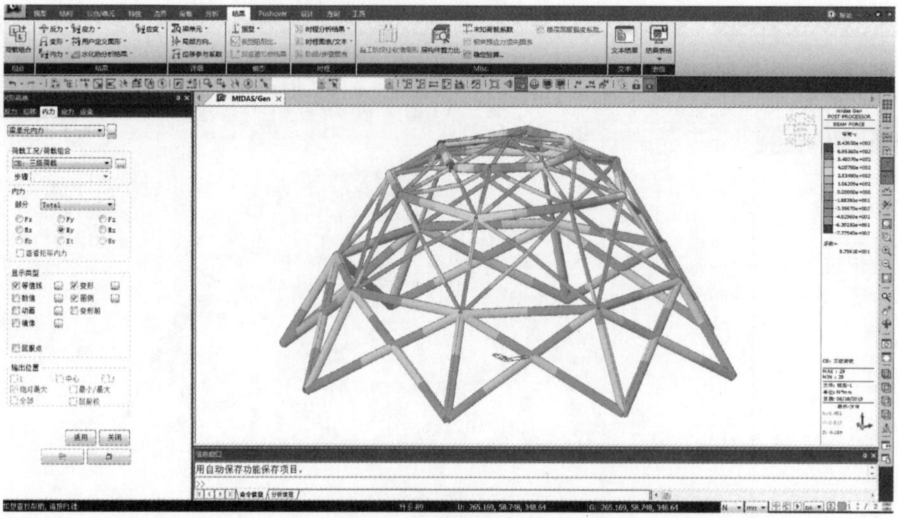

图 24　查看弯矩

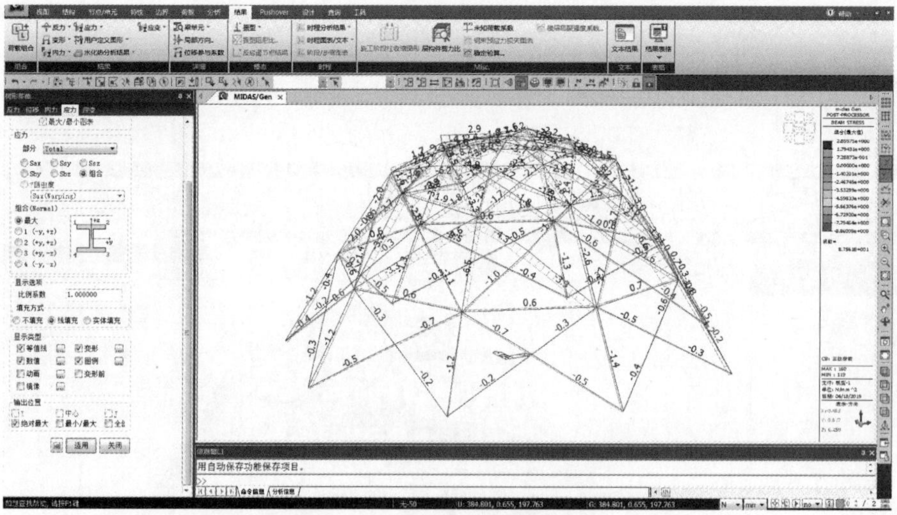

图 25　查看应力图

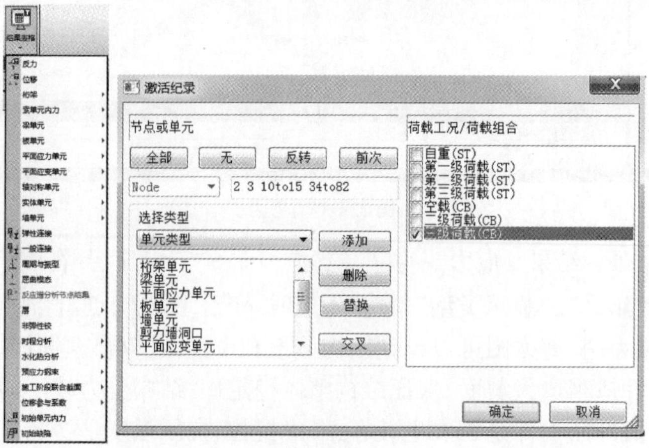

图　26

MIDAS/Gen　结果-[位移]

节点	荷载	DX (mm)	DY (mm)	DZ (mm)	RX ([rad])	RY ([rad])	RZ ([rad])
38	三级荷载	0.15095	0.05494	-0.55816	0.00030	-0.00143	0.00010
39	三级荷载	0.05419	0.03360	-0.34490	-0.00148	-0.00048	-0.00062
40	三级荷载	0.04167	0.04015	-0.33412	-0.00014	-0.00015	0.00002
41	三级荷载	0.03942	0.02123	-0.27201	-0.00036	-0.00042	-0.00000
42	三级荷载	0.11116	0.03219	-0.09457	0.00050	-0.00138	-0.00035
43	三级荷载	0.04419	0.02751	-0.21723	-0.00009	-0.00027	0.00014
44	三级荷载	0.04172	0.10110	-0.13505	0.00151	0.00000	-0.00013
45	三级荷载	0.02316	0.06312	-0.23196	0.00024	0.00035	-0.00008
46	三级荷载	-0.02799	0.05478	-0.14431	0.00052	0.00202	0.00035
47	三级荷载	0.08160	0.08096	-0.36329	0.00009	-0.00055	-0.00031
48	三级荷载	0.02700	-0.07499	-0.09231	-0.00173	-0.00002	0.00000
49	三级荷载	-0.02637	0.07565	-0.34264	0.00048	0.00066	0.00012
50	三级荷载	0.05483	0.00748	-0.02554	0.00001	0.00022	-0.00006
51	三级荷载	0.01751	0.01396	-0.03940	-0.00007	0.00005	0.00003
52	三级荷载	0.00669	0.04303	-0.03101	-0.00019	0.00001	-0.00000
53	三级荷载	-0.00585	0.01874	-0.04025	-0.00006	-0.00002	-0.00002
54	三级荷载	-0.03759	0.01099	-0.02848	0.00000	-0.00013	0.00006

图 26　查看表格结果

2.2　建立大赛模型-2

2.2.1　设定操作环境及定义材料和截面

(1)双击 midas Gen 图标，打开 Gen 程序 > 主菜单 > 新项目 > 保存 > 文件名：大赛模型-2 > 保存。

(2)主菜单 > 工具 > 单位系 > 长度：mm，力：N > 确定。亦可在模型窗口右下角点击图标 N ▾ mm ▾ 的下拉三角，修改单位体系，如图 27 所示。

(3)主菜单 > 特性 > 材料特性值 > 添加 > 名称：竹材 > 设计类型：用户定义 > 规范：无 > 弹性模量：6×10^3 N/mm^2，泊松比：0.28，容重：7.84×10^{-6} N/mm^3 > 确定，如图 28 所示。

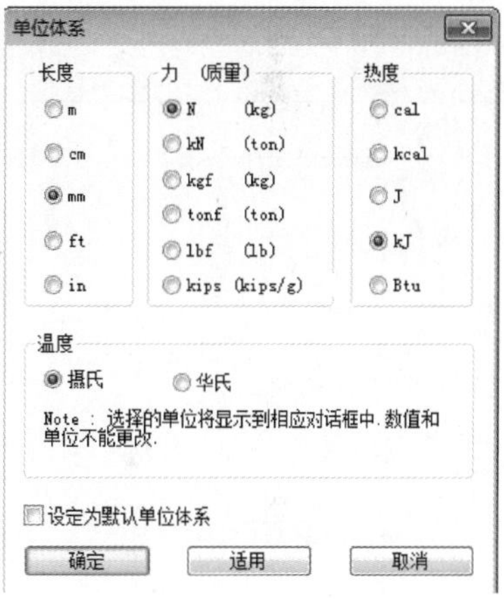

图 27　定义单位体系

(4)主菜单 > 特性 > 截面特性值 > 添加 > 数据库/用户 > 管型截面 > 用户 > 截面 1 名称：P20 ×1 > D：20，tw：1 > 适用 > 截面 2 名称：P10 ×0.5 > D：10，tw：0.5 > 确认，如图 29 所示。

(5)主菜单 > 特性 > 截面 > 厚度添加 > 厚度号：1，面内和面外 0.1mm > 确认，如图 30 所示。

注：此处建立板厚仅为了辅助建模，模型建立好后，将会删除。

2.2.2　建立大赛模型-2

(1)主菜单 > 结构 > 建模助手 > 基本结构 > 壳 > 输入/编辑 > 类型：半球形 > R1：500；分割数量，m：8，l：6 > 材料：竹材 > 厚度：0.1 > 插入 > 插入点：(0，0，0) > 旋转：Alpha 0，Beta 0，Gama 0 > 勾选“合并重复节点”和“在交叉点分割单元” > 原点：(0，0，0) > 确认，如图 31 所示。

(2)主菜单 > 节点/单元 > 单元 > 建立转换直线单元 > 单元类型：梁 > 材料名称：竹材 > 截面名称：P20 ×1 > 点击选取模型 > 适用 > 关闭，如图 32 所示。

(3)树形菜单 > 工作 > 结构 > 单元 > 板单元 > 点击鼠标右键，选择删除。

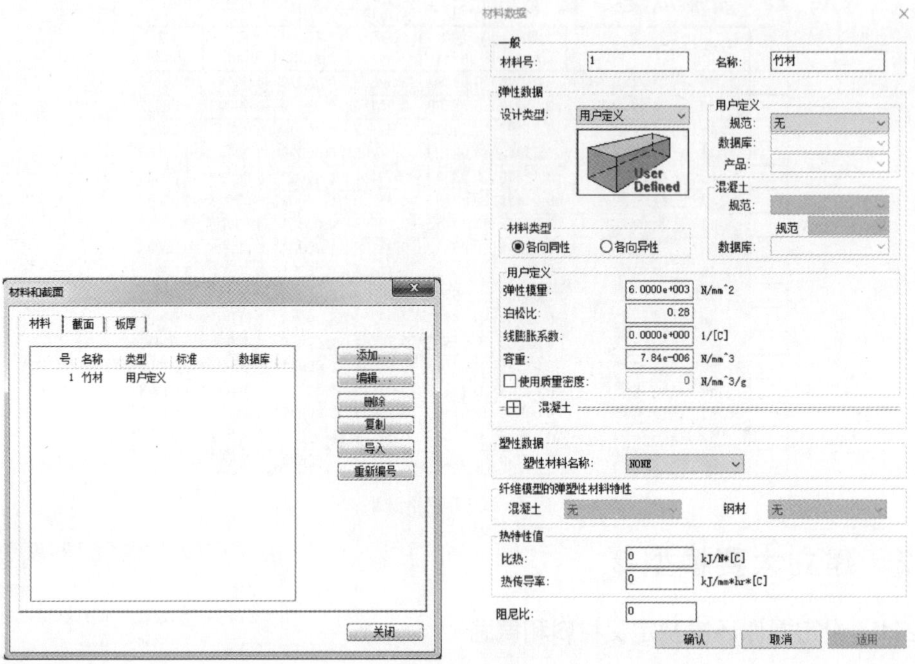

图 28　定义材料

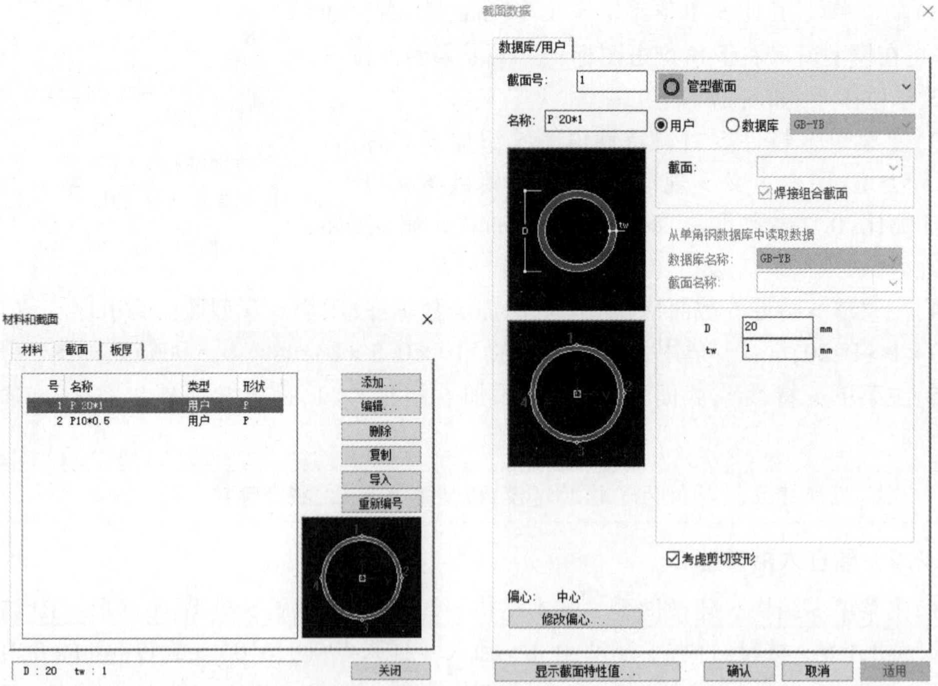

图 29　定义截面

(4)主菜单＞节点/单元＞单元＞删除＞类型:选择,勾选“包含自由节点”＞点击切换到正视图＞点击窗口选择底层单元＞适用＞关闭,如图 33 所示。

(5)主菜单＞节点/单元＞节点＞建立节点＞坐标(x,y,z)输入(0,0,0),点击适用或

Enter 键，继续建立节点(260,0,0)、(0,260,0)、(150,0,0)、(0,150,0)，点击 关闭 。

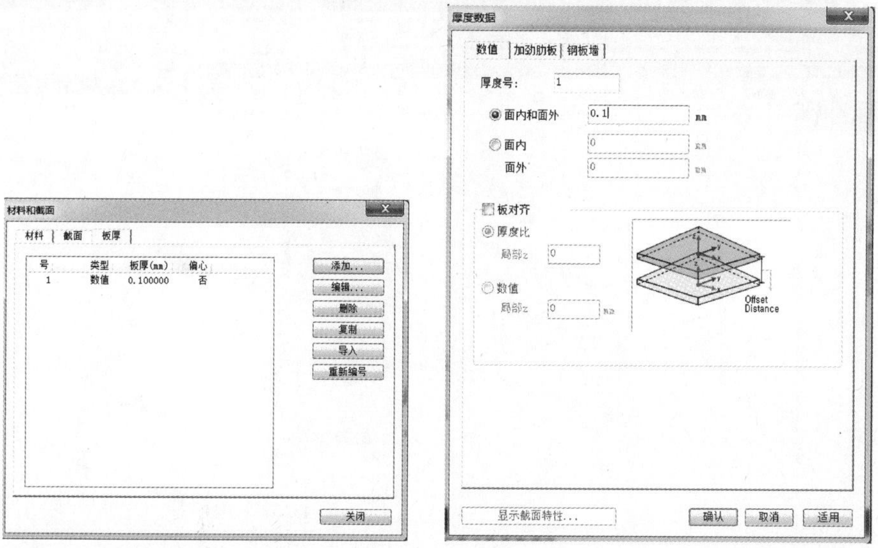

图 30　定义厚度

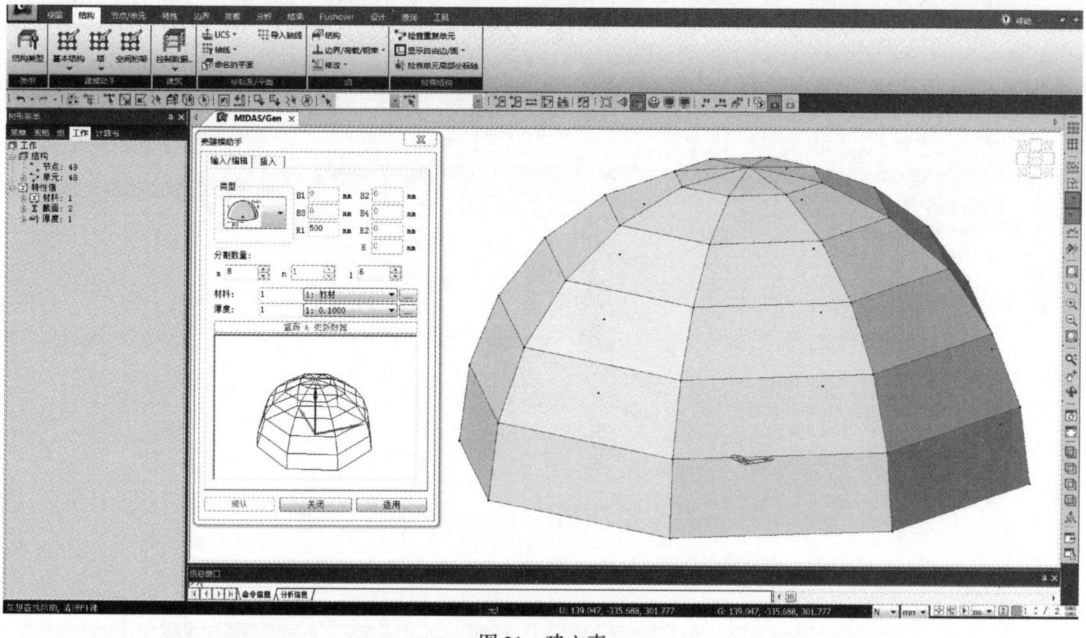

图 31　建立壳

(6)点击切换到正视图 > 点击窗口选择上部单元 > 点击钝化所选单元。

(7)主菜单 > 节点/单元 > 单元 > 在曲线上建立直线单元 > 曲线类型:圆中心 + 两点 > 单元类型:梁单元 > 材料号:1，竹材 > 截面号:1，P20 ×1 > 方向:beta 角 0 > 分割数量:8 > 曲线终点:圆心点 C、P1 点和 P2 点依次点选节点(50,51,52)、(50,53,54)，建立辅助圆环，如图 34 所示。

(8)主菜单 > 节点/单元 > 单元 > 扩展 > 扩展类型:节点→线单元 > 单元类型:梁单元 > 材料:竹材 > 截面:P10 ×0.5 > 生成形式:复制和移动 > 等间距 > 方向，(dx,dy,dz):(0,0,500) > 窗口选择上步骤建立出的节点 > 适用 > 关闭，如图 35 所示。

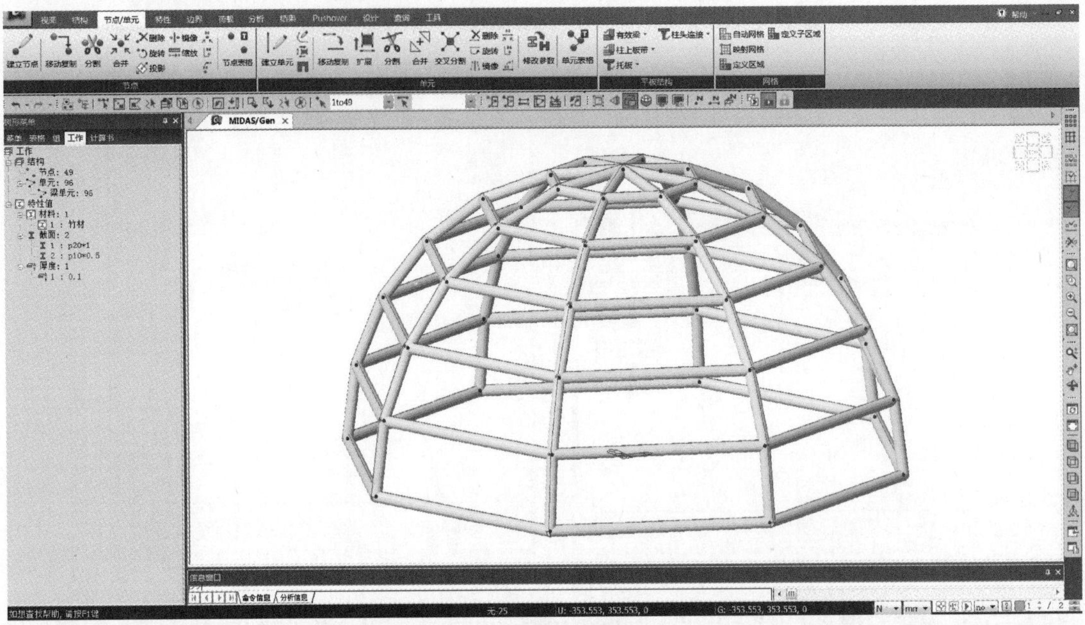

图 32　建立梁单元

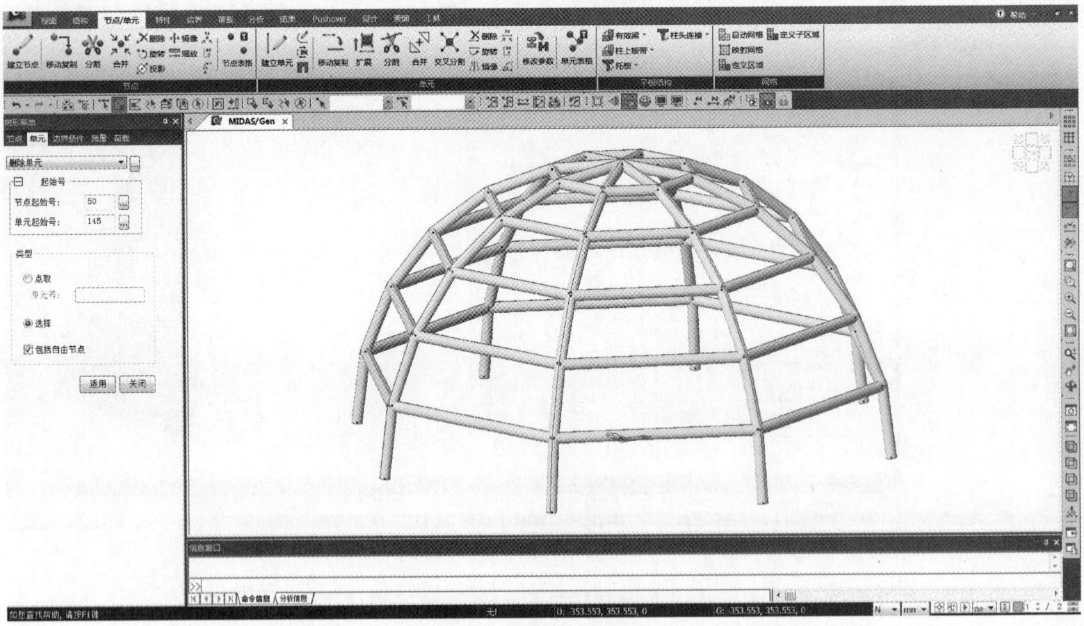

图 33　删除底部梁单元

(9)点击全部激活模型。主菜单 > 节点/单元 > 单元 > 交叉分割 > 点击选取模型 > 适用 > 关闭。

(10)程序右下角选择过滤器为 z > 点击切换到正视图 > 点击窗口选择刚扩展的竖向单元 > 调整过滤器为 xy > 点击窗口选择平面内建模的辅助圆环 > 主菜单 > 节点/单元 > 单元 > 删除 > 类型:选择 > 勾选“只适用于自由节点” > 适用 > 关闭,如图 36 所示。

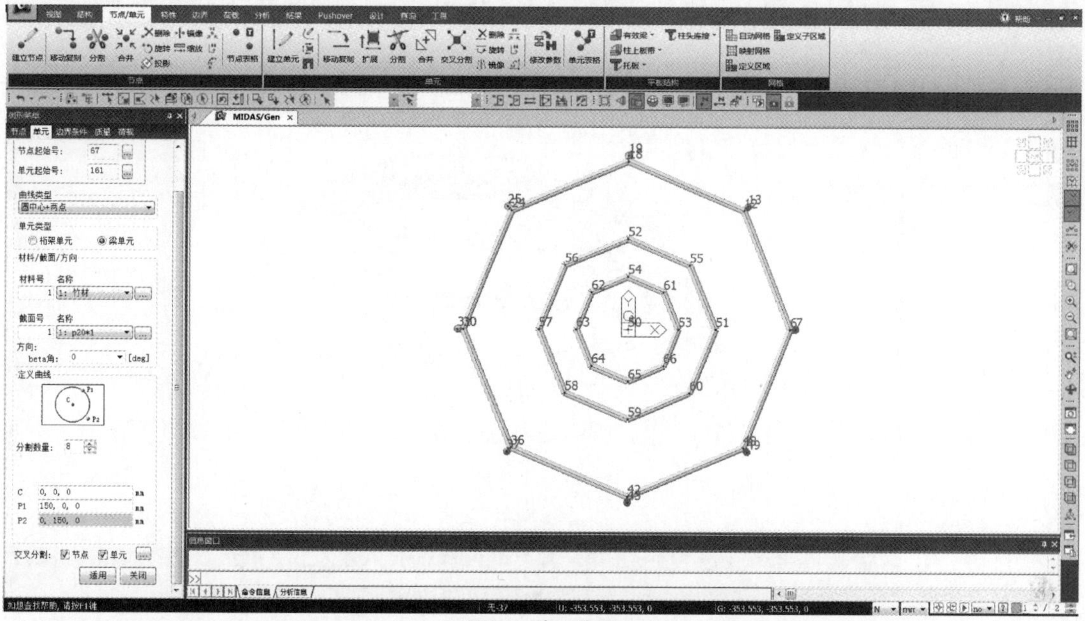

图 34　建立曲线

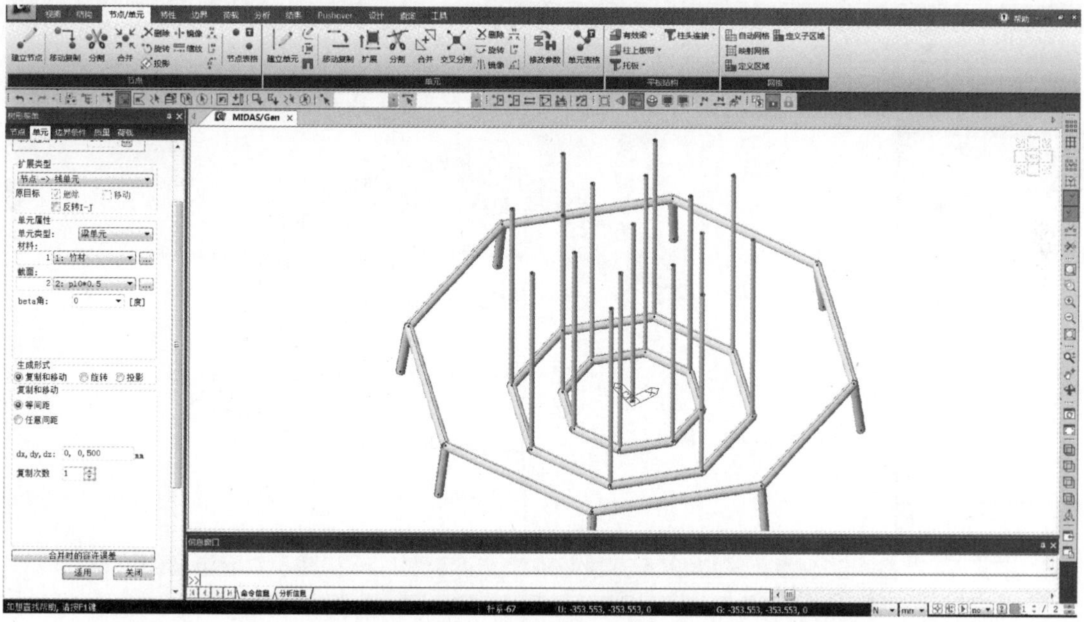

图 35　扩展生成梁单元

(11)主菜单 > 节点/单元 > 单元 > 建立单元 > 单元类型:一般梁/变截面梁 > 材料名称:竹材 > 截面名称:P10 ×0.5 > 交叉分割:节点和单元都勾选 > 节点连接:(5,12)。按上述步骤,依次连接(6,11)、(17,24)、(18,23)、(29,36)、(30,35)、(41,48)、(42,47)、(3,10)、(4,9)、(15,22)、(16,21)、(27,34)、(28,33)、(39,46)、(40,45),如图 37 所示。

2.2.3　定义边界条件

主菜单 > 边界 > 一般支承 > 选择:添加 > 勾选:"D-ALL""R-ALL" > 窗口选择柱底节点 > 适用 > 关闭,如图 38 所示。

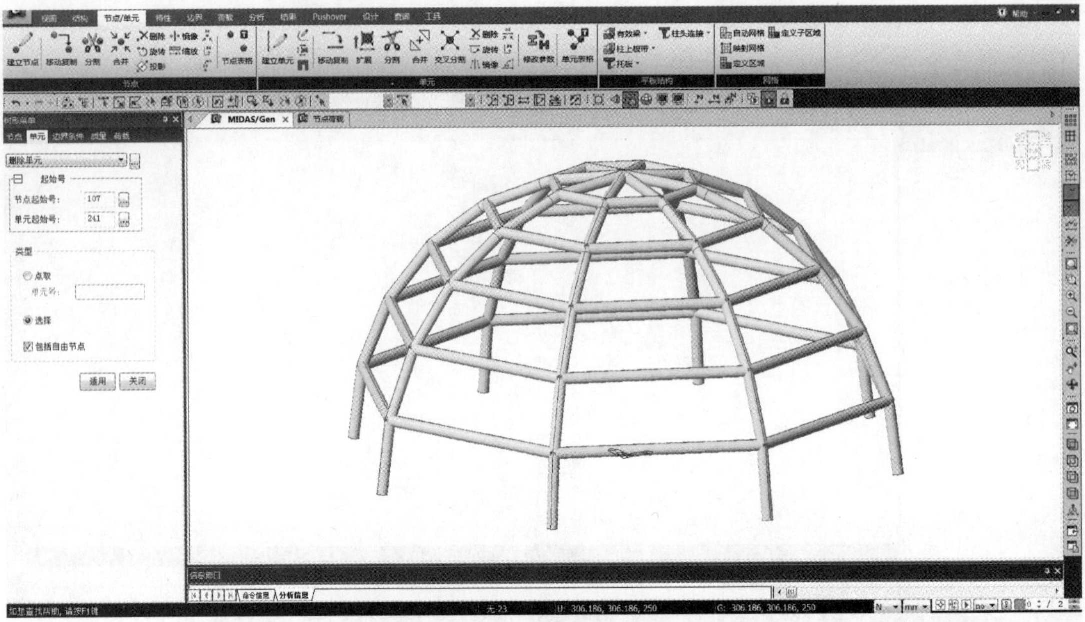

图 36　删除单元

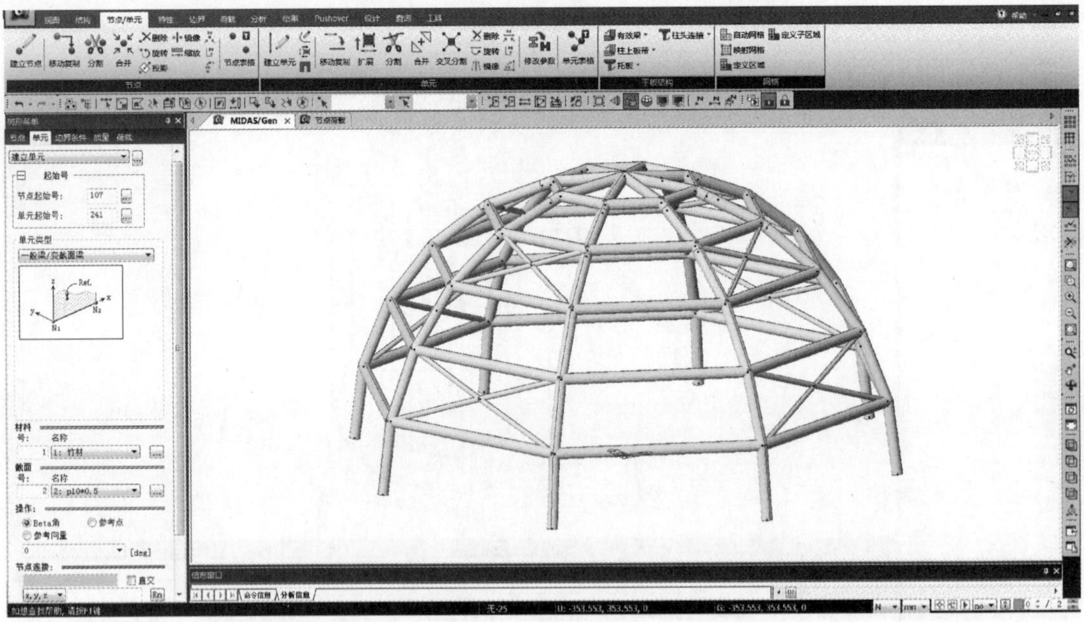

图 37　建立支撑单元

2.2.4　定义荷载

(1)主菜单 > 荷载 > 荷载类型 > 静力荷载 > 建立荷载工况 > 静力荷载工况 > 名称:自重 > 类型:用户自定义的荷载(USER) > 添加 > 名称:第一级荷载 > 类型:用户自定义的荷载(USER) > 添加 > 名称:第二级荷载 > 类型:用户自定义的荷载(USER) > 添加 > 名称:第三级荷载 > 类型:用户自定义的荷载(USER) > 添加 > 关闭,如图 39 所示。

(2)主菜单 > 荷载 > 荷载类型 > 静力荷载 > 结构荷载/质量 > 自重 > 荷载工况名称:自重 > 自重系数:Z = -1 > 添加 > 关闭,如图 40 所示。

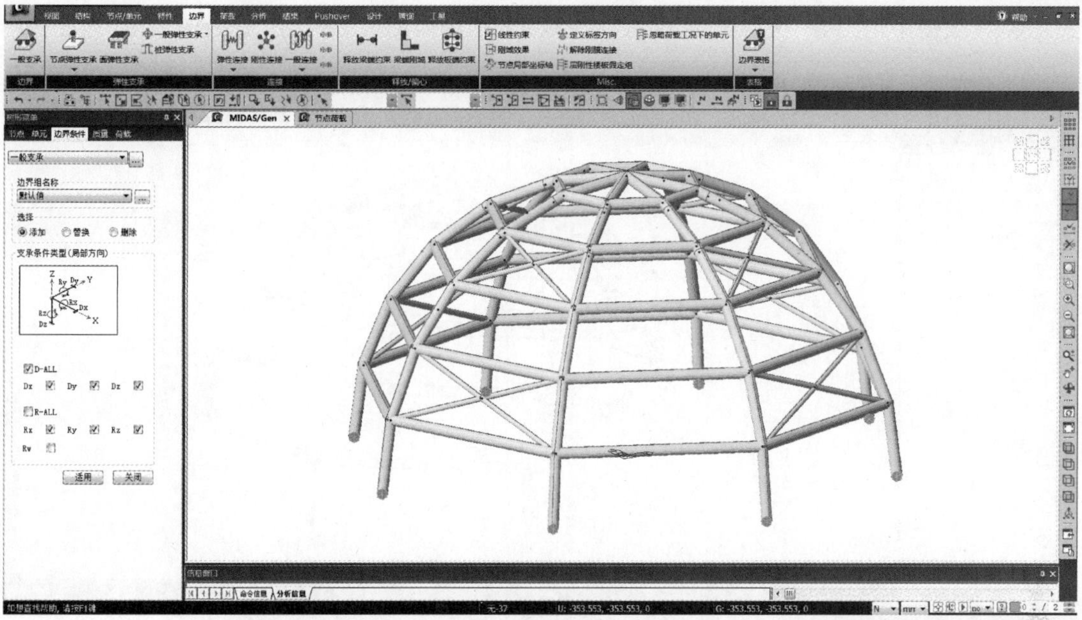

图 38　定义边界

图 39　定义荷载工况

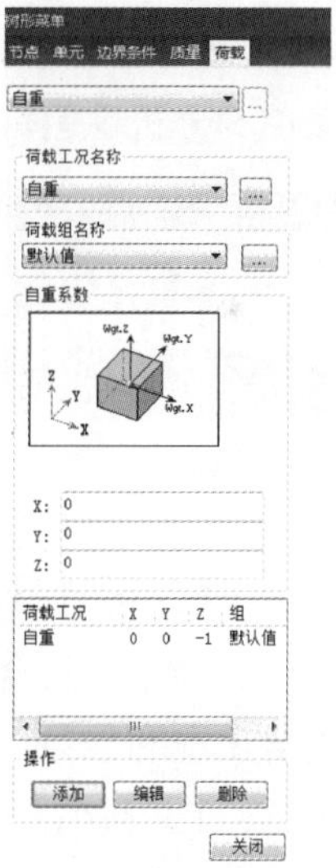

图 40　定义自重

(3)主菜单 > 荷载 > 荷载类型 > 静力荷载 > 结构荷载/质量 > 节点荷载 > 荷载工况名称:第一级荷载 > 荷载组名称:默认值 > 选项:添加 > 节点荷载:FZ = -49N > 窗口选择节点 83、85、87、89、92、94、96、98 > 适用 > 关闭。

(4)主菜单 > 荷载 > 荷载类型 > 静力荷载 > 结构荷载/质量 > 节点荷载 > 荷载工况名称:第二级荷载 > 荷载组名称:默认值 > 选项:添加 > 节点荷载:FZ = -49N > 窗口选择节点 85、87、96、98 > 适用 > 关闭。

(5)主菜单 > 荷载 > 荷载类型 > 静力荷载 > 结构荷载/质量 > 节点荷载 > 荷载工况名称:第三级荷载 > 荷载组名称:默认值 > 选项:添加 > 节点荷载:FX = 40N、FY = 40N > 窗口选择节点 87 > 适用 > 关闭,如图 41 所示。

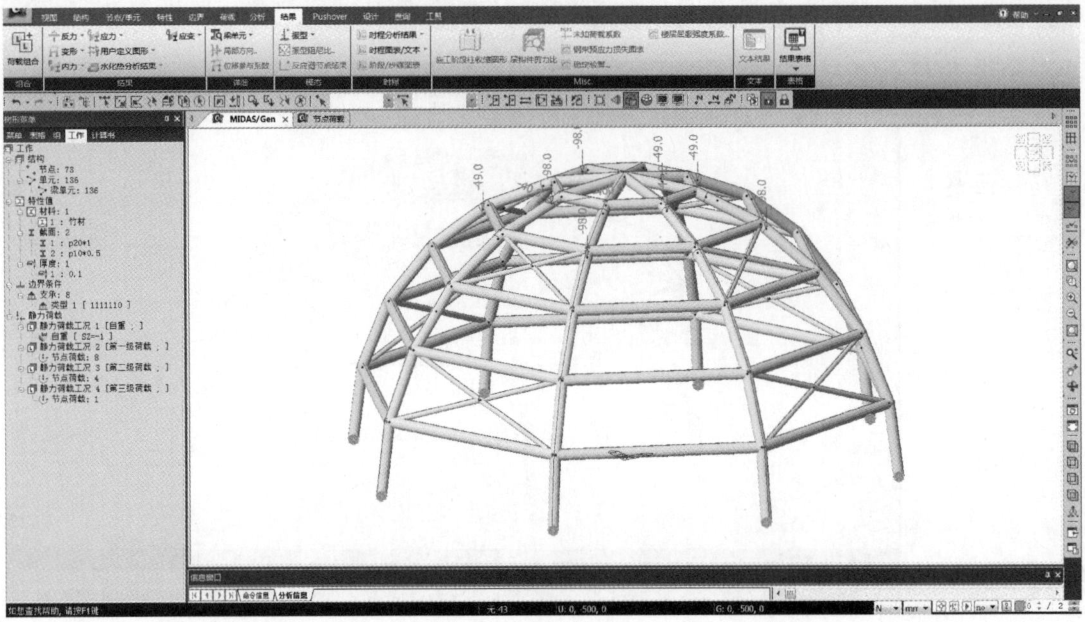

图41　施加节点荷载

2.2.5　运行分析

主菜单 > 分析 > 运行分析，或者直接点击快捷菜单中的运行分析，如图 42 所示。

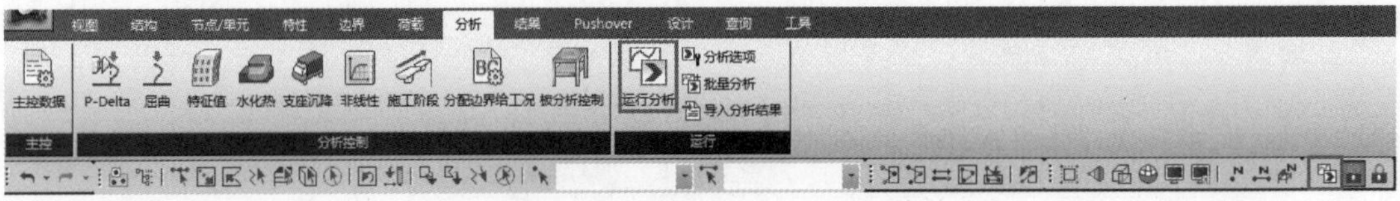

图42　运行分析及前后处理模式切换

2.2.6　定义荷载组合

主菜单 > 结果 > 组合 > 荷载组合 > 名称：空载 > 荷载工况和系数：自重 1.0 > 名称：二级荷载 > 荷载工况和系数：自重 1.0，第一级荷载 1.0，第二级荷载 1.0 > 名称：三级荷载 > 荷载工况和系数：自重 1.0，第一级荷载 1.0，第二级荷载 1.0，第三级荷载 1.0 > 关闭。

后续的分析结果查看以及动态计算书的生成步骤，可参考第 2.1.7 节内容。

3　计算结果对比分析

3.1　内力计算结果对比分析

分别对各个模型进行计算，提取三次加载后荷载工况下各模型梁单元内力计算结果。

主菜单 > 结果 > 结果 > 内力 > 梁单元内力 > 荷载工况/荷载组合：三级荷载 > 内力：Fx、Fz、My > 显示类型：勾选"等值线""数值""图例" > 适用。

模型均按照竞赛题目要求加载，加载条件相同。由梁单元内力图可以看出，模型 1 的杆件轴力F_{max} =-92.7N,剪力F_{max} =82.7N,弯矩M_y =824.7N · mm,模型2的杆件轴力F_{max} =-96.2N,剪力F_{max} =62N,弯矩M_y =754.5N · mm。通过模型对比可知,在相同加载条件下,模型2的内力较小,说明在外部荷载相同的情况下,模型2能够更好地承担外部荷载。

3.2 位移计算结果对比分析

分别对各个模型进行计算,提取三次加载后荷载工况下各模型位移计算结果。

主菜单 > 结果 > 结果 > 变形 > 位移等值线 > 荷载工况/荷载组合:三级荷载 > 位移:DXYZ > 显示类型:勾选“等值线”“数值”“图例” > 适用。

模型均按照竞赛题目要求加载,加载条件相同。由结构位移变形图可以看出,模型1最大位移U_{max} =-0.58mm,模型2最大位移U_{max} =-1.2mm,通过模型对比可知,在相同加载条件下,模型2的位移值较大,说明在外部荷载相同的情况下,模型1的变形能力更好,能够更好地承担外部荷载。

综上所述,模型2的受力性能更好,结构方案布置更合理。

4 生成动态计算书

midas Gen 2016 增加动态计算书功能,可按照工程特点及审图要求生成计算书,结构模型发生变化后可一键更新计算书。

(1)存储计算书中图形及表格。模型窗口 > 点击鼠标右键 > 动态计算书图形 > 动态计算书图形 > 名称:位移模型 > 确认,将模型图片保存到树形菜单 > 计算书 > 图形 > 用户自定义图形中,如图43所示。

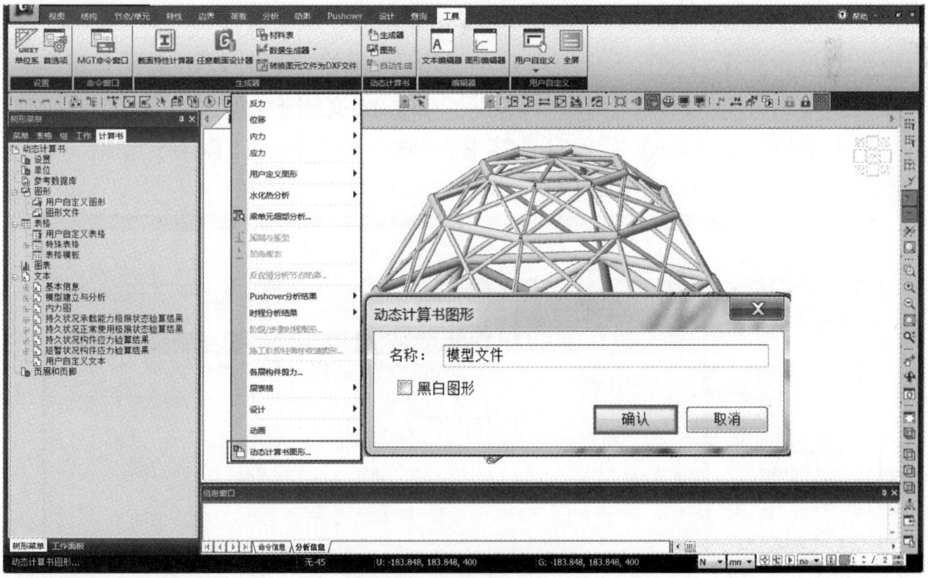

图43 存储模型图形

(2)主菜单 > 工具 > 动态计算书 > 生成器 > 勾选新文件 > 确认,生成可编辑的Word文档,如图44所示。

(3)树形菜单 > 计算书 > 分别设置单位、页眉页脚等,如图45所示。

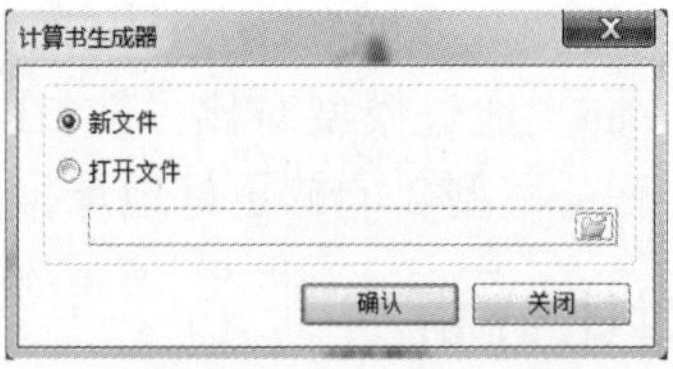

图 44　生成 Word 文档

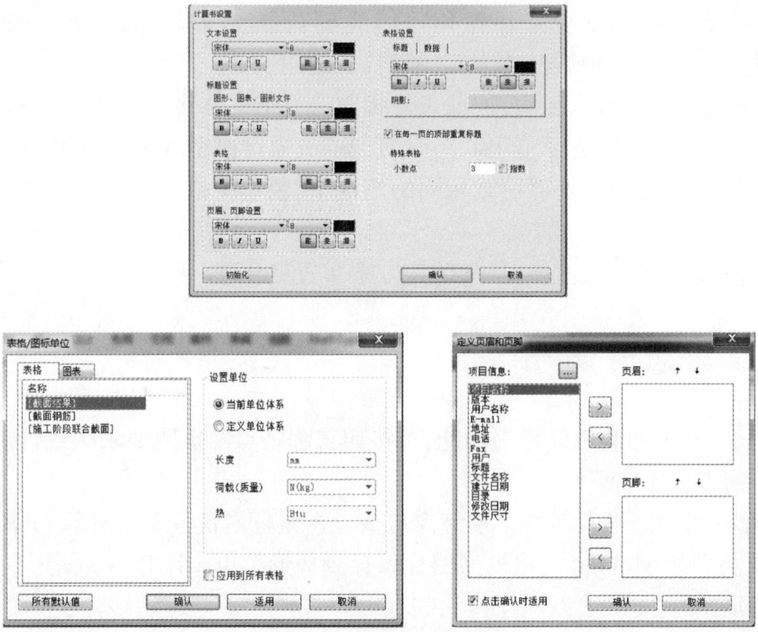

图 45　设置 Word 文档

(4)树形菜单 > 计算书 > 图形 > 用户自定义图形/表格位置处点击鼠标右键 > 插入到报告中(或者通过拖放功能将需要的图形及表格存入 Word 文档中)。

(5)按照大赛格式生成计算书,保存计算书,可将树形菜单 > 计算书 > 表格 > 特殊表格 > 截面结果等拖放至计算书中,如图 46 所示。

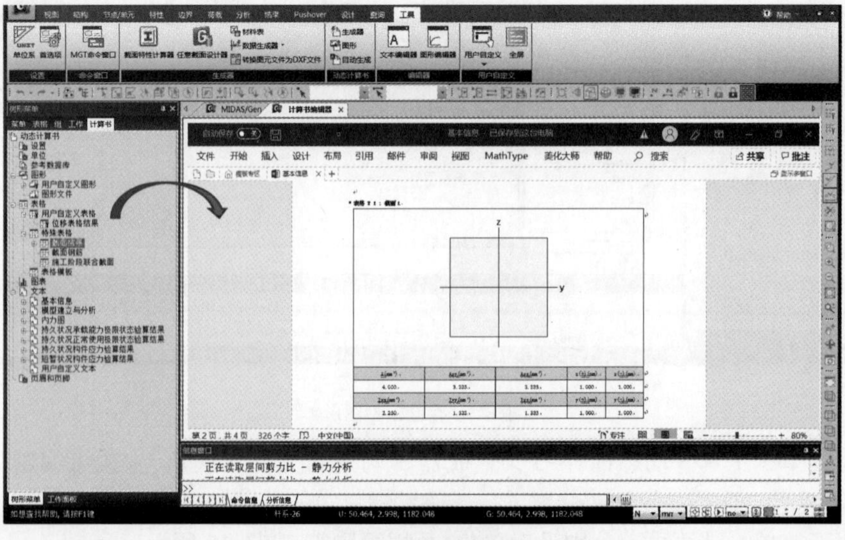

图 46　编辑计算书

(6)保存计算。

(7)一键修改计算书,主菜单 > 工具 > 动态计算书 > 生成器 > 勾选打开文件 > 打开保存的 Word 文档 > 确认,如图 47 所示。

(8)点击工具 > 动态计算书 > 自动生成 > 自动生成列表 > 点击图形 > 勾选全选/解除选择 > 重新生成,使用类似的操作修改报告书中表格结果、图表结果、文本结果、图形结果,如图 48 所示。

图 47　打开计算书

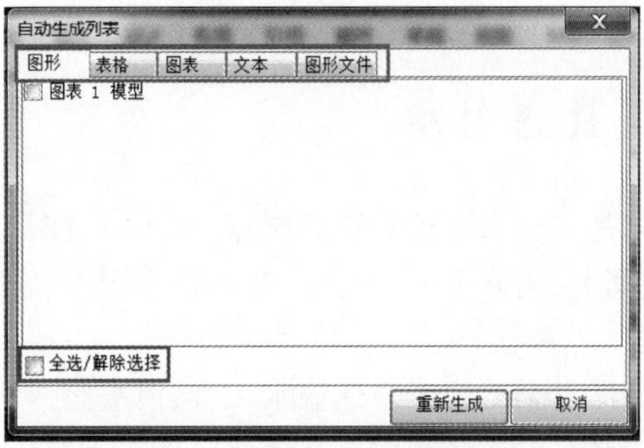

图 48　修改计算书中图形等结果

第十一届全国大学生结构设计竞赛
——渡槽支承系统结构

1 赛题分析

我国是一个水资源短缺的国家,且水资源时空分布不均匀。总体来看,时间上,夏秋多、冬春少;空间上,南方多、北方少。在这种情况下,积极发展输水工程,是我国合理利用水资源的重要手段。

在地形复杂的地区修建输水工程,渡槽是一种常见的结构(图1),它可以有效减小地形对输水的限制。本次结构设计竞赛以渡槽支承系统结构为背景,通过制作渡槽支承系统结构模型并进行输水加载试验,共同探讨输水时渡槽支承系统结构的受力特点、设计优化、施工技术等问题。

图1 渡槽结构

在模型的模拟过程中,希望能让读者了解斜拉桥结构有限元模拟的主要思路及注意事项,对于结构的主要受力构件和受力状态有整体的认识和了解,并进一步掌握斜拉索的成桥索力的确定方法。

1.1 材料

本届竞赛选用竹材制作结构构件,竹材参考力学指标见表1。

竹材参考力学指标 表1

密 度	顺纹抗拉强度	抗压强度	弹性模量
$0.8g/cm^3$	60MPa	30MPa	6GPa

(1)弹性模量:$6GPa = 6000MPa = 6000N/mm^2$。

(2)泊松比:竹材的泊松比在0.24~0.30之间,平均值为0.2822,建议取值0.28。

(3)线膨胀系数:此参数与温度应力有直接关系,此模型不考虑温度影响,故此参数可以不填写。

(4)重度：$0.8g/cm^3 \times 9.8N/kg = 7.84 \times 10^{-6}N/mm^3$。

1.2 模型

斜拉桥是塔、拉索和加劲梁三种基本结构组成的缆索承重结构体系，桥形美观，且根据所选的索塔形式以及拉索的布置能够形成多种多样的结构形式，容易与周边环境融合，是符合环境设计理念的桥梁形式之一。

为了决定安装拉索时的控制张拉力，首先要确定在成桥阶段恒载作用下的初始平衡状态，然后再按施工顺序进行施工阶段分析。本例题将介绍建立斜拉桥模型的方法、计算成桥索力的方法。本次建立双塔三跨的斜拉桥模型，跨径组合为 70m + 125m + 70m，主塔高 60m，并拟合了简单的斜拉桥结构作为渡槽的支撑系统，如图 2 所示。

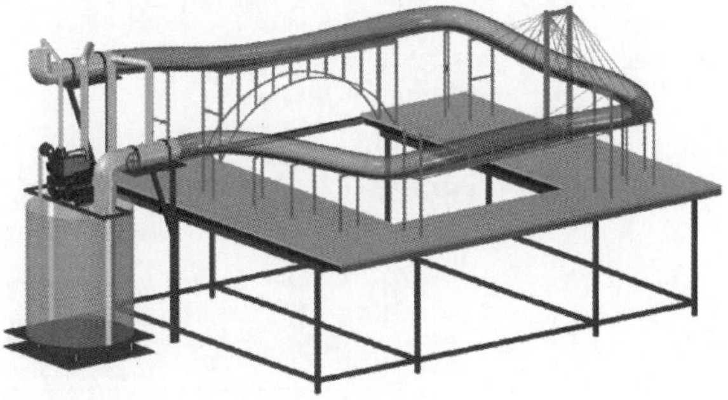

图 2　模型三维示意图

1.3 荷载

本模型涉及的荷载包括自重、二期恒载、拉索初拉力。

1.4 边界条件

本桥主塔塔底为固定约束，两侧为活动约束，本桥为半飘浮体系，主塔和主梁是支座连接。

2 建立模型

2.1 设定操作环境及定义材料和截面

(1)双击 midas Civil 图标，打开 Civil 程序 > 主菜单 > 新项目 > 保存 > 文件名：大赛模型 > 保存。

主菜单 > 工具 > 单位体系 > 长度：m，力：kN > 确定。亦可在模型窗口右下角点击图标 kN m 的下拉三角，修改单位体系，如图 3 所示。

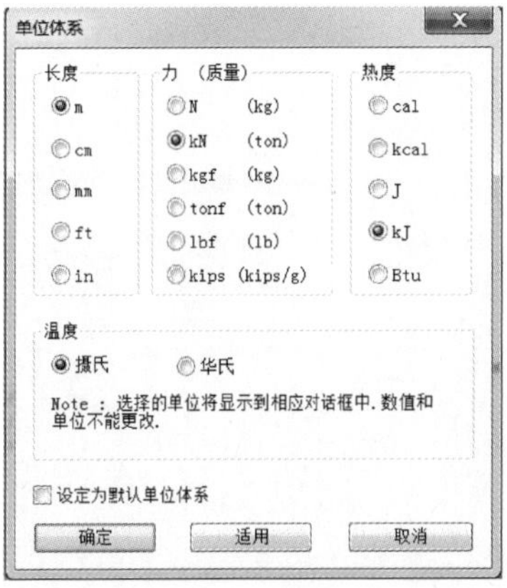

图 3　定义单位体系

(2)主菜单 > 特性 > 材料特性值 > 添加 > 名称：主梁 > 设计类型：混凝土 > 规范：JTG04(RC) > 数据库：C40 > 适用 > 名称：拉索 > 设计类型：钢材 > 规范：无 > 弹性模量：$1.95 \times 10^8 kN/m^2$，泊松比：0.3，线膨胀系数：1.2×10^{-5}，容重:78.5kN/m^3 > 适用 > 名称:主塔 > 设计类型:混凝土 > 规范:JTG04(RC) > 数据库:C35 > 适用 > 名称:索弹模-调整 > 设计类型:钢材 > 规范:无 > 弹性模量:1.95 × 10^{10} kN/m^2,泊松比:0.3,线膨胀系数:1.2 × 10^{-5},容重:78.5kN/m^3 > 确定,如图4所示。

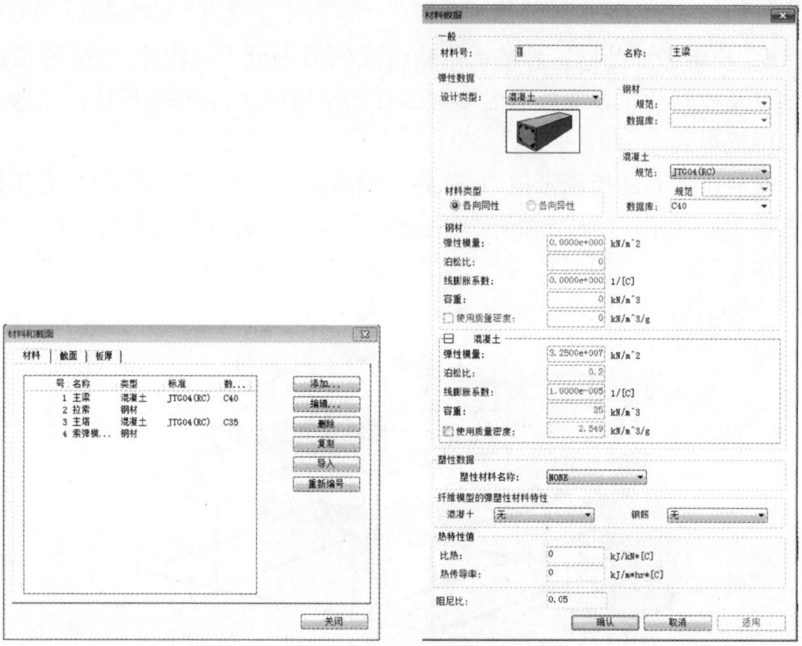

图4　定义材料

(3)主菜单 > 特性 > 截面特性值 > 添加 > 数值 > 任意截面 > 导入.sec 文件 > 分别导入主塔下部、主塔上部、主梁截面。

主菜单 > 特性 > 截面特性值 > 添加 > 数据库/用户 > 实腹圆形截面 > 用户 > 名称:拉索截面 > D:0.16m > 确定,如图5所示。

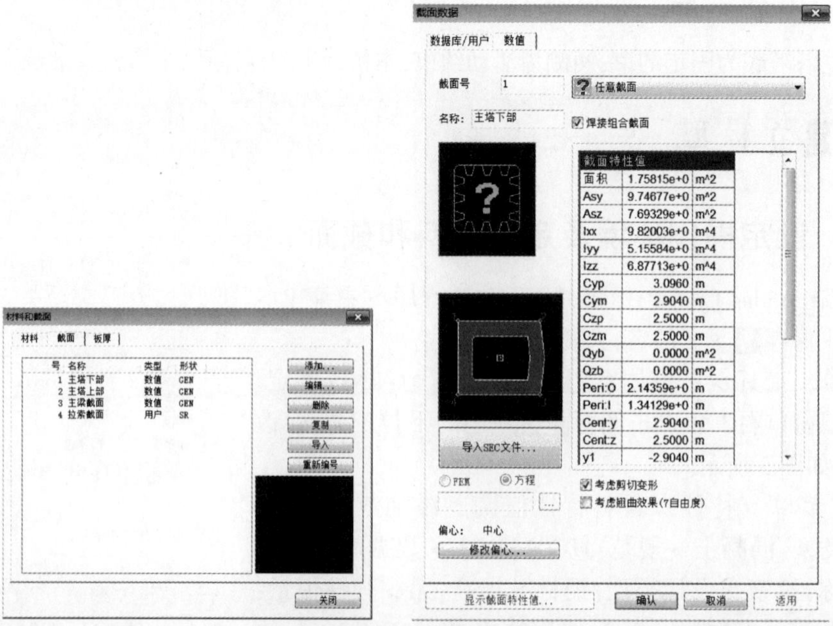

图5　定义截面

注:①上述尺寸均是根据参赛作品的照片大致拟合的尺寸,和实际截面尺寸可能不一致,读者在实际模拟时根据结构构件的实际尺寸来定义即可。

②midas Civil 提供多种截面特性值,特性 > 截面 > 截面特性值中可以选择数据库/用户截面,数值中定义截面数据、组合截面、型钢组合、变截面、组合梁截面,并且在定义好截面后可以点击截面对话框中的“显示截面特性值”,程序自动计算该截面的面积、惯性矩等物理力学参数。

③定义异形截面,可以通过主菜单工具 > 生成器 > 截面特性计算器,导入 AutoCAD DXF 文件或直接在 SPC 中绘制图形 > 生成截面 > 计算截面特性 > 导出. sec 文件 > 导入 Civil 中特性 > 截面特性 > 截面特性值 > 数值 > 任意截面 > 导入. sec 文件。

2.2 建立大赛模型

(1)主菜单 > 节点/单元 > 节点 > 建立节点 > 坐标(x,y,z)中分别输入(0,0,0) > 点击 适用 或 Enter 键。

(2)主菜单 > 节点/单元 > 单元 > 扩展 > 扩展类型:节点→线单元 > 单元类型:梁单元 > 材料:1 主梁 > 截面:3 主梁截面 > 生成形式:复制和移动 > 任意间距 > 方向:x > 间距:4@5,11@10,2.5 > 在模型窗口中选择生成的节点 > 适用,如图 6 所示。

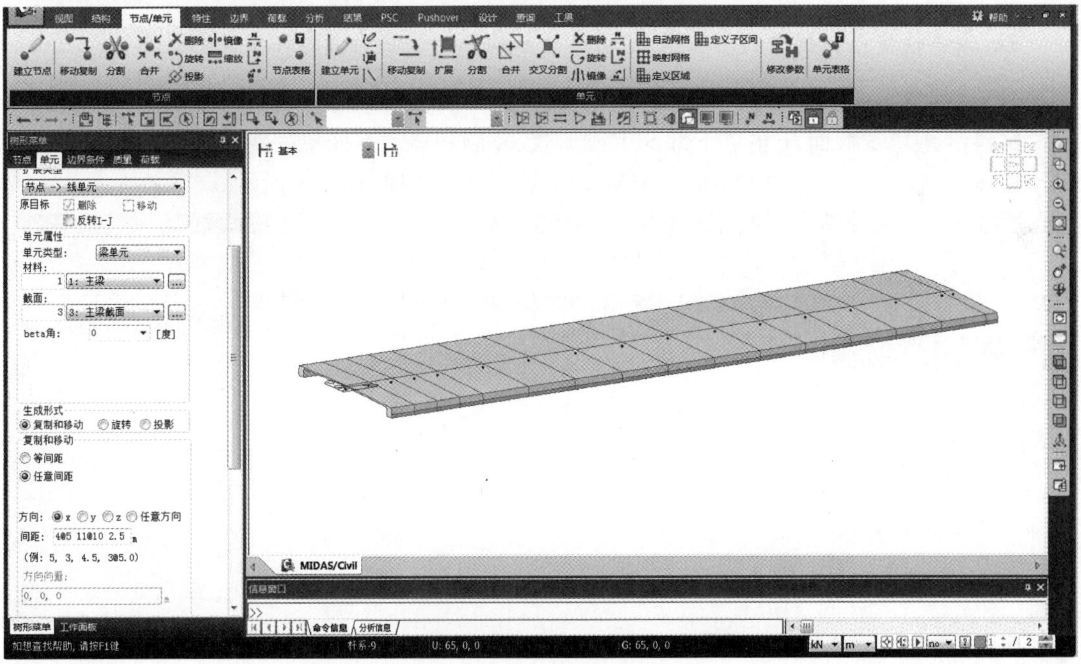

图 6　建立部分主梁

注:扩展单元是 midas Civil 的一个特色功能,通过扩展维数直接生成单元,扩展类型包括节点→线单元,线单元→平面单元,平面单元→实体单元,扩展的方式包括复制和移动、旋转和投影。

(3)主菜单 > 节点/单元 > 节点 > 移动复制 > 形式:复制 > 任意间距 > 方向:z > 间距:-20 > 点击窗口选择 10 号节点 > 适用,如图 7 所示。

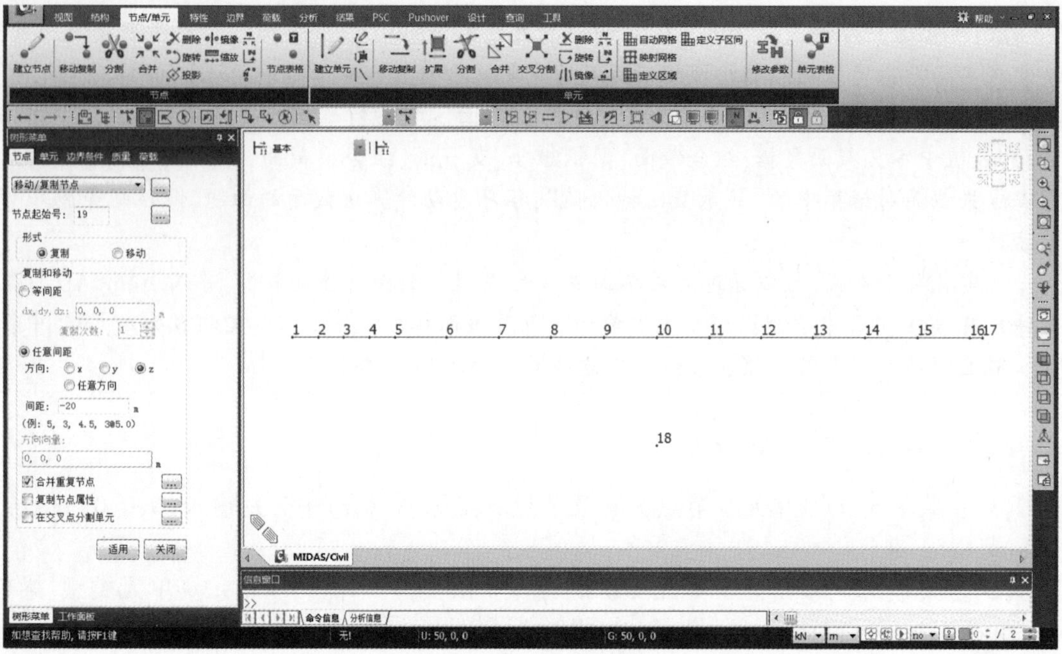

图7　建立主塔底节点

注：点击快捷图标栏中的消隐，可切换显示构件的截面形式与非截面形式单元。

(4)主菜单 > 节点/单元 > 单元 > 扩展 > 扩展类型：节点→线单元 > 单元类型：梁单元 > 材料：3 主塔 > 截面：1 主塔下部 > 生成形式：复制和移动 > 任意间距 > 方向：z > 间距：3@5,4.5,5@5,5@2.5,3 > 在模型窗口中选择 18 号节点 > 适用，如图 8 所示。

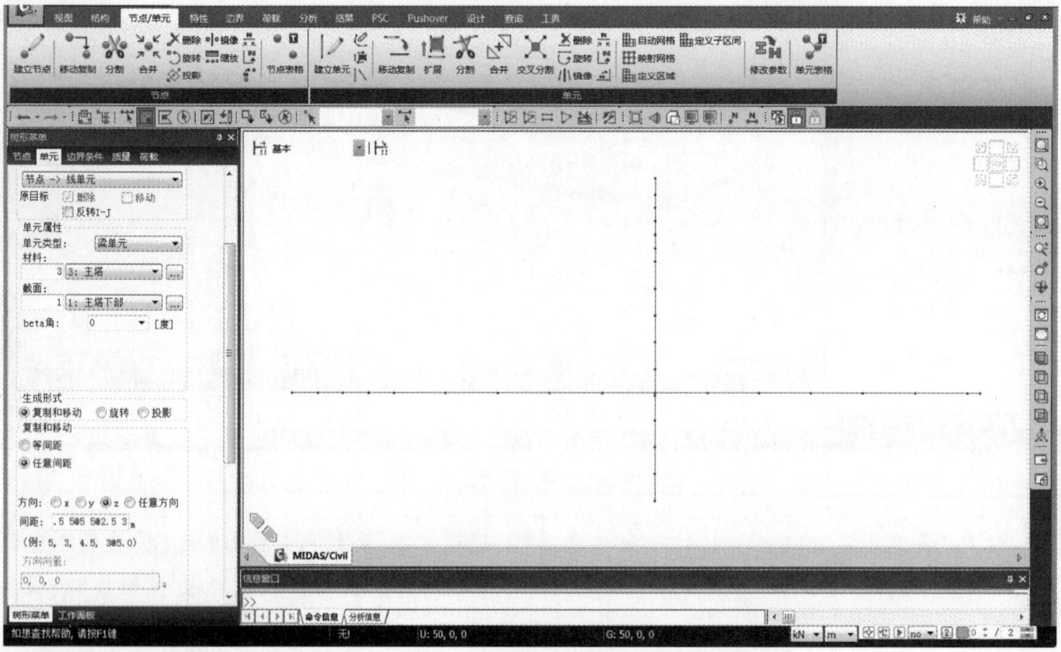

图8　扩展生成主塔节点

(5)因为扩展单元时，截面统一赋予为“主塔下部”，需要通过“拖拽”功能将“主塔上部”

的截面赋予给对应的单元,如图9所示。

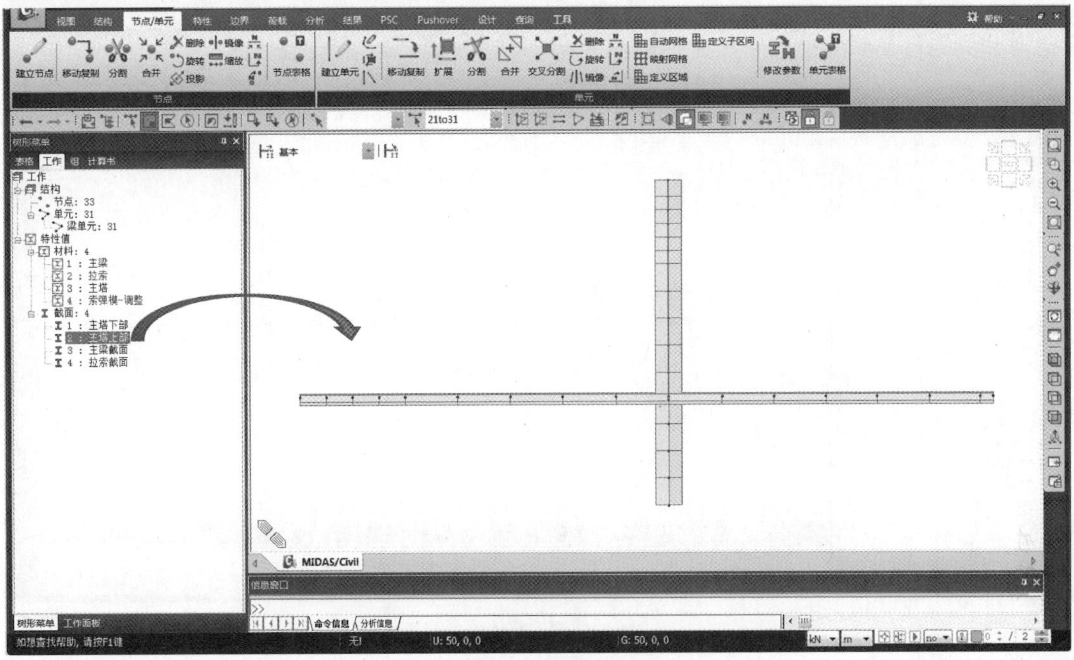

图9　修改主塔截面特性值

(6)主菜单 > 节点/单元 > 单元 > 建立单元 > 单元类型:桁架单元 > 材料名称:2 拉索 > 截面名称:4 拉索截面 > 交叉分割:节点和单元都勾选 > 节点连接:模型窗口捕捉节点建立梁单元,如图10所示。

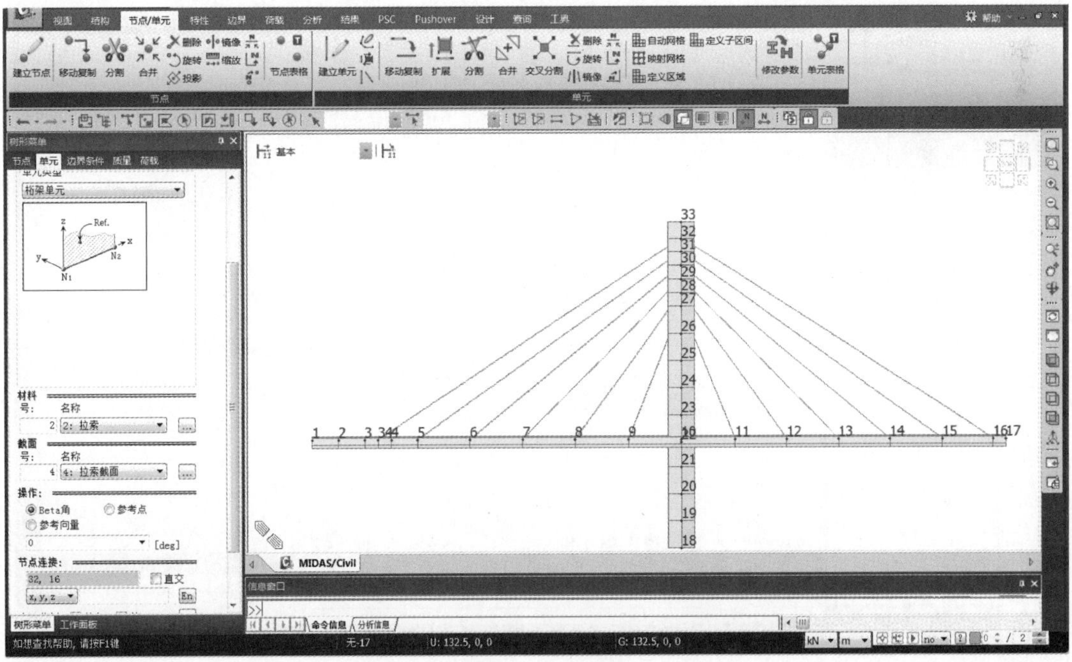

图10　建立拉索

(7)主菜单 > 节点/单元 > 单元 > 镜像 > 形式:复制 > 镜像平面:y-z平面,x:132.5(可在模型窗口步骤节点1与节点17得到距离) > 模型窗口选择全部单元 > 适用,如图11所示。

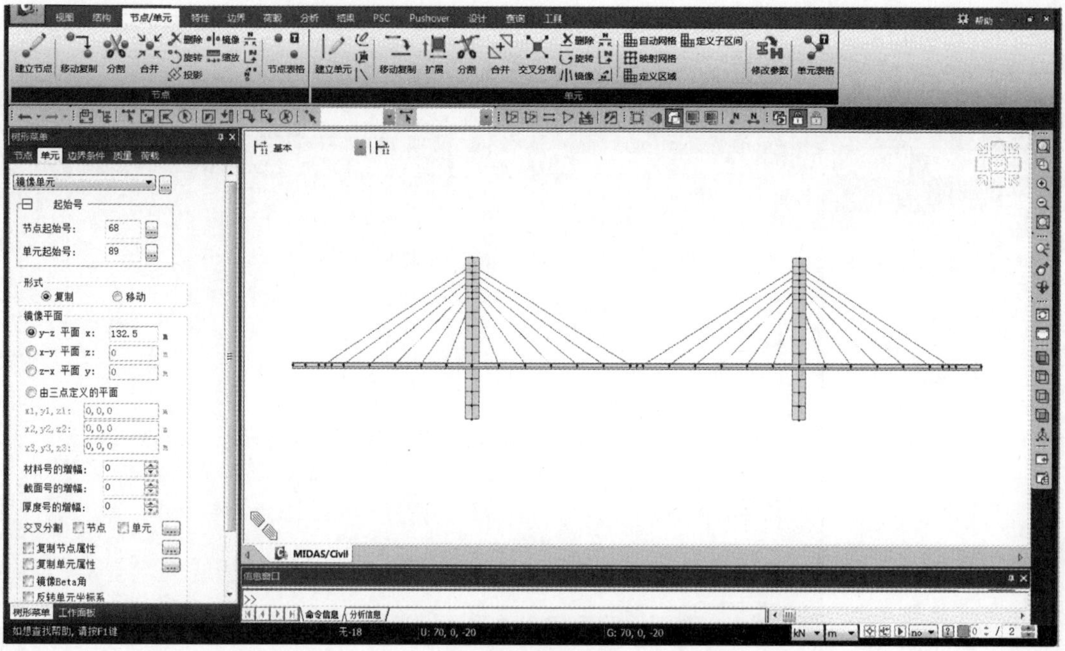

图11　建立整体模型

2.3　定义边界条件

(1)主菜单＞边界＞一般支承＞选择:添加＞勾选“D-ALL”“R-ALL”＞选择主塔底端两个节点＞适用,如图12所示。

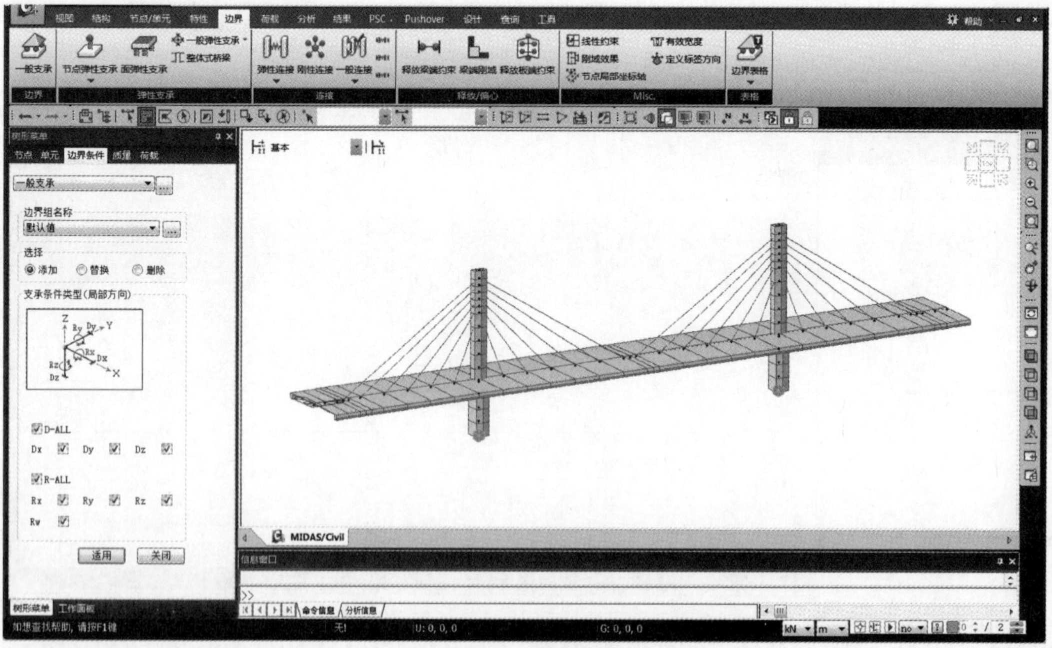

图12　定义主塔底端约束

(2)主菜单＞边界＞一般支承＞选择:添加＞勾选“Dy、Dz、Rx、Rz”＞选择主梁两端节点＞适用,如图13所示。

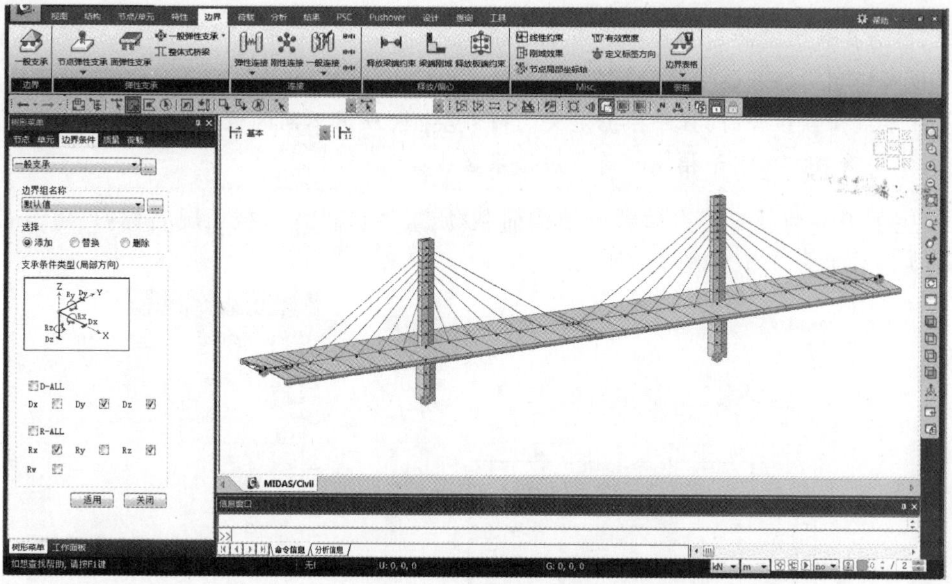

图 13　定义主梁两端约束

(3)主菜单 > 边界 > 连接 > 弹性连接 > 弹性连接数据,类型:一般 > SDx = 2.5×10^{7}kN/m,SDy = SDz = 2.0×10^{5}kN/m,SRx = SRz = 1.0×10^{6}kN/m > 勾选“复制弹簧连接” > 距离 > 复制方向:x > 间距:125m > 连接如下两点,如图 14 所示。

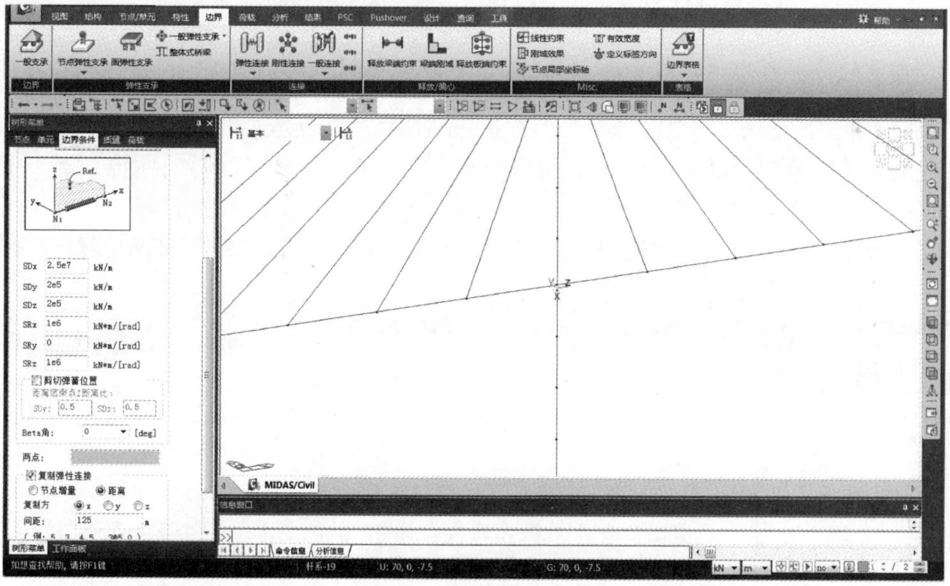

图 14　定义弹性连接

2.4　定义荷载

本模型涉及的荷载包括自重、赛题要求施加的移动荷载。

(1)主菜单 > 荷载 > 荷载类型 > 静力荷载 > 静力荷载工况 > 名称:自重 > 工况:所有荷载工况 > 类型:用户自定义 > 添加 > 名称:二期荷载 > 工况:所有荷载工况 > 类型:用户自定义 > 添加 > 名称:T1 ~ T12 > 工况:所有荷载工况 > 类型:用户自定义 > 添加 > 关闭,如图 15 所示。

注：静力荷载工况的定义主要有两个用途：

①说明模型中涉及到了该种荷载。

②在生成荷载组合时，程序根据定义的荷载类型，应用不同的设计规范自动生成荷载组合时，对不同荷载工况赋予相应的荷载组合系数。

(2)主菜单 > 荷载 > 静力荷载 > 结构荷载/质量 > 自重 > 荷载工况名称：自重 > 自重系数：Z =-1 > 添加 > 关闭，如图16所示。

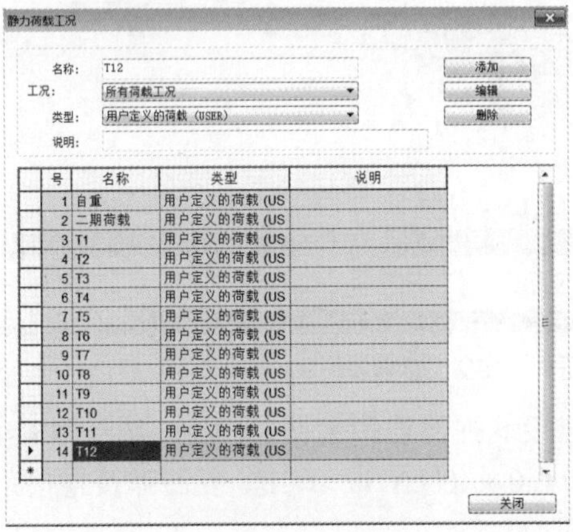

图15 定义静力荷载工况

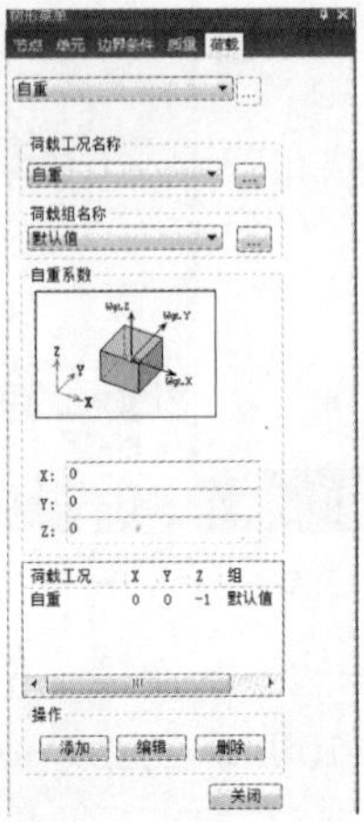

图16 定义自重

注：自重的施加可以通过自重系数的方式，程序会根据单元的长度、单元所采用的材料和截面特性，自动计算自重荷载。

(3)主菜单 > 荷载 > 静力荷载 > 梁荷载 > 单元 > 荷载工况名称：二期恒荷载 > 荷载类型：均布荷载 > x1：0，w：-72.57 > 添加 > 选中下列梁单元 > 关闭，如图17所示。

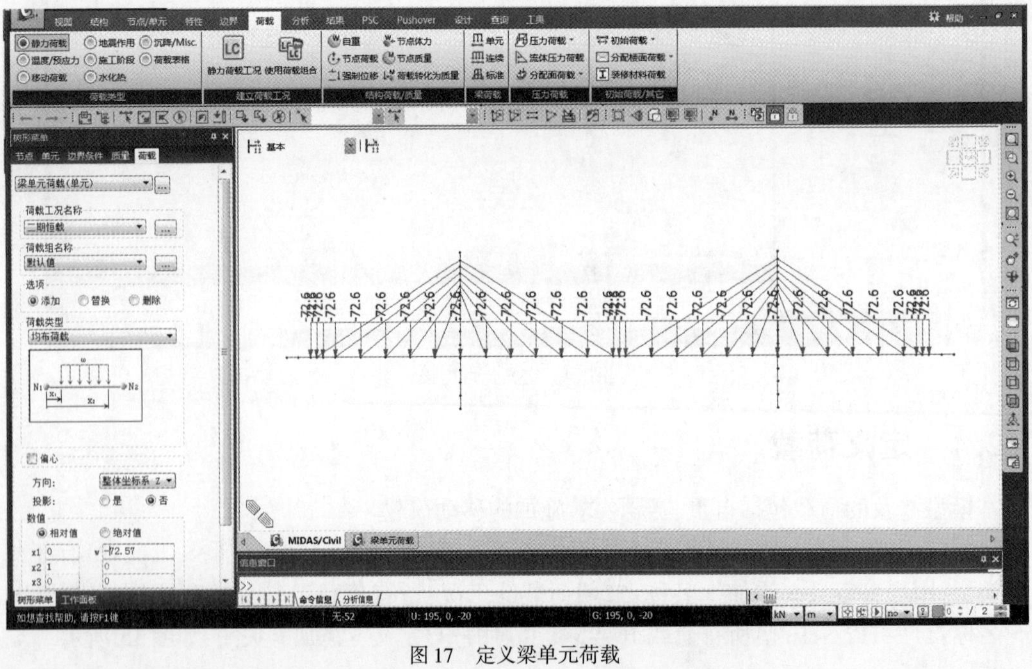

图17 定义梁单元荷载

(4)主菜单 > 荷载 > 温度/预应力 > 预应力 > 初拉力 > 荷载工况名称:T1 > 初拉力:100kN > 模型窗口激活并选择拉索单元 > 适用,如图 18、图 19 所示。

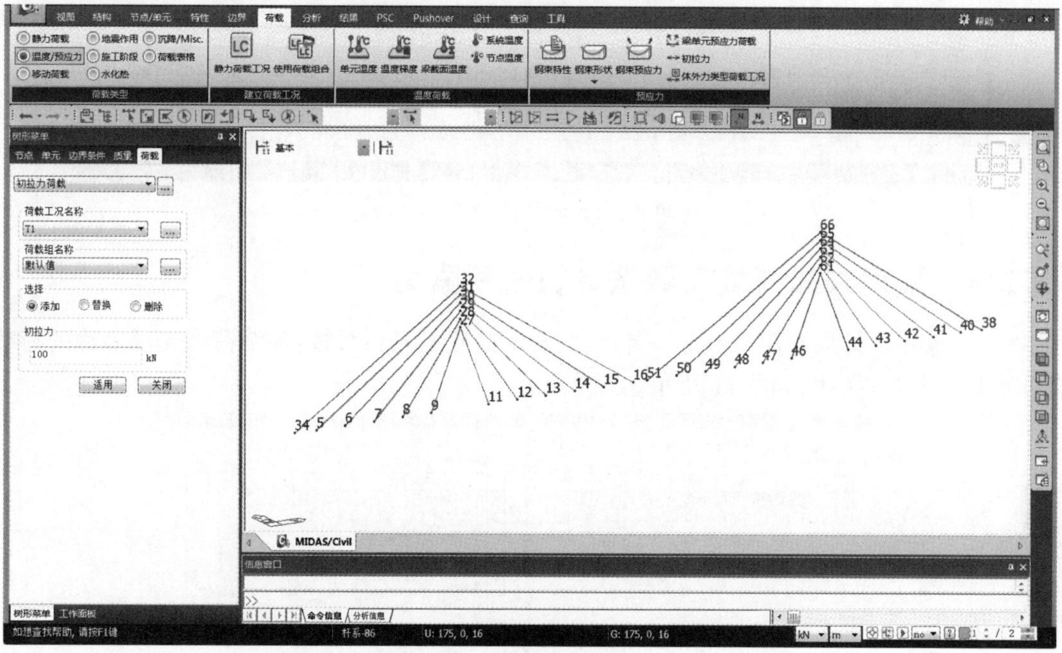

图 18　定义拉索初拉力

	单元	荷载工况	张拉力(kN)	组
	32	T1	100.00	默认
	34	T1	100.00	默认
	35	T1	100.00	默认
	36	T1	100.00	默认
	37	T1	100.00	默认
	38	T1	100.00	默认
	39	T1	100.00	默认
	40	T1	100.00	默认
	41	T1	100.00	默认
	42	T1	100.00	默认
	43	T1	100.00	默认
	44	T1	100.00	默认
	76	T1	100.00	默认
	78	T1	100.00	默认
	79	T1	100.00	默认
	80	T1	100.00	默认
	81	T1	100.00	默认
	82	T1	100.00	默认
	83	T1	100.00	默认
	84	T1	100.00	默认
	85	T1	100.00	默认
	86	T1	100.00	默认
	87	T1	100.00	默认
	88	T1	100.00	默认
*				

	单元	荷载工况	张拉力(kN)	组
	32	T6	100.00	默认
	34	T5	100.00	默认
	35	T4	100.00	默认
	36	T3	100.00	默认
	37	T2	100.00	默认
	38	T1	100.00	默认
	39	T7	100.00	默认
	40	T8	100.00	默认
	41	T9	100.00	默认
	42	T10	100.00	默认
	43	T11	100.00	默认
	44	T12	100.00	默认
	76	T6	100.00	默认
	78	T5	100.00	默认
	79	T4	100.00	默认
	80	T3	100.00	默认
	81	T2	100.00	默认
	82	T1	100.00	默认
	83	T7	100.00	默认
	84	T8	100.00	默认
	85	T9	100.00	默认
	86	T10	100.00	默认
	87	T11	100.00	默认
	88	T12	100.00	默认

图 19　定义其余荷载工况拉索初拉力

注:由于初拉力的定义只能定义一个工况和一个初拉力值,我们可以利用 midas 表格的修改功能,具体操作如下:

①先选中所有的拉索单元,荷载工况:T1,初拉力:100kN。

②点击图 18 的"初拉力荷载"后面的三个点,就可以进入表格了。

③在表格里修改"荷载工况"的名称。

2.5 运行分析

主菜单 > 分析 > 运行分析，或者直接点击快捷菜单中的运行分析，如图 20 所示。

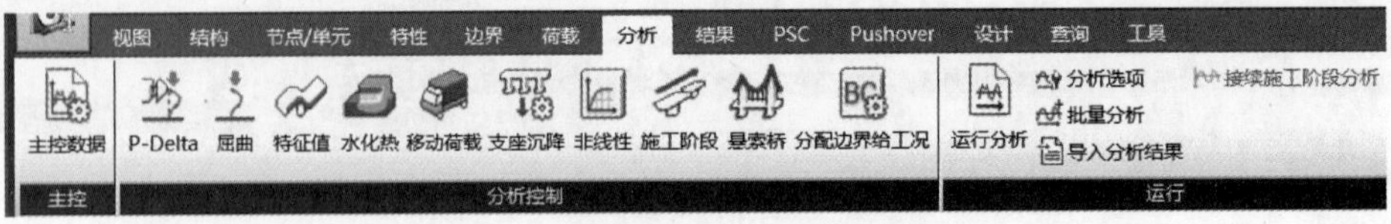

图 20　运行分析及前后处理模式切换

2.6 采用未知荷载系数法计算成桥索力

(1) 主菜单 > 结果 > 荷载组合 > 名称：组合 > 荷载工况和系数：各个荷载工况名称的荷载组合系数均为 1 > 关闭，如图 21 所示。

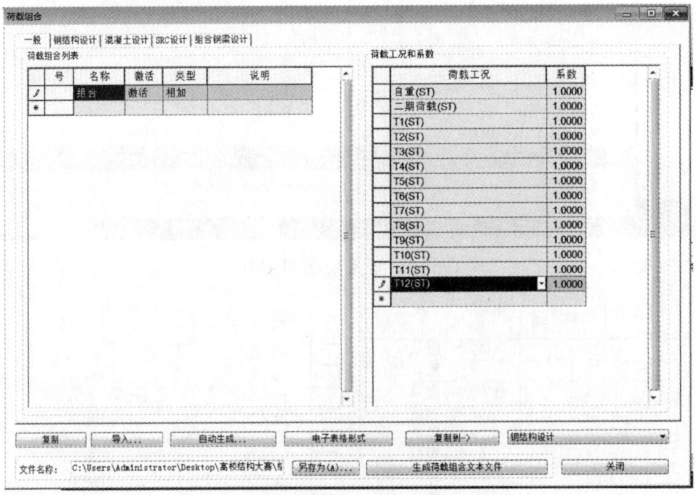

图 21　定义荷载组合

> 注：在利用未知荷载系数法计算成桥索力之前，需要将我们定义的自重、二期恒载、初拉力定义到一个荷载组合里。

(2) 主菜单 > 结果 > 桥梁 > 索控制 > 未知荷载系数 > 添加 > 项目名称：成桥调索 -5mm > 荷载组合：组合 > 目标函数的类型：平方 > 未知荷载系数的符号：正负 > 勾选“荷载工况 T1 ~ T12” > 添加 > 约束名称：11 > 约束类型：位移 > 约束节点：11 > 位移：DZ > 约束条件：不相等，上限：0.005，下限：-0.005 > 确认，如图 22 所示。

> 注：①未知荷载系数的符号：实际上拉索的结果只有是正值(受拉)时才是合理的，如果选择“正负”后计算出来的结果出现了负值，则说明方程的解有问题。勾选荷载工况“T1 ~ T12”作为“未知”，即需要我们求解的索力。
>
> ②约束条件：选择“拉索”和“主梁”相交的节点的位移为 ±5mm，零位移法不一定要把节点的位移控制为 0，因为那样往往不容易得到相应的解，可以适当放宽一些。此处的定义可以先在 Excel 表格里编辑好再复制过来即可。

(3) 点击“求未知荷载系数”，程序自动计算结果，如图 23 所示。

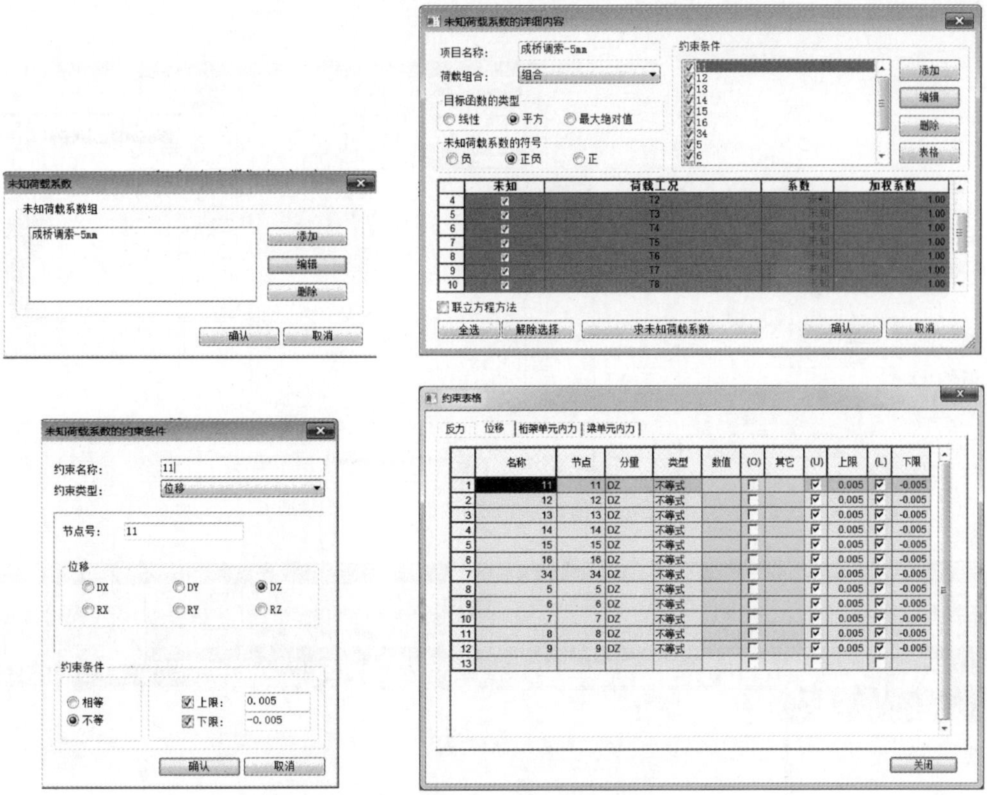

图 22　定义未知荷载系数详细内容

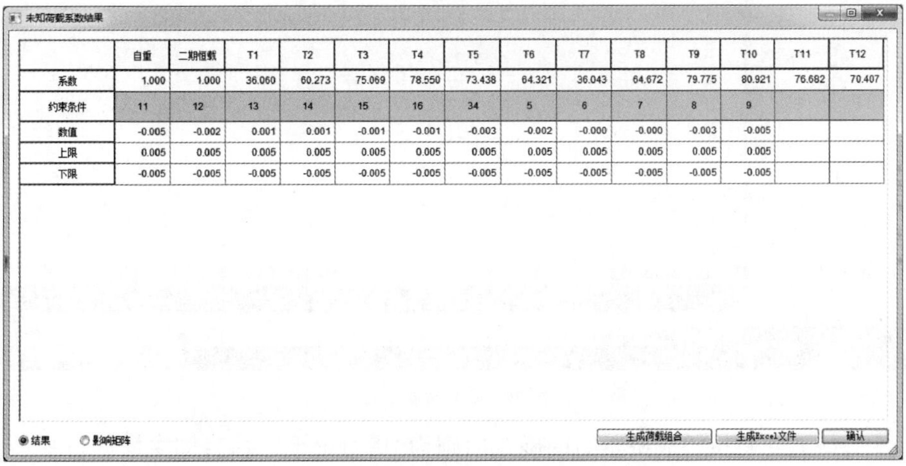
未知荷载系数结果

	自重	二期恒载	T1	T2	T3	T4	T5	T6	T7	T8	T9	T10	T11	T12
系数	1.000	1.000	36.060	60.273	75.069	78.550	73.438	64.321	36.043	64.672	79.775	80.921	76.682	70.407
约束条件	11	12	13	14	15	16	34	5	6	7	8	9		
数值	-0.005	-0.002	0.001	0.001	-0.001	-0.001	-0.003	-0.002	-0.000	-0.000	-0.003	-0.005		
上限	0.005	0.005	0.005	0.005	0.005	0.005	0.005	0.005	0.005	0.005	0.005	0.005		
下限	-0.005	-0.005	-0.005	-0.005	-0.005	-0.005	-0.005	-0.005	-0.005	-0.005	-0.005	-0.005		

结果　影响矩阵　生成荷载组合　生成Excel文件　确认

图 23　未知荷载系数计算结果

根据计算结果可知，自重和二期恒载作为常量，系数不变，均为“1”，而拉索张拉力有对应的系数得出，这就是求解的结果。将这些系数乘之前定义的初始张拉力（100kN），即可初步计算成桥索力。

（4）点击“生成荷载组合”，可以将计算的荷载系数自动与之前定义的未知量进行组合，生成对应的荷载组合，如图 24 所示。

（5）主菜单 > 结果 > 结果 > 内力 > 梁单元内力图 > “荷载工况/荷载组合”选择“CB：11届结构大赛”，“内力”选择“My”，“显示类型”勾选“等值线、变形、图例”，点击“适用”，如

图 25 所示。

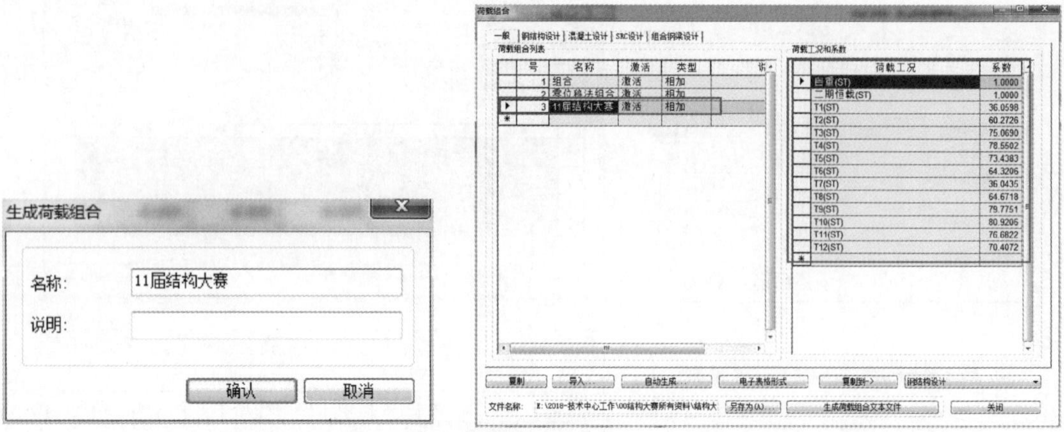

图 24　生成荷载组合

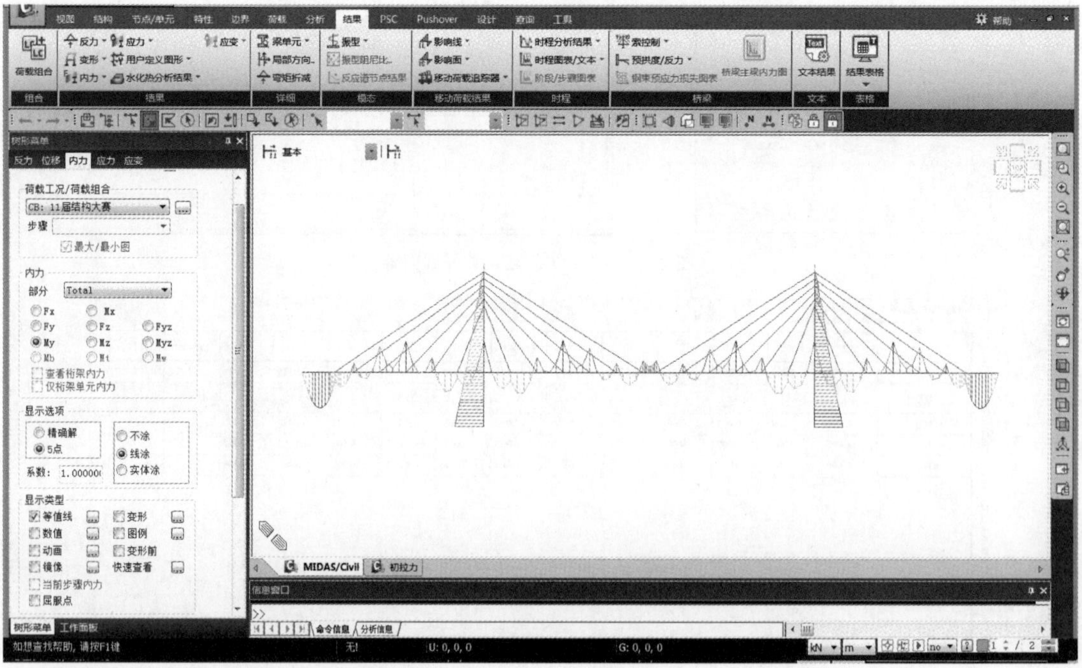

图 25　梁单元内力图

(6)索力微调。斜拉桥成桥索力的确定原则为“塔直梁平”,塔直即主塔尽量受压,而不受弯;梁平即主梁是“弹性地基连续梁”的受力状态。除了上述两种状态之外,还要保证“索力变化均匀”,即从“短索”到“长索”索力变化要均匀,短索索力要小一些,长索索力大一些,还要保证支座位置处不能出现负反力。

从内力图可以看出,主梁的状态比较好,而主塔存在一定的弯矩,主塔往中跨侧倾斜。可以进行索力微调,让主塔的受力状态尽量为轴压状态;也可以利用 midas Civil 中的“索内力调幅”对拉索索力进行调整。

第十届全国大学生结构设计竞赛
——大跨度屋盖结构

1 赛题分析

随着我国国民经济的高速发展和综合国力的提高,我国大跨度结构技术也得到了长足的发展,正在赶超国际先进水平。改革开放以来,大跨度结构的社会需求和工程应用逐年增加,在各种大型体育场馆、剧院、会议展览中心、机场候机楼、铁路旅客站及各类工业厂房等建筑中得到了广泛的应用。借北京2008年奥运会、2022年冬奥会等国家重大活动的契机,我国已经或即将建成一大批高标准、高规格的体育场馆、会议展览馆、机场航站楼等社会公共建筑,这给我国大跨度结构的进一步发展带来了机遇,同时也对我国大跨度结构技术水平提出了更高的要求。

1.1 材料

本届竞赛选用竹材制作结构构件,竹材参考力学指标见表1。

竹材参考力学指标 表1

密　度	顺纹抗拉强度	抗压强度	弹性模量
0.789g/cm^3	150MPa	65MPa	10GPa

(1)弹性模量:$10\text{GPa} = 10000\text{MPa} = 10000\text{N/mm}^2$。

(2)泊松比:竹材的泊松比在0.24~0.30之间,平均值为0.2822,建议取值0.28。

(3)线膨胀系数:此参数与温度应力有直接关系,此模型不考虑温度影响,故此参数可以不填写。

(4)重度:$0.789\text{g/cm}^3 \times 9.8\text{m/s}^2 = 7.369 \times 10^{-6}\text{N/mm}^3$。

屋面材料采用柔软的塑胶网格垫,厚度约3mm。采用尺寸比例为1.5∶1的矩形,四周切割为弧形,长约108cm,宽约72cm,切弧半径为175mm,以满足质量1kg为准(误差为0.5g),中间位置开直径80mm的圆孔(用于挠度测试),如图1所示。

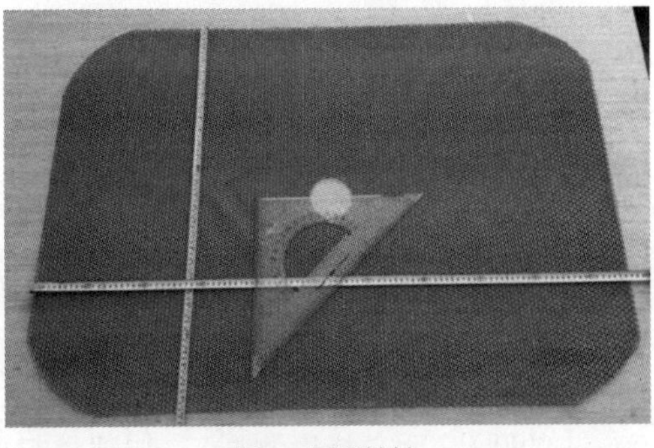

图1 屋面材料

1.2 模型

总体模型由承台板、支承结构、屋盖三部分组成(图2),承台板板面刻设各限定尺寸的界限。

(1)内框线:平面净尺寸界限,即850mm×550mm。

(2)中框线:柱底平面轴网(屋盖最小边界投影)尺寸,即900mm×600mm。

(3)外框线:屋盖最大边界投影尺寸,即1050mm×750mm。

承台板板面标高定义为±0.00。

支撑结构仅允许在4个柱位处设柱(即图3阴影区域),其余位置不得设柱。柱的任何部分(包括柱脚、肋等)必须在平面净尺寸(850mm×550mm)之外,且满足空间检测要求(即要求柱设置于四角175mm×125mm范围内)。

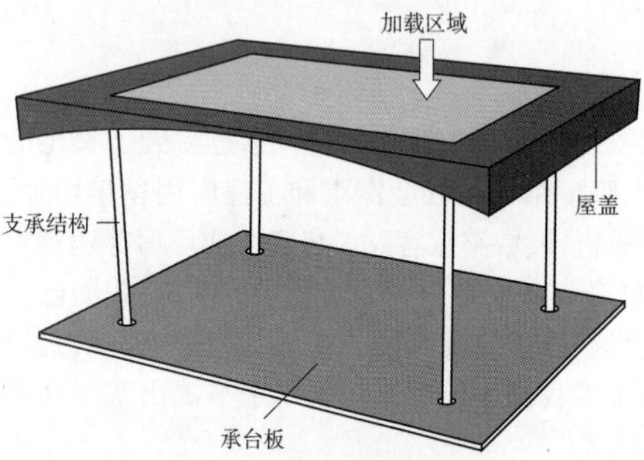

图2 模型三维透视示意图

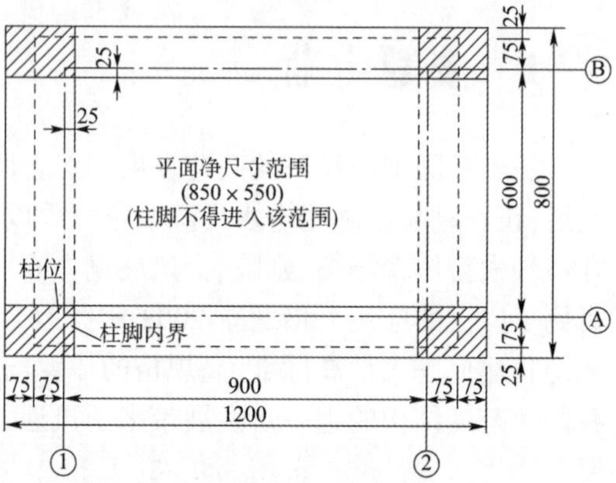

图3 承台板平面尺寸图(尺寸单位:mm)

柱顶标高不超过+0.425m(允许误差+5mm),柱轴线间范围内+0.300m标高以下不能设置支撑。

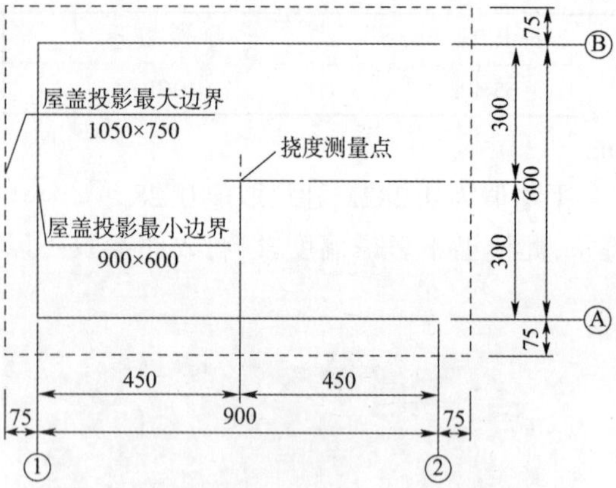

图4 屋盖结构尺寸图(尺寸单位:mm)

屋盖结构的具体形式不限,屋盖结构的总高度不大于125mm(允许误差+5mm),即其最低处标高不得低于0.300m,最高处标高不超过0.425m(允许误差+5mm)。

平面净尺寸(850mm×550mm)范围内屋盖净空不低于300mm,屋盖结构覆盖面积(水平投影面积)不小于(900×600)mm^2,也不大于(1050×750)mm^2,但不限定屋盖形状是矩形,也不限定边界是直线,如图4所示。模型不需制作屋面。

屋盖结构中心点(轴网900mm×600mm的中心)为挠度测量点。

1.3 荷载

加载材料采用软质塑胶运动地板,尺寸为950mm×650mm,四周切割为弧形,中央开直径80mm的圆孔(用于挠度测试)。加载材料厚度约2.4mm,单块质量2kg。模型加载采用静力加载方式,所加荷载为屋面全跨均布荷载。先铺屋面材料,作为预加载,然后将位移计读数清零。模型加载分为两个阶段:

(1)第一阶段:标准加载14kg(即七张胶垫),加载时的允许挠度[w]=4.0mm。

先加第一级荷载,6kg(三张胶垫逐张加载),完成后持荷20s,测试并记录测试点挠度值。再加第二级荷载,8kg(四张胶垫逐张加载),完成后持荷20s,测试并记录测试点挠度值。

(2)第二阶段的最大加载量由各参赛队根据自身模型情况自行确定,可申报两个级别(定义为第三级和第四级荷载),荷载级别应为2kg的倍数(每张胶垫质量为2kg)。

先加第三级荷载,按上报加载量一次完成加载,持荷20s,如结构破坏,终止加载,且本级加载量不计入成绩;如结构不破坏,继续加载。再加第四级荷载,按上报加载量一次完成加载,持荷20s,如结构破坏,本级加载量不计入成绩;如结构不破坏,本级加载量计入成绩。

第二阶段加载时不进行挠度测试。在程序中可以使用集中荷载的形式模拟结构受力,逐次叠加查看最终结构挠度及应力。

注:竞赛中按质量确定加载级别,在建立模型施加荷载时需要将质量换算成荷载,荷载=质量×重力加速度,本书其他地方均按此公式换算荷载。

1.4 边界条件

模型提交时应组装为整体,将承台板、支承结构和屋盖结构用胶水装配成整体。模型与承台板可固定连接,即三个平动方向与三个转动方向均固定连接。

1.5 结果

结构的强度与刚度是结构性能的两个重要指标。在模型的第一阶段加载过程中,通过位移测量装置对结构中心点的垂直位移进行测量。根据实际工程中大跨度屋盖的挠度要求,本模型第一阶段加载的最大允许位移$[w]=4$mm。

2 建立模型

2.1 设定操作环境及定义材料和截面

(1)双击midas Gen图标,打开Gen程序>主菜单>新项目>保存>文件名:大跨结构>保存。

(2)主菜单>工具>单位体系>长度:mm,力:N>确定。亦可在模型窗口右下角点击图标N mm的下拉三角,修改单位体系,如图5所示。

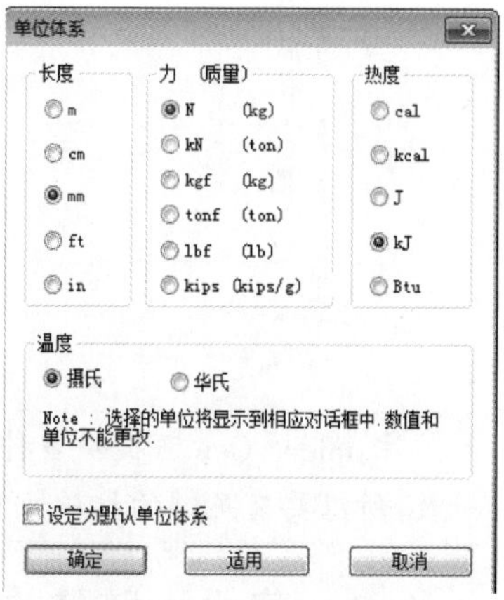

图5 定义单位体系

(3)主菜单>特性>材料特性值>添加>名称:竹材>设计类型:用户定义>规范:无>弹性模量:1×10^4 N/mm^2,泊松比:0.28,容重:7.84×10^{-6} N/mm^3>确定,如图6所示。

(4)主菜单>特性>截面特性值>添加>数据库/用户>管型截面>用户>截面名称:P10×2>D:10,tw:2>适用>截面名称:P8×1>D:8,tw:1>确认,如图7所示。

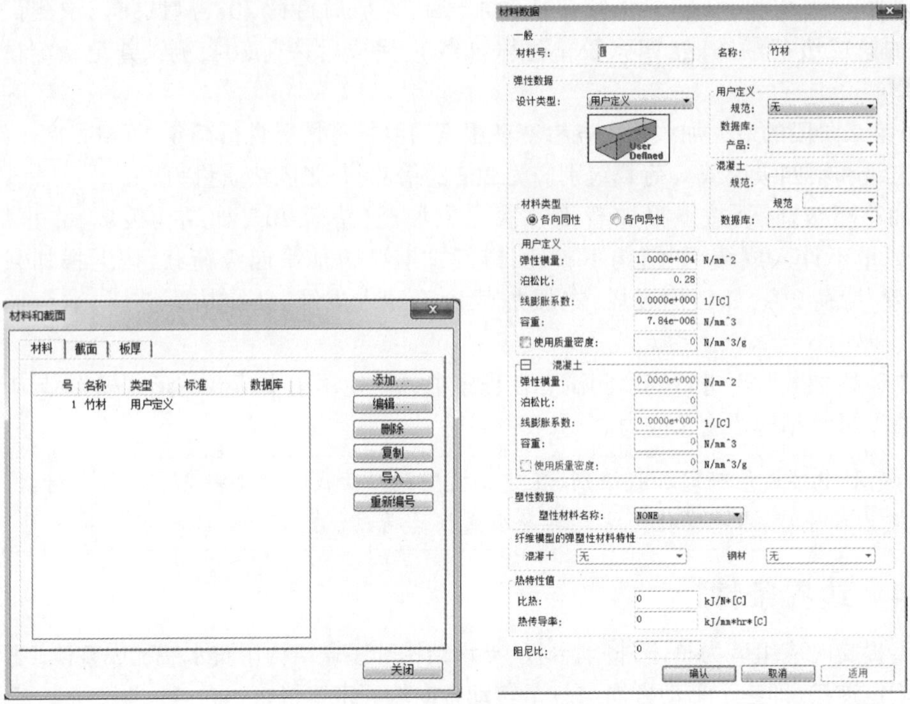

图6　定义材料

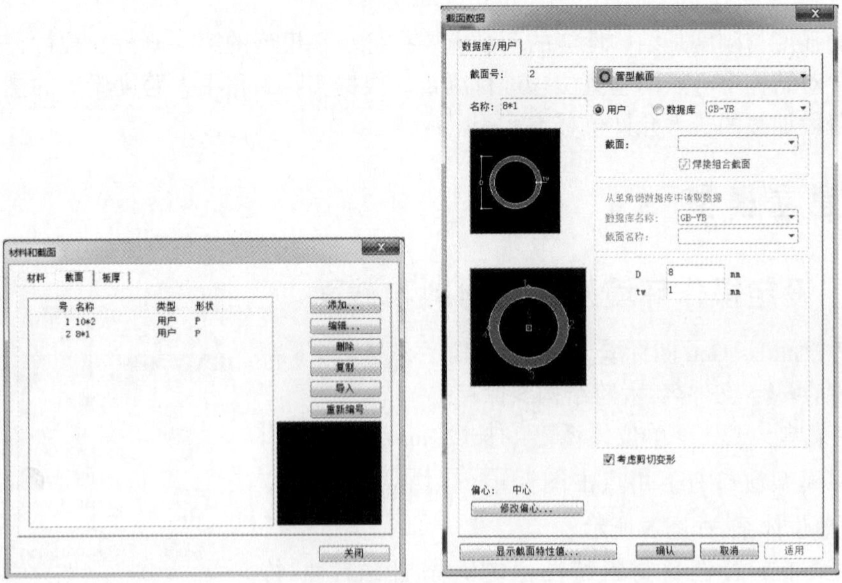

图7　定义截面

注:midas Gen 可提供多种形式,如箱形、T 形、工字形、L 形等,考虑到一层梁与桩基方向一致,所以要有足够的抗压性能,从而选择相应的截面形式。本模型的截面形式仅供参考。

2.2　建立大跨结构模型

(1)主菜单 > 节点/单元 > 节点 > 建立节点 > 坐标(x,y,z)输入(0,0,0) > 点击 适用 或

Enter 键,继续建立节点(0,600,0)、(900,0,0)、(900,600,0),点击 关闭 。

(2)主菜单 > 节点/单元 > 单元 > 扩展 > 扩展类型:节点→线单元 > 单元类型:梁单元 > 材料:竹材 > 截面:10 × 2 > 生成形式:复制和移动 > 等间距 > 方向,(dx,dy,dz):(0,0,600) > 复制次数:1 > 点击选择所有节点 > 适用,如图 8 所示。

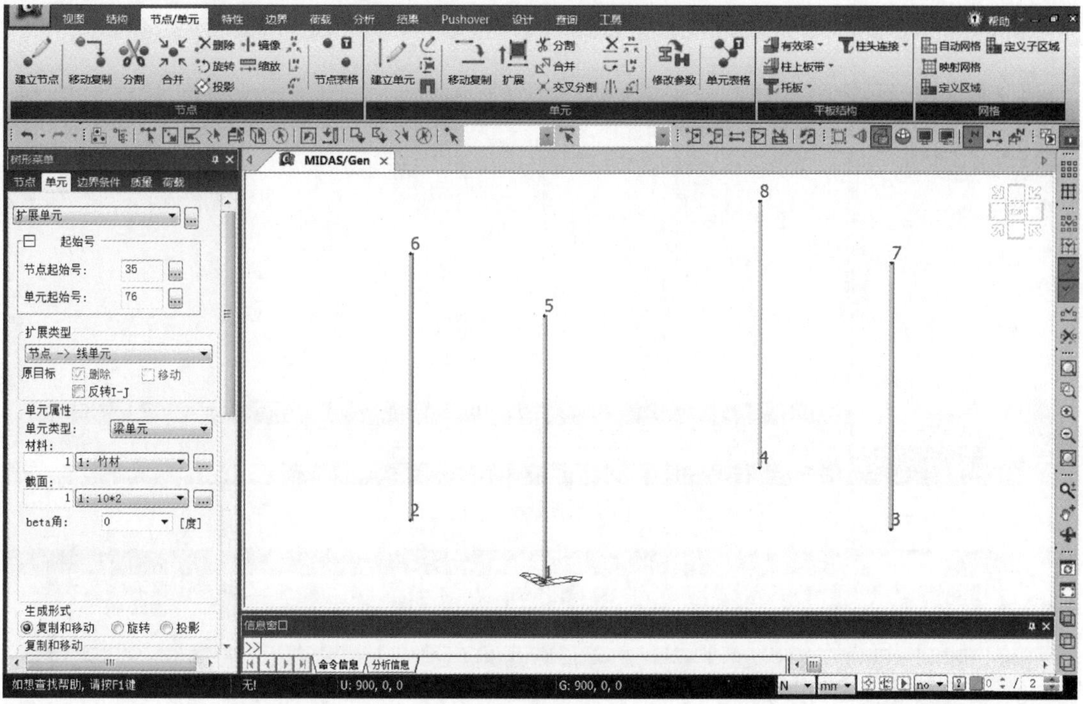

图 8　扩展单元

(3)主菜单 > 节点/单元 > 节点 > 建立节点 > 坐标(x,y,z)输入(450,300,650) > 点击 适用 或 Enter 键。

(4)主菜单 > 节点/单元 > 单元 > 在曲线上直接建立单元 > 曲线类型:三点弧 > 单元类型:梁单元 > 截面名称:1:10 × 2 > 分割数量:8 > 模型窗口中捕捉 P1 为节点 6,P2 为节点 9,P3 为节点 7 > 适用 > 模型窗口中继续捕捉 P1 为节点 5,P2 为节点 9,P3 为节点 8,创建梁单元。

(5)主菜单 > 节点/单元 > 节点 > 移动/复制 > 形式:复制 > 等间距 > 方向,(dx,dy,dz):(0,0,−150) > 复制次数:1 > 点击选择节点 9(模型顶部节点) > 适用。

(6)主菜单 > 节点/单元 > 单元 > 在曲线上直接建立单元 > 曲线类型:三点弧 > 单元类型:梁单元 > 截面名称:1:10 × 2 > 分割数量:8 > 模型窗口中捕捉 P1 为节点 6,P2 为节点 22,P3 为节点 7 > 适用,继续选择 P1 为节点 5,P2 为节点 22,P3 为节点 8,创建梁单元,如图 9 所示。

(7)主菜单 > 节点/单元 > 单元 > 建立单元 > 单元类型:一般梁/变截面梁 > 材料名称:竹材 > 截面名称 2:P8 × 1 > 节点连接:选择模型如下图节点建立支撑 > 适用。

(8)主菜单 > 节点/单元 > 单元 > 建立单元 > 单元类型:一般梁/变截面梁 > 材料名称:竹材 > 截面名称 2:P8 × 1 > 节点连接:捕捉四根立柱上端节点建立单元 > 适用,如图 10 所示。

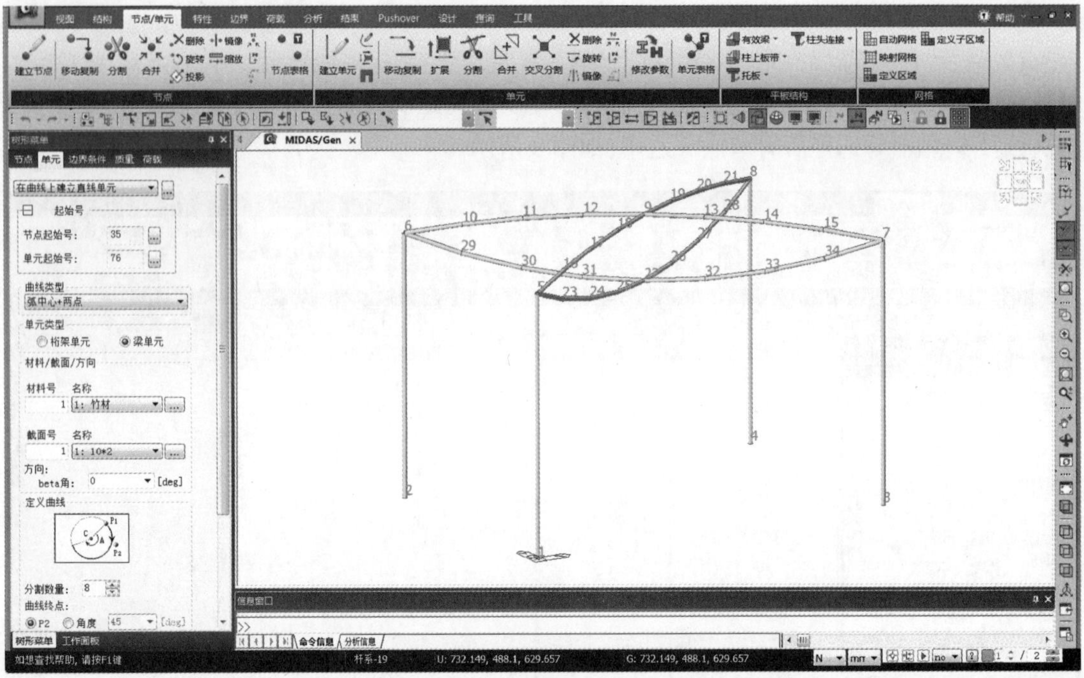

图9　建立屋盖单元

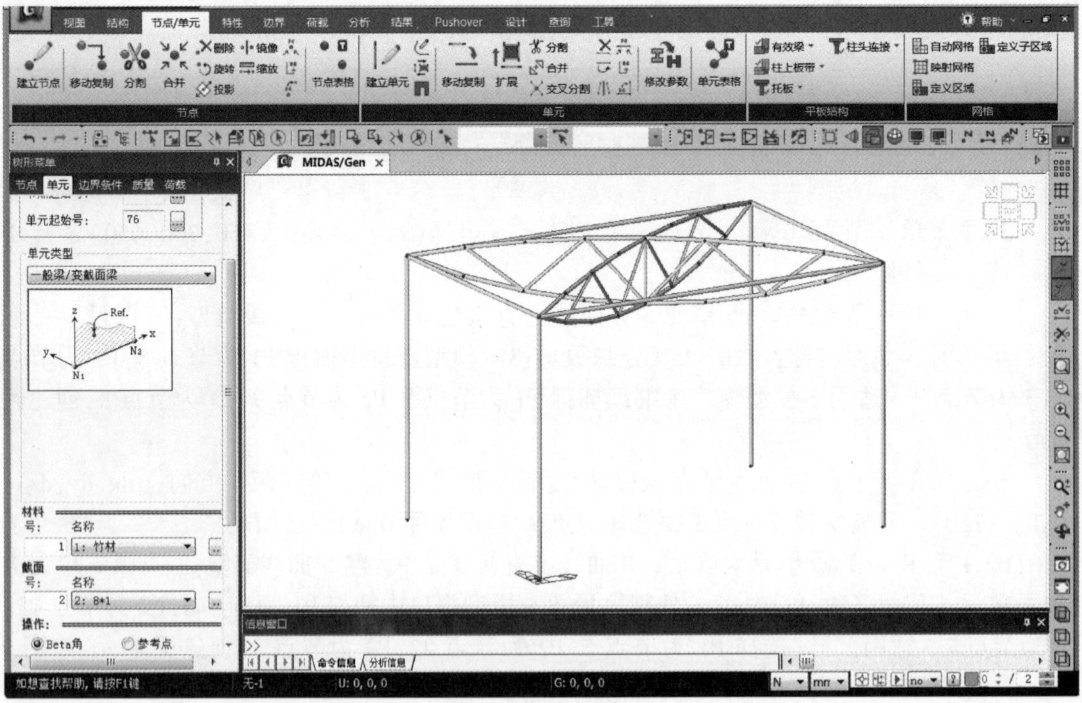

图10　建立大跨结构模型

2.3　定义边界条件

主菜单 > 边界 > 一般支承 > 选择:添加 > 勾选:“D-ALL”“Rx、Ry、Rz” > 窗口选择柱底节点 > 适用 > 关闭,如图 11 所示。

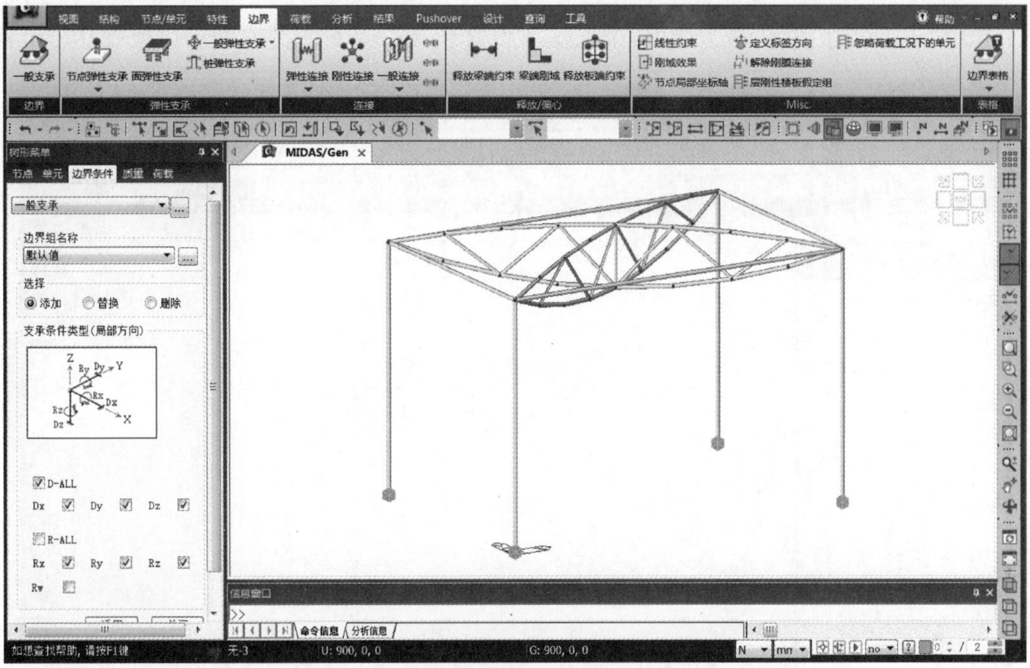

图 11　定义边界条件

2.4　定义荷载

(1)主菜单 > 荷载 > 荷载类型 > 静力荷载 > 建立荷载工况 > 静力荷载工况 > 名称:自重 > 类型:用户自定义的荷载(USER) > 添加 > 名称:1-1 > 类型:用户自定义的荷载(USER) > 添加 > 名称:1-2 > 类型:用户自定义的荷载(USER) > 添加 > 名称:2-1 > 类型:用户自定义的荷载(USER) > 添加 > 名称:2-2 > 类型:用户自定义的荷载(USER) > 添加 > 关闭,如图 12 所示。

(2)主菜单 > 荷载 > 荷载类型 > 静力荷载 > 结构荷载/质量 > 自重 > 荷载工况名称:自重 > 自重系数:Z = -1 > 添加 > 关闭,如图 13 所示。

图 12　定义荷载工况

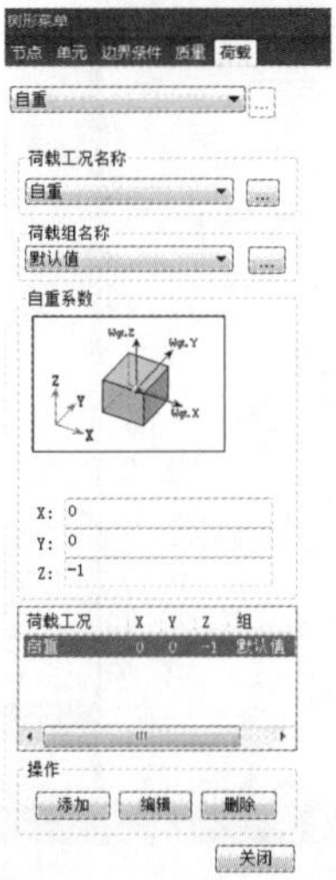

图 13　定义自重

(3)主菜单 > 荷载 > 荷载类型 > 静力荷载 > 结构荷载/质量 > 节点荷载 > 荷载工况名称:1-1 > 荷载组名称:默认值 > 选项:添加 > 节点荷载:FZ = -60N > 模型窗口捕捉 9 号节点,如图 14 所示。

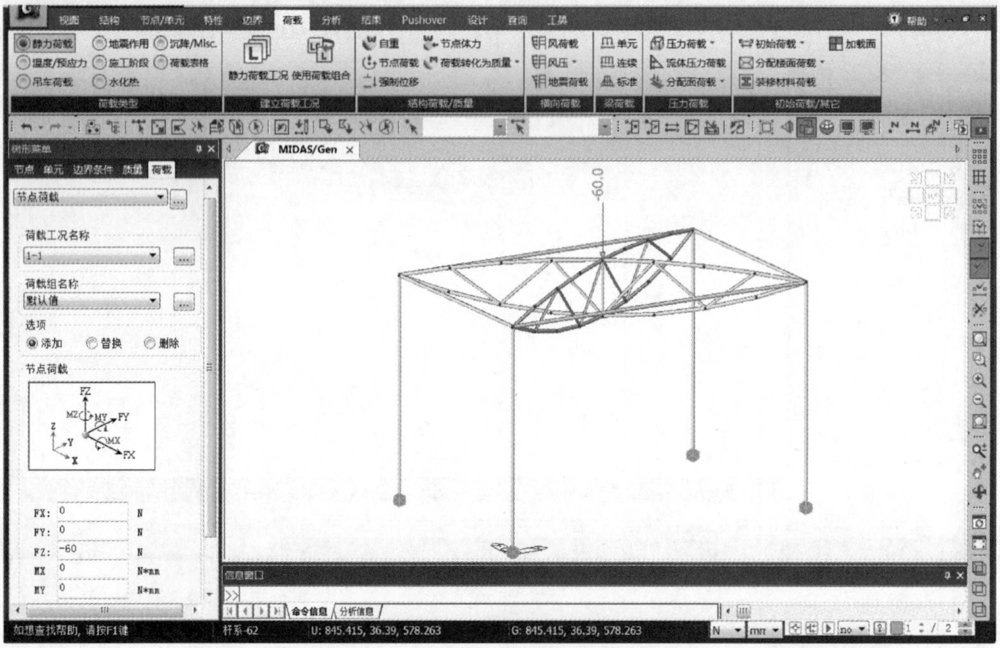

图 14　添加第一阶段第一级荷载

(4)主菜单 > 荷载 > 荷载类型 > 静力荷载 > 结构荷载/质量 > 节点荷载 > 荷载工况名称:1-2 > 荷载组名称:默认值 > 选项:添加 > 节点荷载:FZ = -80N > 模型窗口捕捉 9 号节点,如图 15 所示。

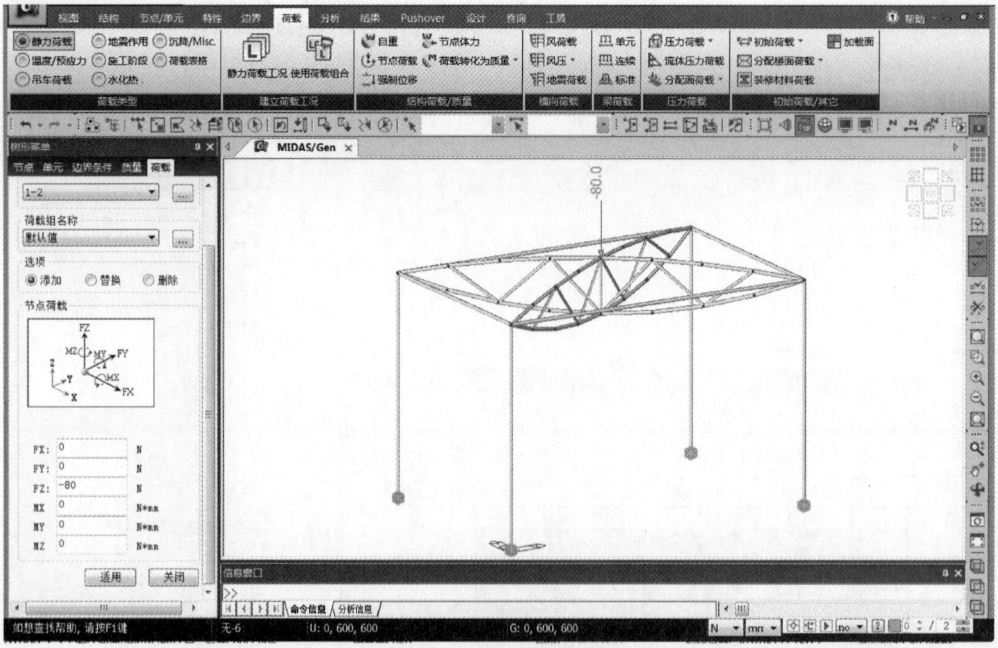

图 15　添加第一阶段第二级荷载

(5)第二阶段荷载依旧使用节点荷载形式施加到9号节点上,大小依次为12kg、16kg,重力加速度按10m/s²考虑。参考第一阶段荷载施加方式,此处不再赘述。

(6)主菜单>结构>结构类型>结构类型:3-D>质量控制参数:集中质量>勾选“将自重转换为质量:转换到X、Y”(地震作用方向),如图16所示。

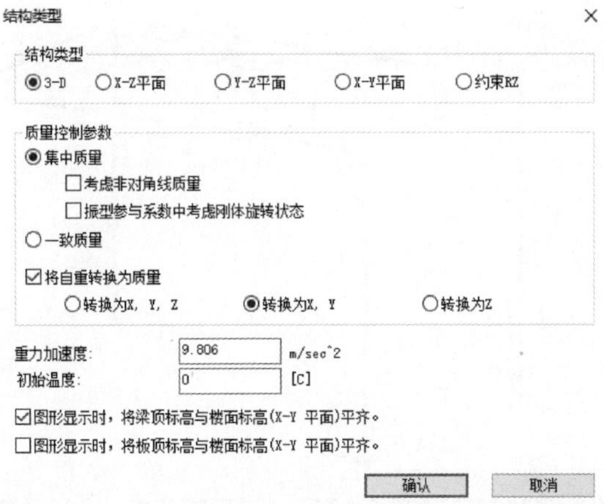

图16 结构类型及将自重转换为质量

2.5 运行分析

主菜单>分析>运行分析,或者直接点击快捷菜单中的运行分析,如图17所示。

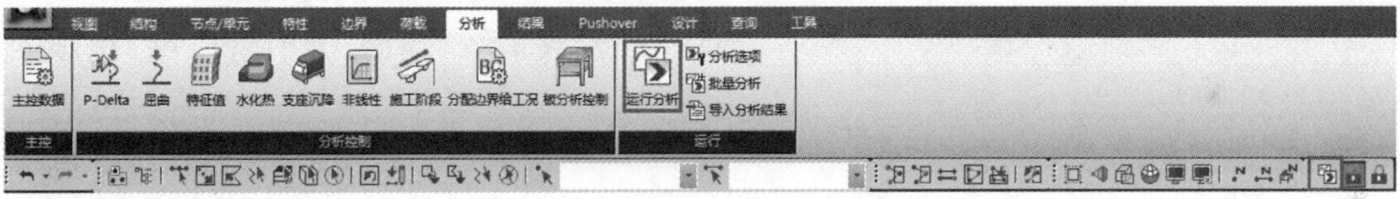

图17 运行分析

2.6 定义荷载组合

主菜单>结果>组合>荷载组合>分别创建名称为空载、第一阶段荷载、第二阶段荷载-1、第二阶段荷载-2的荷载组合,组成荷载组合的荷载工况系数均为1,如图18所示。

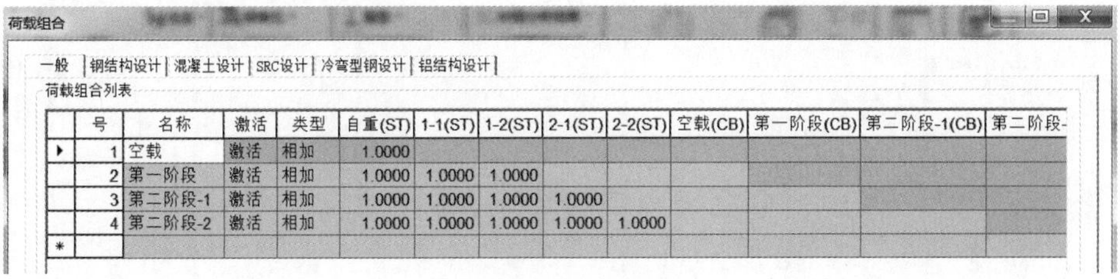
荷载组合

一般 | 钢结构设计 | 混凝土设计 | SRC设计 | 冷弯型钢设计 | 铝结构设计

荷载组合列表

	号	名称	激活	类型	自重(ST)	1-1(ST)	1-2(ST)	2-1(ST)	2-2(ST)	空载(CB)	第一阶段(CB)	第二阶段-1(CB)	第二阶段-
▸	1	空载	激活	相加	1.0000								
	2	第一阶段	激活	相加	1.0000	1.0000	1.0000						
	3	第二阶段-1	激活	相加	1.0000	1.0000	1.0000	1.0000					
	4	第二阶段-2	激活	相加	1.0000	1.0000	1.0000	1.0000	1.0000				
*													

图18 荷载组合

2.7 分析结果

(1)主菜单>结果>结果>变形>位移等值线>“荷载工况/荷载组合”选择“CB:第一阶段”,“位移”选择“DZ”,“显示类型”勾选“等值线、变形、图例”,点击“适用”,如图19所示。

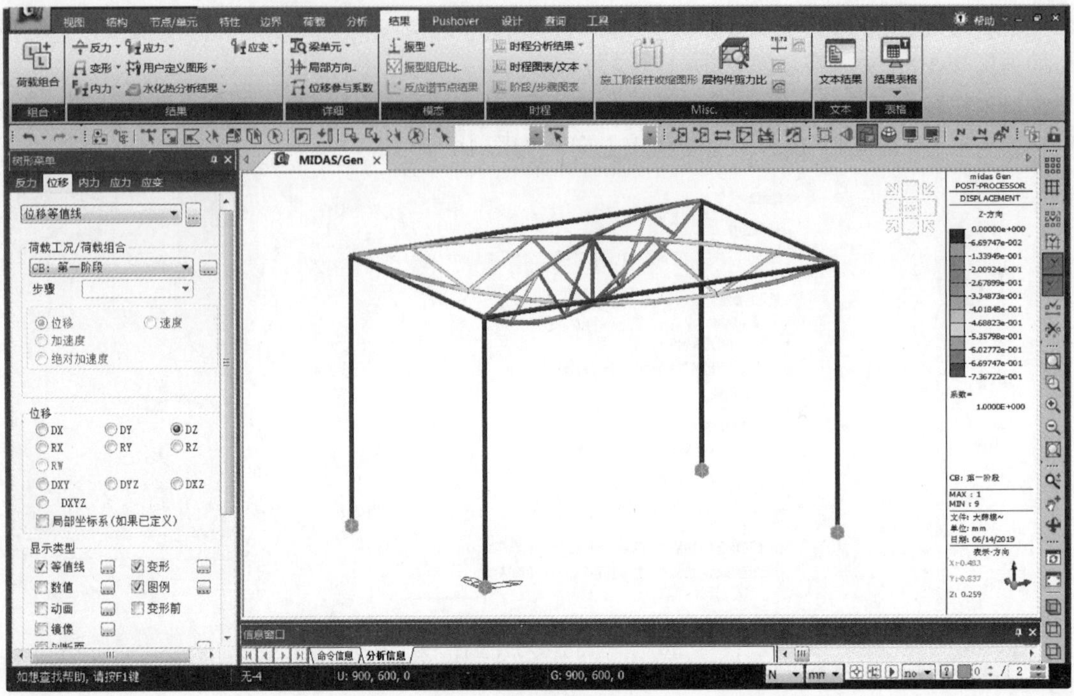

图 19　第一阶段位移

如图 19 所示，第一阶段最大位移值 U_{max} =0.737mm，小于允许挠度。

(2)主菜单 > 结果 > 结果 > 内力 > 梁单元内力图 > “荷载工况/荷载组合”选择“CB：第一阶段”，“内力”选择“Fx、Fz、My”，“显示类型”勾选“等值线、变形、图例”，点击“适用”，如图 20 ~ 图 22 所示。

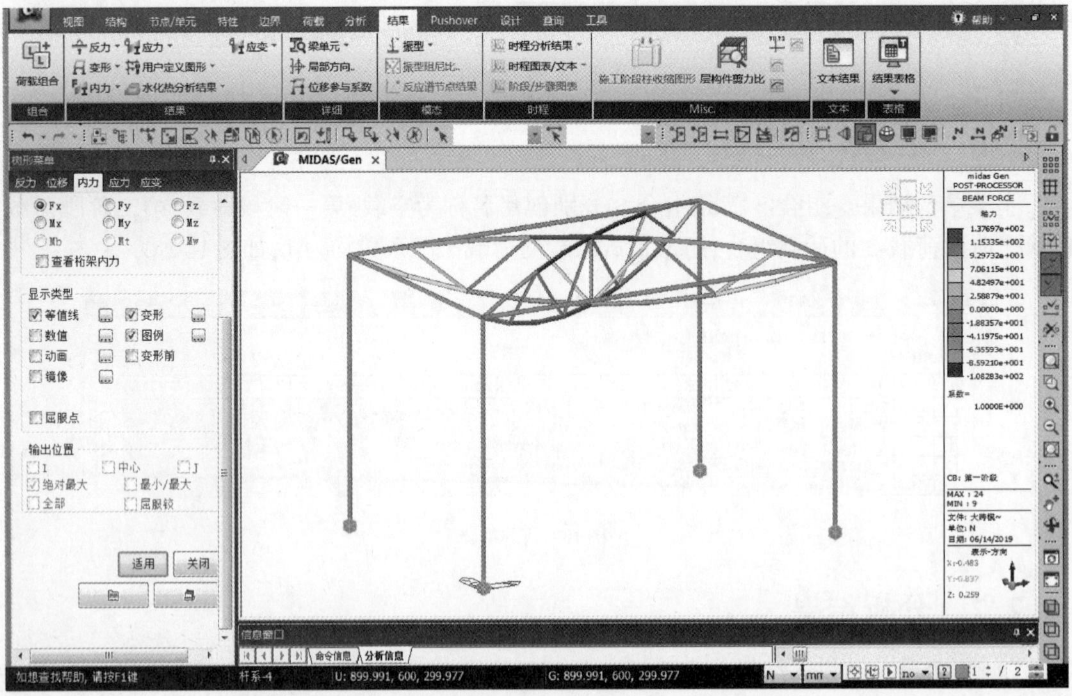

图 20　第一阶段轴力

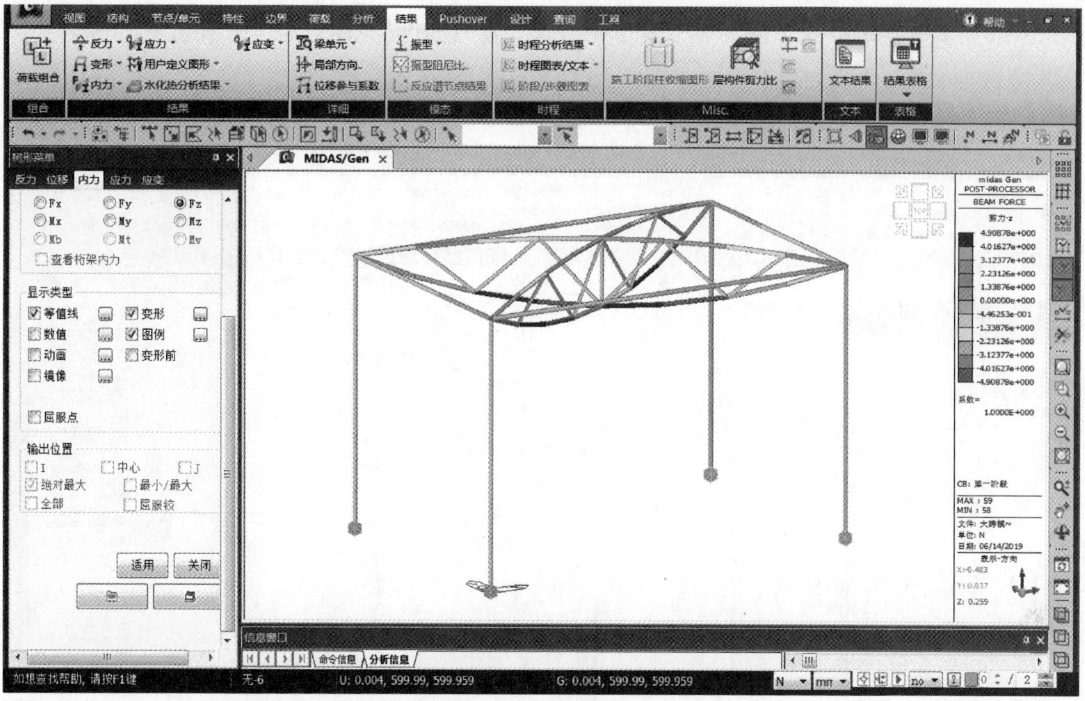

图 21　第一阶段剪力

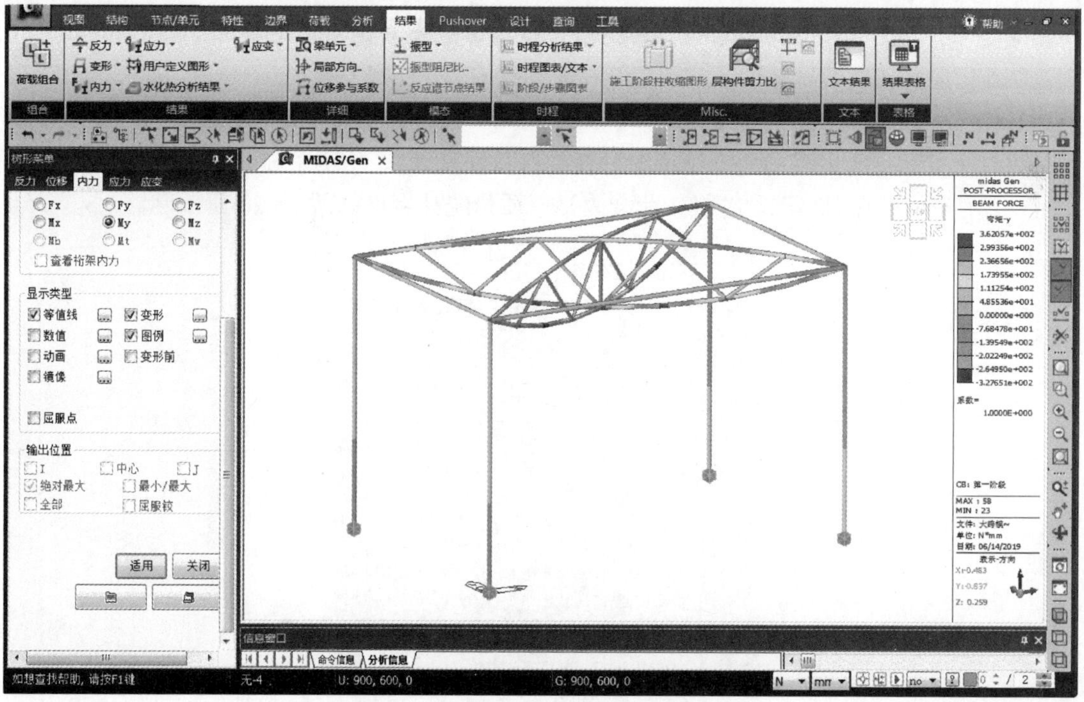

图 22　第一阶段弯矩

综合轴力、剪力、弯矩结果，可以得到大跨结构屋盖底部的杆件承受的拉力最大，需要保证节点较好连接；底部构件的弯矩最大，可适当增大底部构件的截面；受力较小的构件可适当减小截面，从而控制结构质量。

(3)主菜单 > 结果 > 结果 > 应力 > 梁单元应力图 > “荷载工况/荷载组合”选择“CB：第一阶段”，“应力”选择“组合”，“显示类型”勾选“等值线、变形、图例”，点击“适用”，如图 23 所示。

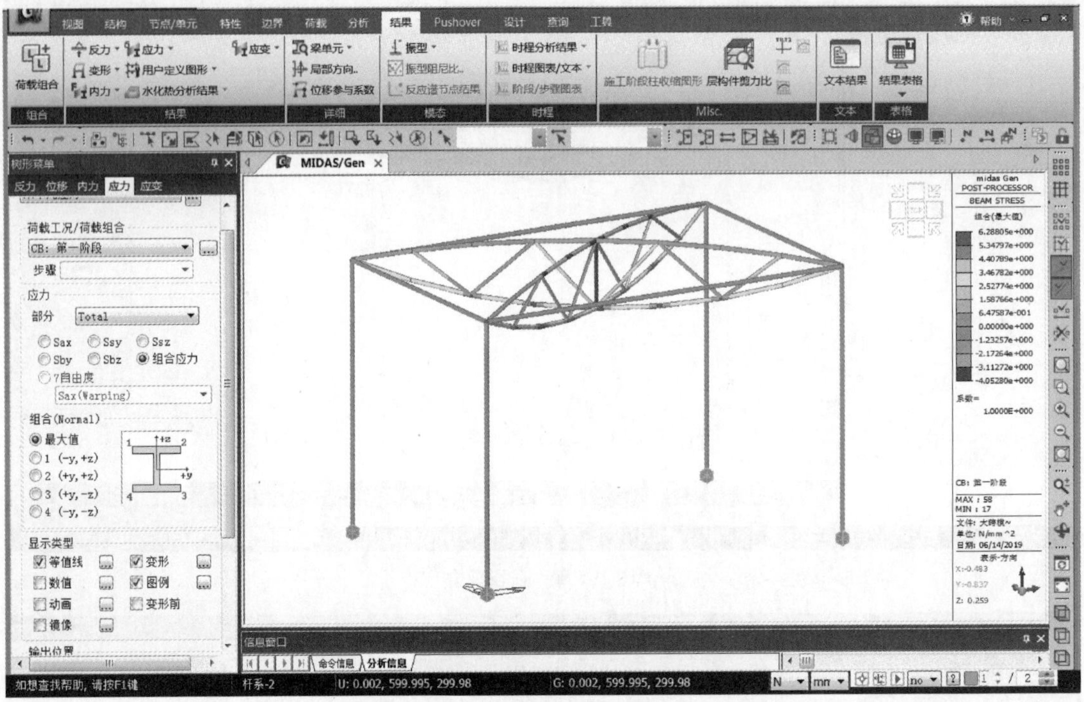

图 23　第一阶段应力

将各个荷载组合得到的应力结果与材料的抗拉强度对比，均小于 60MPa，满足要求。

(4)主菜单 > 查询 > 重量/质量/荷载表格 > 质量统计表格，如图 24 所示。

节点	节点质量 (N/g)	荷载转化为质量	结构质量 (N/g)	合计 (N/g)
10	0.0000	0.0000	0.0000	0.0000
11	0.0000	0.0000	0.0000	0.0000
12	0.0000	0.0000	0.0000	0.0000
13	0.0000	0.0000	0.0000	0.0000
14	0.0000	0.0000	0.0000	0.0000
15	0.0000	0.0000	0.0000	0.0000
16	0.0000	0.0000	0.0000	0.0000
17	0.0000	0.0000	0.0000	0.0000
18	0.0000	0.0000	0.0000	0.0000
19	0.0000	0.0000	0.0000	0.0000
20	0.0000	0.0000	0.0000	0.0000
21	0.0000	0.0000	0.0000	0.0000
22	0.0000	0.0000	0.0000	0.0000
23	0.0000	0.0000	0.0000	0.0000
24	0.0000	0.0000	0.0000	0.0000
25	0.0000	0.0000	0.0000	0.0000
26	0.0000	0.0000	0.0000	0.0000
27	0.0000	0.0000	0.0000	0.0000
28	0.0000	0.0000	0.0000	0.0000
29	0.0000	0.0000	0.0000	0.0000
30	0.0000	0.0000	0.0000	0.0000
31	0.0000	0.0000	0.0000	0.0000
32	0.0000	0.0000	0.0000	0.0000
33	0.0000	0.0000	0.0000	0.0000
34	0.0000	0.0000	0.0000	0.0000
合计	0.0000	0.0000	0.0004	0.0004

图 24　结构质量

按照上述方法，可检查第二阶段荷载受力情况，判断结构是否发生倾覆、坍塌。

3 结构的稳定性分析

3.1 屈曲分析

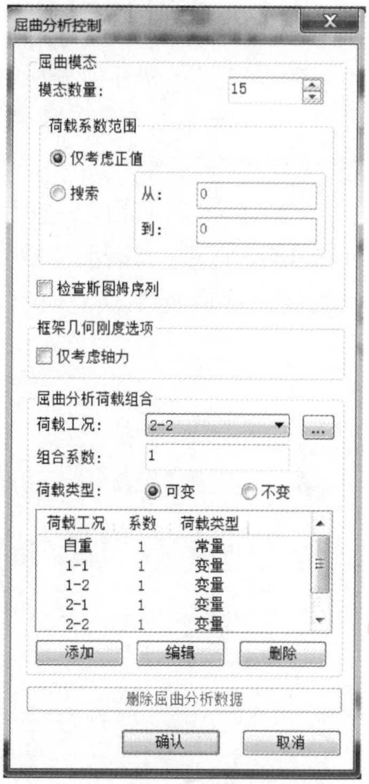

图 25 定义屈曲分析控制

结构的稳定问题与强度问题有同等重要的意义，高强、薄壁和纤细结构的采用，使稳定性显得更加重要。结构失稳是指在外力作用下结构的平衡状态开始丧失稳定性，稍有扰动则变形迅速增大，最后使结构遭到破坏。可应用 midas Gen 对不同的结构模型进行屈曲分析，得到结构各个模态下的临界荷载系数，极限荷载 = 不变荷载 + 临界荷载系数 × 可变荷载，从而得到结构承受的最大荷载，选择最优结构形态。

(1) 主菜单 > 分析 > 分析控制 > 屈曲分析 > “模态数量”输入 15 > 勾选“仅考虑正值” > 适用，屈曲分析荷载组合工况及组合系数如图 25 所示。

(2) 主菜单 > 分析 > 运行分析，或者直接点击快捷菜单中的运行分析。

(3) 主菜单 > 结果 > 模态 > 振型 > 屈曲模态 > 荷载工况(模态号)：Mode1 > 模态成分：Md + XYZ > 显示类型：勾选“变形前、图例” > 适用，如图 26 所示。

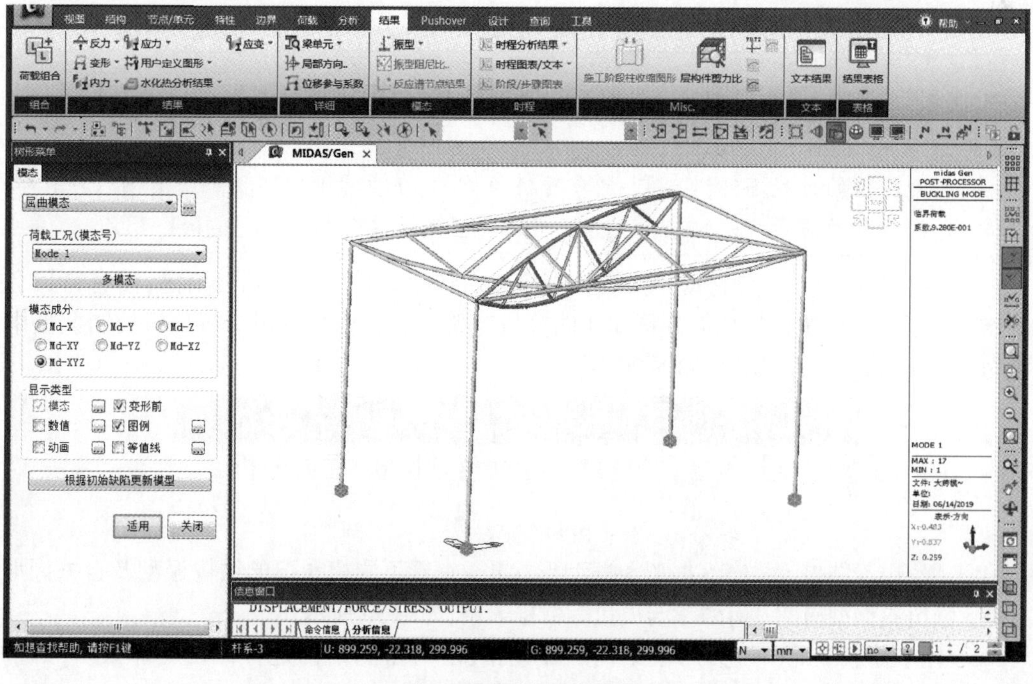

图 26 屈曲分析模态结果

由于构件的稳定性由第一阶失稳控制，从稳定分析结果可以看出，模型方案的一阶失稳特征值 $\lambda = 9.28 \times 10^{-1}$。可以应用以上操作步骤得到其他结构的临界荷载系数，从而得到最优结构形式。

3.2 特征值分析

程序可通过特征值分析得到各个振型下结构振动形态、是否有构件出现局部振动。

(1)主菜单 > 分析 > 分析控制 > 特征值分析 > 勾选“Lanczos” > 振型数量:5 > 确认，如图 27 所示。

(2)主菜单 > 荷载 > 静力荷载 > 结构荷载/质量 > 荷载转换成质量 > 质量方向:X,Y > 荷载工况:自重(其余活荷载) > 组合值系数:1.0 > 添加 > 确认。点击右侧竖向快捷菜单 > 重画或初始画面，恢复模型显示状态，如图 28 所示。

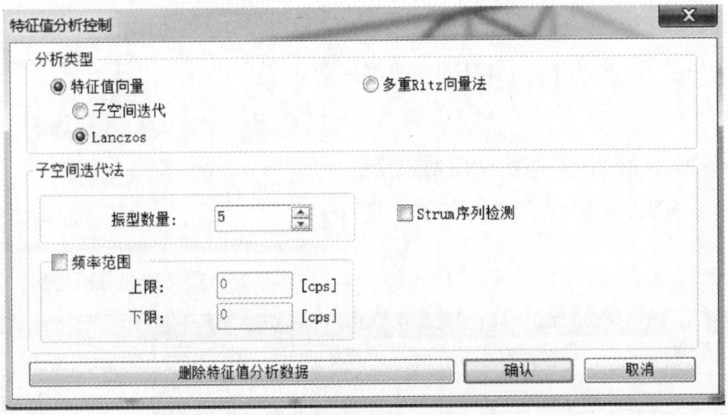

图 27　定义特征值分析控制

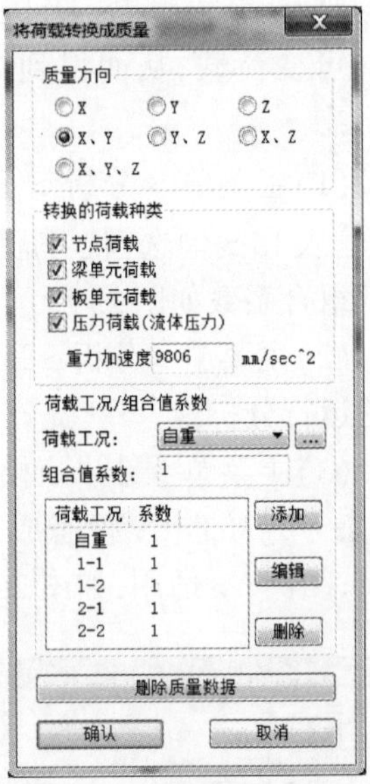

图 28　将荷载转换为质量

注：此处转换的荷载不包括自重，自重转换为质量，在步骤 1 中实现。因本例只计算水平地震作用，故转换的质量方向仅选择 X、Y。当计算竖向地震作用时，需选择 X、Y、Z。

(3)主菜单 > 分析 > 运行分析，或者直接点击快捷菜单中的运行分析，信息窗口会提示“[错误]不能同时执行特征值分析和屈曲分析”，需要在工作目录树中将分析控制数据中的屈曲分析(Bucking 分析)删掉，如图 29 所示。

图 29　错误提示

(4)主菜单 > 结果 > 模态 > 振型 > 振型形状 > 查看不同模态下的结构振型及自振周期 > 点击 > 输出各振型周期及有效参与质量等数据表格，如图 30 所示。

查看各个荷载工况(模态号)下结构的振动情况，可得到结构是否存在局部振动，如果存在局部振动，需要调整模型。

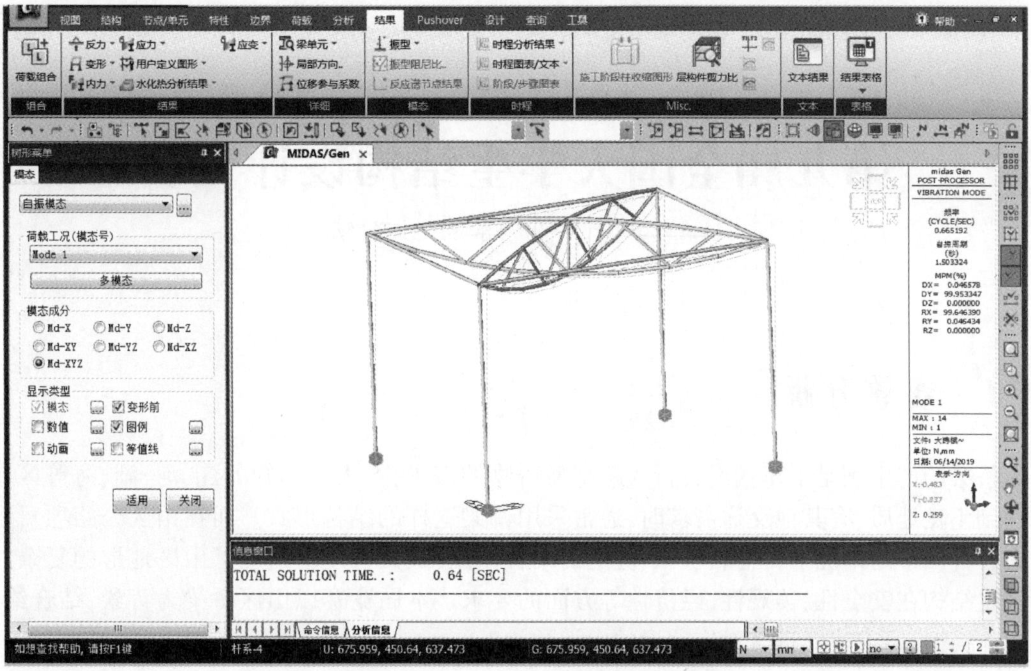

模态号	UX	UY	UZ	RX	RY	RZ
特征值分析						
模态号	频率 (rad/sec)	频率 (cycle/sec)	周期 (sec)	容许误差		
1	4.1795	0.6652	1.5033	0.0000e+000		
2	4.2969	0.6839	1.4623	0.0000e+000		
3	57.7915	9.1978	0.1087	0.0000e+000		
4	429.5308	68.3620	0.0146	2.6363e-047		
5	542.1402	86.2843	0.0116	3.2942e-038		

振型参与质量

模态号	TRAN-X 质量(%)	TRAN-X 合计(%)	TRAN-Y 质量(%)	TRAN-Y 合计(%)	TRAN-Z 质量(%)	TRAN-Z 合计(%)	ROTN-X 质量(%)	ROTN-X 合计(%)	ROTN-Y 质量(%)	ROTN-Y 合计(%)	ROTN-Z 质量(%)	ROTN-Z 合计(%)
1	0.0466	0.0466	99.9533	99.9533	0.0000	0.0000	99.6464	99.6464	0.0464	0.0464	0.0000	0.0000
2	99.9534	100.000	0.0466	99.9999	0.0000	0.0000	0.0464	99.6928	99.6439	99.6904	0.0000	0.0000
3	0.0000	100.000	0.0000	99.9999	0.0000	0.0000	0.0000	99.6928	0.0000	99.6904	99.9720	99.9720
4	0.0000	100.000	0.0000	99.9999	0.0000	0.0000	0.0000	99.6928	0.0000	99.6904	0.0065	99.9785
5	0.0000	100.000	0.0000	99.9999	0.0000	0.0000	0.0000	99.6928	0.0000	99.6904	0.0006	99.9792

模态号	TRAN-X 质量	TRAN-X 合计	TRAN-Y 质量	TRAN-Y 合计	TRAN-Z 质量	TRAN-Z 合计	ROTN-X 质量	ROTN-X 合计	ROTN-Y 质量	ROTN-Y 合计	ROTN-Z 质量	ROTN-Z 合计
1	0.0000	0.0000	0.0432	0.0432	0.0000	0.0000	673.072	673.072	0.3136	0.3136	0.0000	0.0000
2	0.0432	0.0432	0.0000	0.0432	0.0000	0.0000	0.3136	673.386	673.056	673.369	0.0000	0.0000
3	0.0000	0.0432	0.0000	0.0432	0.0000	0.0000	0.0000	673.386	0.0000	673.369	69.3737	69.3737
4	0.0000	0.0432	0.0000	0.0432	0.0000	0.0000	0.0000	673.386	0.0000	673.369	0.0045	69.3782
5	0.0000	0.0432	0.0000	0.0432	0.0000	0.0000	0.0000	673.386	0.0000	673.369	0.0004	69.3787

特征值模态 振型参与向量

图 30 特征值、振型及周期表格

第九届全国大学生结构设计竞赛
——山地桥梁结构

1 赛题分析

桥梁的产生满足了车辆或者行人跨越障碍物的需求,像大家熟知的江、河、湖、海等区域,或遇到不良地质、有其他交通需求时,通常采用桥梁这样的结构形式。而在山区公路项目中,考虑各种因素的情况下,公路、桥梁、隧道的结合使用,最大程度上适应了山区地形的复杂性,并满足结构在安全性、美观性、经济性等方面的要求。本届竞赛以山区桥梁为背景,结合给定的山体模型,要求建立符合对应地形的山地桥梁。

1.1 材料

本届竞赛选用竹材制作结构构件,竹材参考力学指标见表1。

竹材参考力学指标 表1

密 度	顺纹抗拉强度	抗 压 强 度	弹 性 模 量
$0.789g/cm^3$	150MPa	65MPa	10GPa

(1)弹性模量:$10GPa = 1\times10^4MPa = 1\times10^4N/mm^2$。

(2)泊松比:竹材的泊松比在0.24~0.30之间,平均值为0.2822,建议取值0.28。

(3)线膨胀系数:此参数与温度应力有直接关系,此模型不考虑温度影响,故此参数可以不填写。

(4)重度:$0.789g/cm^3\times9.8N/kg = 7.732\times10^{-6}N/mm^3$。

1.2 模型

给定山体模型(图1),隧洞山体洞口底面的标高为300mm,虎口山体虎口底面的标高为140mm,棱台山体山顶平面的标高为200mm。

本次模型只要求建立其中的B桥段。本桥上部结构采用3孔桁架式连续梁桥,跨径组合为3×500mm,桥梁宽度取120mm,加劲梁间距取90mm,曲线半径统一取为550mm,下部结构墩柱采用圆管形截面,墩高取为300mm,桥墩之间采用横撑进行连接,整体模型构件之间均采用502胶水连接。

1.3 荷载

模型加载采用动态加载的形式,即配重的遥控小车通过制作安装好的桥梁结构。比赛时由各参赛队指定一名参赛队员操作配重遥控小车从棱台山体出发,沿环线按逆时针方向回到出发点完成一次加载,模型须进行两次环线动加载试验,第一级加载为 3kg 移动荷载(配重为 3kg 小车荷重),第二级加载为 5kg 移动荷载(配重为 5kg 小车荷重)。

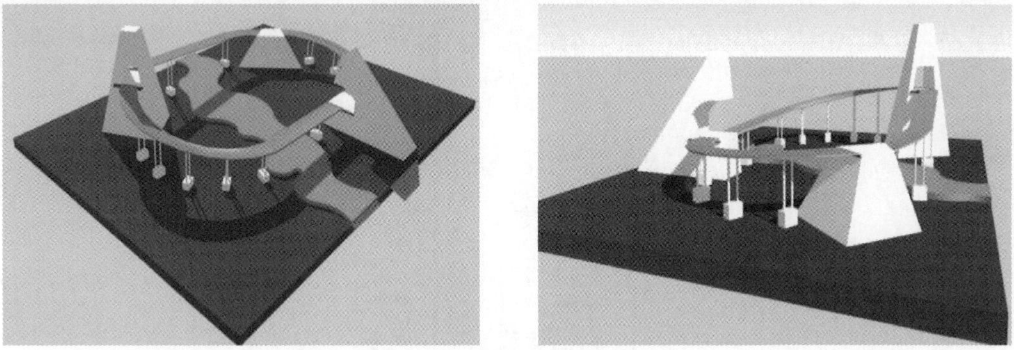

图 1　模型三维示意图

1.4　边界条件

本例题桥墩位置墩柱和主梁采用 502 胶水进行固定,墩台位置搭接到相应的平台上,所以结构体系可视为连续刚构。在 midas Civil 中,单元之间通过共节点进行连接时,默认为刚性点,如果构件之间的连接不是刚性连接,需要利用“释放梁端(板端)约束”的功能来实现。

1.5　结果

桥梁安装后,若出现以下三种情形之一,则不予加载,退出比赛:①桥面水平投影偏差超过 20mm;②小车经 1 次手扶调整后仍无法通行;③桥梁整体倾覆、垮塌等,导致小车无法通行。加载时,若参赛队操作失误,小车从赛道掉落,则退出比赛。

2　建立模型

2.1　设定操作环境及定义材料和截面

(1)双击 midas Civil 图标,打开 Civil 程序 > 主菜单 > 新项目 > 保存 > 文件名:大赛模型 > 保存。

(2)主菜单 > 工具 > 单位体系 > 长度:mm,力:N > 确定。亦可在模型窗口右下角点击图标 的下拉三角,修改单位体系,如图 2 所示。

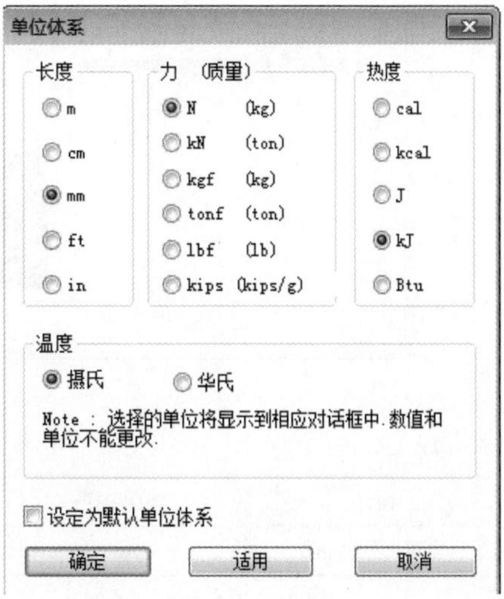

图 2　定义单位体系

(3)主菜单 > 特性 > 材料特性值 > 添加 > 名称竹材 > 设计类型:用户定义 > 规范:无 > 弹性模量:1×10^4 N/mm^2,泊松比:0.28,容重:7.732×10^{-6} N/mm^3 > 适用,如图 3 所示。

(4)主菜单 > 特性 > 截面特性值 > 添加 > 数据库/用户 > 实腹圆形截面 > 用户(图 4),截面直径见表 2。

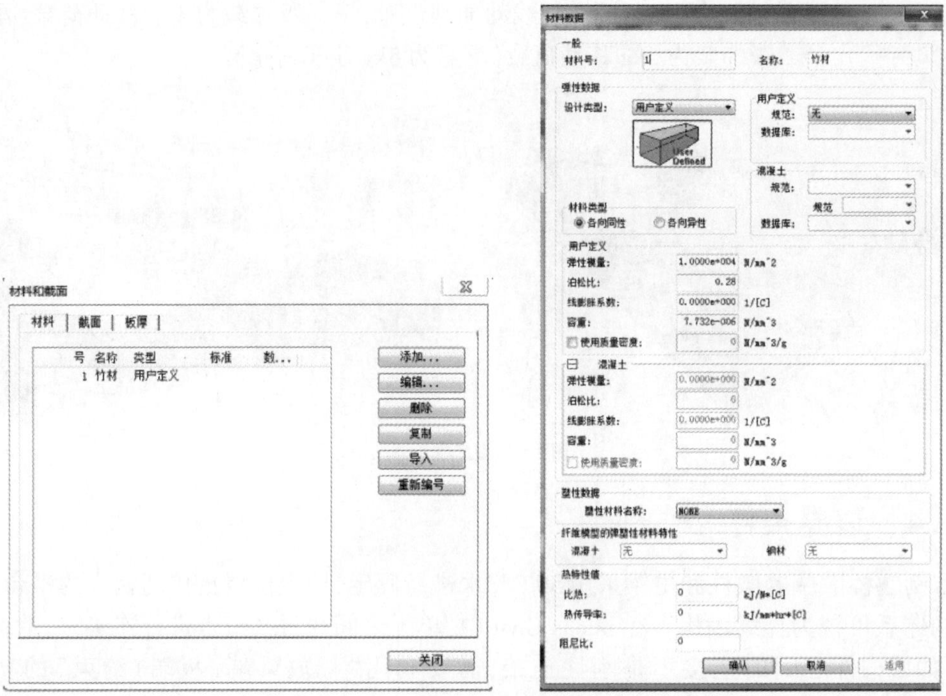

图3　定义材料

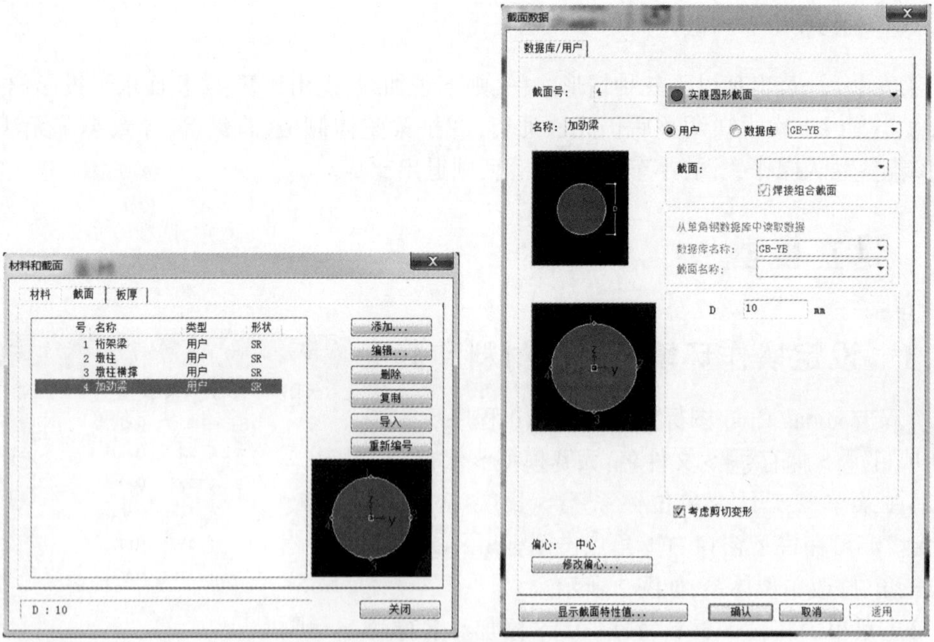

图4　定义截面

截 面 直 径　　表2

构件	桁架梁	墩柱	墩柱横梁	加劲梁
截面直径(mm)	10	15	5	10

注:上述尺寸均是根据参赛作品的照片大致拟合的尺寸,和实际的截面尺寸可能不一致,读者在实际模拟时根据结构构件的实际尺寸定义即可。

(5)主菜单 > 特性 > 截面特性值 > 板厚 > 添加 > 面内和面外:1 > 确定,如图 5 所示。

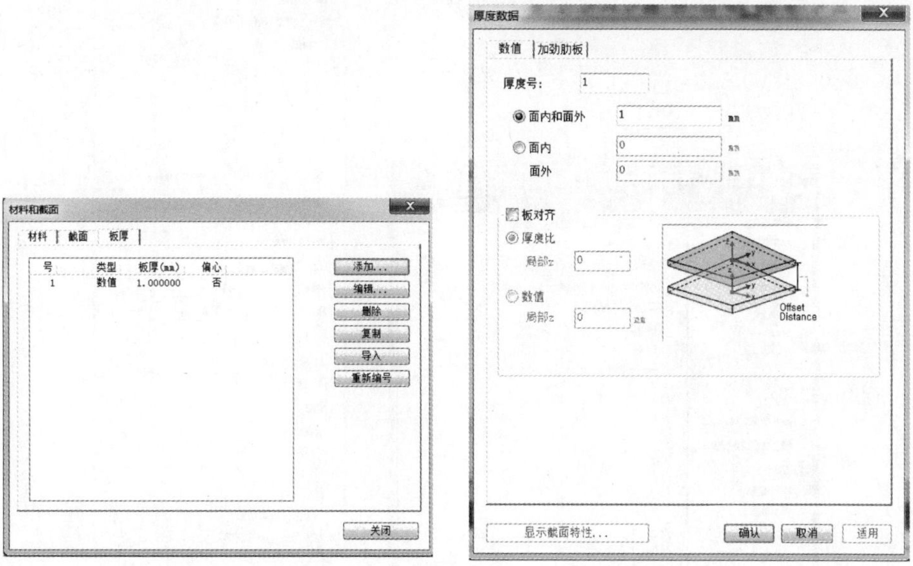

图 5　定义厚度

2.2　建立大赛模型

(1)利用 CAD 建立离散几何模型,如图 6 所示。

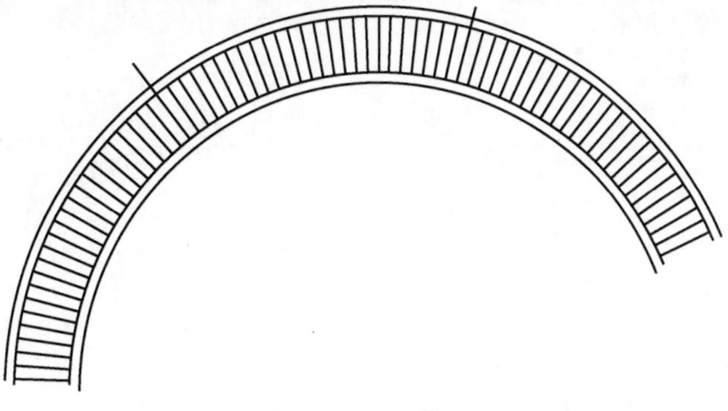

图 6　AutoCAD 模型

(2)文件 > 导入 > AutoCAD DXF 文件(D) > DXF 文件名点击搜索:结构设计大赛模型/几何离散模型,如图 7 所示。

将所有层中的"0"图层跳转至所有的层 > 勾选节点和单元 > 材料和截面,材料:1 竹材,截面:1 桁架梁,厚度:1 > 放大系数:1 > 原点:(0,0,0) > 适用 > 将所有层中的"外侧轮廓线"图层跳转至所有的层 > 勾选节点和单元 > 材料和截面,材料:1 竹材,截面:1 桁架梁,厚度:1 > 放大系数:1 > 原点:(0,0,0) > 确认,如图 8 所示。

> 注:导入 DXF 文件是 midas Civil 和 AutoCAD 进行数据交互的特色功能,通过导入 AutoCAD 离散的几何图形,可以直接生成节点和单元。

AutoCAD 图形导入到 midas Civil 有以下注意事项和技巧:

①节点位置:支撑线、截面变化位置、加载荷载位置(隔板、横梁等)。

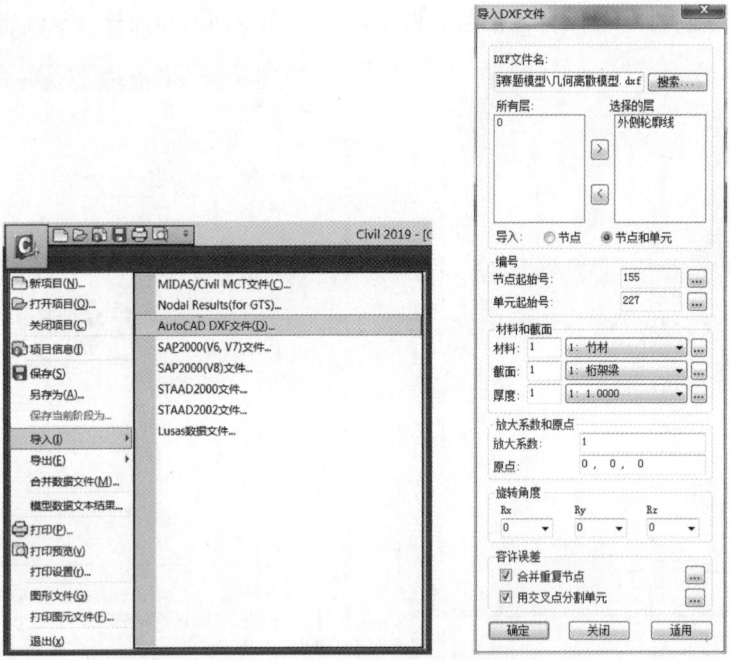

图 7　导入 AutoCAD 模型流程

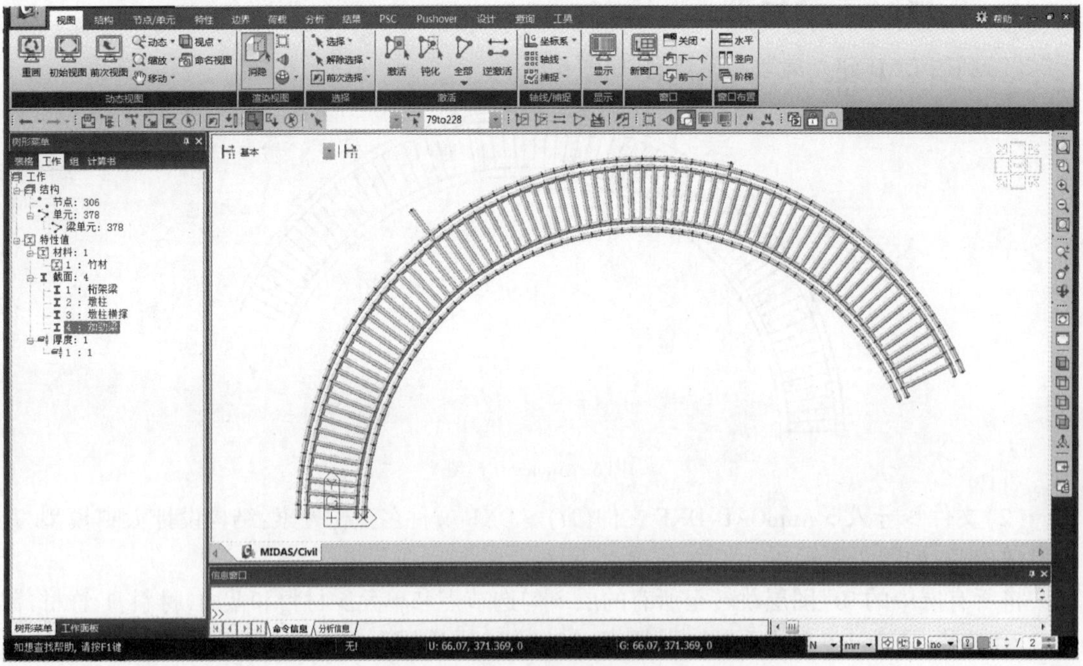

图 8　修改截面特性值

②AutoCAD 根据上述内容分层，程序可根据图层将导入内容分组。

③节点最终位置通过连接节点位置得到（程序不能识别圆曲线）。

④导入 AutoCAD 图形的绘制单位应与程序单位一致。

⑤可绘制辅助线（支撑线，加载点等）一并或分批导入便于后续操作，待模型建立完成后可予以删除。

“拖拽”功能可以快速修改单元的某些特性，属于 midas Civil 的一大特色功能。在导入 AutoCAD 几何模型时，大家应该注意到只能选定一种材料和截面特性，但是实际结构中不同构件的材料和截面特性可能不同，故可以利用 midas Civil 的“拖拽”功能。选定想要修改的单元，鼠标点中材料或者截面特性，按住左键不放，拖到模型窗口的任何一个位置，松手即可。

在本模型中，先选中两侧主梁，然后将“加劲梁”的截面特性赋予进去。

(3) 主菜单 > 节点/单元 > 单元 > 建立单元 > 单元类型：板 > 材料名称：1 竹材 > 厚度：1 > 节点连接：模型窗口捕捉节点，建立板单元，如图 9 所示。

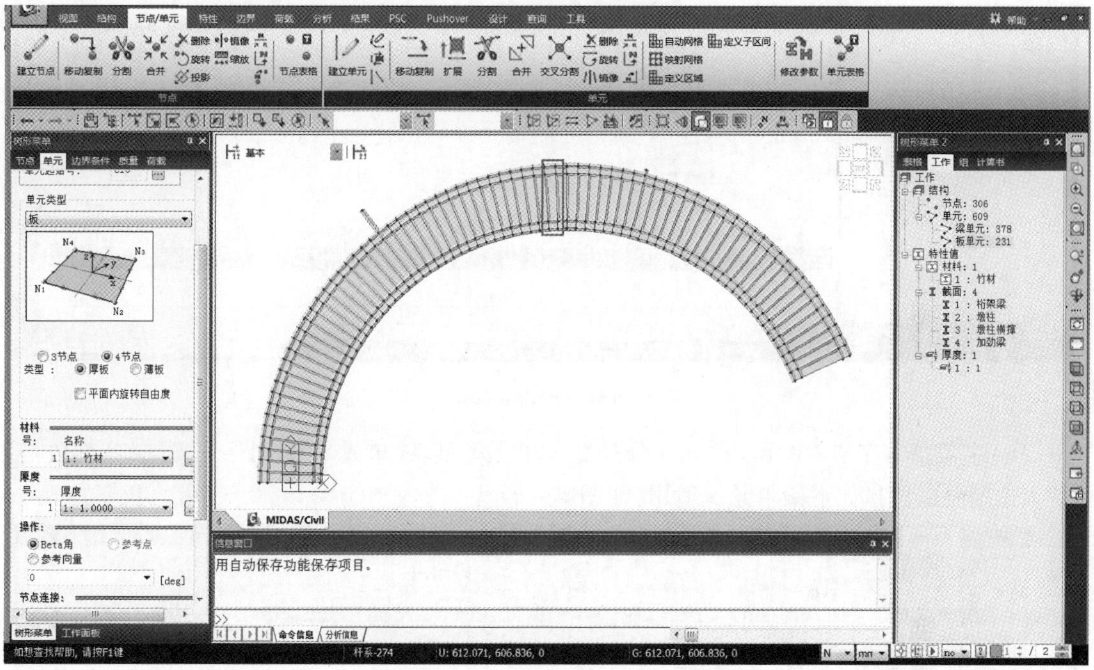

图 9　建立板单元

(4) 主菜单 > 结构 > 组 > 结构 > 名称：跨 > 后缀：1to3 > 添加 > 关闭，如图 10 所示。

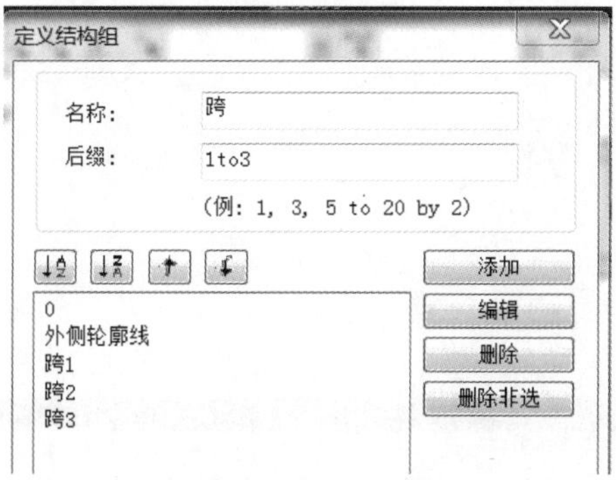

图 10　定义结构组

注：结构组的建立主要有两个用途：①方便操作，将属性相同的单元和节点定义到一个结构组中，对某些操作提供非常便利的选择途径；②建立施工阶段时采用。

(5) 快捷图标栏点击多边形选择，通过“拖拽“的功能，将三跨的单元分配给对应的结构组，如图 11 所示。

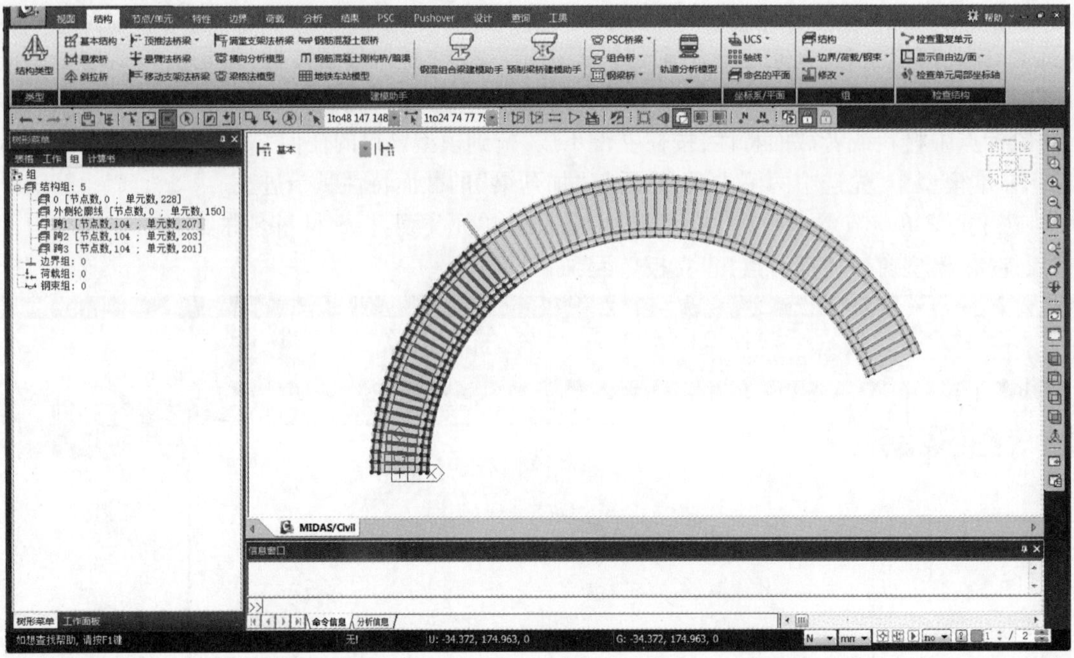

图 11　分配结构组

(6)主菜单＞节点/单元＞单元＞分割＞单元类型：线单元＞等间距＞x 方向分割数量：2＞点击窗口选择如下梁单元＞适用，如图 12 所示。

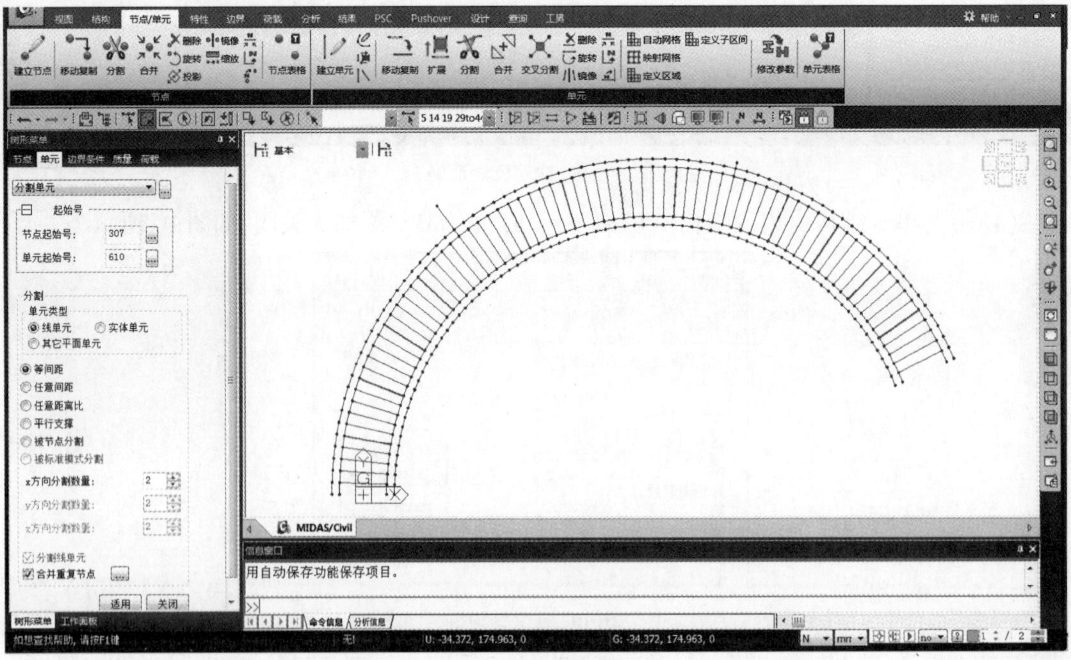

图 12　分割梁单元

(7)模型窗口选中上述图中被分割的梁单元和生成的节点，快捷图标栏中点击激活，激活上述节点。

(8)主菜单＞节点/单元＞节点＞移动复制＞形式：复制＞等间距＞方向，(dx，dy，dz)：

(0,0,−80)>适用>复制次数:1>点击窗口选择两侧梁单元中点>适用。

主菜单>节点/单元>节点>移动复制>形式:复制>等间距>方向,(dx,dy,dz):(0,0,−100)>适用>复制次数:1>点击窗口选择中间梁单元中点>适用,如图13所示。

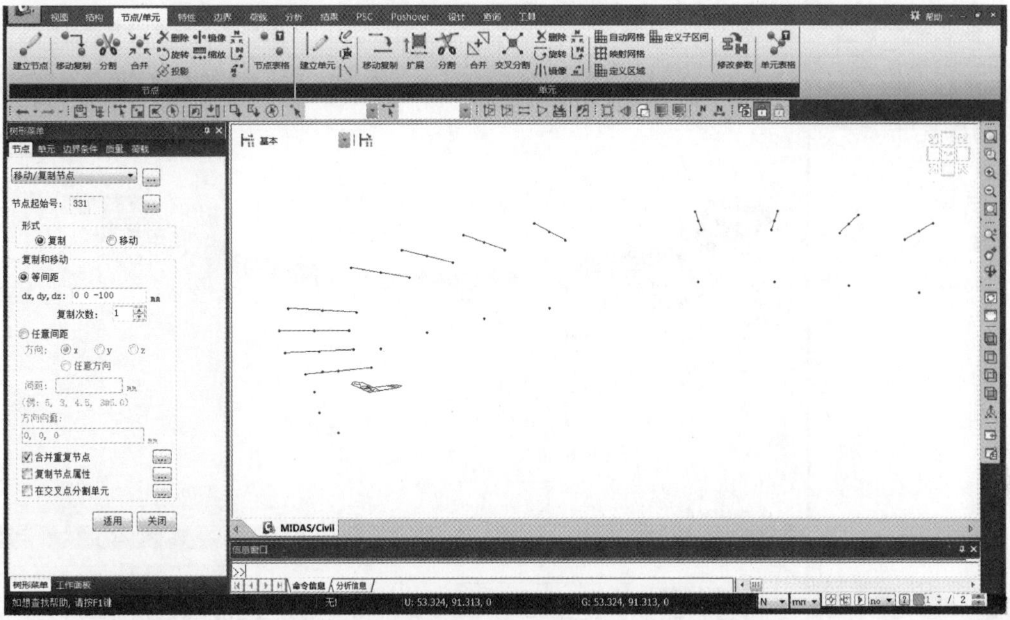

图13 复制节点

(9)主菜单>节点/单元>单元>建立单元>单元类型:桁架单元>材料名称:1竹材>截面名称:1桁架梁>交叉分割:节点和单元都勾选>节点连接:模型窗口捕捉连接加劲梁上节点和刚刚生成的节点,建立梁单元,如图14所示。

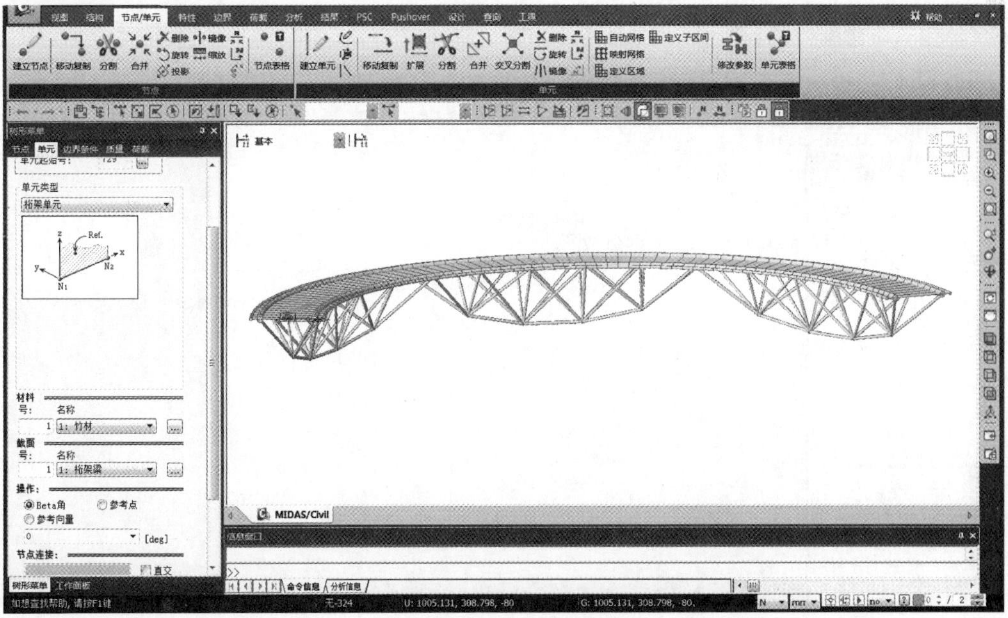

图14 建立桁架单元

(10)主菜单>节点/单元>单元>扩展>扩展类型:节点→线单元>单元类型:梁单元>

材料名称:竹材 > 截面名称:2 墩柱 > 生成形式:复制和移动 > 等间距 > 方向,(dx,dy,dz):(0,0,-50) > 复制次数:6 > 在模型窗口中间支点 > 适用,如图 15 所示。

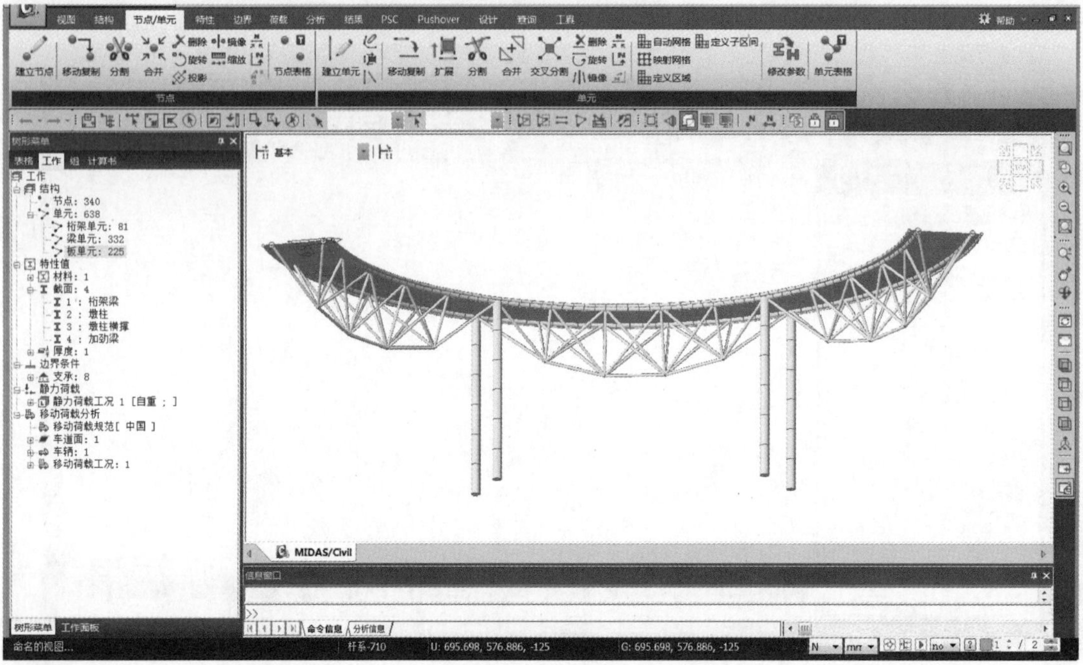

图 15　生成墩柱

(11)主菜单 > 节点/单元 > 单元 > 建立单元 > 单元类型:一般梁/变截面梁 > 材料名称:1 竹材 > 截面名称:3 墩柱横撑 > 交叉分割:不勾选"节点"和"单元" > 节点连接:模型窗口捕捉如下节点,建立梁单元,如图 16 所示。

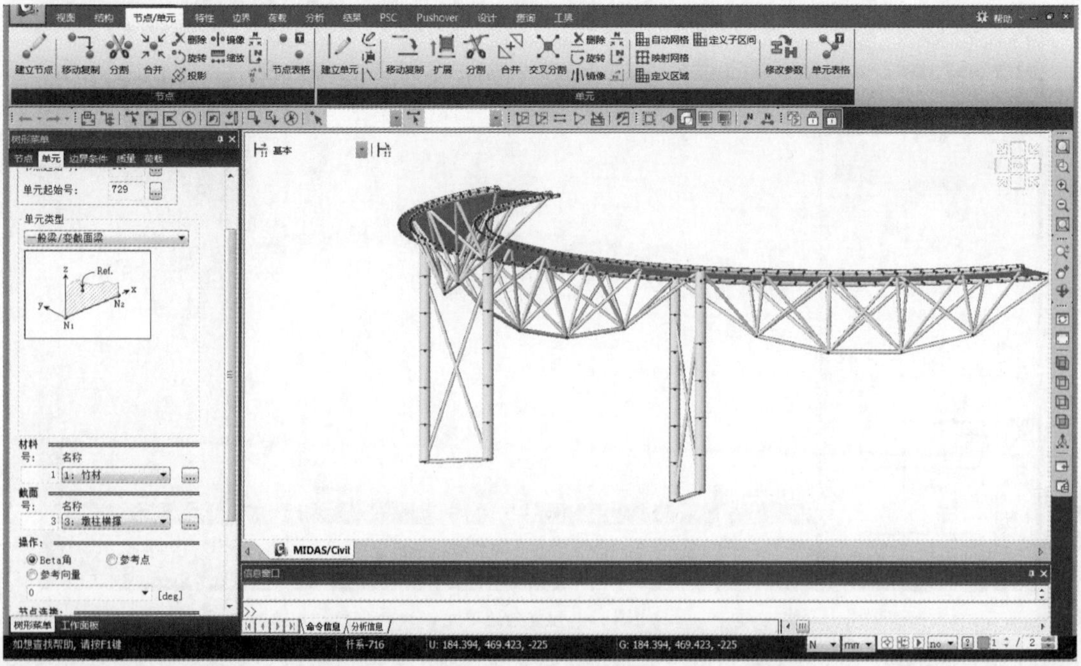

图 16　建立横撑单元

2.3 定义边界条件

(1)主菜单 > 边界 > 一般支承 > 选择:添加 > 勾选“Dx、Dy、Dz” > 选择桥墩墩底节点 > 适用,如图 17 所示。

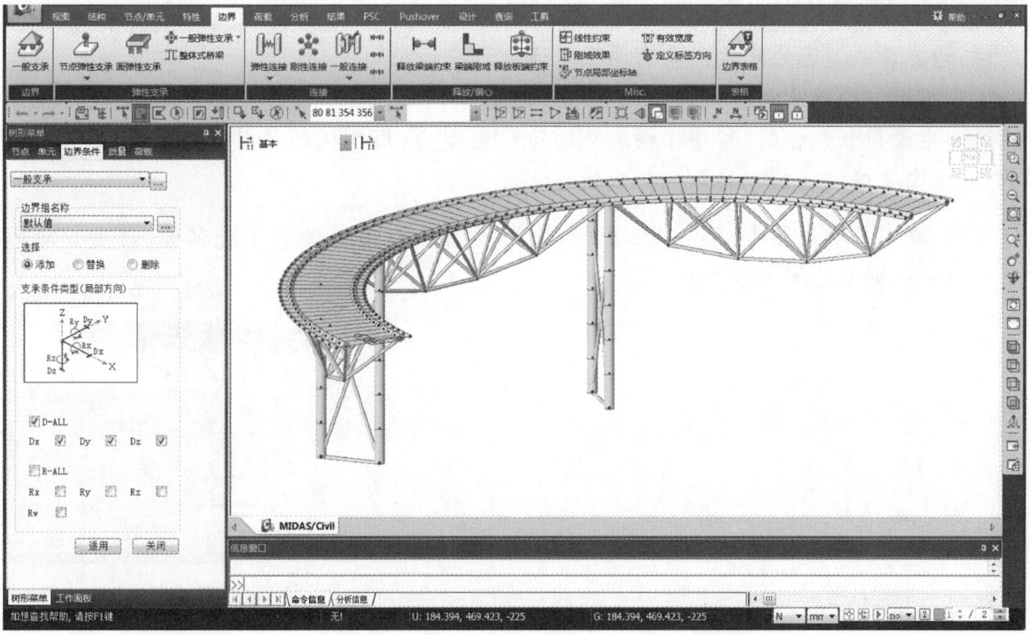

图 17　定义固定支座

(2)主菜单 > 边界 > 一般支承 > 选择:添加 > 勾选“Dy、Dz” > 选择桥台位置处的节点 > 适用,如图 18 所示。

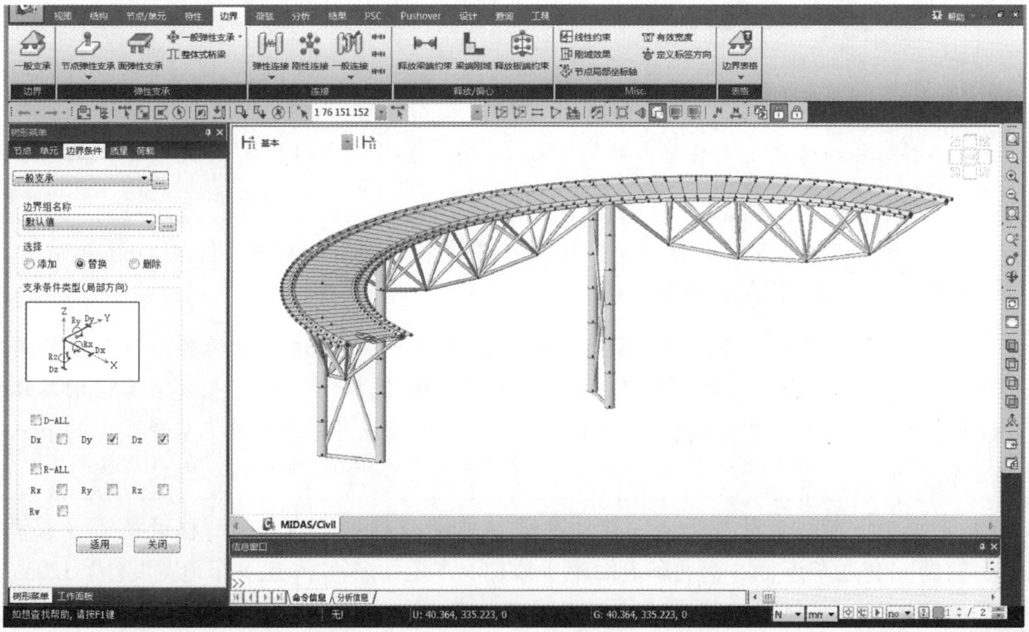

图 18　定义活动支座

2.4 定义荷载

本例题涉及的荷载包括自重和赛题要求施加的移动荷载。

(1)主菜单 > 荷载 > 荷载类型 > 静力荷载 > 静力荷载工况 > 名称:自重 > 工况:所有荷载工况 > 类型:恒荷载 > 添加 > 关闭,如图 19 所示。

注:静力荷载工况的定义主要有两个用途:

①说明模型中涉及该种荷载。

②在生成荷载组合时,程序根据定义的荷载类型,应用不同的设计规范自动生成荷载组合时,对不同荷载工况赋予相应的荷载组合系数。

(2)主菜单 > 荷载 > 静力荷载 > 结构荷载/质量 > 自重 > 荷载工况名称:自重 > 自重系数:Z = -1 > 添加 > 关闭,如图 20 所示。

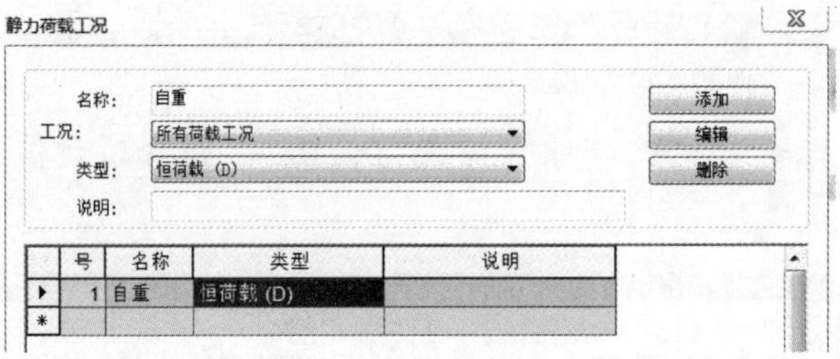

图 19 定义静力荷载工况

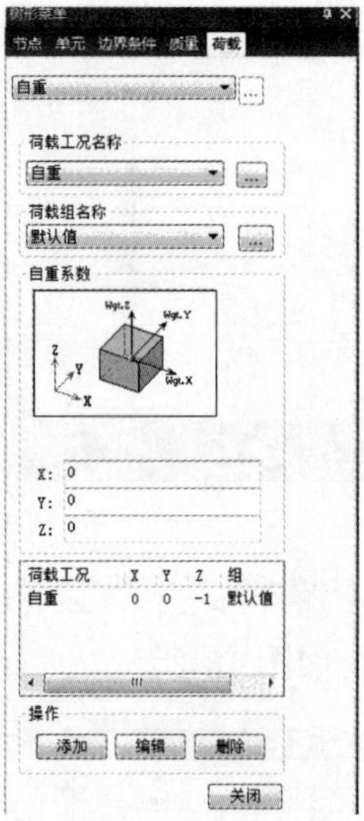

图 20 定义自重

注:自重的施加通过定义自重系数的方式,程序会根据单元的长度、单元所采用的材料和截面特性,自动计算自重荷载。

(3)主菜单 > 节点/单元 > 节点 > 重新编号 > 重新编号的对象 > 节点 > 新起始号,节点:1 > 模型窗口选择激活的板单元 > 适用。

注:由于在模型中桥面系采用了板单元进行的模拟,所以本次移动荷载车道位置的定义采用车道面的方式。由于本桥为弯桥,故车道面定义时,选择“节点号”来建立车道的具体位置,如果参考线上的节点不连续,可以通过“节点 > 重编节点号”的方式将参考线上的节点重新编号后应用。

(4)主菜单 > 荷载 > 荷载类型 > 移动荷载 > 移动荷载规范:China > 移动荷载 > 移动荷载分析数据 > 交通车道面 > 交通车道面 > 添加 > 车道面名称:车道 > 车道宽度(b):120mm > W 车轮距离:90mm > 与车道基准线的偏心距离(a):-45mm > 桥梁跨度:500mm > 车辆移动方向:往返 > 选择:两点 > 模型窗口单击 1 号节点与 76 号节点 > 适用,如图 21 所示。

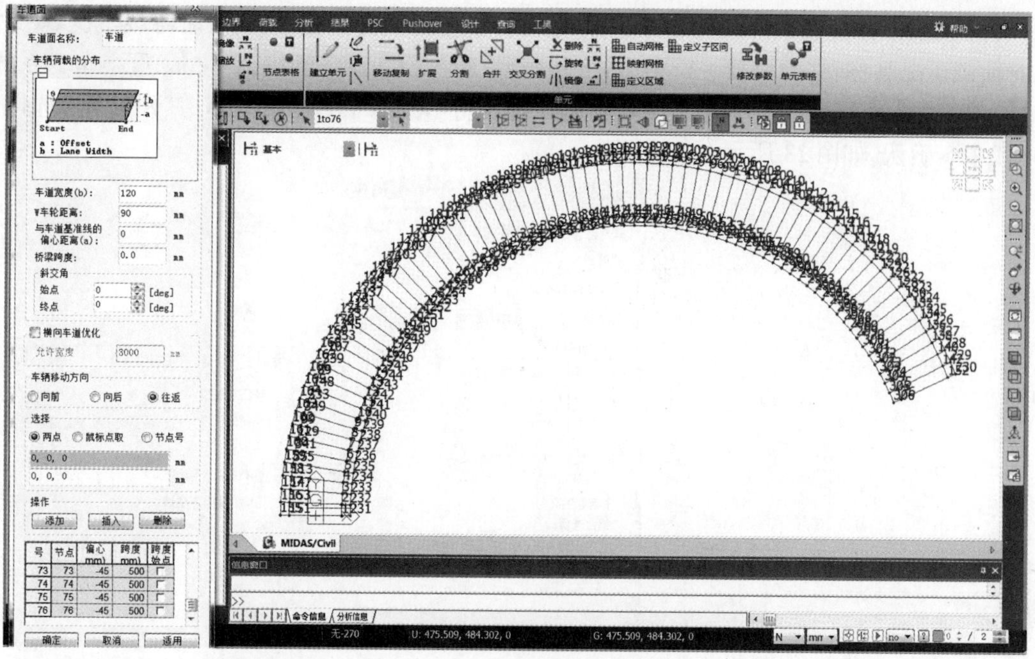

图 21　定义车道面

（5）主菜单 > 荷载 > 荷载类型 > 移动荷载 > 移动荷载分析数据 > 车辆 > 用户自定义 > 汽车：车辆荷载 > 车辆荷载名称：5kg 重小车移动荷载 > 车辆荷载，P：25，D1：120 > 添加 > 车辆荷载，P：25，D2：0 > 确认，如图 22 所示。

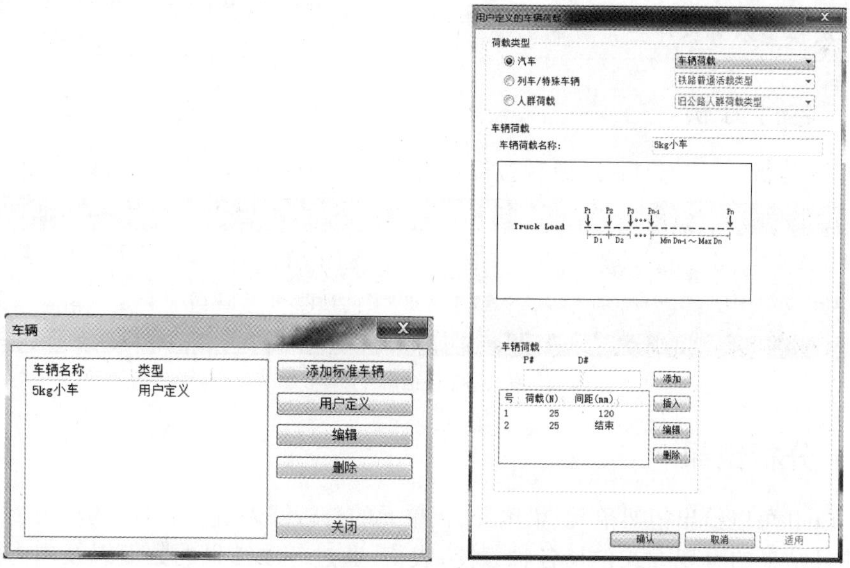

图 22　定义车辆荷载

注：根据赛题要求，本次定义汽车荷载采用自定义的方式，本模型中定义了 10kg 的小车的车辆荷载信息，其他类型可以参考。其中 P 值为轴重，程序会根据车道面定义中车轮的间距，均分到两侧车轮上去。车轮间距 $D_1 = 120\text{mm}$，因为是两轴车，D_2 已经不存在，故输入 0 以表示结束即可。

(6)主菜单 > 荷载 > 荷载类型 > 移动荷载 > 移动荷载分析数据 > 移动荷载工况 > 添加 > 荷载工况名称：移动荷载 > 桥类型：公路桥梁/新 > 添加 > 车辆组，VL：5kg 重小车 > 系数：1 > 加载的最少车道数：0 > 加载的最多车道数：1 > 将“车道列表”中的“车道”跳转至“选择的车道”中 > 确认，如图 23 所示。

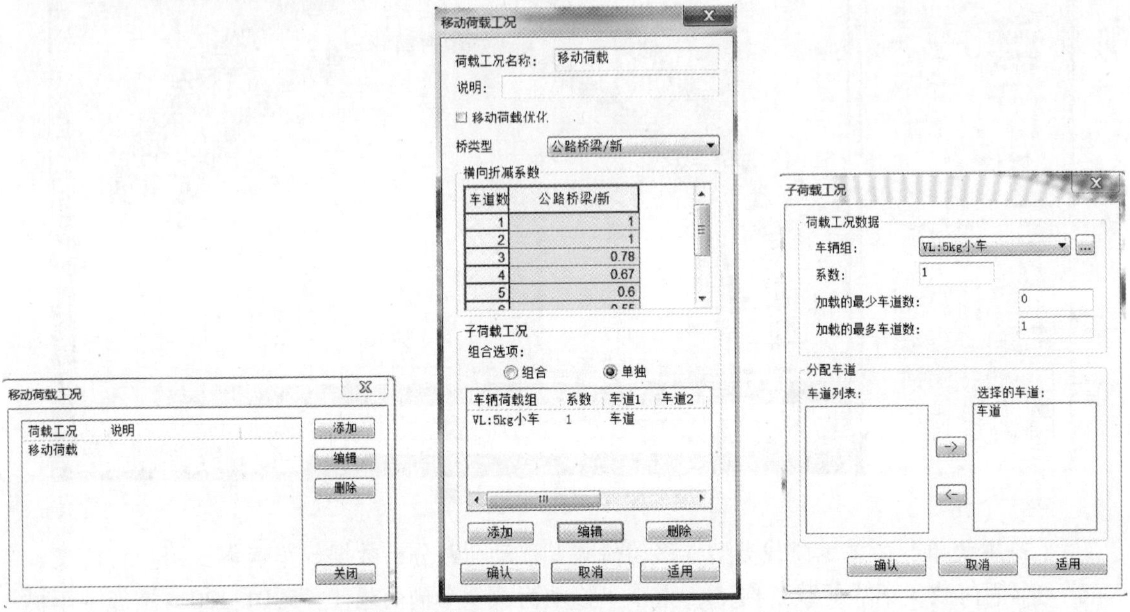

图 23　定义移动荷载工况

> 注：本次模型不考虑冲击系数的影响。

2.5　运行分析

主菜单 > 分析 > 运行分析，或者直接点击快捷菜单中的运行分析，如图 24 所示。

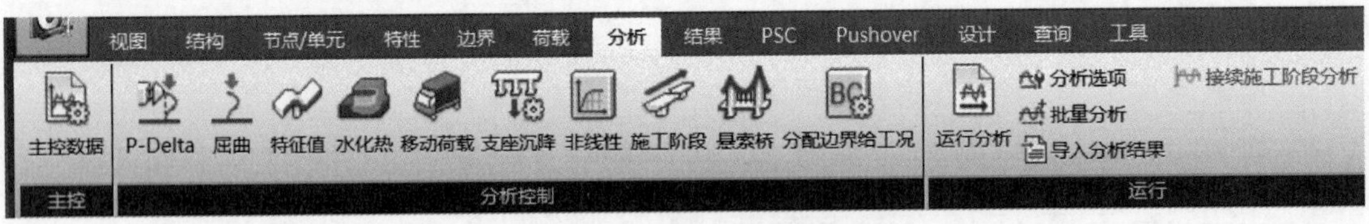

图 24　运行分析及前后处理模式切换

2.6　分析结果

midas Civil 可以给出桁架单元、梁单元、板单元的分析结果，包括对应的反力、位移、内力、应力等，并且结果的呈现方式包括各种云图、表格，通过各项结果的数值以及内力图、应力图等，可直观地判断结果合理或者正确与否。

(1)主菜单 > 结果 > 结果 > 变形 > 位移等值线 > “荷载工况/荷载组合”选择“ST：自重/MVmin：移动荷载”，“位移”选择“DZ”，“显示类型”勾选“等值线、变形、图例”，点击“适用”，如图 25、图 26 所示。

(2)主菜单 > 结果 > 结果 > 内力 > 梁单元内力图 > “荷载工况/荷载组合”选择“MVmin：移动荷载”，“内力”选择“My”，“显示类型”勾选“等值线、变形、图例”，点击“适用”，如图 27 所示。

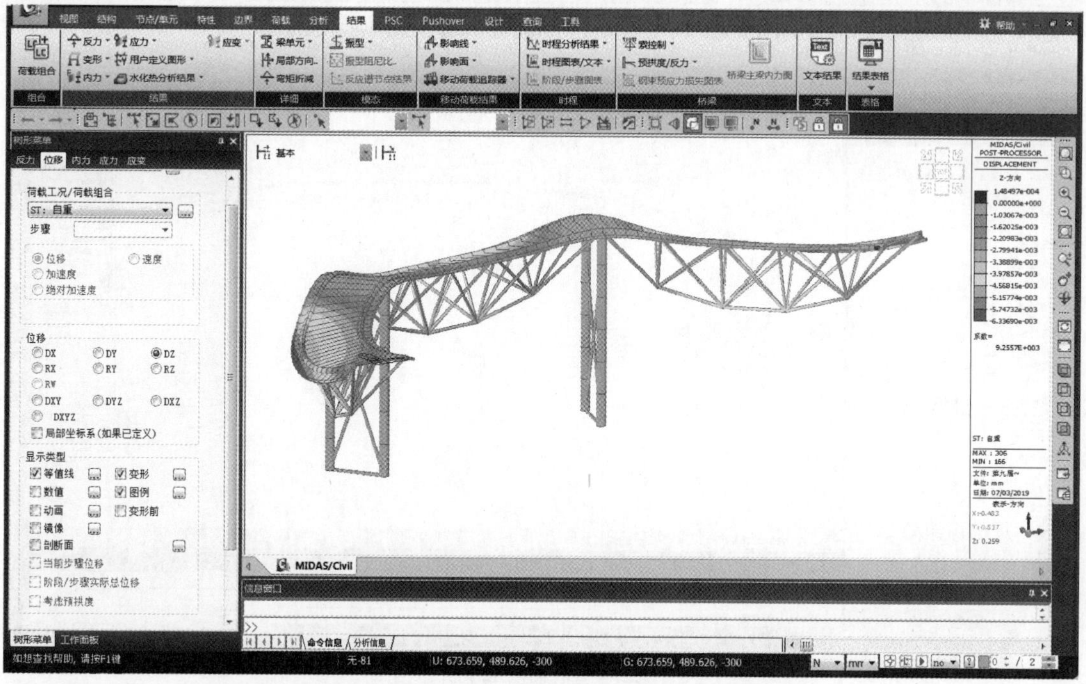

图 25　查看自重位移

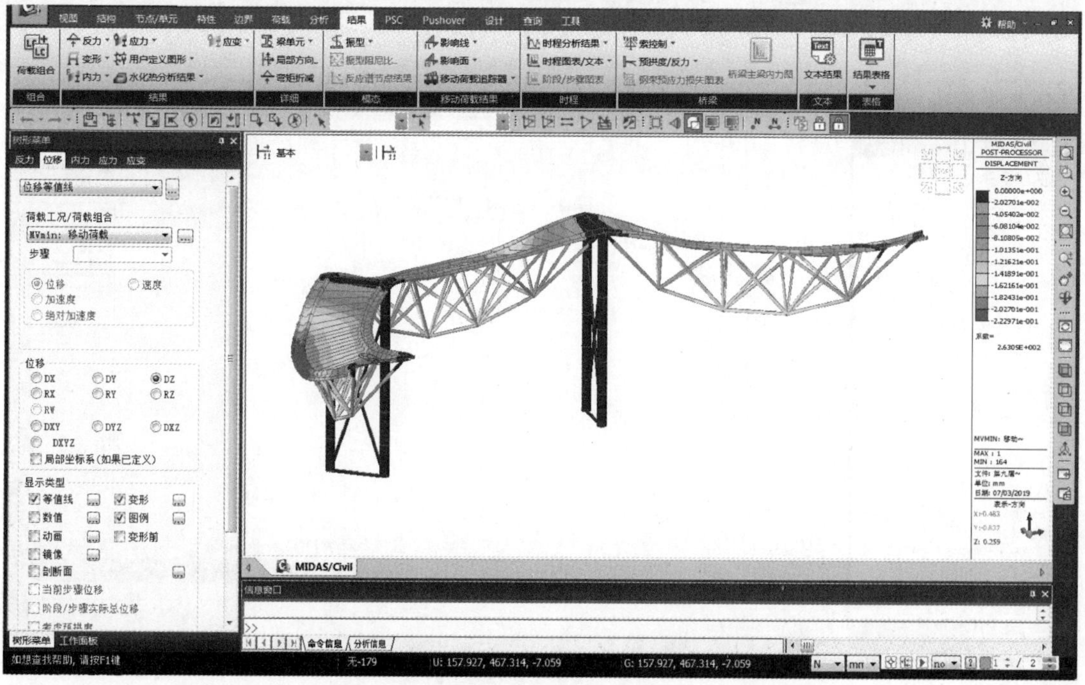

图 26　查看 MVmin 位移

（3）主菜单 > 结果 > 结果 > 应力 > 梁单元应力图 > “荷载工况/荷载组合”选择“ST：自重”，“应力”选择“组合”，“显示类型”勾选“等值线、变形、图例”，点击“适用”，如图 28 所示。

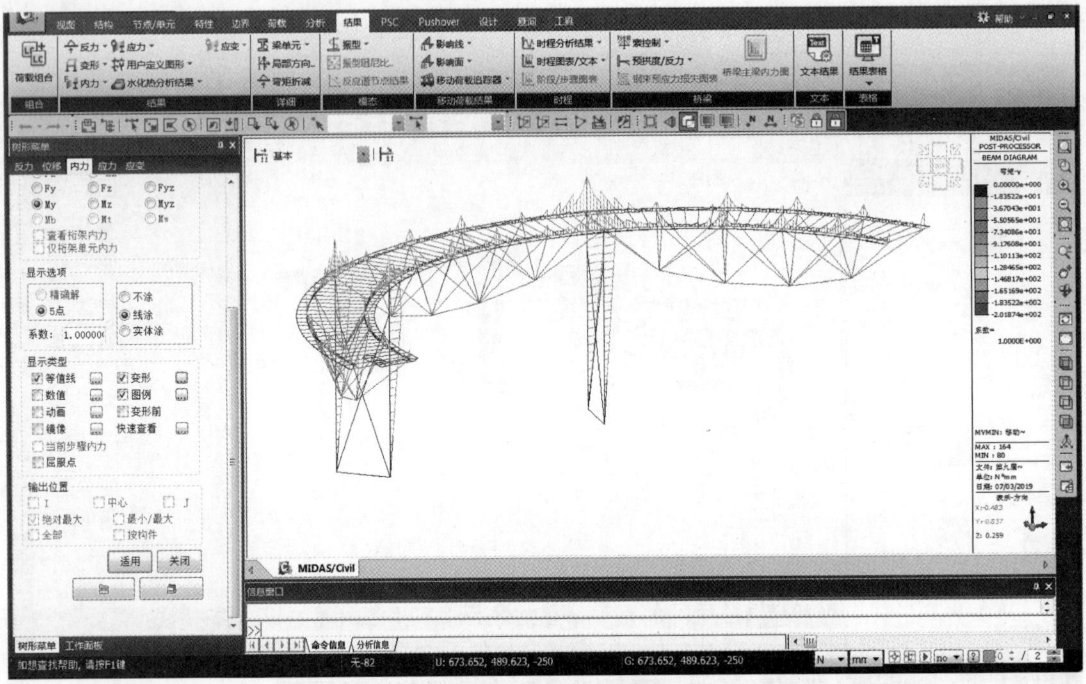

图 27　查看梁单元内力图

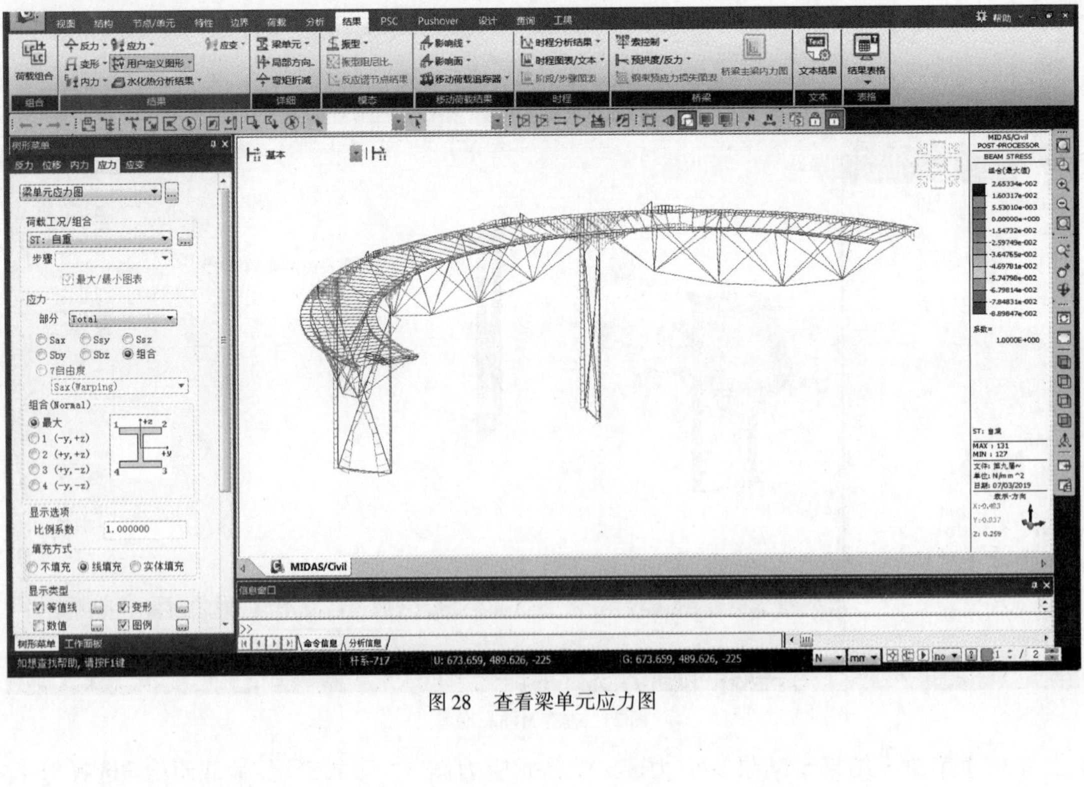

图 28　查看梁单元应力图

第八届全国大学生结构设计竞赛
——三重檐攒尖顶仿古楼阁结构

1　赛题分析

中国木结构古建筑在世界建筑之林中独树一帜、风格鲜明，具有极高的历史、文化及艺术价值。其中楼阁式古建筑以其优美的造型和精巧的设计闻名于世，已成为中国古建筑的典型象征。

据历代营造史料记载，楼与阁原有明显区别，但后来因其均为复层建筑，故通称为楼阁，其中比较著名的有武汉黄鹤楼、岳阳岳阳楼、南昌滕王阁、烟台蓬莱阁以及西安钟楼(图1)等。我国古代楼阁构架形式多样，屋盖造型丰富。在广泛调研及征求意见的基础上，本届竞赛的模型形式确定为三重檐攒尖顶仿古楼阁。该类古建筑的一个现存实例为明代所建的西安钟楼。基于当前全球已进入巨震期这一背景，本届竞赛引入模拟地震作用作为模型的测试条件，这对于众多现存同类古建筑的抗震修缮与补强具有现实的科学价值和工程意义。

图1　西安钟楼

1.1　材料

本届竞赛选用竹材制作结构构件，竹材参考力学指标见表1。

竹材参考力学指标　　表1

密　　度	抗拉强度	弹性模量
$0.789g/cm^3$	65MPa	10GPa

(1)弹性模量：$10GPa = 1 \times 10^4 MPa = 1 \times 10^4 N/mm^2$。

(2)泊松比：竹材的泊松比在0.24～0.30之间，平均值为0.2822，建议取值0.28。

(3)线膨胀系数：此参数与温度应力有直接关系，此模型不考虑温度影响，故此参数可不填。

(4)重度：$0.789g/cm^3 \times 9.8N/kg = 7.732 \times 10^{-6} N/mm^3$。

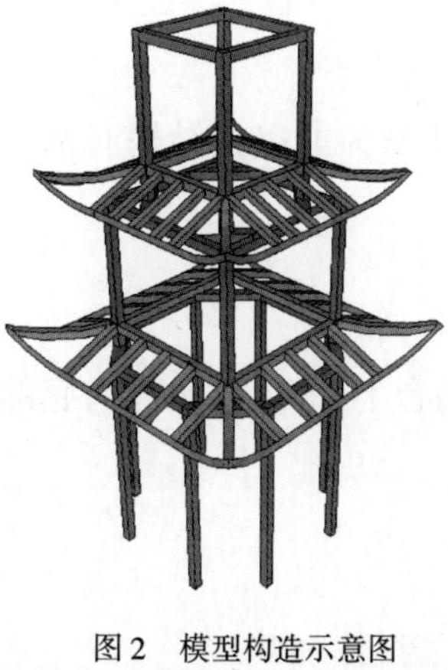

图2　模型构造示意图

1.2　模型

1～3层楼面标高(由底板上表面量至各楼层梁的上表面最高处)分别为0.24m、0.42m、0.60m，如图2所示。

各层的转角处必须设置柱，柱位如图3所示，且各层柱在底板上的投影必须分别位于图3的阴影范围内;门窗洞口范围如图3所示。门窗洞口沿其所在平面法线方向在结构内部的任意投影范围内不能设置构件,如图4所示。

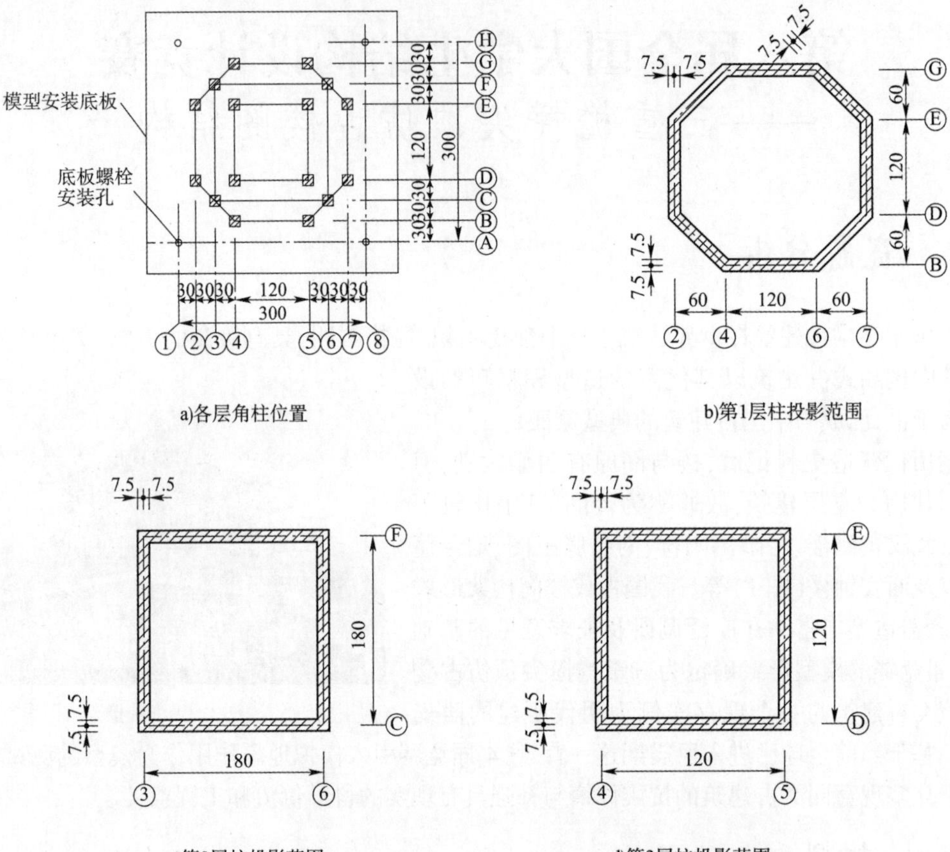

a)各层角柱位置　b)第1层柱投影范围

c)第2层柱投影范围　d)第3层柱投影范围

图3　门窗洞口示意图(图中阴影部分为门框洞口,尺寸单位:mm)

第3层柱顶沿外轮廓线应有横梁连接,第1、2层屋檐屋脊曲线段的上边缘均为半径135mm、弧长160mm的圆弧。第1、2层屋檐屋脊曲线段分别安装在第2、3层转角柱处。第1层屋檐屋脊曲线段上边缘起点和终点的标高均为270mm,第2层屋檐屋脊曲线段上边缘起点和终点的标高均为450mm。

1.3　荷载

第1、2层屋檐配重质量分别为2.4kg和1.8kg,第3层屋盖配重质量为4.0kg,结构底部承受地震波的作用。

1.4　边界条件

模型用热熔胶将模型与底板粘结牢固,并底板用螺栓固定于振动台上,即边界条件为底部构件固定连接,三个平动方向与三个转动方向均固定连接。

1.5　结果

模型在进行加载时,若出现下列任一情形则判定为模型失效,不能继续加载。

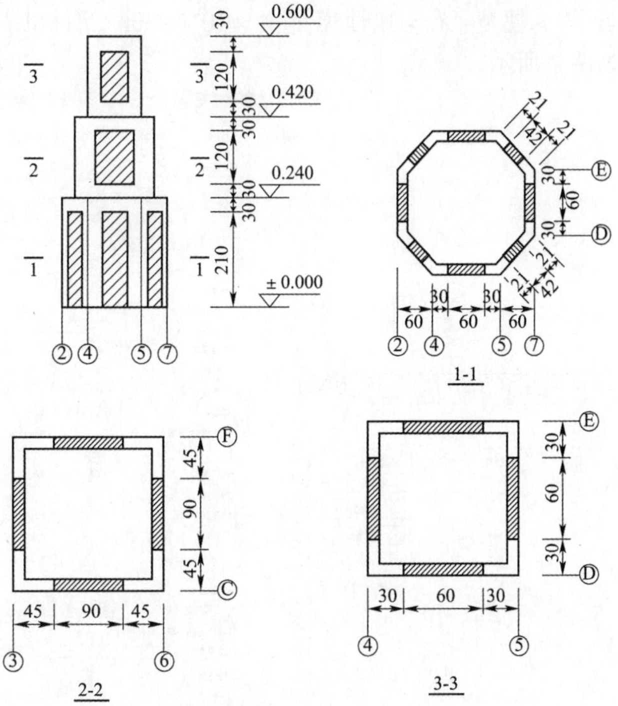

图 4　门窗洞口示意图(尺寸单位:mm,标高单位:m)

(1)模型中的任一构件出现明显断裂或节点脱开。

(2)配重块脱落,包括配重块一端沿长度 1/3 部分脱离其支撑构件而另一端悬挂于结构上的情形。

(3)第三级加载完毕,相比于加配重前,第 1 层屋檐的屋脊曲线段末端和檐口直线段中点沿竖直方向挠度超过 10mm。第 1 层屋檐变形测量点的具体位置如图 5 所示。

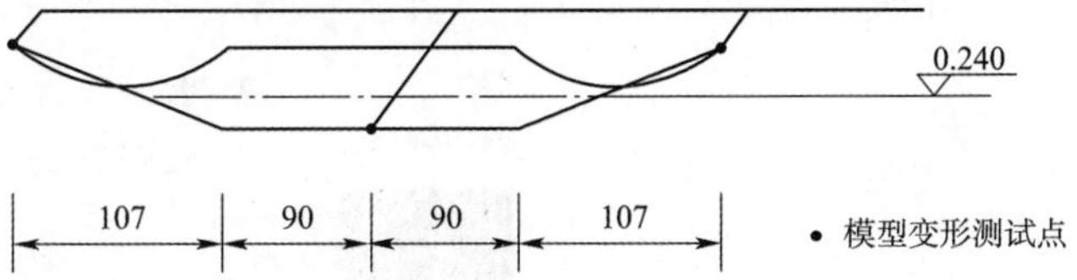

图 5　第 1 层屋檐变形测量点位置图(尺寸单位:mm,标高单位:m)

2　建立模型

2.1　设定操作环境及定义材料和截面

(1)双击 midas Gen 图标,打开 Gen 程序 > 主菜单 > 新项目 > 保存 > 文件名:大赛模型 > 保存。

(2)主菜单 > 工具 > 单位体系 > 长度:mm,力:N > 确定。亦可在模型窗口右下角点击图标 N mm 的下拉三角,修改单位体系,如图 6 所示。

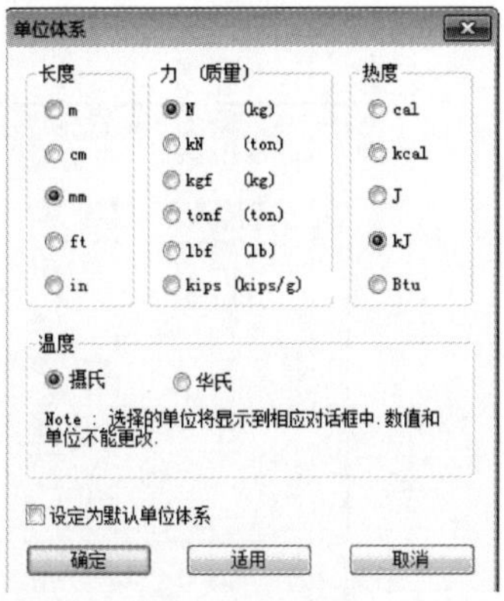

图 6　定义单位体系

(3)主菜单 > 特性 > 材料特性值 > 添加 > 名称:竹

材 > 设计类型：用户定义 > 规范：无 > 弹性模量：$1\times10^{4}\,N/mm^{2}$，泊松比：0.28，容重：$7.84\times10^{-6}\,N/mm^{3}$ > 确定，如图7所示。

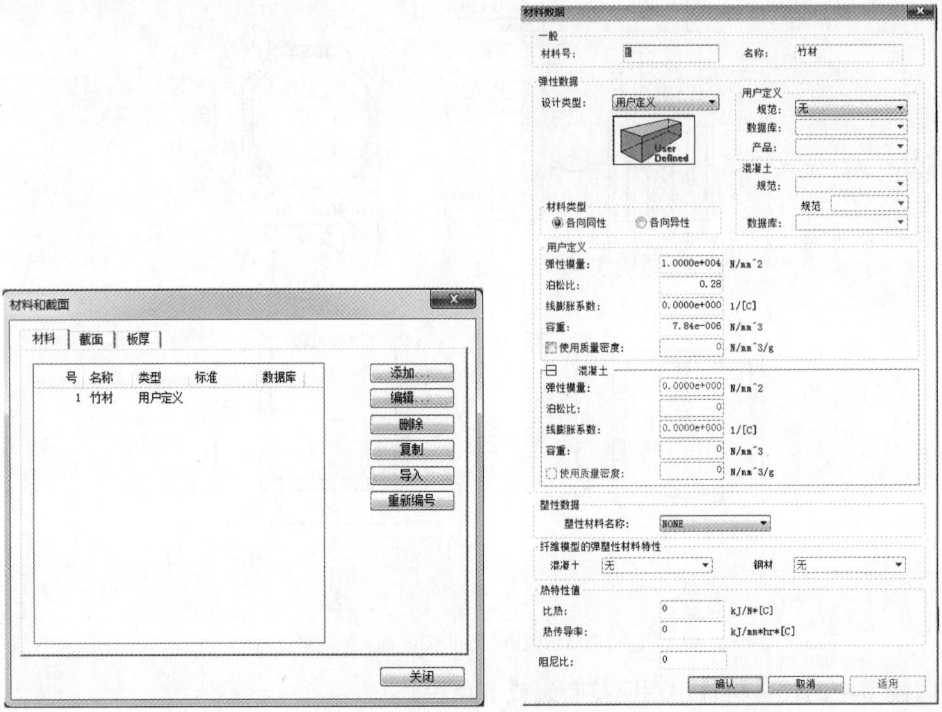

图7　定义材料

(4) 主菜单 > 特性 > 截面特性值 > 添加 > 数据库/用户 > 管型截面 > 用户 > 截面名称：P10 × 1 > D：10，tw：1 > 适用 > 截面名称：P5 × 0.5 > D：5，tw：0.5 > 确定，如图8所示。

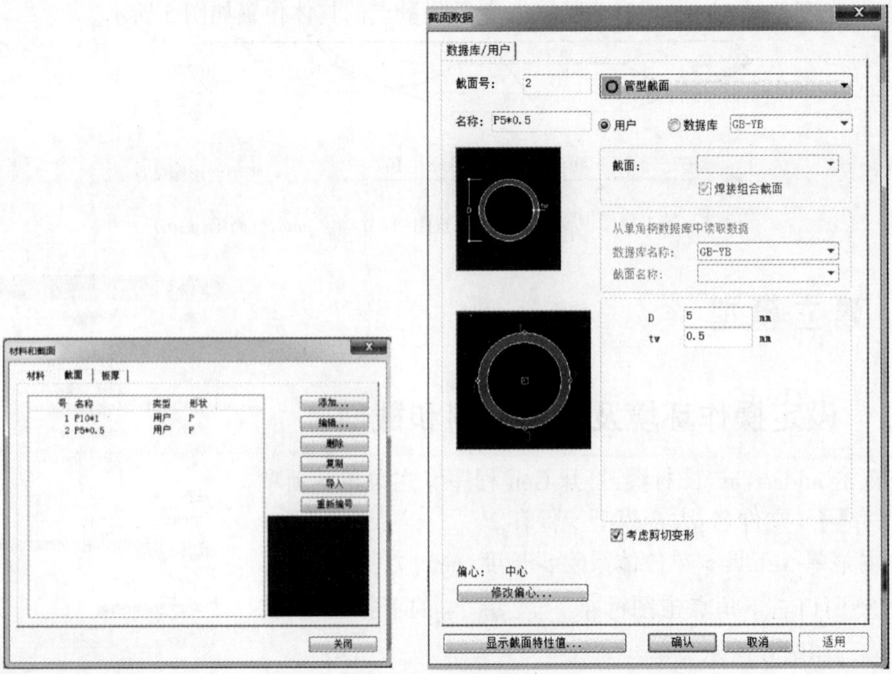

图8　定义截面

2.2 建立大赛模型

(1)通过 AutoCAD 建立模型,导出. dxf 文件,如图 9 所示。

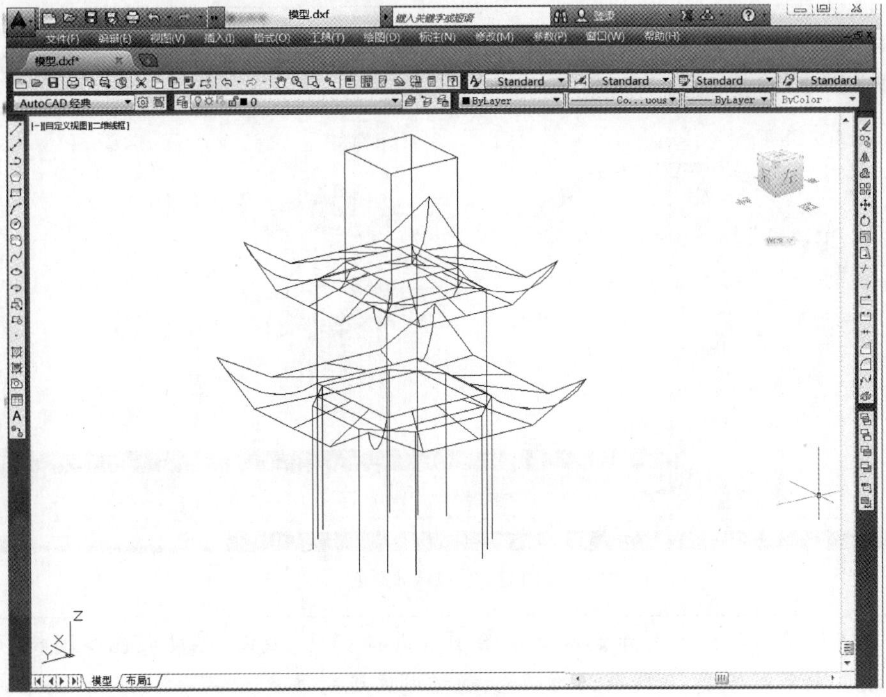

图 9 建立模型

(2)单击文件 > 导入 > AutoCAD DXF 文件(D) > 搜索要导入的. dxf 文件 > 所有层:选择要导入的图层 > 单击将所选图层移动至选择的层 > 导入:节点和单元 > 放大系数:1 > 原点:(0,0,0) > 旋转角度:均为 0 > 确定,如图 10 所示。

图 10 导入 AutoCAD 文件流程

(3)快捷工具栏点击将模型调整到正视图 > 快捷工具栏点击显示模型单元号 > 树形菜单 > 工作目录树 > 运用拖放的编辑方式,修改下图深粉色单元的截面,如图11所示。

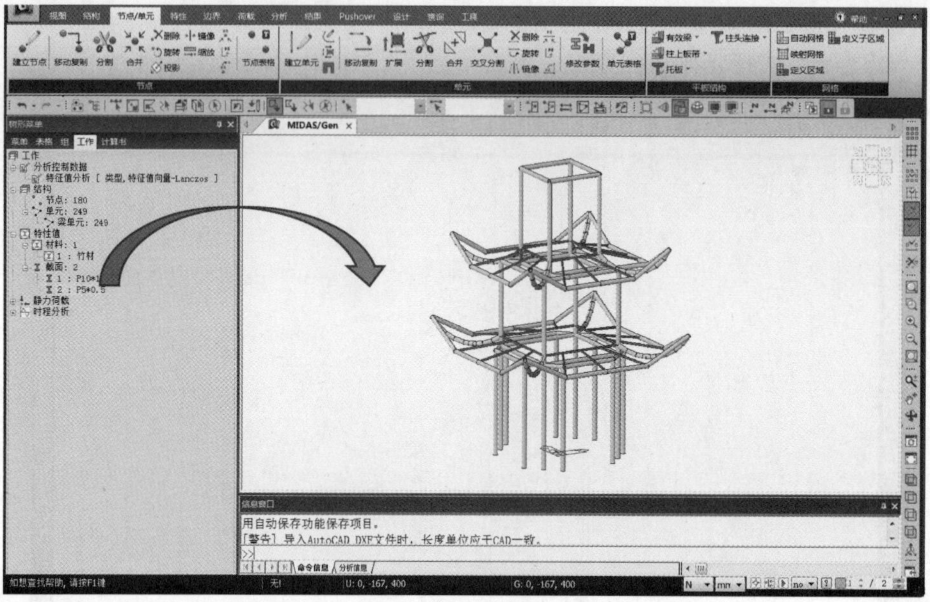

图11　修改截面颜色

注:点击快捷工具栏 > 显示选项 > 绘图 > 选择颜色:截面/厚度颜色 > 随机颜色 > 确定,更改模型中不同厚度、不同截面的颜色,通过颜色进行区分。

2.3　定义边界条件

主菜单 > 边界 > 一般支承 > 选择:添加 > 勾选"D-ALL" > 勾选"Rx、Ry、Rz" > 窗口选择柱底节点 > 适用 > 关闭,如图12所示。

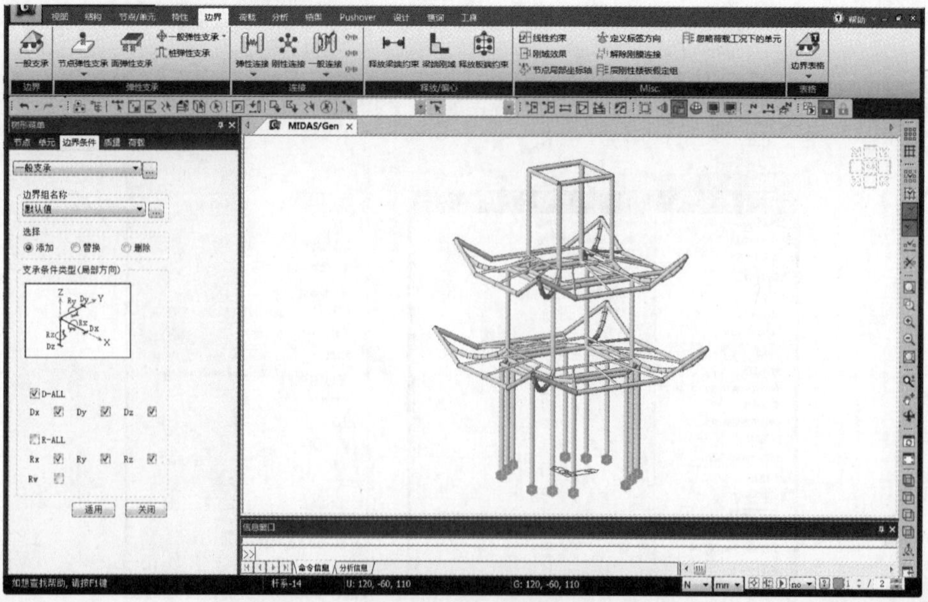

图12　定义一般支撑

2.4 定义荷载

(1)主菜单 > 荷载 > 荷载类型 > 静力荷载 > 建立荷载工况 > 静力荷载工况 > 名称:自重 > 类型:用户自定义的荷载(USER) > 添加 > 名称:一层荷载 > 类型:用户自定义的荷载(USER) > 添加 > 名称:二层荷载 > 类型:用户自定义的荷载(USER) > 添加 > 名称:三层荷载 > 类型:用户自定义的荷载(USER) > 添加 > 关闭,如图 13 所示。

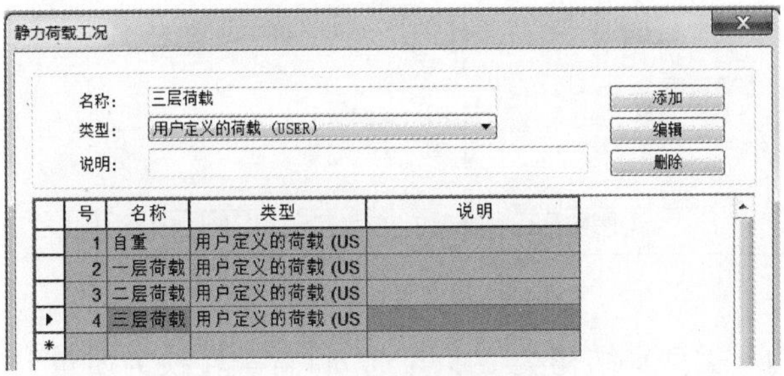

图 13 定义静力荷载工况

(2)主菜单 > 荷载 > 荷载类型 > 静力荷载 > 结构荷载/质量 > 自重 > 荷载工况名称:自重 > 自重系数:Z =-1 > 添加。

(3)主菜单 > 荷载 > 荷载类型 > 静力荷载 > 结构荷载/质量 > 节点荷载 > 荷载工况名称:一层荷载 > 节点荷载:FZ =-24N > 快捷工具栏 > 窗口选择一层屋檐加载 4 个节点 > 适用。

(4)主菜单 > 荷载 > 荷载类型 > 静力荷载 > 结构荷载/质量 > 节点荷载 > 荷载工况名称:二层荷载 > 节点荷载:FZ =-18N > 快捷工具栏 > 窗口选择二层屋檐加载的 4 个节点 > 适用。

(5)主菜单 > 荷载 > 荷载类型 > 静力荷载 > 结构荷载/质量 > 节点荷载 > 荷载工况名称:三层荷载 > 节点荷载:FZ =-40N > 快捷工具栏 > 窗口选择三层结构 4 个角点 > 适用,如图 14所示。

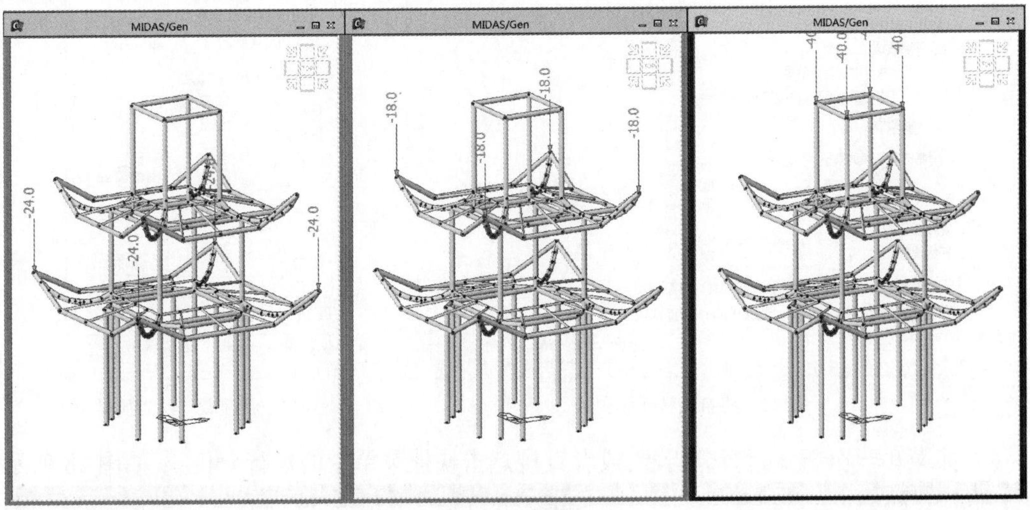

图 14 施加荷载

注:通过主菜单 > 视图 > 窗口 > 新窗口(创建两个窗口) > 窗口布置 > 竖向,可以针对每个模型窗口调整树形菜单,在同一个模型窗口下查看静力荷载施加的节点及大小。

(6)主菜单 > 分析 > 分析控制 > 特征值 > 分析类型 > 特征值向量:Lanczos > 振型数量 8 > 确认,如图 15 所示。

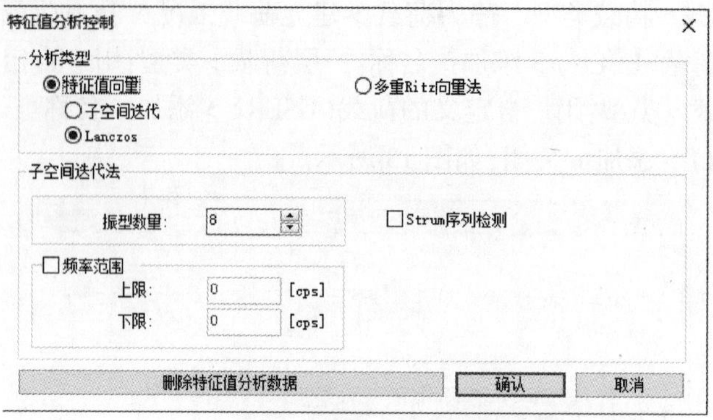

图 15 定义特征值分析控制

(7)主菜单 > 结构 > 类型 > 结构类型 > 勾选“将自重转换为质量”“转换为 X、Y、Z” > 确认,如图 16 所示。

(8)主菜单 > 荷载 > 荷载类型 > 静力荷载 > 结构荷载/质量 > 荷载转换为质量 > 质量方向:X、Y、Z > 荷载工况:一层荷载 > 组合值系数:1 > 添加 > 荷载工况:二层荷载 > 组合值系数:1 > 添加 > 荷载工况:三层荷载 > 组合值系数:1 > 添加 > 确认,如图 17 所示。

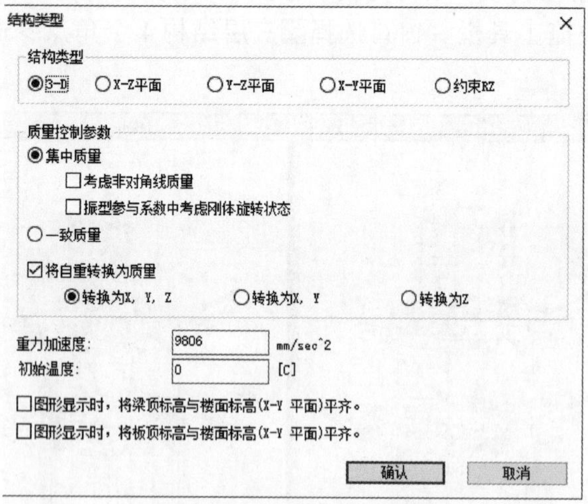

图 16 将自重转换为质量

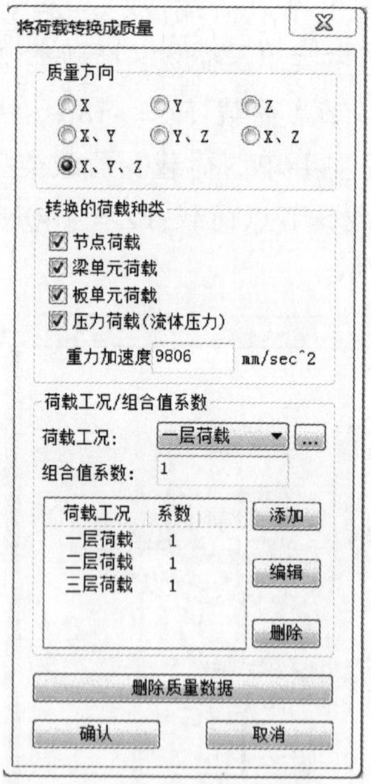

图 17 将荷载转换为质量

(9)主菜单 > 分析 > 运行分析,或者直接点击快捷菜单中的运行分析,如图 18 所示。

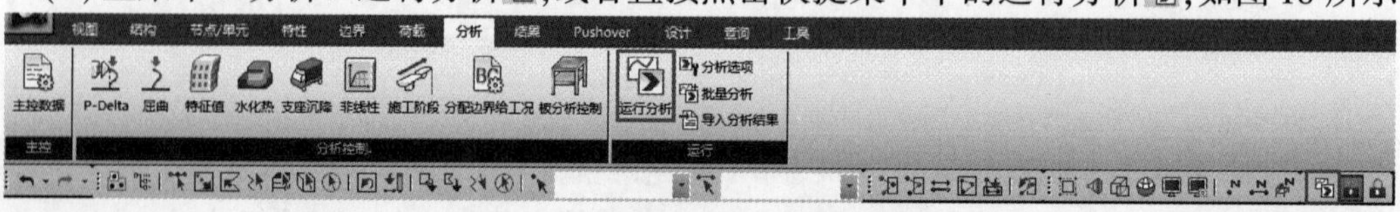

图 18 运行分析及前后处理模式切换

(10)主菜单 > 结果 > 结果 > 模态 > 振型 > 振型形状 > 点击自振模态后面 > 特征值模态中勾选模态 1 > 确认,如图 19 所示。

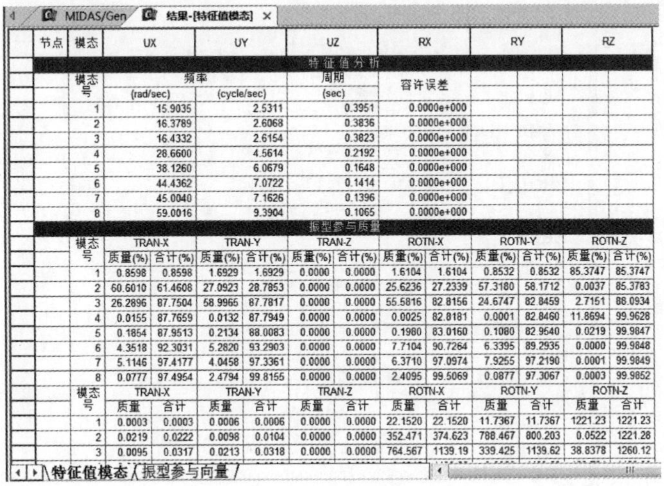

特征值分析

模态号	频率 (rad/sec)	频率 (cycle/sec)	周期 (sec)	容许误差
1	15.9035	2.5311	0.3951	0.0000e+000
2	16.3789	2.6068	0.3836	0.0000e+000
3	16.4332	2.6154	0.3823	0.0000e+000
4	28.6600	4.5614	0.2192	0.0000e+000
5	38.1260	6.0679	0.1648	0.0000e+000
6	44.4362	7.0722	0.1414	0.0000e+000
7	45.0040	7.1626	0.1396	0.0000e+000
8	59.0016	9.3904	0.1065	0.0000e+000

振型参与质量

模态号	TRAN-X 质量(%)	TRAN-X 合计(%)	TRAN-Y 质量(%)	TRAN-Y 合计(%)	TRAN-Z 质量(%)	TRAN-Z 合计(%)	ROTN-X 质量(%)	ROTN-X 合计(%)	ROTN-Y 质量(%)	ROTN-Y 合计(%)	ROTN-Z 质量(%)	ROTN-Z 合计(%)
1	0.8598	0.8598	1.6929	1.6929	0.0000	0.0000	1.6104	1.6104	0.8532	0.8532	85.3747	85.3747
2	60.6010	61.4608	27.0923	28.7853	0.0000	0.0000	25.6236	27.2339	57.3180	58.1712	0.0037	85.3783
3	26.2896	87.7504	58.9965	87.7817	0.0000	0.0000	55.5816	82.8156	24.6747	82.8459	2.7151	88.0934
4	0.0155	87.7659	0.0132	87.7949	0.0000	0.0000	0.0025	82.8181	0.0001	82.8460	11.8694	99.9628
5	0.1854	87.9513	0.2134	88.0083	0.0000	0.0000	0.1980	83.0160	0.1080	82.9540	0.0219	99.9847
6	4.3518	92.3031	5.2820	93.2903	0.0000	0.0000	7.7104	90.7264	6.3395	89.2935	0.0000	99.9848
7	5.1146	97.4177	4.0458	97.3361	0.0000	0.0000	6.3710	97.0974	7.9255	97.2190	0.0001	99.9849
8	0.0777	97.4954	2.4794	99.8155	0.0000	0.0000	2.4095	99.5069	0.0877	97.3067	0.0003	99.9852

模态号	TRAN-X 质量	TRAN-X 合计	TRAN-Y 质量	TRAN-Y 合计	TRAN-Z 质量	TRAN-Z 合计	ROTN-X 质量	ROTN-X 合计	ROTN-Y 质量	ROTN-Y 合计	ROTN-Z 质量	ROTN-Z 合计
1	0.0003	0.0003	0.0006	0.0006	0.0000	0.0000	22.1520	22.1520	11.7367	11.7367	1221.23	1221.23
2	0.0219	0.0222	0.0098	0.0104	0.0000	0.0000	352.471	374.623	788.467	800.203	0.0522	1221.28
3	0.0095	0.0317	0.0213	0.0318	0.0000	0.0000	764.567	1139.19	339.425	1139.62	38.8378	1260.12

图 19　振型结果

首先查看振型参与质量是否达到 90% 以上,如果没有达到,则重复第 6 步增加振型数量。提取振型结果第 1 模态与第 2 模态的周期结果用于填写时程荷载工况的振型周期。

(11)主菜单 > 结果 > 荷载组合 > 一般 > 名称:静力荷载组合 > 荷载工况和系数:自重(ST),1;一层荷载(ST),1;二层荷载(ST),1;三层荷载(ST),1 > 点击名称"静力荷载组合"下面一行即可生成静力荷载组合工况,如图 20 所示。

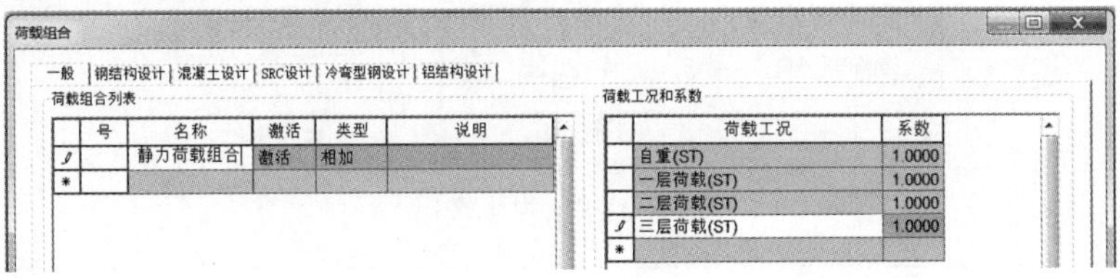

图 20　生成荷载组合

(12)主菜单 > 荷载类型 > 静力荷载 > 建立荷载工况 > 使用荷载组合 > 点击定义的组合中"CB:静力荷载组合" > 点击 > 适用,此时在树形菜单的工作目录树下就存在"静力荷载工况 5"的荷载组合工况,如图 21 所示。

(13)主菜单 > 荷载类型 > 地震作用 > 时程分析数据 > 荷载工况 > 添加 > 名称:地震波 > 分析类型:非线性 > 分析方法:直接积分法 > 时程类型:瞬态 > 几何非线性类型:不考虑 > 分析时间:10sec > 分析时间步长:0.01sec > 输出时间步长(步骤数):1 > 加载顺序:勾选"接续前次" > 荷载工况 ST:N 静力荷载组合 > 阻尼计算方法:质量和刚度因子 > 阻尼类型:勾选"从模型阻尼中计算" > 因子计算:勾选"周期" > 振型 1:(周期:0.3951)、(阻尼比:0.012) > 振型 2:(周期:0.3836)、(阻尼比:0.012) >

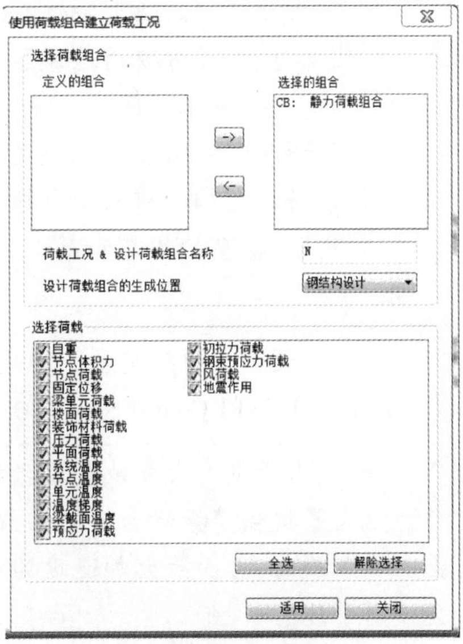

图 21　生成使用荷载组合工况

更新阻尼矩阵:否 > 确认,如图 22 所示。

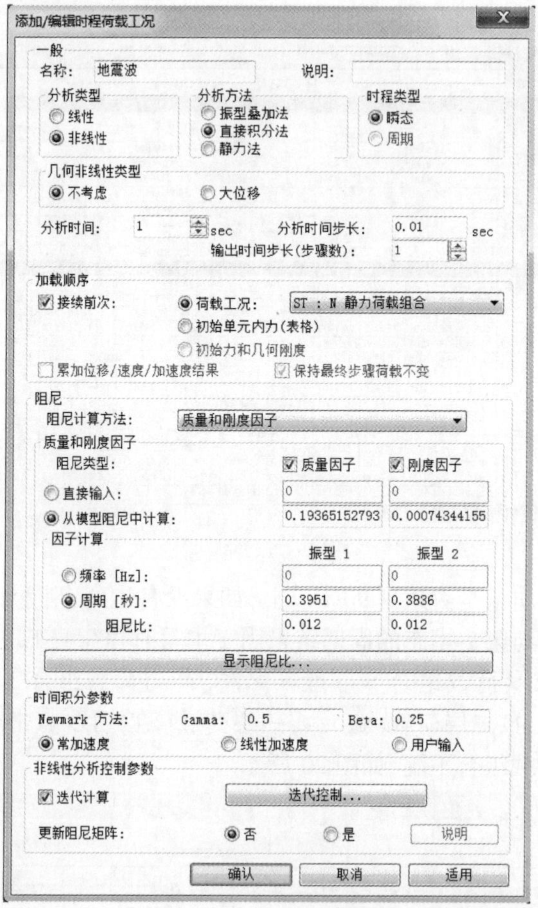

图 22　定义时程荷载工况

注:①由于竹材的物理特性存在很大的差异性,例题中竹材的阻尼比取 0.012 仅供参考。在实际比赛时,参赛者要通过试验测定出材料和结构的各项参数。

②本例题中分析时间为 10s,实际比赛时,参赛者要根据赛题的规定进行更改。

③因子计算时,需要输入模型的周期值。因此,在进行时程分析前,需要先进行一次特征值分析,求解出结构的前三阶自振周期。

④当第一振型的周期和第二振型的周期相同时,可将第三振型的周期作为第二振型的周期。

(14)主菜单 > 荷载类型 > 地震作用 > 时程分析数据 > 时程函数 > 添加时程函数 > 地震波 > 地震:1940,El Centro Site,180 Deg > 确认 > 放大 > 最大值:0.353g > 确认,如图 23 所示。

注:①由于没有大赛地震波数据,例题采用 El Centro 波进行分析。

②大赛提供了振动台台面的最大加速度值,因此,需要对地震波的最大加速度进行调幅。第一级加载时,台面最大加速度为 0.353g,则最大值处填 0.353g。第二级和第三级相同,此处不再赘述。

③地震波长 55s,但由于第 7 步设置了分析时间为 10s,因此,分析的是地震波的前 10s。

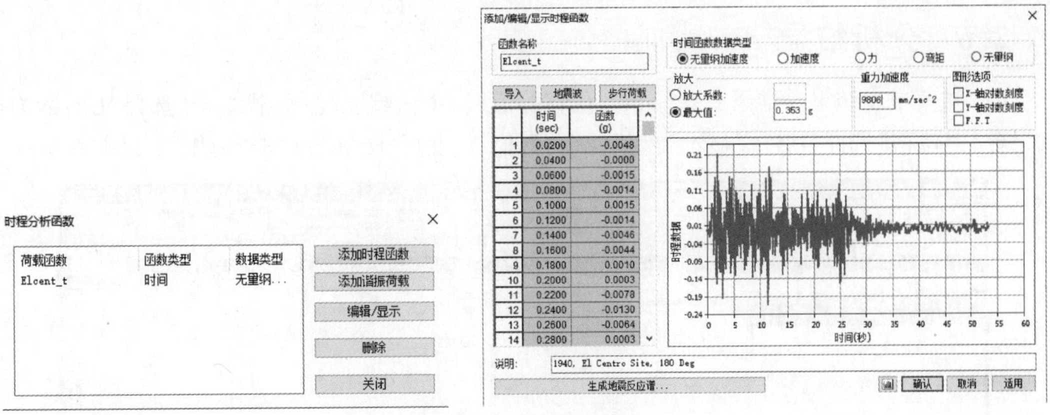

图 23　定义时程荷载函数

(15)主菜单 > 荷载类型 > 地震作用 > 时程分析数据 > 地面加速度 > 时程荷载工况名称：地震波 > X-方向时程分析函数 > 函数名称：Elcent_t > 系数：1 > 到达时间：0sec > 添加 > 关闭，如图 24 所示。

图 24　定义地面加速度

2.5　运行分析

主菜单 > 分析 > 运行分析，或者直接点击快捷菜单中的运行分析，如图 25 所示。

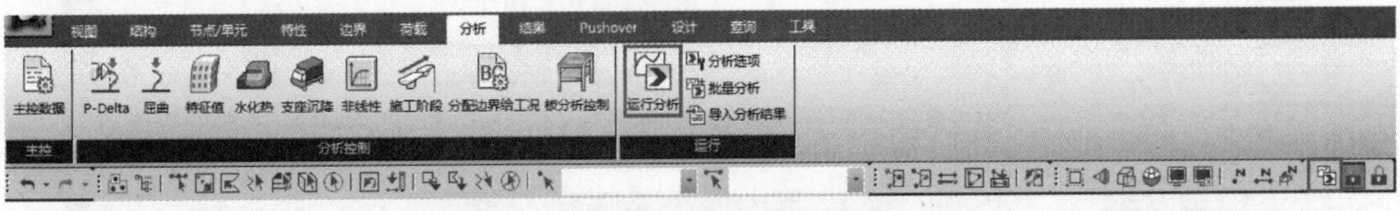

图 25　运行分析及前后处理模式切换

2.6 分析结果

(1)主菜单 > 结果 > 结果 > 变形 > 位移等值线 > “荷载工况/荷载组合”选择“CB:静力荷载组合”,“位移”选择“DZ”,“显示类型”勾选“等值线、变形、图例”,点击“适用”,如图 26 所示。

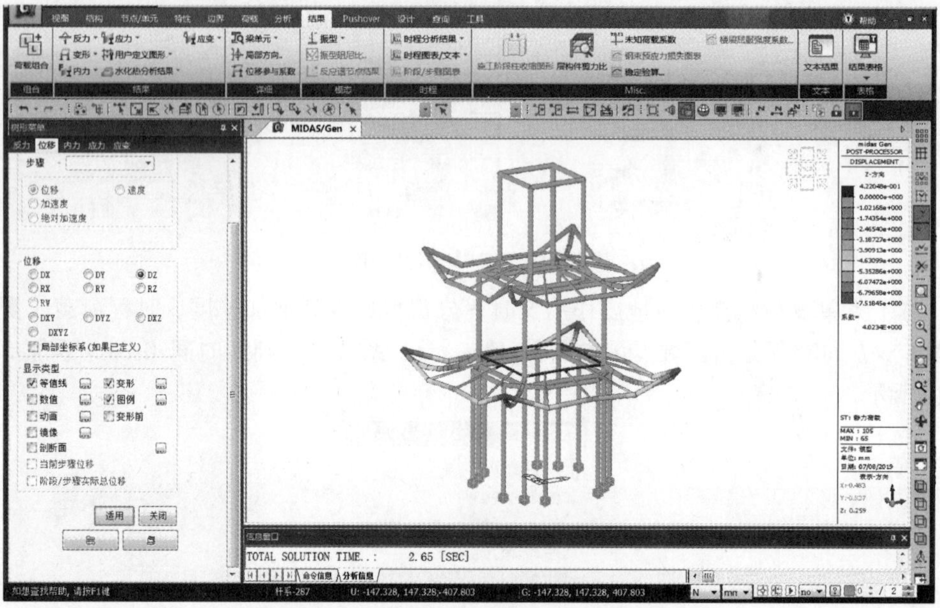

图 26　查看静力荷载组合下位移结果

由计算结果可知,模型在三级荷载加载完毕后最大位移为 7.51mm(方向向下),位移较小。

(2)主菜单 > 结果 > 结果 > 变形 > 位移等值线 > “荷载工况/荷载组合”选择“THmax:地震波”,“位移”选择“DZ”,“显示类型”勾选“等值线、变形、图例” > 点击“适用”,如图 27 所示。

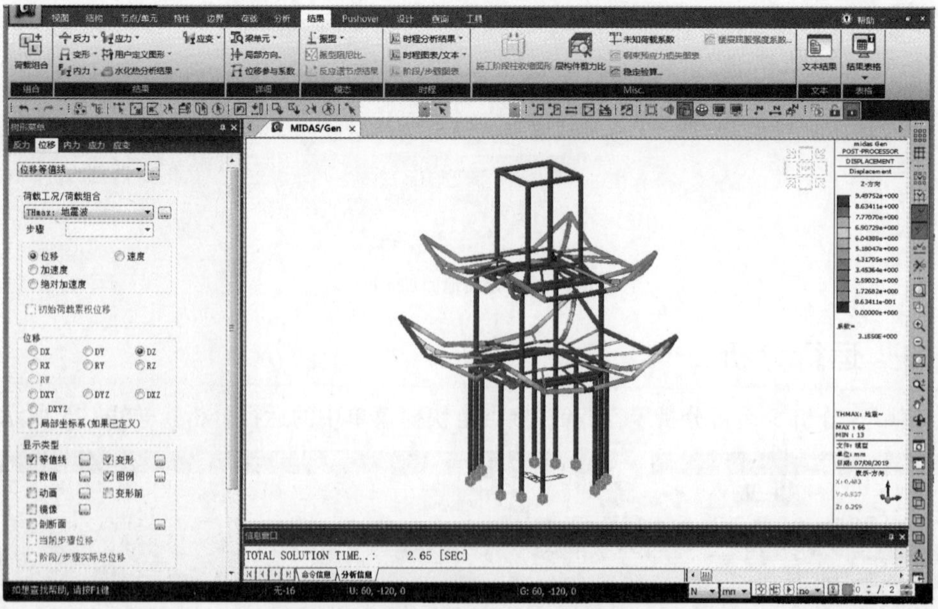

图 27　查看地震荷载作用下位移结果

由计算结果可知，模型在静力荷载下和地震波共同作用下，最大位移为9.5mm，位移仍可接受。

（3）主菜单＞结果＞结果＞应力＞梁单元应力＞“荷载工况/荷载组合”选择“CB：静力荷载”，“应力”选择“组合应力”，“显示类型”勾选“等值线、变形、图例”＞点击“适用”，如图28所示。

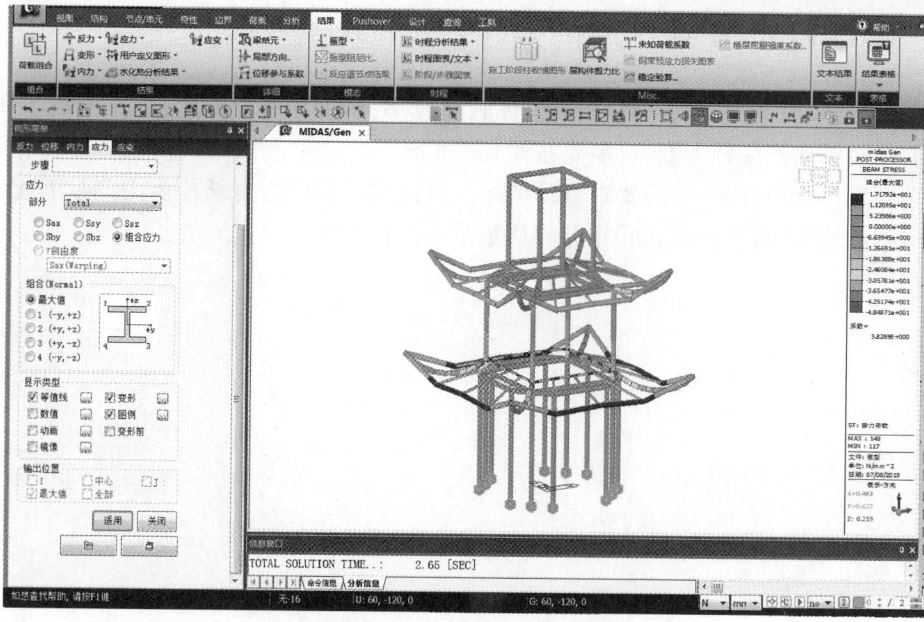

图28 查看静力荷载作用下应力结果

由计算结果可知，杆件最大拉应力为5.24N/mm²，最大压应力为48.5N/mm²。结合第1步的结果可知，模型在静力荷载作用下不会发生破坏。

（4）主菜单＞结果＞结果＞应力＞梁单元应力＞“荷载工况/荷载组合”选择“THmax：地震波”，“应力”选择“组合应力”，“显示类型”勾选“等值线、变形、图例”＞点击“适用”，如图29所示。

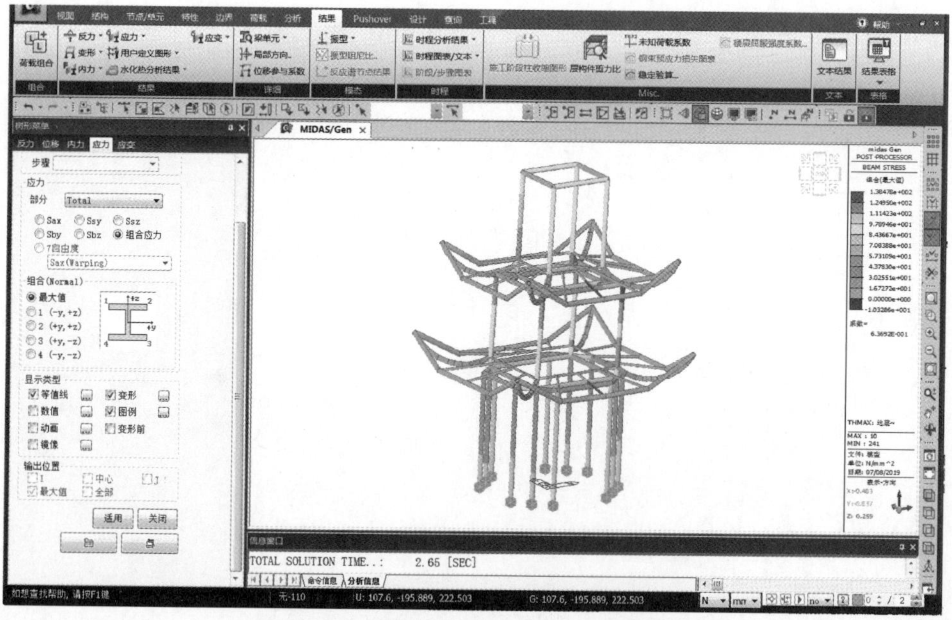

图29 查看地震荷载作用下应力结果

由计算结果可知,杆件最大拉应力为 138.5N/mm^2,最大压应力为 10.4N/mm^2。结合第 2 步的结果可知,模型在地震波作用下会发生破坏,需要改进构件截面。

3 计算结果分析

根据上述结果可知,结构静力分析对整体破坏较小,施加地震波作用,静力荷载起到消能减震作用,但对结构产生较大影响,需要按照《建筑抗震设计规范》(GB 50011—2010)中强柱弱梁、强剪弱弯、强节点弱连梁的要求修改结构。可以通过程序查看结构内力(轴力、剪力、弯矩)结果来修改模型,以达到结构稳定并且质量最小的目的。

第七届全国大学生结构设计竞赛
——竹高跷结构

1 赛题分析

踩高跷是我国一项群众喜闻乐见、流行甚广的传统民间活动。早在春秋时期高跷就已经出现,汉魏六朝百年中高跷称为“跷技”,宋代称为“踏桥”,清代以来称为“高跷”。高跷分高跷、中跷和跑跷三种,最高者一丈多。高跷表演者不仅能以长木缚于足行走,还能跳跃和舞剑,形式多样。高跷所承受的荷载与高跷的结构形式和运动方式密切相关,通过由学生自行设计和制作竹结构高跷,可以提高学生对结构的设计和分析计算能力,发展团队协作和竞争意识。

根据竞赛规则要求,从结构形式所体现出的简洁明快的风格的基础上根据竹材的一些力学性质,充分考虑结构的整体受力情况,最终从受力最好的最简单的三角形入手。结构的整体外形是双层“W”形,在粘接踏板后,假定模型杆件材料均匀,结构主体框架多为三角形,提高了结构的稳定性。同时为提高结构的承载力,恰当地在主要竖向承载部位采用实心杆件,并用截面尺寸较小的细杆将其中部相连,提高其抗弯性能,尽量避免结构因失稳而发生破坏。

1.1 材料

本届竞赛选用竹材制作结构构件,竹材参考力学指标见表1。

竹材参考力学指标 表1

密　度	顺纹抗拉强度	弹性模量
0.8g/cm^3	60MPa	1.0×10^4MPa

(1)弹性模量:$1\times10^4\text{MPa}=1\times10^4\text{N/mm}^2$。

(2)泊松比:竹材的泊松比在0.24~0.30之间,平均值为0.2822,建议取值0.28。

(3)线膨胀系数:此参数与温度应力有直接关系,此模型不考虑温度影响,故此参数可以不填写。

(4)重度:$0.8\text{g/cm}^3\times9.8\text{m/s}^2=7.84\times10^{-6}\text{N/mm}^3$。

1.2 模型

竹高跷模型由参赛队使用组委会提供的材料及工具,在规定的时间、地点内制作完成,其具体要求如下:

(1)模型采用竹材料制作,具体结构形式不限。

(2)制作完成后的高跷结构模型外围长度为400mm ±5mm,宽度为150mm ±5mm,高度为265mm ±5mm;模型结构物应在阴影部分之内,如图1所示。

(3)模型底面尺寸不得超过200mm ×150mm的矩形平面。

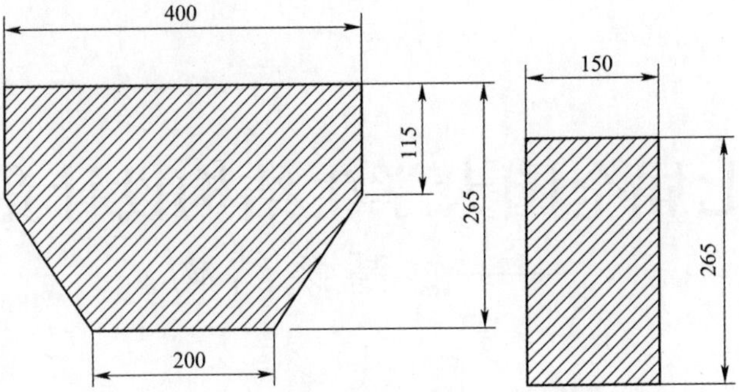

图1　模型结构区域图(尺寸单位:mm)

踏板与竹高跷模型固定后的模型整体高度应为300mm ±5mm(图2)。在踏板与模型连接处的外侧,允许增加构造物以进一步提高连接强度,构造物的高度不得超过10mm。

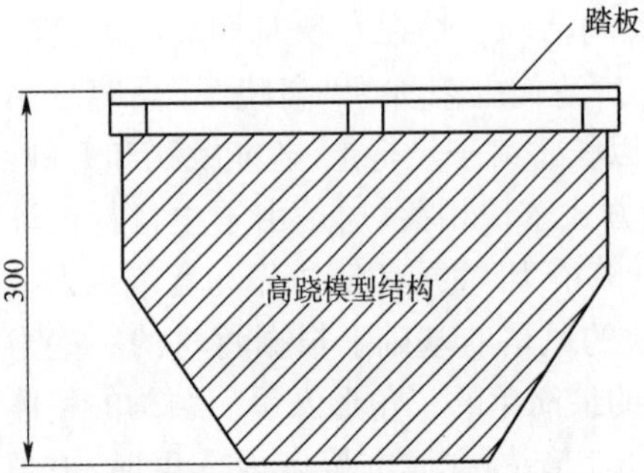

图2　高跷模型整体图(尺寸单位:mm)

1.3　边界条件

承受静力荷载与冲击荷载时底端铰接。

1.4　荷载

结构在测试的第一阶段主要承受来自参赛者体重的竖向静荷载。第二阶段对结构的要求比较高,结构要承受参赛者行走时的冲击动荷载、地面对结构的摩擦力和参赛者转弯时的离心力等。参赛者在行走过程中,前脚掌的作用主要是发力蹬地,后脚掌作用会随脚掌着地承受冲击和压力。

1.5　结果

加载过程中,若出现以下情况之一,则终止加载,本级加载及后续级别加载成绩均为零。

(1)测试过程中选手无法保持静止站立,导致重量测量无法进行,但选手仍可参加下一轮的绕标测试。

(2)测试过程中结构垮塌,参赛队退出比赛。

(3)在绕标竞速中选手到达终点前高跷模型垮塌。

(4)在绕标竞速中因踏板与模型分离导致选手无法完成余下的赛程。

2　建立模型

2.1　设定操作环境及定义材料和截面

(1)双击 midas Gen 图标,打开 Gen 程序 > 主菜单 > 新项目 > 保存 > 文件名:竹高跷 > 保存。

(2)主菜单 > 工具 > 单位体系 > 长度:mm,力:N > 确定。亦可在模型窗口右下角点击图标 N mm 的下拉三角,修改单位体系,如图3所示。

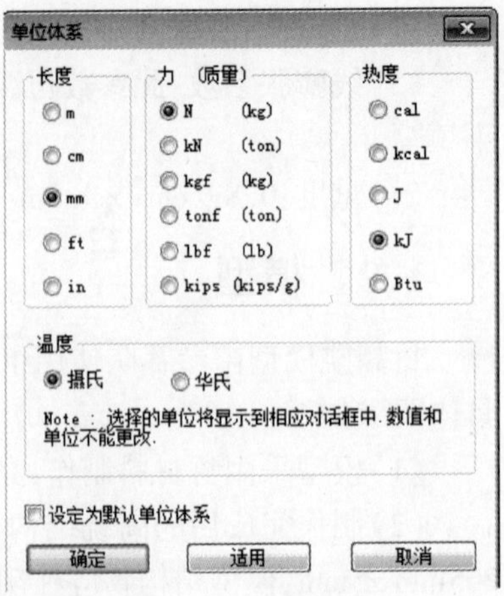

图3　定义单位体系

(3)主菜单 > 特性 > 材料特性值 > 添加 > 名称:竹材 > 设计类型:用户定义 > 规范:无 > 弹性模量:1×10^4N/mm^2,泊松比:0.28,容重:7.84×10^{-6}N/mm^3 > 确定,如图4所示。

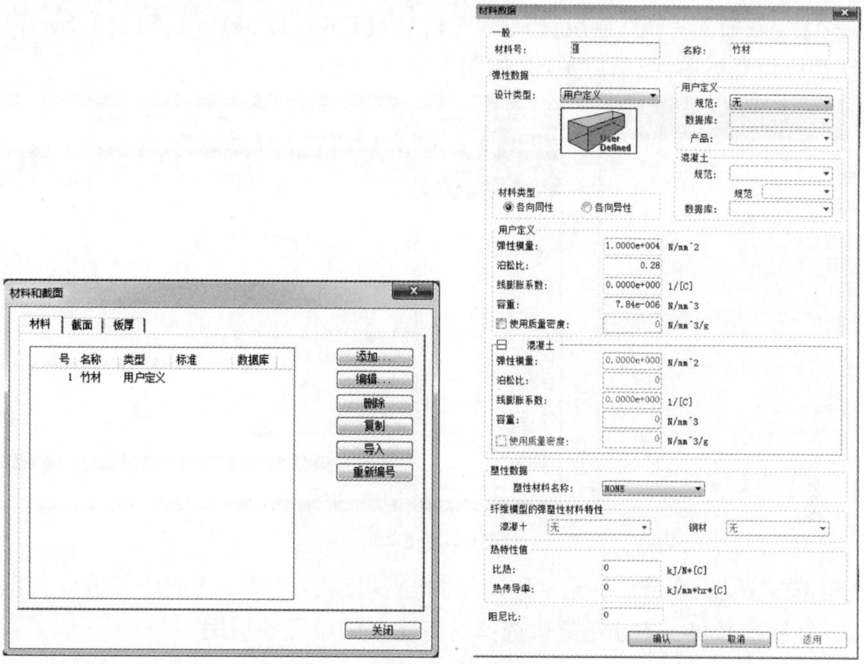

图4 定义材料

(4)主菜单 > 特性 > 截面特性值 > 数据库/用户 > 实腹长方形截面 > 用户 > 截面名称:截面1 > H:8,B:8 > 适用 > 截面名称:截面2 > H:5,B:5 > 确定,如图5所示。

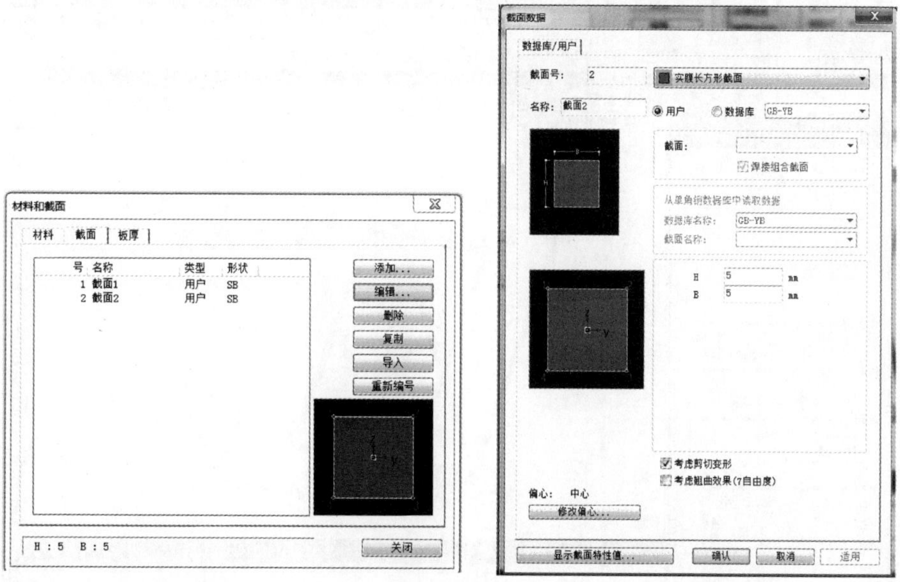

图5 定义截面

2.2 建立竹高跷模型

(1)主菜单 > 节点/单元 > 节点 > 建立节点 > 坐标(x,y,z)中分别输入(0,0,0) > 点击 适用或 Enter 键，继续建立节点(200,0,0)、(－100,0,265)、(100,0,265)、(300,0,265)，点击 关闭 。

(2)主菜单＞节点/单元＞单元＞建立单元 ＞单元类型：一般梁/变截面梁＞材料名称：竹材＞截面名称：截面1＞节点连接：(1,2)、(1,3)、(1,4)、(2,4)、(2,5)、(3,5)(模型窗口中直接点取节点)，建立梁单元，然后关闭，如图6所示。

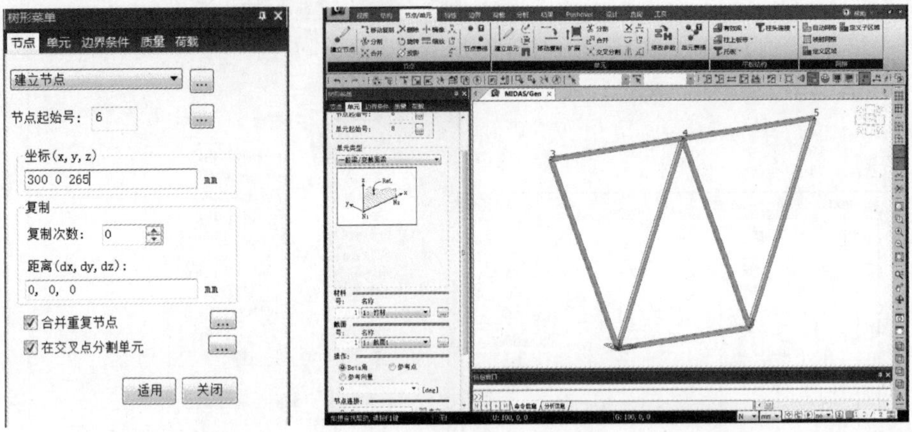

图6　建立单元

(3)主菜单＞节点/单元＞单元＞移动复制 ＞形式：复制＞等间距＞方向，(dx,dy,dz)：(0,150,0)＞复制次数：1＞点击 窗口选择所有建立的单元＞适用。

(4)主菜单＞节点/单元＞单元＞建立单元 ＞单元类型：一般梁/变截面梁＞材料名称：竹材＞截面名称：截面1＞节点连接：(1,6)、(2,7)、(3,8)、(4,9)、(5,10)(模型窗口中直接点取节点)，建立梁单元，然后关闭，如图7所示。

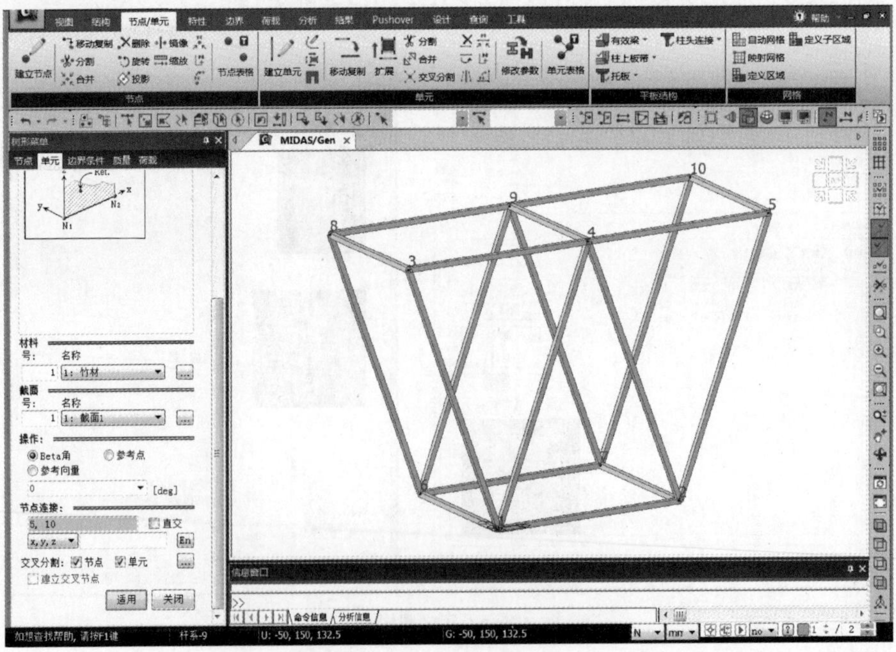

图7　建立竹高跷模型

(5)树形菜单模型窗口框选单元2、3、4、5、9、10、11、12＞工作目录树＞点击截面2拖放至模型窗口。

注：工作目录树可以添加、删除、修改材料、截面、厚度等特性，通过工作目录树可以查看显示边界条件、荷载大小等。

(6)主菜单 > 视图 > 显示 > 显示选项 > 绘图 > 勾选截面/厚度颜色 > 随机颜色 > 适用，然后关闭，如图 8 所示。

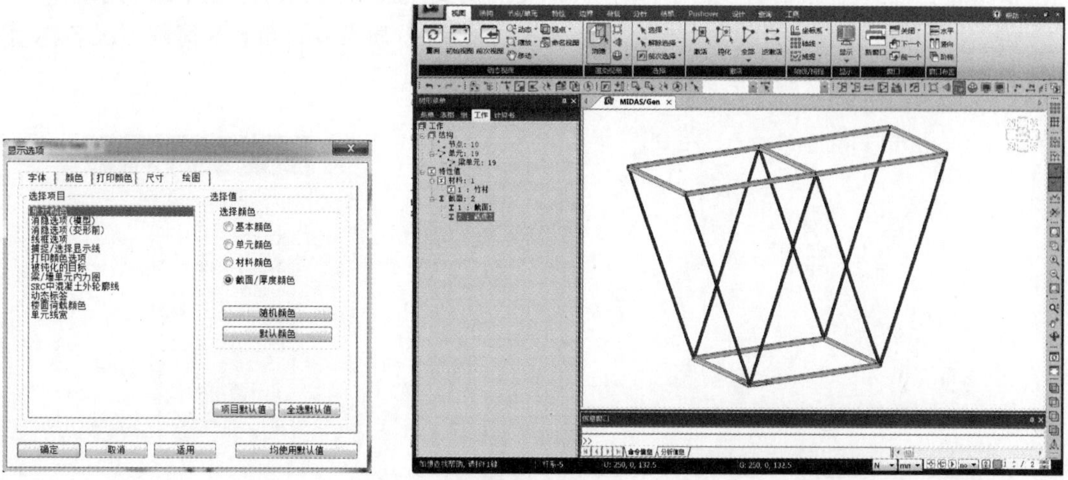

图 8　修改截面特性

注：程序可在显示选项中设定背景颜色、根据单元类型、材料特性值、截面/厚度确定构件颜色，也可以使用程序基本颜色。

2.3　定义边界条件

主菜单 > 边界 > 一般支承 > 选择：添加 > 勾选“D-ALL” > 窗口选择柱底节点 > 适用 > 关闭，如图 9 所示。

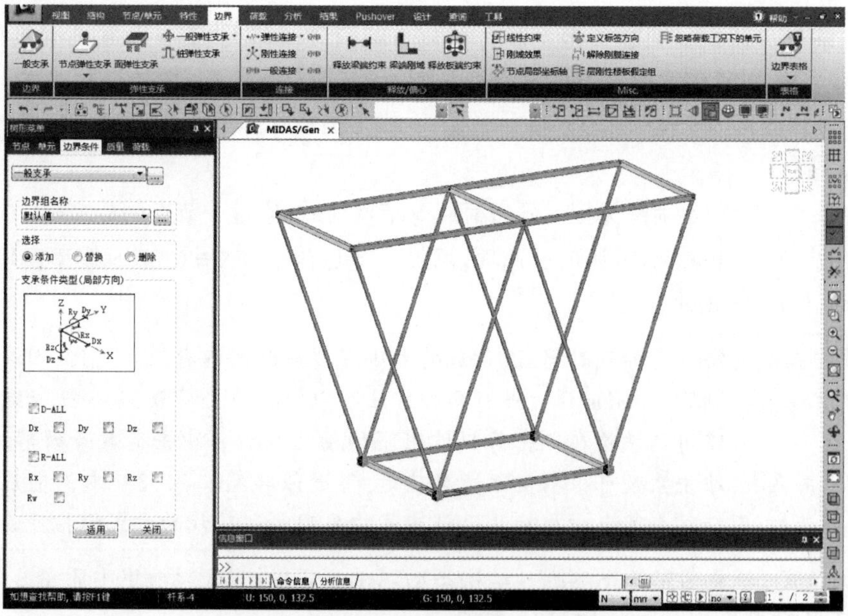

图 9　定义边界条件

2.4 定义荷载

(1)主菜单>荷载>荷载类型>静力荷载>建立荷载工况>静力荷载工况>名称:自重>类型:用户自定义的荷载(USER)>添加>名称:静力荷载>类型:用户自定义的荷载(USER)>添加>名称:冲击荷载>类型:用户自定义的荷载(USER)>添加,如图10所示。

(2)主菜单>荷载>荷载类型>静力荷载>结构荷载/质量>自重>荷载工况名称:自重>自重系数:Z=-1>添加>关闭,如图11所示。

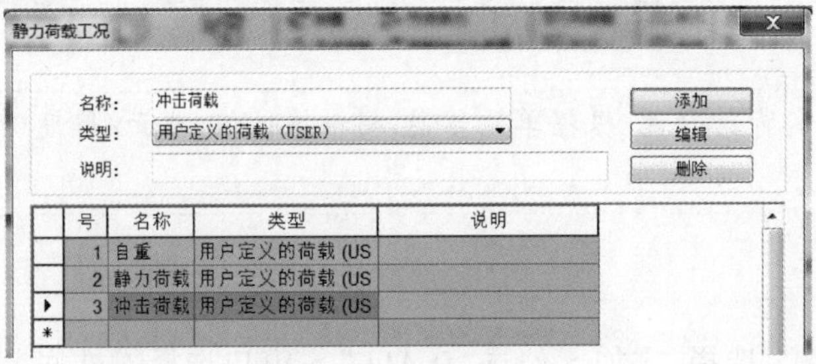

图10 定义荷载工况

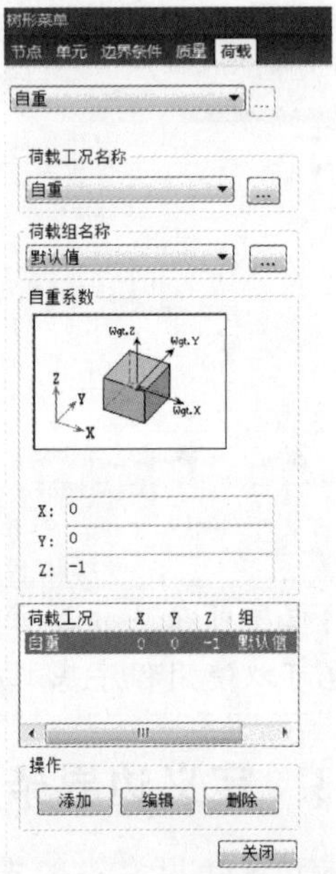

图11 定义自重

(3)主菜单>荷载>荷载类型>静力荷载>梁荷载>单元>荷载工况名称:静力荷载>荷载组名称:默认值>选项添加>荷载类型:均布荷载>方向:整体坐标系Z>W:-0.6(参赛选手体重假定为75kg,均匀分布上端梁)>模型窗口选择单元6、7、13、14、17、18、19>适用,如图12所示。

(4)主菜单>荷载>荷载类型>静力荷载>结构荷载/质量>节点荷载>荷载工况名称:冲击荷载>荷载组名称:默认值>选项:添加>节点荷载:FX=490N>模型窗口捕捉3号和8号节点,如图13所示。

注:冲击荷载的特点是加载时间短,荷载的大小在极短时间内有较大变化,因此加速变化很剧烈,不容易直接测定。midas Gen 中有两种方法可以模拟冲击荷载,分别是等效静力荷载和时程荷载,并且可以得到结构在冲击荷载作用下的动力响应。冲击荷载等效静力荷载时,需要乘以冲击系数,冲击系数可根据实际情况确定,可近似取1.1~1.3。本例题应用节点荷载模拟冲击荷载,第六届全国大学生结构设计竞赛中采用时程荷载的方式模拟冲击荷载。

(5)主菜单>结构>结构类型>结构类型:3-D>质量控制参数:集中质量>勾选“将自重转换为质量”“转换到X、Y”,如图14所示。

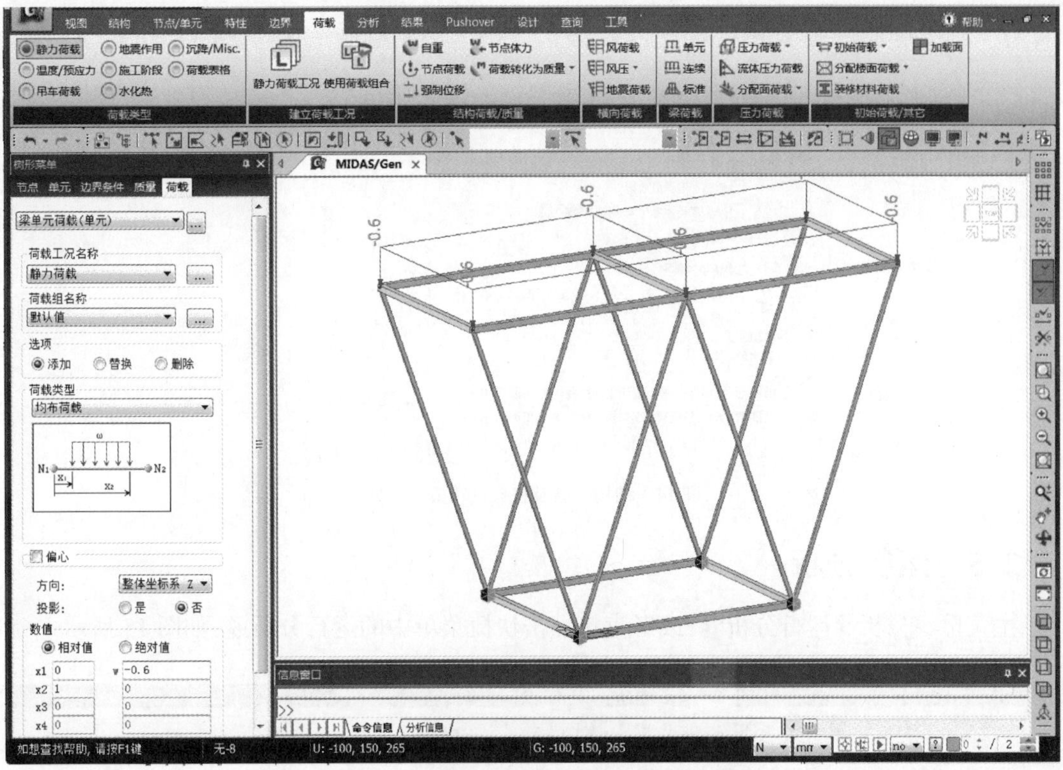

图 12　定义静力荷载

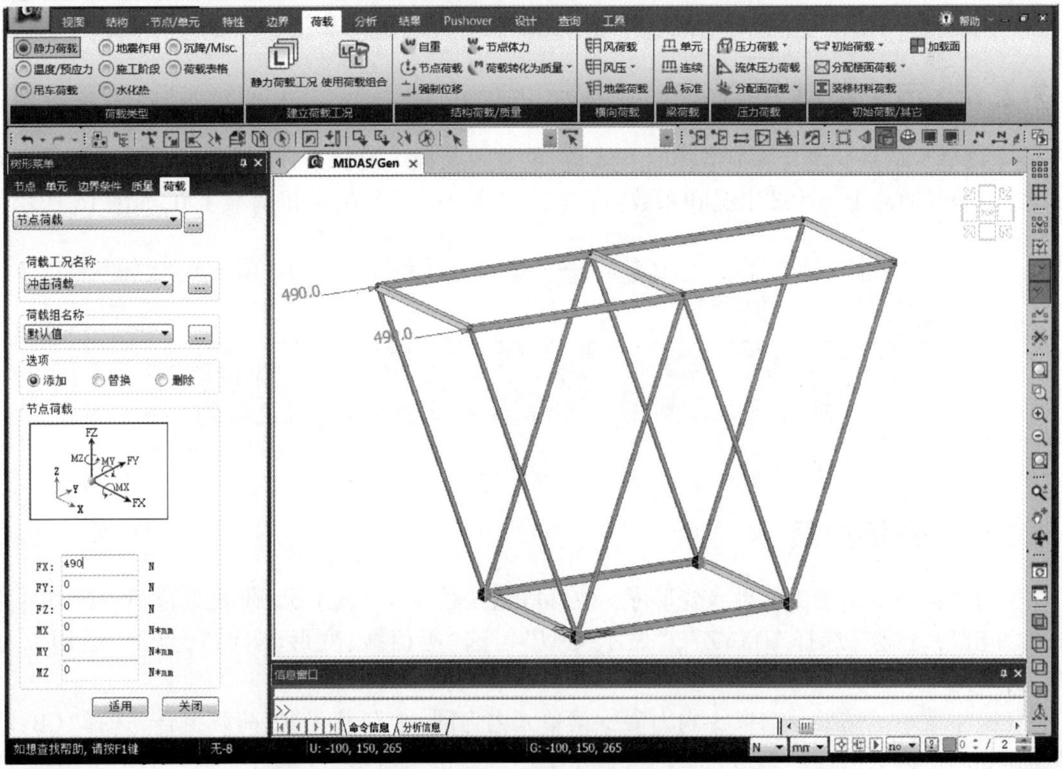

图 13　定义冲击荷载

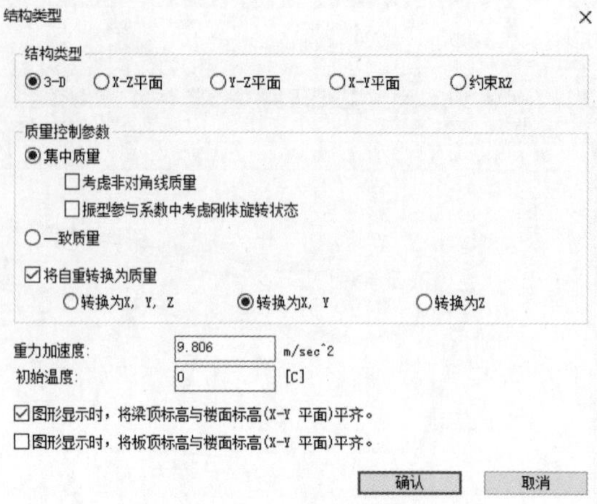

图 14　结构类型及将自重转换为质量

2.5　运行分析

主菜单 > 分析 > 运行分析，或者直接点击快捷菜单中的运行分析，如图 15 所示。

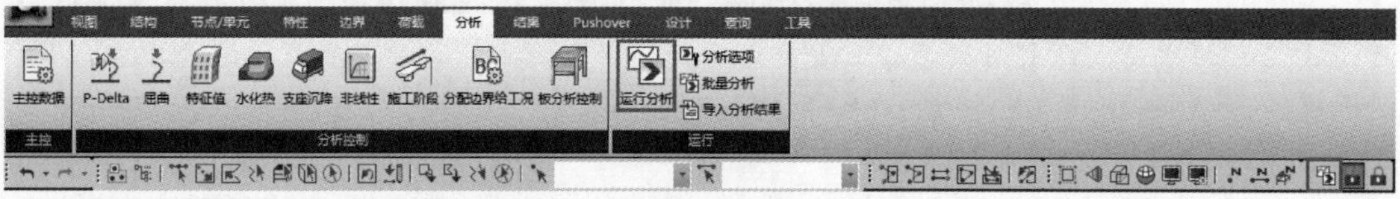

图 15　运行分析

2.6　定义荷载组合

主菜单 > 结果 > 组合 > 荷载组合 > 名称：静载 > 荷载工况和系数：自重 1.0，静力荷载 1.0 > 名称：静载加冲击 > 荷载工况和系数：自重 1.0，静力荷载 1.0，冲击荷载 1.0，如图 16 所示。

荷载组合

一般 | 钢结构设计 | 混凝土设计 | SRC设计 | 冷弯型钢设计 | 铝结构设计

荷载组合列表

	号	名称	激活	类型	自重(ST)	静力荷载(ST)	冲击荷载(ST)	静载(CB)	静载加冲击(CB)	说明
▶	1	静载	激活	相加	1.0000	1.0000				
	2	静载加冲击	激活	相加	1.0000	1.0000	1.0000			
*										

图 16　荷载组合

2.7　分析结果

(1) 主菜单 > 结果 > 结果 > 变形 > 位移等值线 > “荷载工况/荷载组合”选择“CB：静载加冲击”，“位移”选择“DXYZ”，“显示类型”勾选“等值线、变形、图例”，点击“适用”，如图 17所示。

(2) 主菜单 > 结果 > 结果 > 内力 > 梁单元内力图 > “荷载工况/荷载组合”选择“CB：静载加冲击”，“内力”选择“Fx、Fy、My”，“显示类型”勾选“等值线、变形、图例”，点击“适用”，如图 18 ~ 图 20 所示。

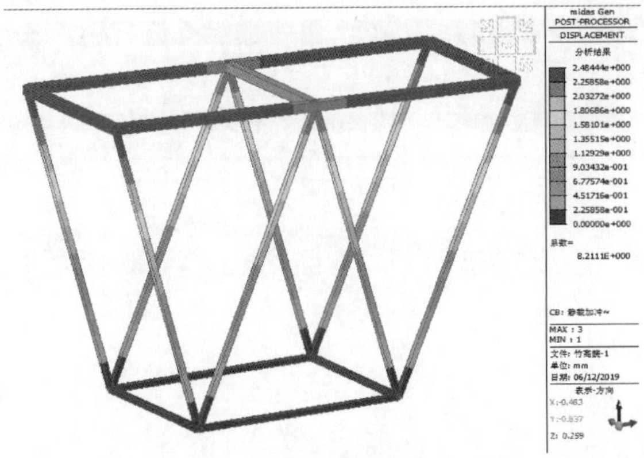

图 17　位移结果

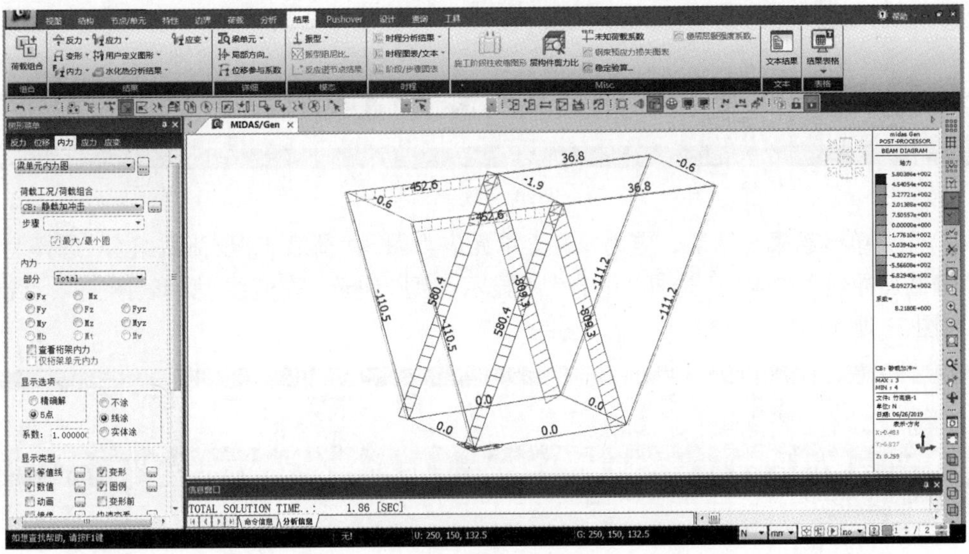

图 18　轴力结果

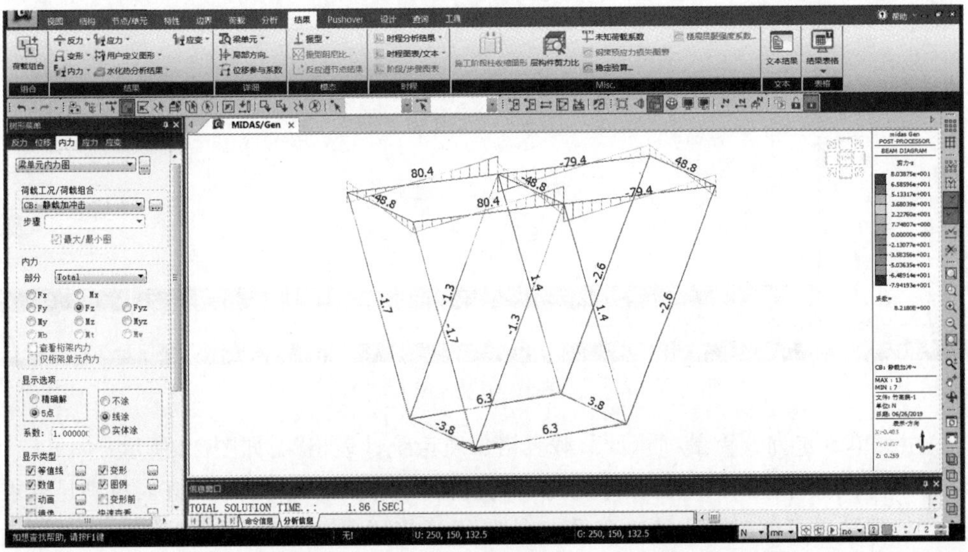

图 19　剪力结果

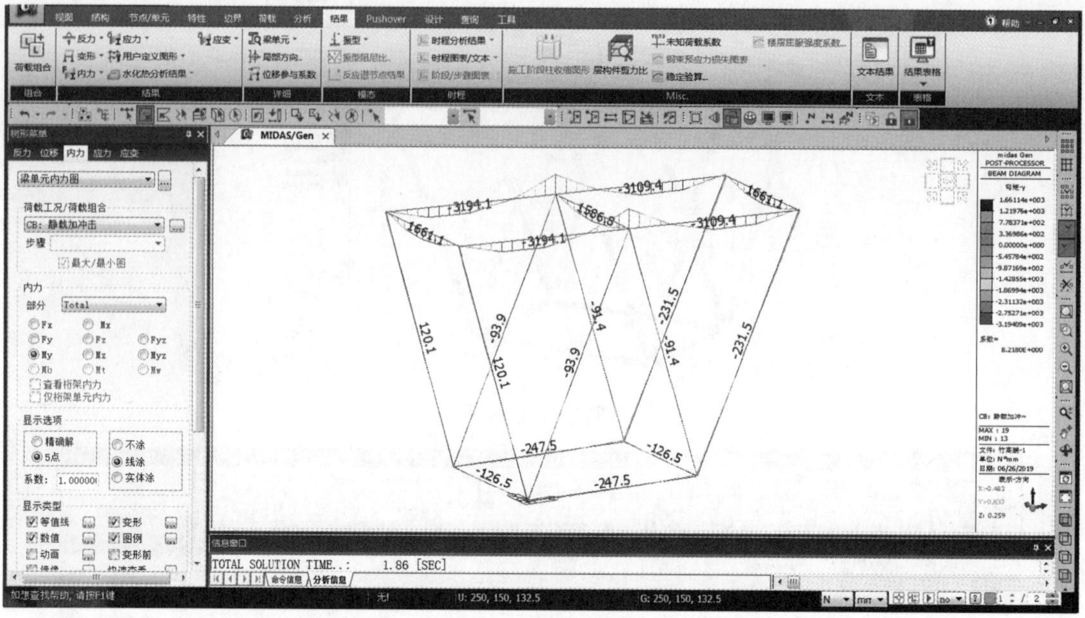

图 20　弯矩结果

(3)主菜单 > 结果 > 结果 > 应力 > 梁单元应力图 > “荷载工况/荷载组合”选择“空载/静载/静载加冲击”,“应力”选择“组合”,“显示类型”勾选“等值线、变形、图例”,点击“适用”,如图 21 所示。

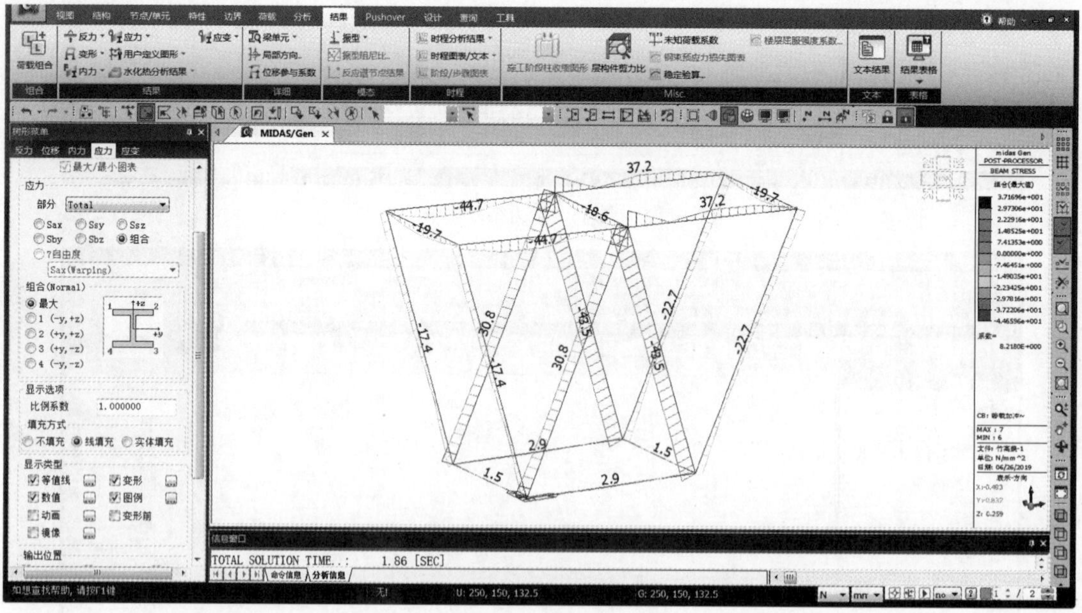

图 21　应力结果

(4)主菜单 > 查询 > 重量/质量/荷载表格 > 质量统计表格,如图 22 所示。

将各个荷载组合得到的应力结果与材料的抗拉强度对比,均小于 60MPa,故满足要求。根据其余后处理结果可判断结构的主要受力构件,并适当增大截面,不是主要受力构件可适当减小截面,从而减小结构质量。

节点	节点质量(N/g)	荷载转化为质量	结构质量(N/g)	合计(N/g)
1	0.0000	0.0000	0.0009	0.0009
2	0.0000	0.0000	0.0009	0.0009
3	0.0000	0.0000	0.0012	0.0012
4	0.0000	0.0000	0.0020	0.0020
5	0.0000	0.0000	0.0012	0.0012
6	0.0000	0.0000	0.0009	0.0009
7	0.0000	0.0000	0.0009	0.0009
8	0.0000	0.0000	0.0012	0.0012
9	0.0000	0.0000	0.0020	0.0020
10	0.0000	0.0000	0.0012	0.0012
合计	0.0000	0.0000	0.0123	0.0123

图 22　质量统计表格

3　结构的稳定性分析

结构的稳定问题与强度问题有同等重要的意义，高强、薄壁和纤细结构的采用使稳定性显得更加重要。结构失稳是指在外力作用下结构的平衡状态开始丧失稳定性，稍有扰动则变形迅速增大，最后结构破坏。可应用 midas Gen 对不同的结构模型进行屈曲分析，得到结构各个模态下的临界荷载系数，极限荷载 = 不变荷载 + 临界荷载系数 × 可变荷载，从而得到结构承受的最大荷载，选择最优结构形态。

(1)分析 > 分析控制 > 屈曲分析 > “模态数量”输入 15 > 勾选“仅考虑正值”，屈曲分析荷载组合工况及组合系数如图 23 所示。

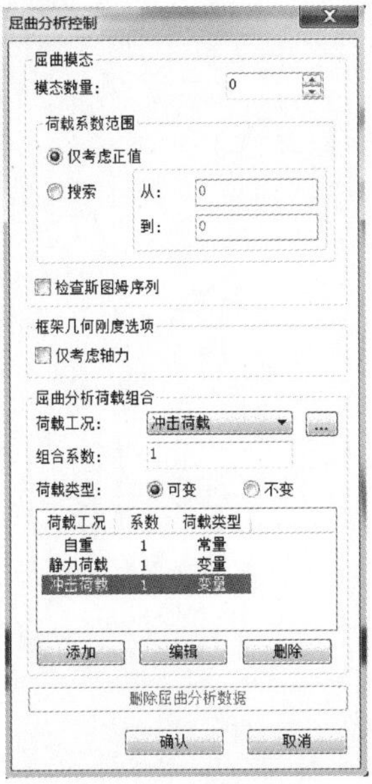

图 23　定义屈曲分析控制

(2)主菜单 > 分析 > 运行分析，或者直接点击快捷菜单中的运行分析。

(3)主菜单 > 结果 > 模态 > 振型 > 屈曲模态 > 荷载工况(模态号)：Mode1 > 模态成分：Md-XYZ > “显示类型”勾选“变形前、图例” > 适用，如图 24 所示。

由于构件的稳定性由第一阶失稳控制，从稳定分析结果可以看出，模型方案的一阶失稳特征值 $\lambda = 4.75 \times 10^{-1}$，并可以应用以上操作步骤得到其他结构的临界荷载系数。根据《空间网格结构技术规程》(JGJ 7—2010),极限荷载 = 不变荷载 + 临界荷载系数 × 可变荷载,临界荷载系数为最低阶模型(第一阶模态)的特征值,代入公式求出极限荷载数值,得到结构承受的最大荷载,从而得到最优结构形式。

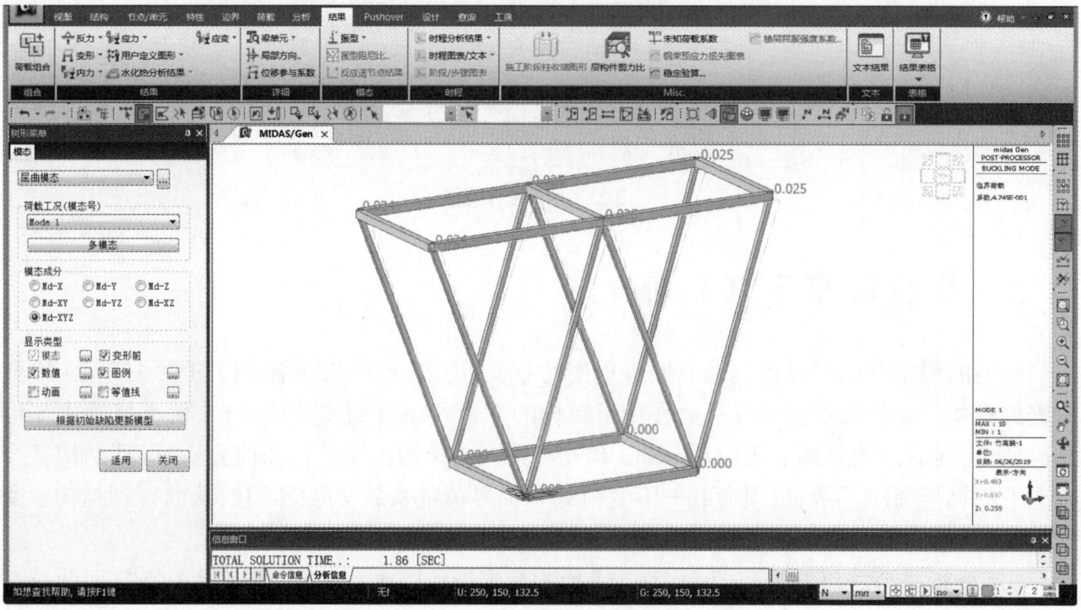

图 24　屈曲分析模态结果

第六届全国大学生结构设计竞赛
——竹制多层吊脚楼建筑结构

1 赛题分析

吊脚楼是我国传统山地民居中的典型形式，这种建筑依山就势，因地制宜，在今天仍然具有极强的适应性和顽强的生命力。这些建筑既是中华民族久远历史文化传承的象征，也是我们的先辈们巧夺天工的聪明智慧和经验技能的充分体现。

相对于地震、火灾等灾害而言，重庆地区由于地形地貌特征的影响，出现泥石流、滑坡等地质灾害的频率更大。因此，如何提高吊脚楼建筑抵抗这些地质灾害的能力，是工程师们应该想方设法去解决的问题。本届结构设计竞赛以吊脚楼建筑抵抗泥石流、滑坡等地质灾害为题目，具有重要的现实意义和工程针对性。

制作模型时，在各层采用不同的加固方式，在吊脚层进行加强加固，保证其稳定性，在第2、3层适当降低结构整体刚度，特别是模型在受到撞击时，能够在第2层及其以上有一定的振动来起到耗能的作用。制作模型按照“强节点弱构件，强柱弱梁”的原则，尽量利用小而多的构件设置合理的结构来抵抗荷载，避免依靠单一构件的强度来抵抗荷载。

1.1 材料

本届竞赛选用竹材制作结构构件，竹材参考力学指标见表1。

竹材参考力学指标　　表1

密　度	顺纹抗拉强度	弹性模量
$0.8g/cm^3$	60MPa	1.0×10^4MPa

(1)弹性模量：1×10^4MPa $=1\times10^4$N/mm^2。

(2)泊松比：竹材的泊松比在0.24~0.30之间，平均值为0.2822，建议取值0.28。

(3)线膨胀系数：此参数与温度应力有直接关系，此模型不考虑温度影响，故此参数可以不填写。

(4)重度：$0.8g/cm^3\times9.8m/s^2=7.84\times10^{-6}N/mm^3$。

1.2 模型

模型为四层吊脚楼(一层吊脚层+三层建筑使用层)，模型应具有4个楼面(含顶层屋面)，每一个楼面的范围须通过设置边缘的梁予以明确定义，如图1所示。模型设计参数见表2。

(1)平面尺寸要求：建筑模型楼层净面积$L_0\times L_0\geqslant200mm\times200mm$，建筑模型外包面积$L\times L\leqslant240mm\times240mm$，与撞击方向垂直的模型立面柱子的轴心距为220mm±5mm。

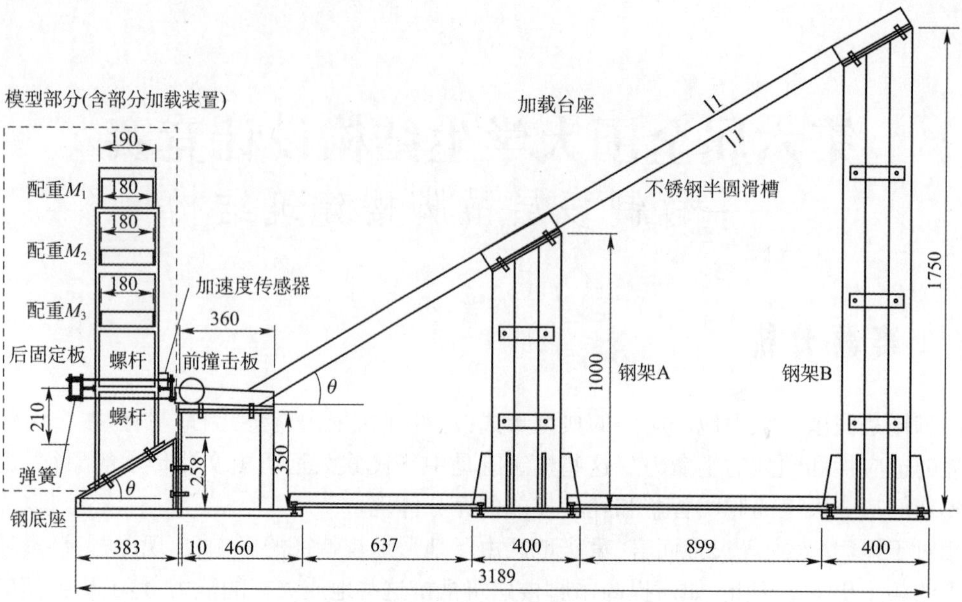

图1　赛题简图(尺寸单位:mm)

模型设计参数取值表　　表2

模型设计参数	取　值	备　注
θ	30°	
H	1000mm ±15mm	
h	220mm ±5mm	
h_j	340mm ±10mm	
h_0	≥200mm	
L_0	≥200mm	
L	≤240mm	
M_1	20 ~60kg	配重为规定尺寸的钢板或者铅块
M_2	约为2.5kg	配重为规定尺寸的钢板
M_3	模型一层加载装置质量,为2 ~3kg	一层楼面不再附加配重,加载装置质量以现场称量结果为准

(2)竖向尺寸要求:楼面层层高 h = 220mm ± 5mm,楼面层净高 h_0 ≥200mm。吊脚层长柱高度 h_j = 340mm ± 10mm,其净高不得小于310mm,其净高范围内(柱身范围内)不得设置任何侧向约束。柱脚加劲肋不影响计算楼层高度。模型总高度 H = 1000mm ± 15mm。

(3)其他尺寸要求:竖向承重构件允许变截面,但需保持竖向承重构件上下连续,所有受力构件截面长边(或者直径)均不得大于25mm。

楼面层需满足基本的建筑高度使用要求,并应具有足够的承载刚度,楼面层配重放置于楼面几何中心处。在模型内部,楼层之间(底部吊脚层除外)不能设置任何妨碍房屋使用功能(即建筑使用空间要求)的构件,如图2所示。

1.3　边界条件

承受静力荷载与冲击荷载时底端固定连接。

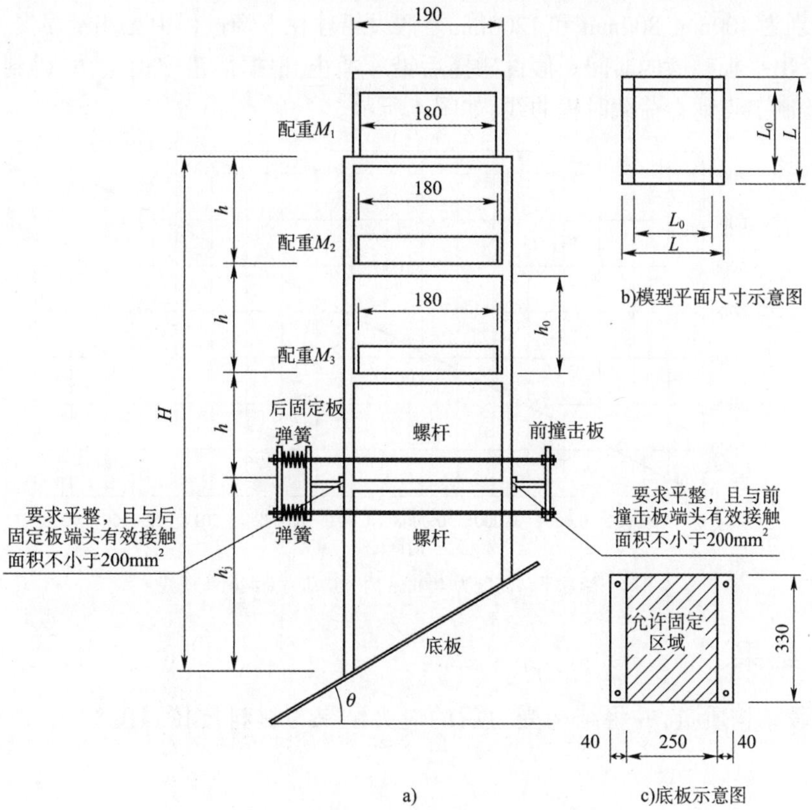

图 2　模型设计要求示意图(尺寸单位:mm)

1.4　荷载

(1)静荷载

竞赛提供 5kg 铅板 10 块,1kg 铅板 5 块,铅板尺寸为 180mm × 180mm × 5mm,结构第 2 层和结构第 3 层分别加 2.5kg 铅块,结构顶层配置最大质量,即 50kg。模型静荷载加载示意图如图 3 所示。

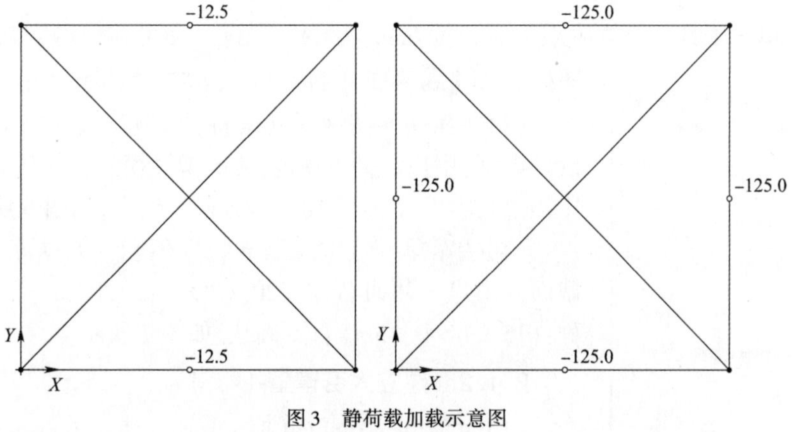

图 3　静荷载加载示意图

(2)冲击荷载

在三级加载中,通过调整铅球下落高度获得不同撞击力和不同振动频率,此时三级加载的控制高度分别为400mm、800mm和1200mm。假设铅球在下降过程中无能量损失，势能全转换为动能，计算出平板碰撞的时间。假设碰撞后铅球静止，根据能量守恒定律，得到铅球对钢板的撞击力，绘制节点动力荷载时程曲线，如图4所示。

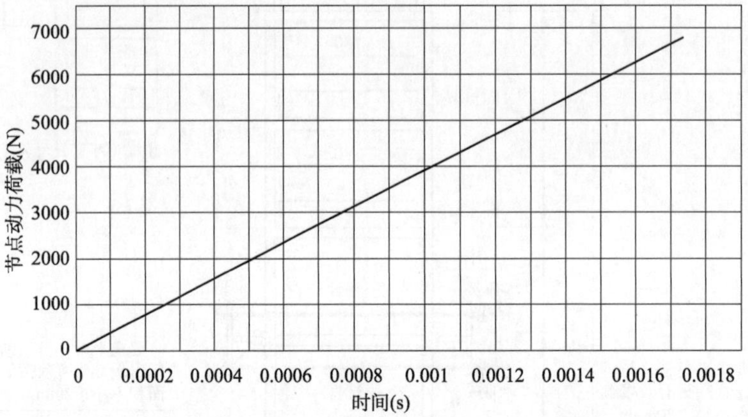

图4　铅球下落高度为400mm的节点动力荷载时程曲线

1.5　结果

通过比较结构质量，并将结构受力后的应力结果与材料抗拉强度对比，得到最优结构形式。

2　建立模型

2.1　建立大赛模型-1

2.1.1　设定操作环境及定义材料和截面

(1)双击midas Gen图标，打开Gen程序>主菜单>新项目>保存>文件名：吊脚楼-1>保存。

(2)主菜单>工具>单位体系>长度：mm，力：N>确定。亦可在模型窗口右下角点击图标N mm的下拉三角，修改单位体系，如图5所示。

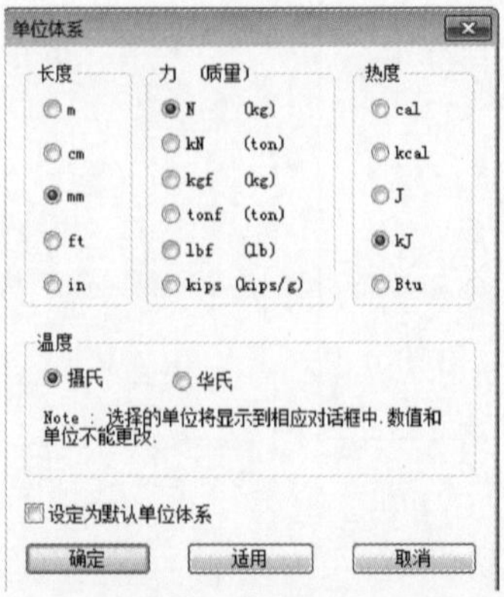

图5　定义单位体系

(3)主菜单>特性>材料特性值>添加>名称：竹材>设计类型：用户定义>规范：无>弹性模量：1×10^4N/mm^2，泊松比：0.28，容重：7.84×10^{-6}N/mm^3>确定，如图6所示。

(4)主菜单>特性>截面特性值>数据库/用户>管型截面>用户>截面名称：P20×2>D：20，tw：2>适用>截面名称：P15×1>D：15，tw：1>确认，如图7所示。

2.1.2　建立大赛模型-1

(1)主菜单>节点/单元>节点>建立节点>坐标(x，y，z)中输入(0，0，0)>点击适用或Enter键，继续建立节点(200，0，0)、(200，200，0)、(0，200，0)，点击关闭。

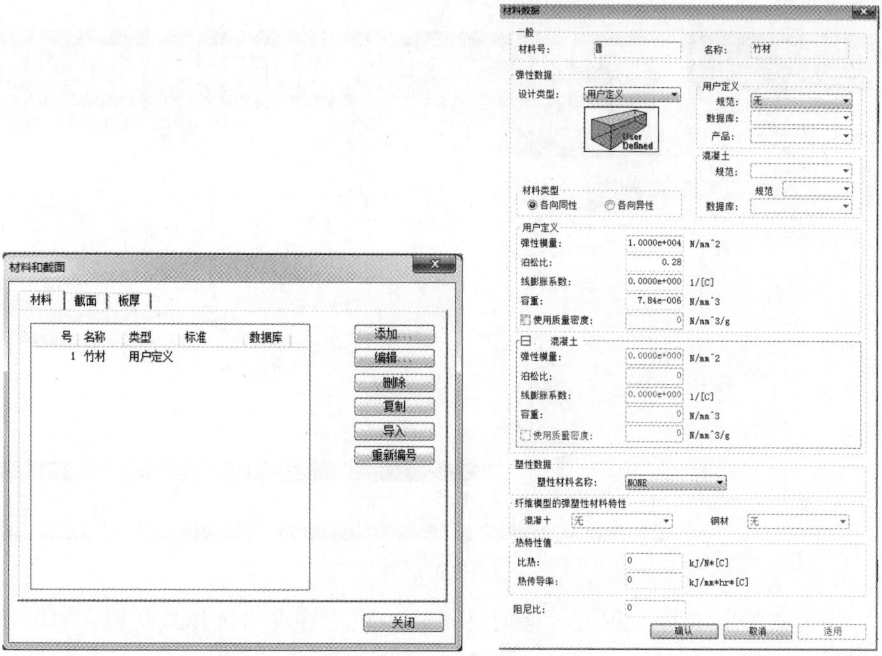

图 6　定义材料

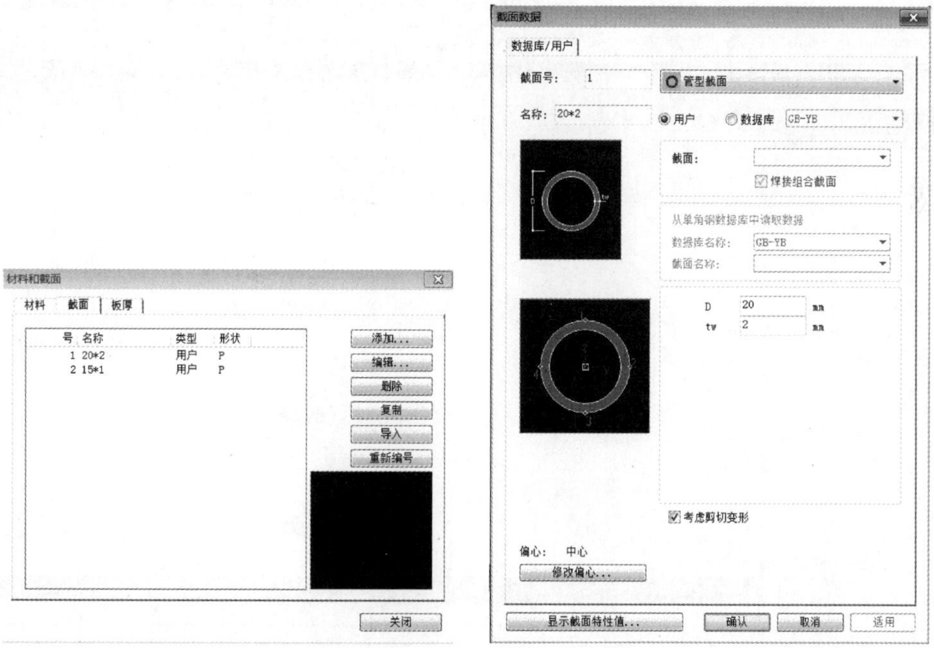

图 7　定义截面

(2)主菜单 > 节点/单元 > 单元 > 建立单元 > 单元类型:一般梁/变截面梁 > 材料名称:竹材 > 截面名称:20 ×2 > 节点连接:(1,2)、(2,3)、(3,4)、(4,1)(模型窗口中直接点取节点),建立梁单元,然后关闭。

主菜单 > 节点/单元 > 单元 > 建立单元 > 单元类型:一般梁/变截面梁 > 材料名称:竹材 > 截面名称:15 ×1 > 不勾选"节点、单元" > 节点连接:(1,3)、(2,4)(模型窗口中直接点取节点),如图 8 所示。

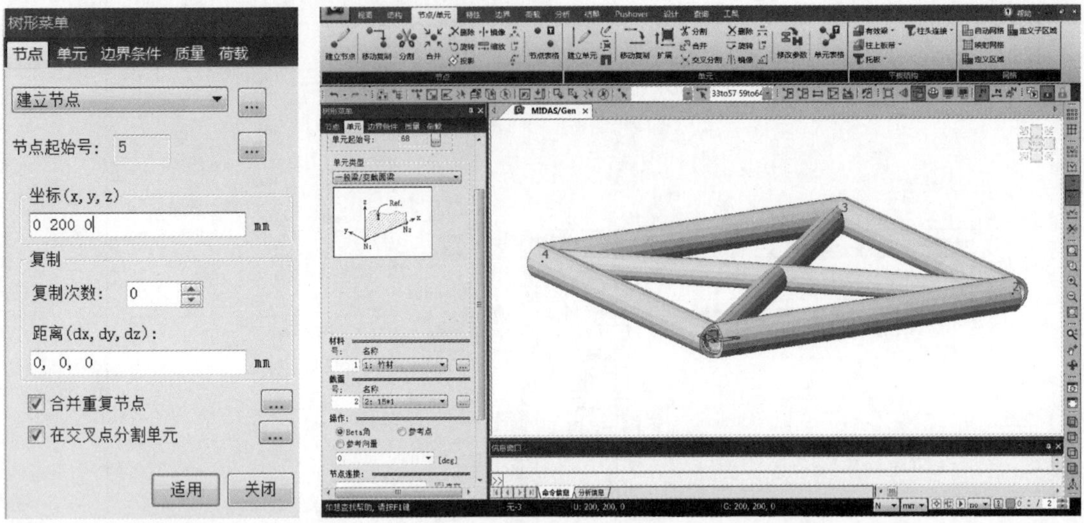

图 8 建立 2F 框架

(3)主菜单 > 节点/单元 > 单元 > 移动复制 > 点击窗口选择最新建立的单元 > 形式:复制 > 等间距 > 方向,(dx,dy,dz):(0,0,220) > 复制次数:3 > 适用,如图 9 所示。

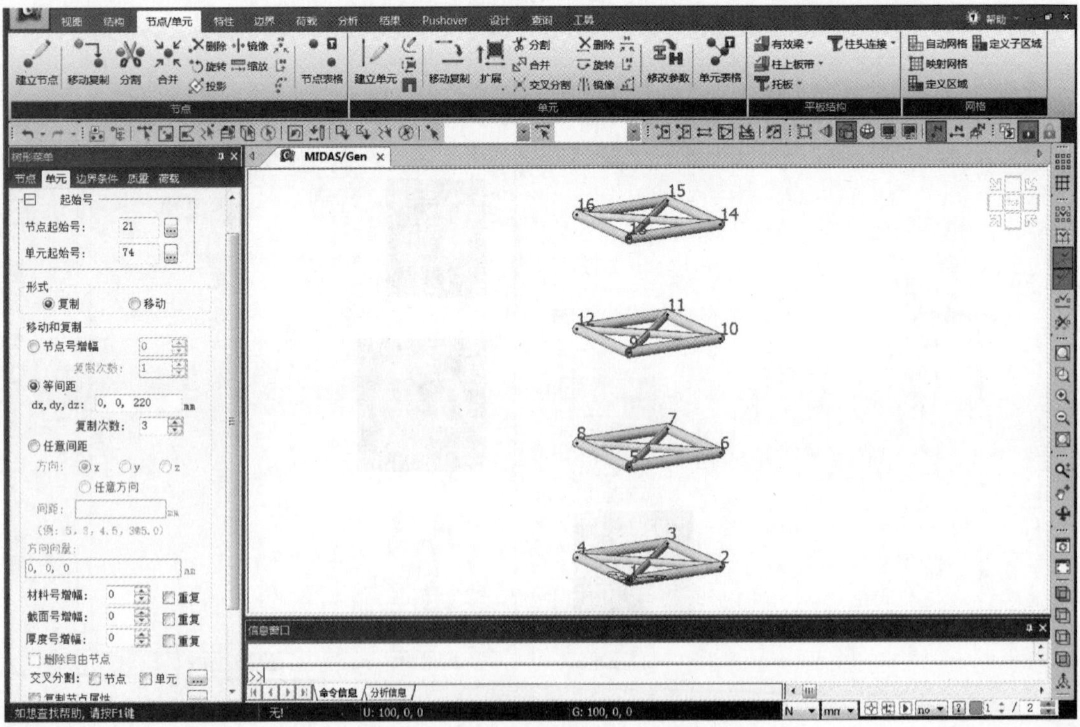

图 9 复制单元

(4)主菜单 > 节点/单元 > 单元 > 扩展 > 扩展类型:节点→线单元 > 单元类型:梁单元 > 材料:竹材 > 截面名称:20 ×2 > 生成形式:复制和移动 > 等间距 > 方向,(dx,dy,dz):(0,0,-340) > 复制次数:1 > 点击选择节点 1 和 4 > 适用 > 等间距 > 方向,(dx,dy,dz):(0,0,-210) > 复制次数:1 > 点击,选择节点 2 和 3 > 适用。

(5)主菜单 > 节点/单元 > 单元 > 建立单元 > 单元类型:一般梁/变截面梁 > 材料名称:竹材 > 截面名称:20 ×2 > 节点连接:模型窗口捕捉(1,13)、(4,16)、(2,14)、(3,15) > 适用,如图 10 所示。

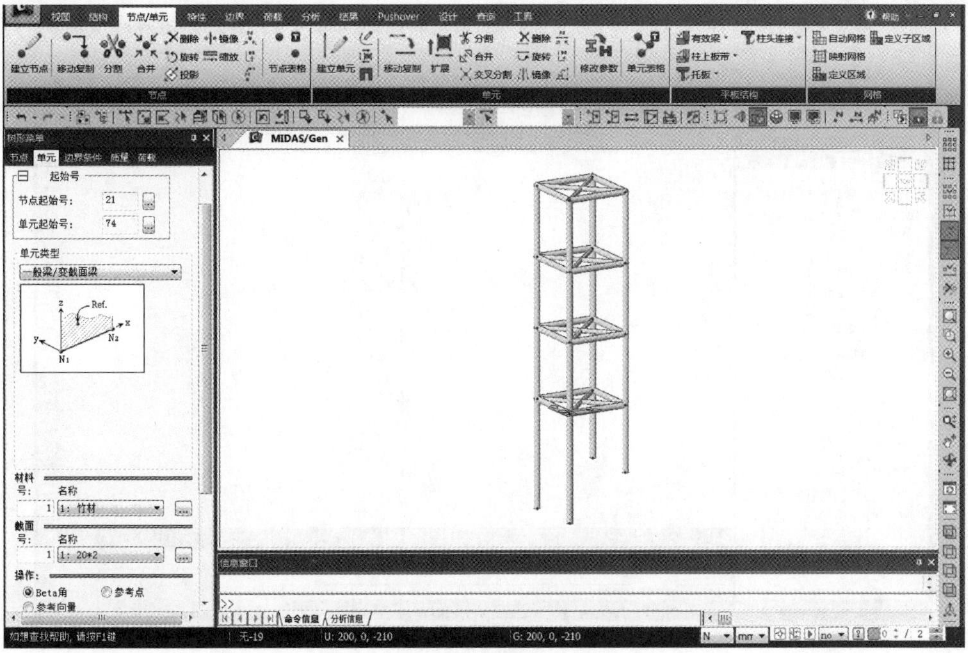

图 10　建立框架柱单元

(6)主菜单 > 节点/单元 > 单元 > 建立单元 > 单元类型:一般梁/变截面梁 > 材料名称:竹材 > 截面名称:15 ×1 > 交叉分割:不勾选“节点”“单元” > 节点连接:(4,17)、(18,1)…,模型窗口中直接点取节点 > 适用,如图 11 所示。

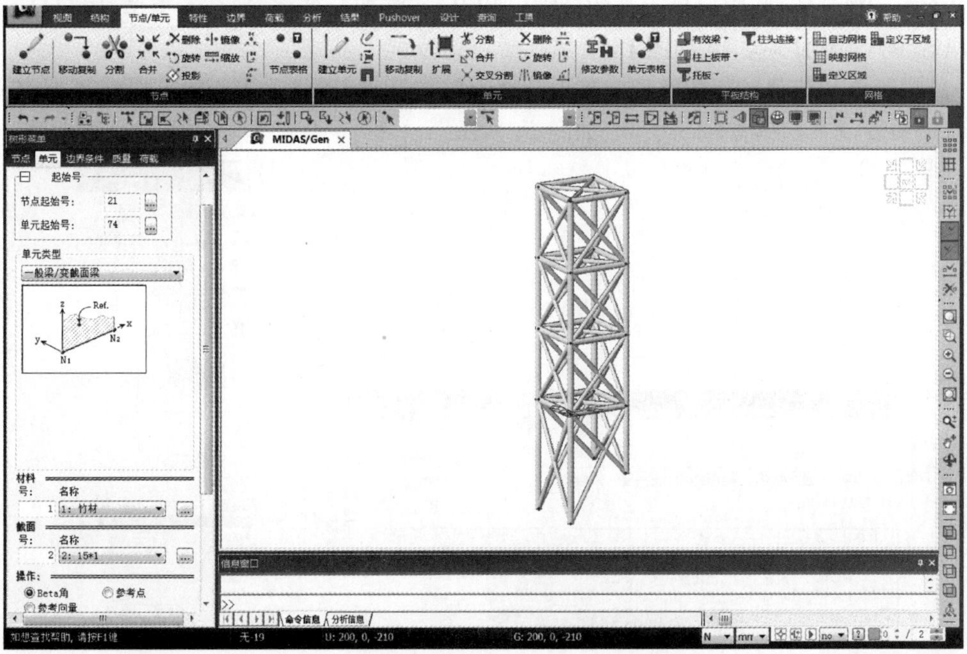

图 11　建立吊脚楼模型

2.1.3 定义边界条件

主菜单 > 边界 > 一般支承 > 选择：添加 > 勾选“D-ALL” > 勾选“Rx、Ry、Rz” > 窗口选择柱底节点 > 适用 > 关闭，如图 12 所示。

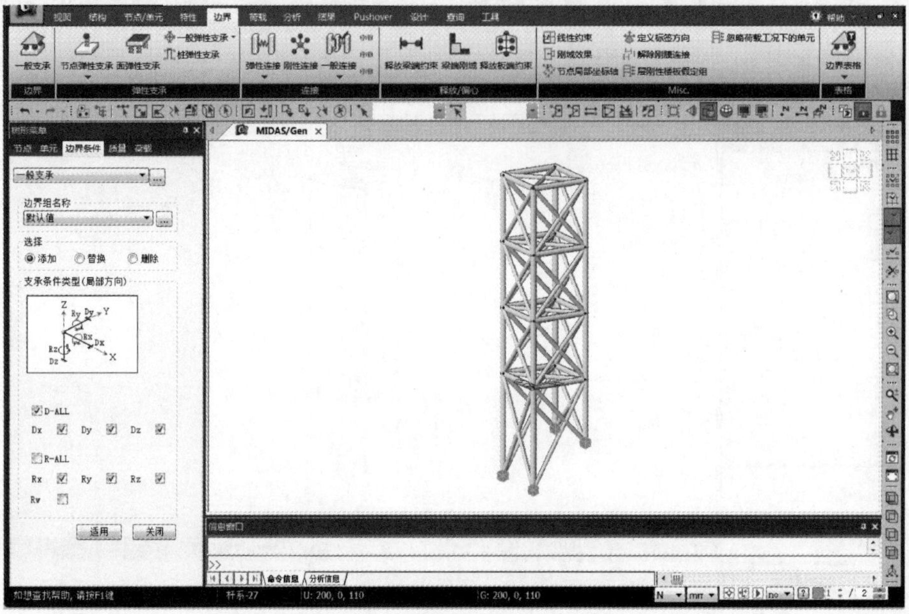

图 12　定义边界条件

2.1.4 定义荷载

(1) 主菜单 > 荷载 > 荷载类型 > 静力荷载 > 建立荷载工况 > 静力荷载工况 > 名称：自重 > 类型：用户自定义的荷载(USER) > 添加 > 名称：M1 > 类型：用户自定义的荷载(USER) > 添加 > 名称：M2 > 类型：用户自定义的荷载(USER) > 添加 > 名称：静载 > 类型：用户自定义的荷载(USER) > 添加 > 关闭，如图 13 所示。

(2) 主菜单 > 荷载 > 荷载类型 > 静力荷载 > 结构荷载/质量 > 自重 > 荷载工况名称：自重 > 自重系数：Z = -1 > 添加 > 关闭，如图 14 所示。

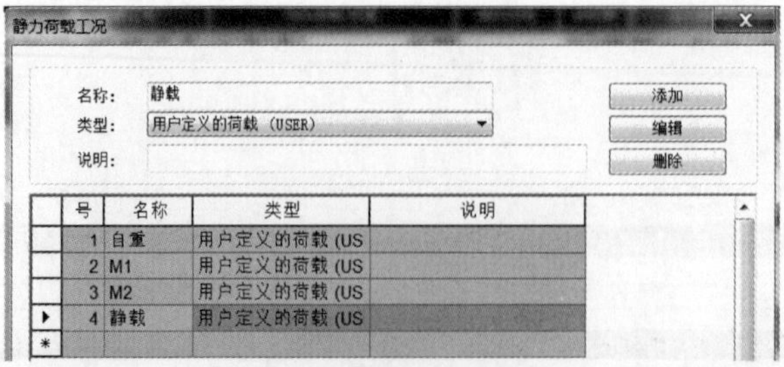

图 13　定义荷载工况

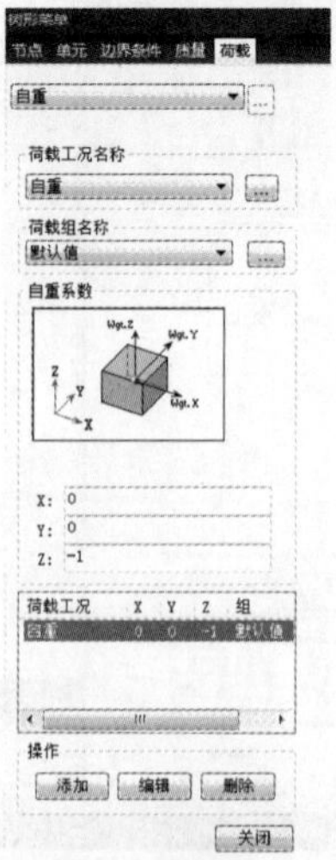

图 14　添加自重

(3)主菜单＞荷载＞荷载类型＞静力荷载＞结构荷载/质量＞节点荷载＞荷载工况名称:M1＞荷载组名称:默认值＞选项:添加＞节点荷载:FZ＝－125N＞模型窗口捕捉顶层楼面相应节点。

(4)主菜单＞荷载＞荷载类型＞静力荷载＞结构荷载/质量＞节点荷载＞荷载工况名称:M2＞荷载组名称:默认值＞选项:添加＞节点荷载:FZ＝－12.5N＞模型窗口捕捉二层、三层楼面相应中点,如图15所示。

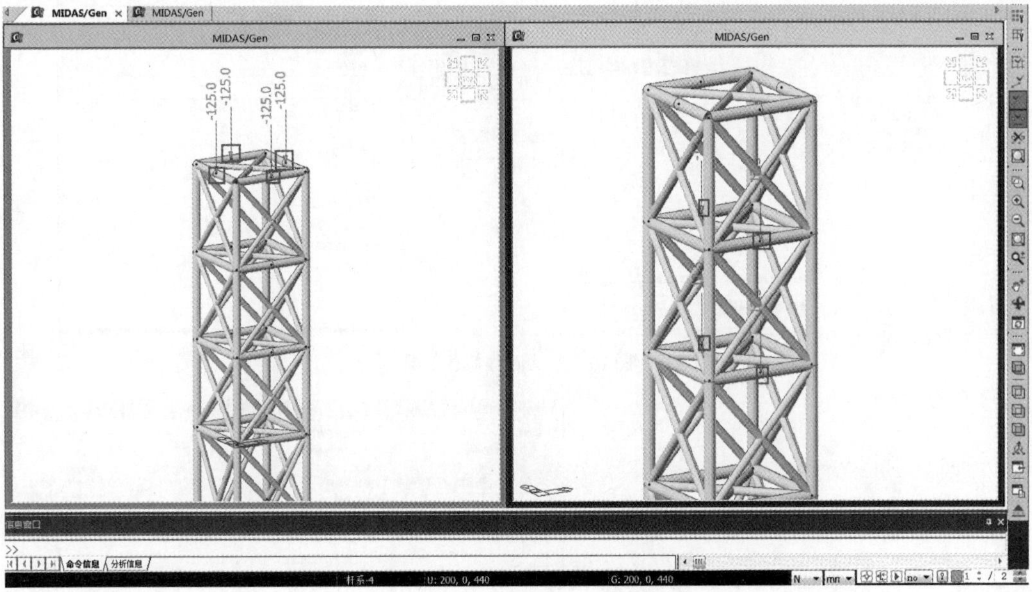

图15 添加M1、M2节点荷载

(5)重复步骤(2)～(4),需要将荷载工况名称修改为静载。

(6)主菜单＞荷载＞荷载类型＞地震作用＞时程分析数据＞荷载工况＞添加＞名称:冲击荷载400mm＞分析类型:非线性＞分析方法:振型叠加法＞分析时间:0.5s＞分析时间步长:0.0001＞输出时间步长(步骤数):1＞加载顺序:勾选“接续前次”＞荷载工况ST:静载＞阻尼计算方法:振型阻尼＞名称:冲击荷载800mm＞分析类型:非线性＞分析方法:振型叠加法＞分析时间:0.5s＞分析时间步长:0.0001＞输出时间步长(步骤数):1＞加载顺序:勾选“接续前次”＞荷载工况ST:静载＞阻尼计算方法:振型阻尼＞名称:冲击荷载1200mm＞分析类型:非线性＞分析方法:振型叠加法＞分析时间:0.5s＞分析时间步长:0.0001＞输出时间步长(步骤数):1＞加载顺序:勾选“接续前次”＞荷载工况ST:静载＞阻尼计算方法:振型阻尼,如图16所示。

(7)主菜单＞荷载＞荷载类型＞地震作用＞时程分析数据＞时程函数＞添加时程函数＞名称:冲击荷载400mm＞时间函数数据类型:力＞1.时间:0,函数:0＞2.时间0.00173,函数:6798N＞名称:冲击荷载800mm＞时间函数数据类型:力＞1.时间:0,函数:0＞2.时间0.00164,函数:7171N＞名称:冲击荷载1200mm＞时间函数数据类型:力＞1.时间:0,函数:0＞2.时间0.00158,函数:7443N,如图17所示。

(8)主菜单＞荷载＞荷载类型＞地震作用＞时程分析数据＞节点动力荷载＞时程荷载工况名称:冲击荷载400mm＞时程分析函数和方向:函数名称-冲击荷载400mm,方向:X＞到达时间:0＞系数1＞模型窗口中框选1、4号节点。

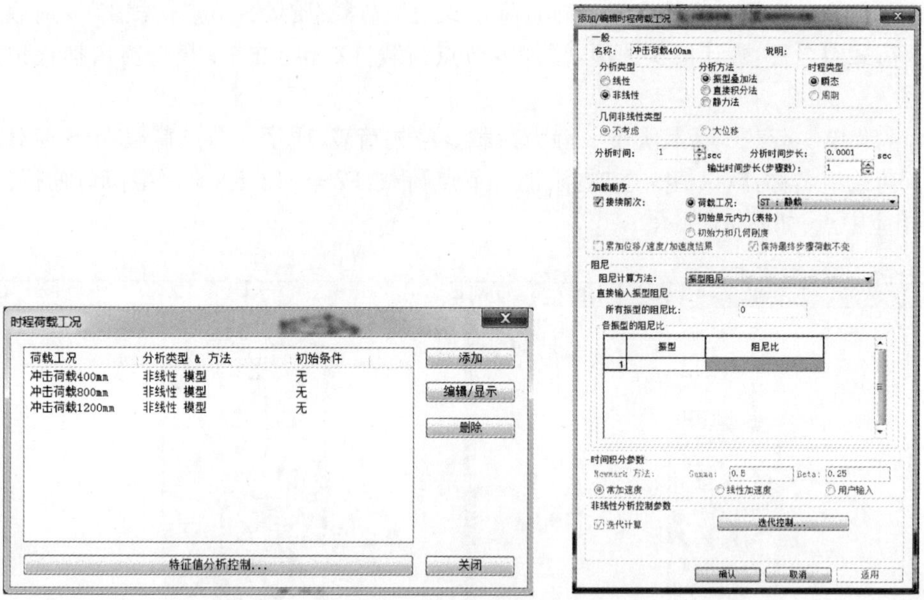

图 16　定义时程荷载工况

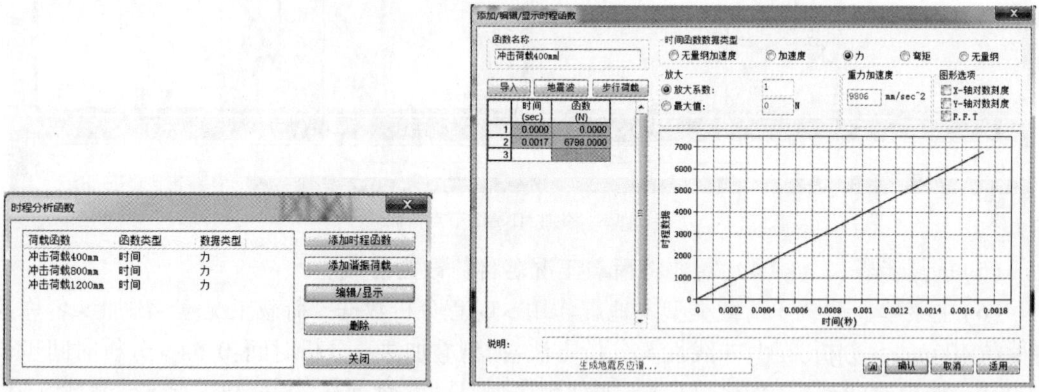

图 17　定义时程荷载函数

主菜单 > 荷载 > 荷载类型 > 地震作用 > 时程分析数据 > 节点动力荷载 > 时程荷载工况名称:冲击荷载 400mm > 时程分析函数和方向:函数名称-冲击荷载 400mm,方向:X > 到达时间:0 > 系数:1 > 模型窗口中框选 2、3 号节点。

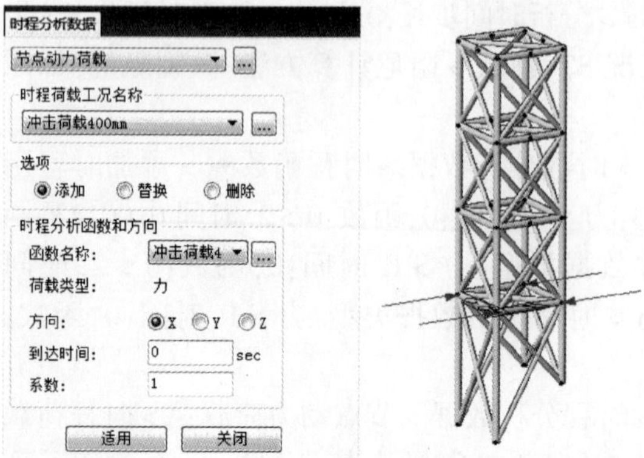

图 18　定义节点动力荷载

按照上述方法分别施加冲击荷载 800mm 与冲击荷载 1200mm 的节点动力荷载,如图 18所示。

(9)主菜单 > 分析 > 特征值 > 分析类型:特征值向量,Lanczons > 振型数量:20 > 确认,如图 19 所示。

(10)主菜单 > 结构 > 结构类型 > 结构类型:3-D > 质量控制参数:集中质量 > 勾“选将自重转换为质量”“转换到 X、Y”(地震作用方向),如图 20 所示。

(11)主菜单 > 荷载 > 静力荷载 > 结构荷载/质量 > 荷载转换成质量 > 质量方向:X, Y > 荷载工况:自重、M1、M2 > 组合系数:1.0、1.0、1.0 > 添加 > 确认。点击右侧竖向快捷菜单 > 重画或初始画面,恢复模型显示状态,如图 21 所示。

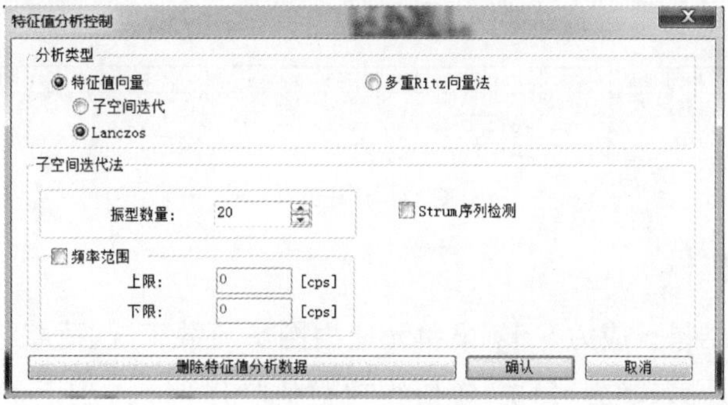

图 19　定义特征值分析控制

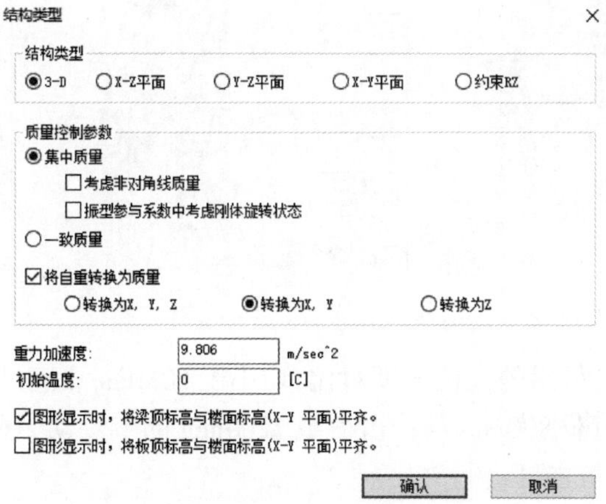

图 20　结构类型及将自重转换为质量

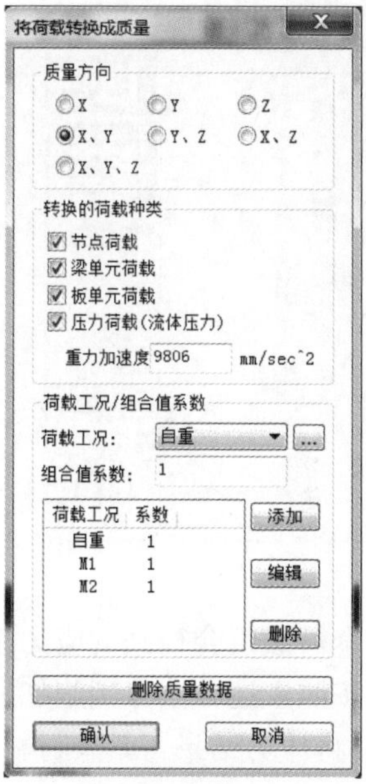

图 21　将荷载转换为质量

注:此处转换的荷载不包括自重,将自重转换为质量在步骤 1 中实现。因本例只计算水平地震作用,故转换的质量方向仅选择 X、Y。当计算竖向地震作用时,需选择 X、Y、Z。

2.1.5　运行分析

主菜单 > 分析 > 运行分析,或者直接点击快捷菜单中的运行分析,如图 22 所示。

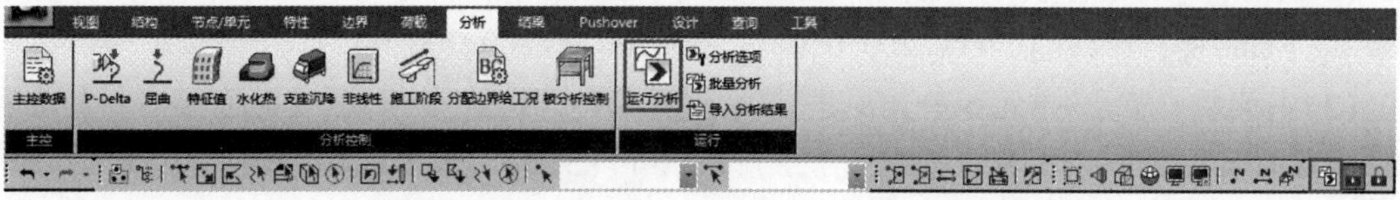

图 22　运行分析

2.1.6 定义荷载组合

主菜单 > 结果 > 组合 > 荷载组合 > 一般 > 名称：空载 > 荷载工况和系数：自重 1.0 > 名称：静载 > 荷载工况和系数：自重系数为 1.0，M1 系数为 1.0，M2 系数为 1.0，如图 23 所示。

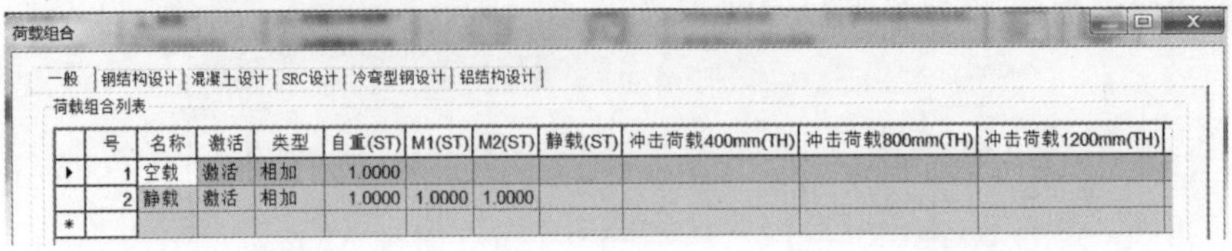

号	名称	激活	类型	自重(ST)	M1(ST)	M2(ST)	静载(ST)	冲击荷载400mm(TH)	冲击荷载800mm(TH)	冲击荷载1200mm(TH)
1	空载	激活	相加	1.0000						
2	静载	激活	相加	1.0000	1.0000	1.0000				

图 23　荷载组合

2.1.7 查看结果

主菜单 > 结果 > 结果 > 应力 > 梁单元应力图 > 荷载工况/荷载组合：空载/静载/静载加冲击 > 应力：组合 > 显示类型：勾选“等值线”“数值”“图例” > 适用，如图 24 所示。

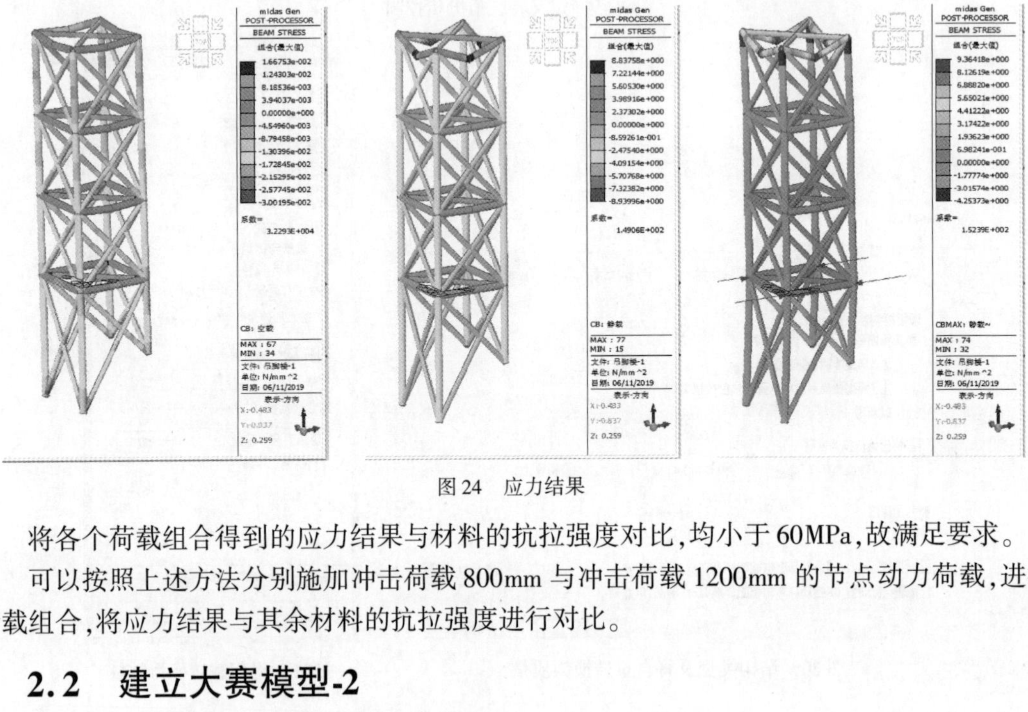

图 24　应力结果

将各个荷载组合得到的应力结果与材料的抗拉强度对比，均小于 60MPa，故满足要求。

可以按照上述方法分别施加冲击荷载 800mm 与冲击荷载 1200mm 的节点动力荷载，进行荷载组合，将应力结果与其余材料的抗拉强度进行对比。

2.2 建立大赛模型-2

2.2.1 设定操作环境及定义材料和截面

(1) 设定操作环境、材料、截面与吊脚楼模型-1 一致。

(2) 主菜单 > 特性 > 截面 > 厚度 > 添加 > 名称：面内和面外 > 1 > 确定。

2.2.2 建立大赛模型-2

(1) 主菜单 > 节点/单元 > 节点 > 建立节点 > 坐标(x,y,z)中分别输入(0,0,0) > 点击 适用 或 Enter 键，继续建立节点(200,0,0)、(200,200,0)、(0,200,0)，点击 关闭。

(2) 主菜单 > 节点/单元 > 单元 > 建立单元 > 单元类型：一般梁/变截面梁 > 材料名称：竹材 > 截面名称：20 × 2 > 节点连接：(1,2)、(2,3)、(3,4)、(4,1)（模型窗口中直接点取节点），建立梁单元，然后关闭。

(3)主菜单>节点/单元>单元>移动复制>点击窗口选择最新建立的单元>形式：复制>等间距>方向,(dx,dy,dz):(0,0,220)>复制次数:1>适用。

(4)主菜单>节点/单元>网格>自动网格>网格划分方法:线单元>网格尺寸:20>特性,单元类型:板>材料:1-竹材>厚度:1>点击模型窗口选择最新建立的4个梁单元>适用,如图25所示。

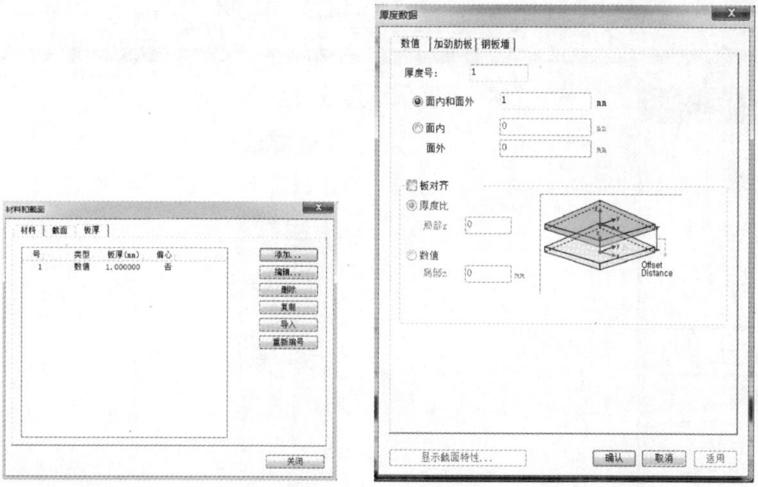

图25　定义厚度

(5)主菜单>节点/单元>单元>移动复制>形式:复制>等间距>方向,(dx,dy,dz):(0,0,220)>复制次数:2>点击窗口选择最新建立的单元及梁单元>适用,如图26所示。

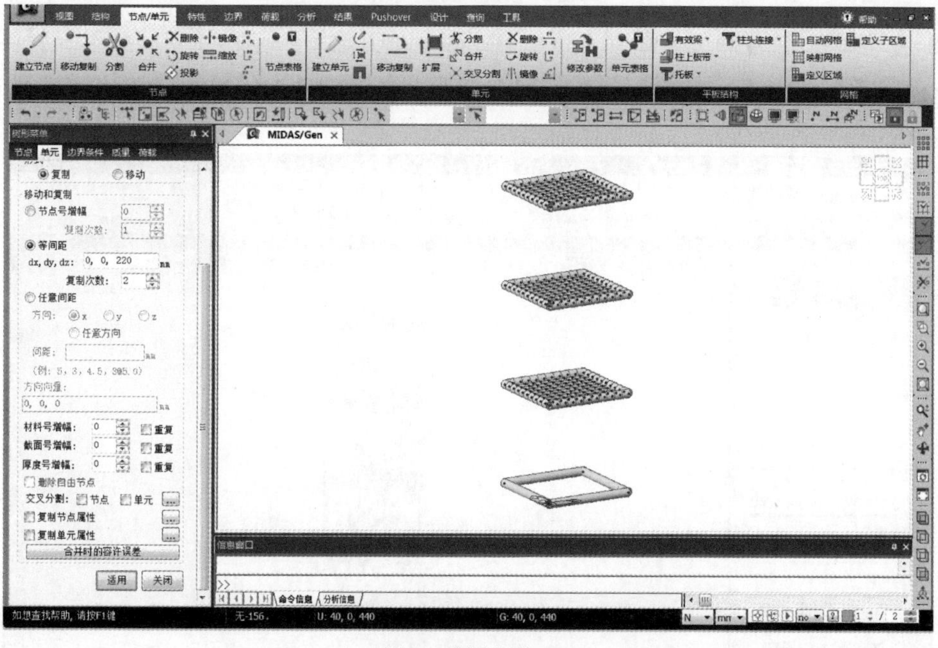

图26　创建板单元

(6)主菜单>节点/单元>单元>扩展>扩展类型:节点→线单元>单元类型:梁单元>材料:竹材>截面名称:20×2>生成形式:复制和移动>等间距>方向,(dx,dy,dz):(0,0,-340)>复制次数:1>点击选择节点1和4>适用>等间距>方向,(dx,dy,dz):(0,0,

-210)>复制次数:1>点击选择节点 2 和 3>适用。

(7)主菜单>节点/单元>单元>建立单元>单元类型:一般梁/变截面梁>材料名称:竹材>截面名称:20×2>节点连接:(4,257)、(1,251)、(2,253)、(3,255),模型窗口中直接点取节点>适用,如图 27 所示。

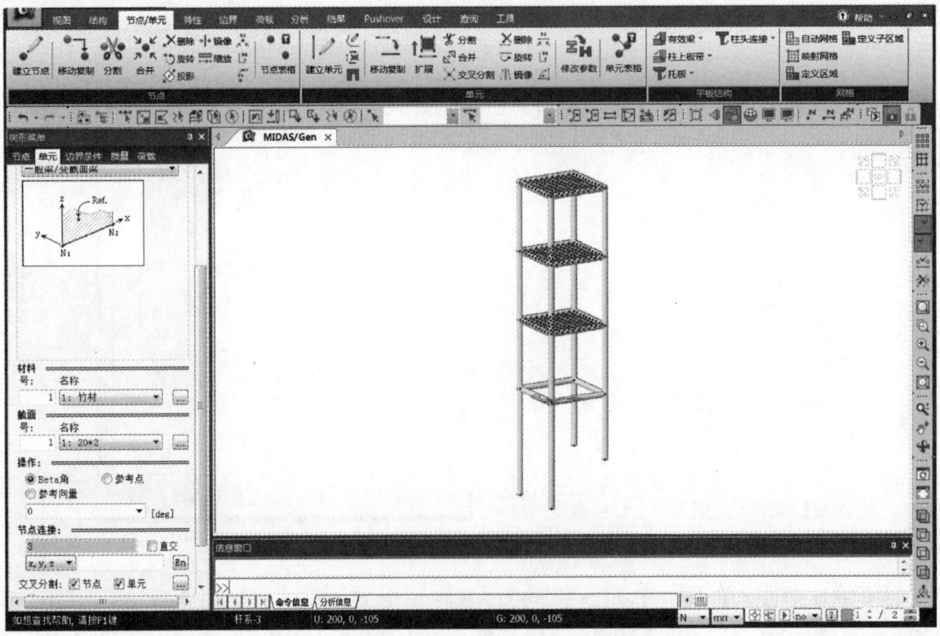

图 27　建立框架柱单元

(8)主菜单>节点/单元>单元>建立单元>单元类型:一般梁/变截面梁>材料名称:竹材>截面名称:15×1>节点连接:模型中捕捉如下支撑节点>交叉分割:不勾选“节点和单元”>适用,如图 28 所示。

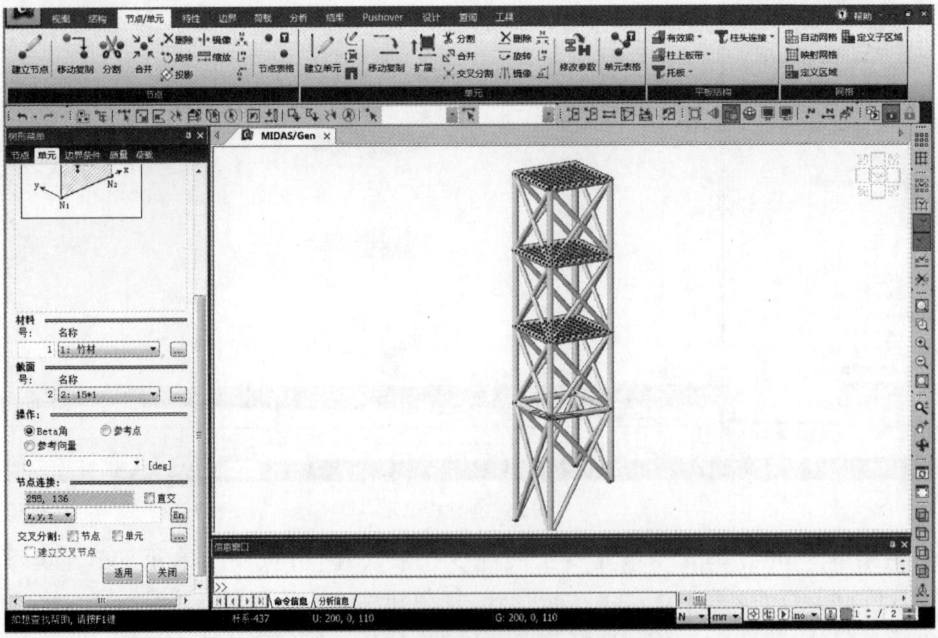

图 28　建立吊脚楼模型

2.2.3 定义边界条件

主菜单 > 边界 > 一般支承 > 选择：添加 > 勾选“D-ALL”“Rx，Ry，Rz” > 窗口选择柱底节点 > 适用 > 关闭，如图 29 所示。

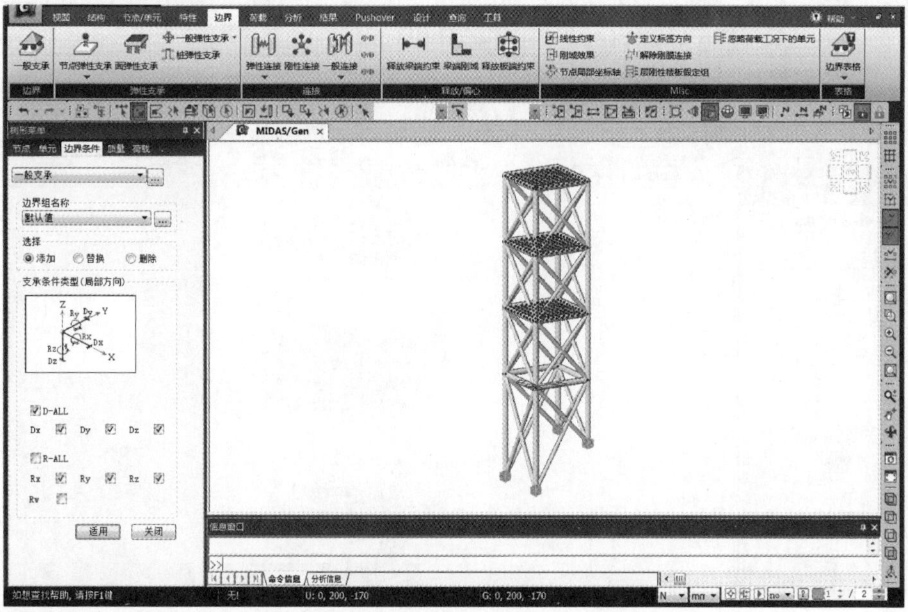

图 29 定义边界条件

2.2.4 定义荷载

(1)主菜单 > 荷载 > 荷载类型 > 静力荷载 > 建立荷载工况 > 静力荷载工况 > 名称：自重 > 类型：用户自定义的荷载(USER) > 添加 > 名称：M1 > 类型：用户自定义的荷载(USER) > 添加 > 名称：M2 > 类型：用户自定义的荷载(USER) > 添加 > 名称：静载 > 类型：用户自定义的荷载(USER) > 添加 > 关闭，如图 30 所示。

(2)主菜单 > 荷载 > 荷载类型 > 静力荷载 > 结构荷载/质量 > 自重 > 荷载工况名称：自重 > 自重系数：Z = -1 > 添加 > 关闭，如图 31 所示。

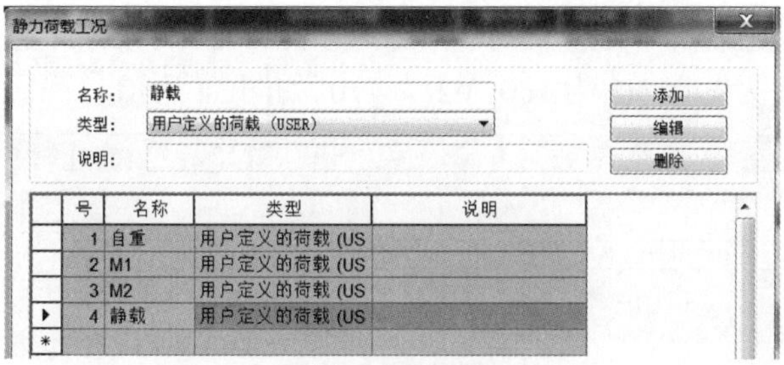

图 30 定义荷载工况

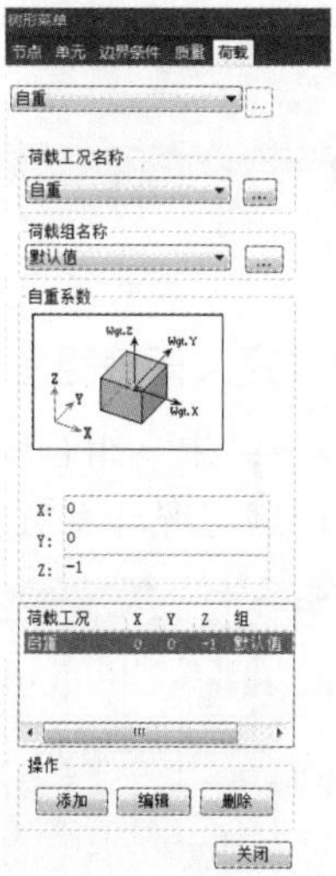

图 31 定义自重

(3)主菜单 > 荷载 > 荷载类型 > 静力荷载 > 压力荷载 > 压力荷载 > 类型：荷载工况 > 荷载工况名称：M1 > 荷载：均布，－500/40000 > 点击 > 顶层楼板 > 适用。

(4)主菜单 > 荷载 > 荷载类型 > 静力荷载 > 压力荷载 > 压力荷载 > 类型：荷载工况 > 荷载工况名称：M2 > 荷载：均布，－25/40000 > 点击选择二、三层楼板 > 适用，如图 32 所示。

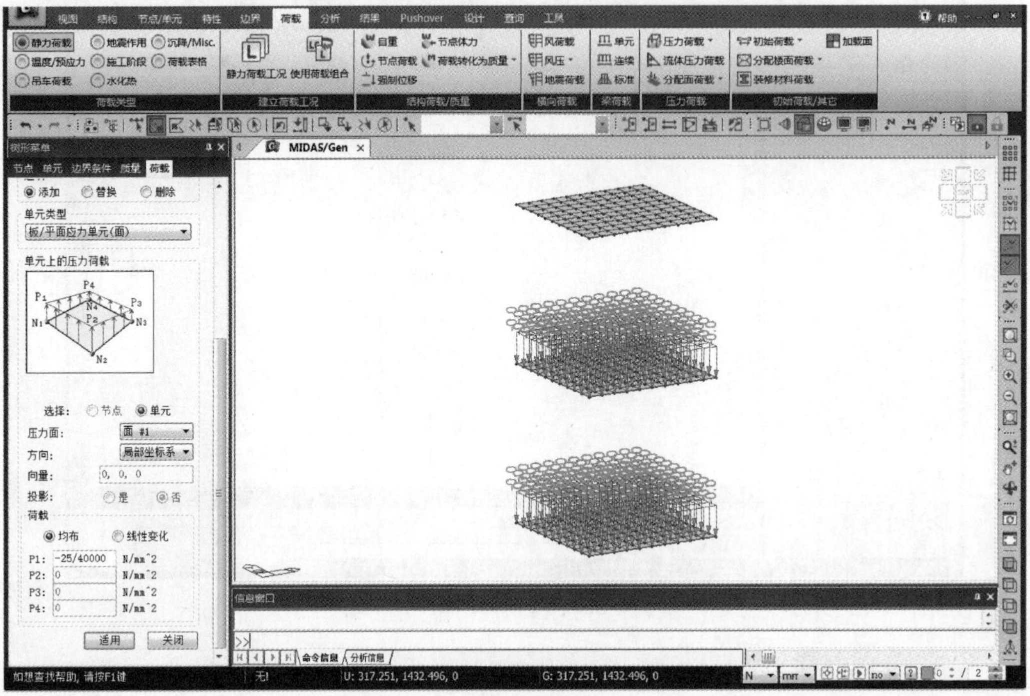

图 32　施加压力荷载

(5)重复步骤(2)～(4)，需要将荷载工况名称修改为静载。

(6)冲击荷载参考吊脚楼模型-1。

2.2.5　运行分析

主菜单 > 分析 > 运行分析，或者直接点击快捷菜单中的运行分析，如图 33 所示。

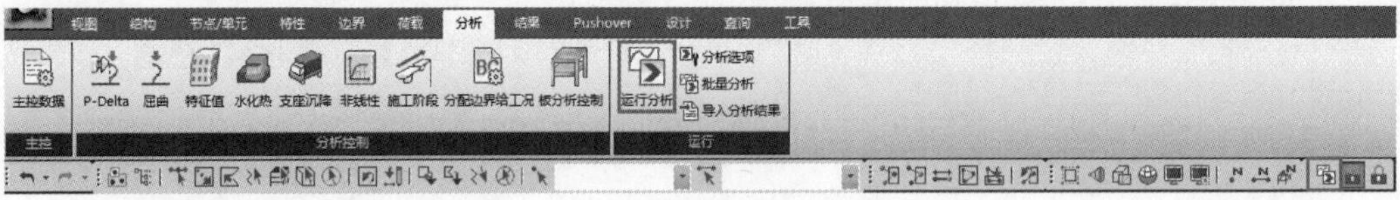

图 33　运行分析

2.2.6　定义荷载组合

主菜单 > 结果 > 组合 > 荷载组合 > 一般 > 名称：空载 > 荷载工况和系数：自重为 1.0 > 名称：静载 > 荷载工况和系数：自重为 1.0，M1 为 1.0，M2 为 1.0，如图 34 所示。

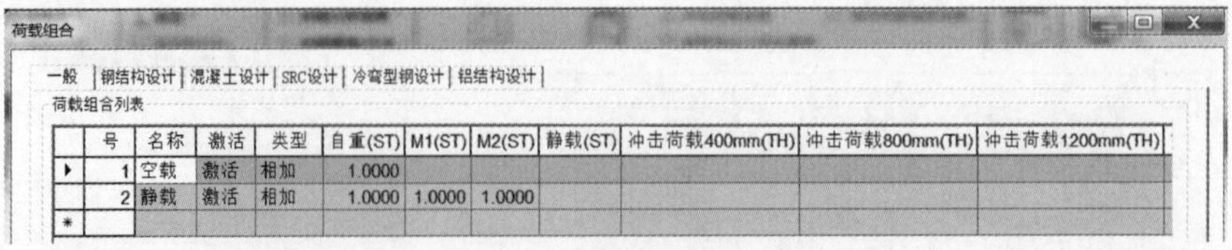

号	名称	激活	类型	自重(ST)	M1(ST)	M2(ST)	静载(ST)	冲击荷载400mm(TH)	冲击荷载800mm(TH)	冲击荷载1200mm(TH)
1	空载	激活	相加	1.0000						
2	静载	激活	相加	1.0000	1.0000	1.0000				

图 34　荷载组合

2.2.7 查看结果

主菜单 > 结果 > 结果 > 应力 > 梁单元应力图 > “荷载工况/荷载组合”选择“空载/静载/静载加冲击”,“应力”选择“组合”,“显示类型”勾选“等值线、变形、图例”,点击“适用”,如图 35 所示。

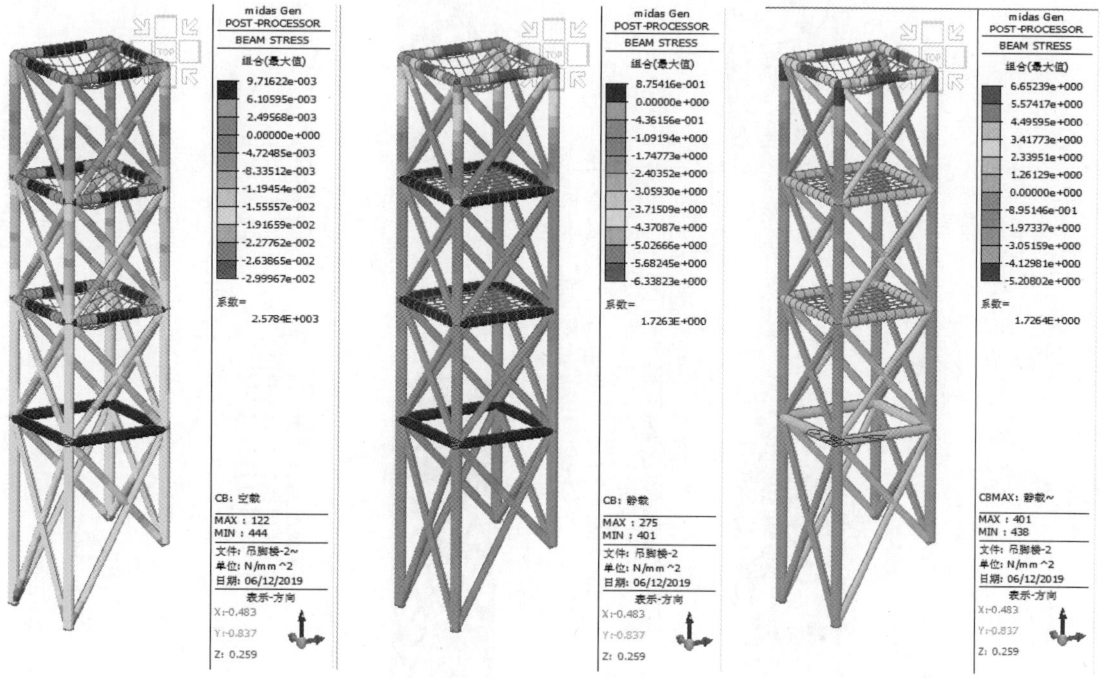

图 35　应力结果

将各个荷载组合得到的应力结果与材料的抗拉强度对比,均小于 60MPa,故满足要求。

可以按照上述方法分别施加冲击荷载 800mm 与冲击荷载 1200mm 的节点动力荷载,进行荷载组合,将应力结果与其余材料的抗拉强度进行对比。

3　计算结果对比分析

分别对各个模型进行计算,提取三次加载后荷载工况下各模型梁单元内力计算结果。主菜单 > 结果 > 结果 > 内力 > 梁单元内力 > “荷载工况/荷载组合”选择“三次加载后荷载”,“内力”选择“My”,“显示类型”勾选“等值线、变形、图例”,点击“适用”,如图 36 ~ 图 39 所示,依次可查看内力、位移、应力对比结果。

通过上述对比,两种模型应力结果均未超过抗拉强度,模型均满足大赛要求,但是从质量、位移两方面来看,不建立板单元的模型质量更轻、位移更小。

从整体模型来看,结构的主要受力区域在顶层的梁单元及受到撞击层及下部支撑杆系,为减小结构质量可增大受力较大处、易变形处截面尺寸,其余受力较小处可适当减小截面尺寸,从而减小结构自重。

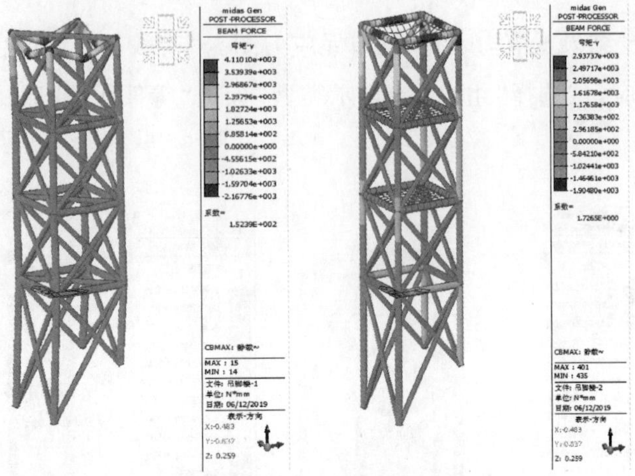

图 36　内力结果对比

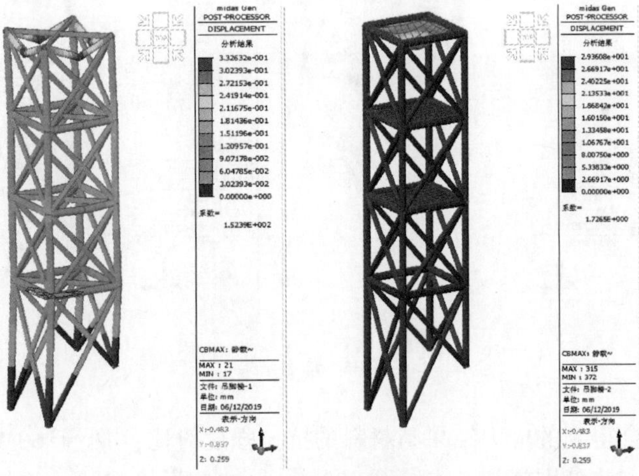

图 37　位移结果对比

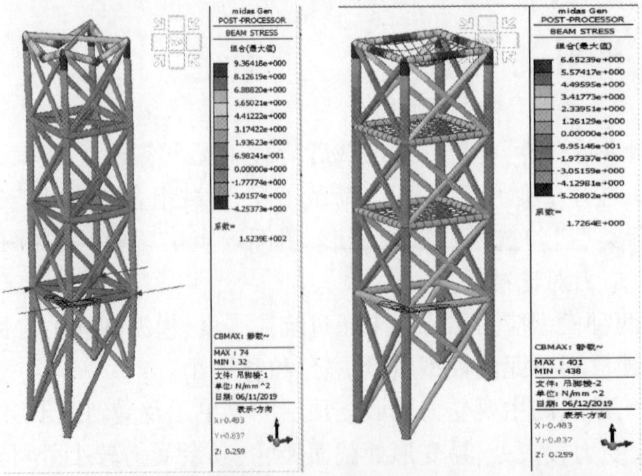

图 38　应力结果对比

MIDAS/Gen 质量统计

节点	节点质量 (N/g)	荷载转化为质量	结构质量 (N/g)	合计 (N/g)
1	0.0000	0.0000	0.0001	0.0001
2	0.0000	0.0000	0.0001	0.0001
3	0.0000	0.0000	0.0001	0.0001
4	0.0000	0.0000	0.0001	0.0001
5	0.0000	0.0000	0.0001	0.0001
6	0.0000	0.0000	0.0001	0.0001
7	0.0000	0.0000	0.0001	0.0001
8	0.0000	0.0000	0.0001	0.0001
9	0.0000	0.0000	0.0001	0.0001
10	0.0000	0.0000	0.0001	0.0001
11	0.0000	0.0000	0.0001	0.0001
12	0.0000	0.0000	0.0001	0.0001
13	0.0000	0.0000	0.0000	0.0000
14	0.0000	0.0000	0.0000	0.0000
15	0.0000	0.0000	0.0000	0.0000
16	0.0000	0.0000	0.0000	0.0000
17	0.0000	0.0000	0.0000	0.0000
18	0.0000	0.0000	0.0000	0.0000
19	0.0000	0.0000	0.0000	0.0000
20	0.0000	0.0000	0.0000	0.0000
21	0.0000	0.0127	0.0000	0.0128
22	0.0000	0.0127	0.0000	0.0128
23	0.0000	0.0127	0.0000	0.0128
24	0.0000	0.0127	0.0000	0.0128
25	0.0000	0.0013	0.0000	0.0013
26	0.0000	0.0013	0.0000	0.0013
27	0.0000	0.0013	0.0000	0.0013
28	0.0000	0.0013	0.0000	0.0013
合计	0.0000	0.0561	0.0010	0.0571

MIDAS/Gen 质量统计

节点	节点质量 (N/g)	荷载转化为质量	结构质量 (N/g)	合计 (N/g)
346	0.0000	0.0005	0.0000	0.0005
347	0.0000	0.0005	0.0000	0.0005
348	0.0000	0.0005	0.0000	0.0005
349	0.0000	0.0005	0.0000	0.0005
350	0.0000	0.0005	0.0000	0.0005
351	0.0000	0.0005	0.0000	0.0005
352	0.0000	0.0005	0.0000	0.0005
353	0.0000	0.0003	0.0000	0.0003
354	0.0000	0.0003	0.0000	0.0003
355	0.0000	0.0005	0.0000	0.0005
356	0.0000	0.0005	0.0000	0.0005
357	0.0000	0.0005	0.0000	0.0005
358	0.0000	0.0005	0.0000	0.0005
359	0.0000	0.0005	0.0000	0.0005
360	0.0000	0.0005	0.0000	0.0005
361	0.0000	0.0005	0.0000	0.0005
362	0.0000	0.0005	0.0000	0.0005
363	0.0000	0.0005	0.0000	0.0005
364	0.0000	0.0003	0.0000	0.0003
365	0.0000	0.0003	0.0000	0.0003
366	0.0000	0.0003	0.0000	0.0003
367	0.0000	0.0003	0.0000	0.0003
368	0.0000	0.0003	0.0000	0.0003
369	0.0000	0.0003	0.0000	0.0003
370	0.0000	0.0003	0.0000	0.0003
371	0.0000	0.0003	0.0000	0.0003
372	0.0000	0.0000	0.0000	0.0000
373	0.0000	0.0000	0.0000	0.0000
374	0.0000	0.0000	0.0000	0.0000
375	0.0000	0.0000	0.0000	0.0000
合计	0.0000	0.0561	0.0011	0.0572

图 39　应力结果对比

第五届全国大学生结构设计竞赛
——带屋顶水箱的竹质多层房屋结构

1　赛题分析

竞赛模型为多层房屋结构模型，采用竹质材料制作，具体结构形式不限。模型包括小振动台系统、上部多层结构模型和屋顶水箱三个部分，模型的各层楼面系统承受的荷载通过附加铁块实现，小振动台系统和屋顶水箱由组委会提供，水箱通过热熔胶固定于屋顶，多层结构模型由参赛选手制作，并通过螺栓和竹质底板固定于振动台上，如图1所示。

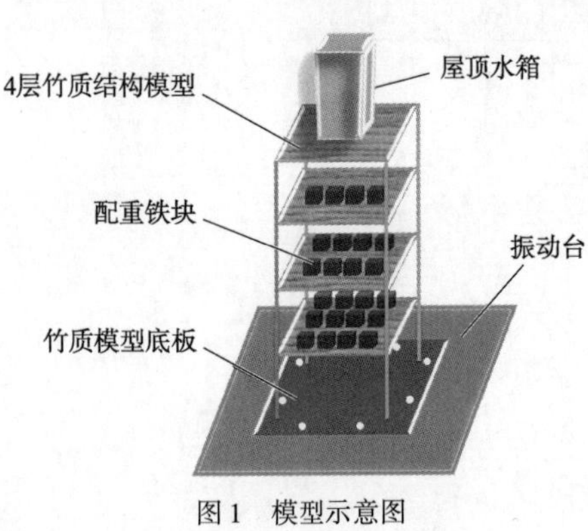

图1　模型示意图

本例题介绍使用 midas Gen 建立带屋顶水箱的竹质多层房屋结构模型，并使用一般连接、节点质量和刚性连接等功能模拟水箱对结构的影响。同时，分别施加竖向静力荷载和地震波，设定边界条件，最终得到结构在各种荷载情况下的指标，结合模型特点，分析结构受力特性（本例题数据仅供参考）。

1.1　材料

本届竞赛选用竹材制作结构构件，竹材参考力学指标见表1。

竹材参考力学指标　　表1

密　度	顺纹抗拉强度	抗压强度	弹性模量
$0.8g/cm^3$	60MPa	30MPa	1.0×10^4MPa

（1）弹性模量：$1.0\times10^4\text{MPa}=1.0\times10^4\text{N/mm}^2$。

（2）泊松比：竹材的泊松比在0.24～0.30之间，平均值为0.2822，建议取值0.28。

（3）线膨胀系数：此模型不考虑温度影响，此参数可以不填写。

（4）重度：$0.8\text{g/cm}^3\times9.8\text{N/kg}=7.84\times10^{-6}\text{N/mm}^3$。

1.2　模型

竞赛组委会规定了模型、底板以及水箱的基本尺寸，如图2所示。其中，参赛模型通过胶水固定在模型底板上，底板为330mm×330mm×8mm的竹板，底板用螺栓固定于振动台上。

对于参赛模型的几何尺寸，竞赛组委会也进行了详细的规定，具体如下：

（1）模型底面尺寸不得超过220mm×220mm的正方形平面。

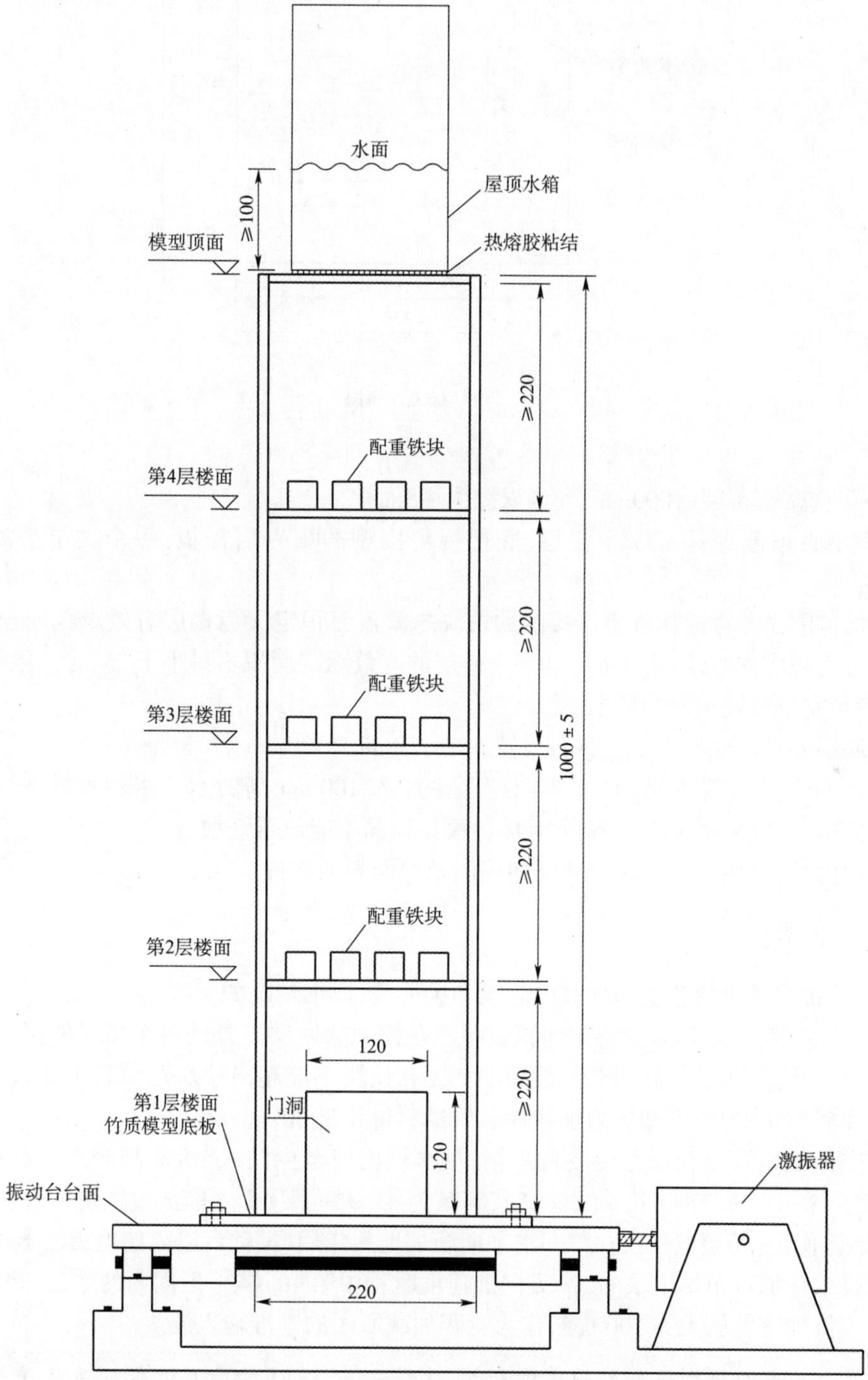
水面
屋顶水箱
≥100
模型顶面
热熔胶粘结
≥220
配重铁块
第4层楼面
≥220
配重铁块
第3层楼面
1000±5
≥220
配重铁块
第2层楼面
120
≥220
第1层楼面
竹质模型底板
门洞
120
激振器
振动台台面
220

a)模型立面示意图

图 2

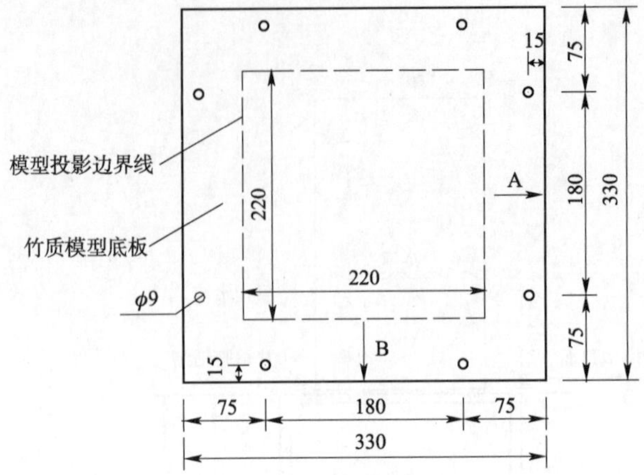

b)模型底板示意图

图2　模型几何尺寸示意图(尺寸单位:mm)

(2)模型总高度应为1000mm,允许误差为±5mm。

(3)模型必须至少具有4个楼层,底板视为模型的第一层楼板,每个楼层净高应不小于220mm。

在楼层范围内与楼面构件直接接触的铁块的覆盖面积定义为楼层有效承载面积,模型的总有效承载面积应在600~720cm^2,且每个楼层的有效承载面积不得小于25cm^2。模型顶面为平面,应满足安全放置水箱的要求。

模型底层外立面底部正中允许各设置一个120mm×120mm的门洞。

模型顶面上应放置水箱,且水箱内应至少注入100mm高的水。水箱尺寸为155mm×155mm×257mm(长×宽×高),容量为4L。模型顶面不能放置铁块。

在模型内部,楼层之间不能设置任何横向及空间斜向构件。

1.3　荷载

竞赛中,将在悬挑屋盖上施加竖向静载和风荷载,详细情况如下:

(1)静力荷载:利用热熔胶将附加铁块固定在模型除底层以外的各个楼层的楼面结构上,可在楼层上设置固定铁块辅助装置,但辅助装置和铁块不能超出楼层范围且不能直接跟柱接触。由于加载设备限制,模型中附加铁块总质量不得超过30kg。

(2)水箱荷载:模型顶面上应放置水箱,且水箱内应至少注入10cm高的水。水箱尺寸为15.5cm×15.5cm×25.7cm(长×宽×高),容量为4L。模型顶面不能放置铁块。

(3)地震作用:模型试验仅在单一水平向施加地震作用,振动台输入的地震波截取自2008年汶川地震中什邡八角站记录的NS方向加速度时程中第10~42s区间内的数据,并通过等比例调整使峰值加速度放大为1000gal,作为竞赛加载所用的基准输入波。

注:①由于未能得到详细的地震波数据,本例题中,采用的地震波数据为程序中内嵌的数据。

②1gal = 1cm/s^2 = 0.01m/s^2,1000gal = 10m/s^2 = 1.02g。

竞赛加载共分三级进行,通过控制加载设备输入电压和地震波数据采样频率获得具有不同输出峰值加速度和不同频率的地震波，以全面检验模型对于不同强度和频谱成分地震波作用下的承载能力。三级加载设备输入电压和地震波数据见表2。

三级加载设备输入电压和地震波数据 表2

加载等级	输入电压(V)	采样频率(Hz)	加载时间(s)	台面最大加速度参考值
第一级	0.4	200	32	0.353g
第二级	0.6	250	26	0.783g
第三级	0.7	300	21	1.130g

1.4 边界条件

模型制作完成后，参赛模型通过胶水固定在模型底板上，底板用螺栓固定于振动台上，如图2所示。因此，边界条件可近似地简化为固定连接。

1.5 结果

竞赛主要检验在地震波作用下结构的响应。在进行加载时，模型若出现构件破坏(构件破坏是指构件出现明显开裂、断开或者节点脱开)，则判定模型失效，不能继续加载。同时，将上一个加载级别视为该模型实际能通过的最高加载级别。

(1)第一级加载时：模型中的任一构件出现破坏。

(2)第二级加载时：模型的主要构件——梁和柱中任一构件出现破坏。

(3)第三级加载时：模型整体坍塌或任一楼层发生坍塌或任一柱脚脱离底板。

(4)每一级加载过程中有铁块脱落或水箱飞出。

建立的模型如图3所示。

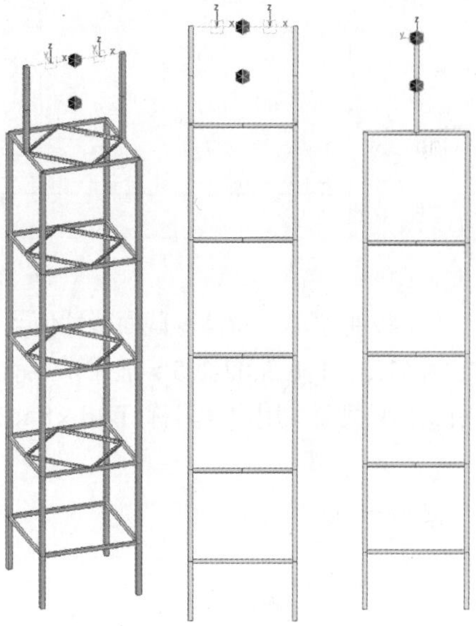

图3 竞赛模型示意图

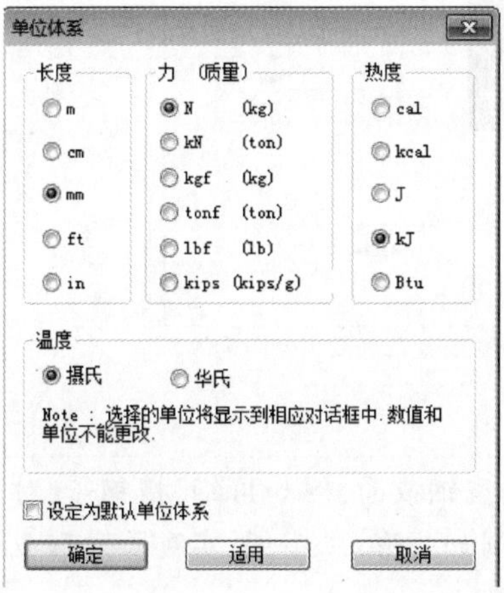

图4 定义单位体系

2 建立模型

2.1 设定操作环境及定义材料和截面

(1)双击 midas Gen 图标，打开 Gen 程序 > 主菜单 > 新项目 > 保存 > 文件名：大赛模型-1 > 保存。

(2)主菜单 > 工具 > 单位体系 > 长度：mm，力：N > 确定。亦可在模型窗口右下角点击图标的下拉三角，修改单位体系，如图4所示。

(3)主菜单 > 特性 > 材料特性值 > 添加 > 名称：竹材 > 设计类型：用户定义 > 规范：无 > 弹性模量：1×10^4 N/mm^2，泊松比：0.283，容重：7.84×10^{-6} N/mm^3 > 适用 > 添

加>名称:刚性杆>设计类型:用户定义>规范:无>弹性模量:$1\times10^{7}\mathrm{N/mm^{2}}$,容重:$1\times10^{-8}\mathrm{N/mm^{3}}$>确定,如图5所示。

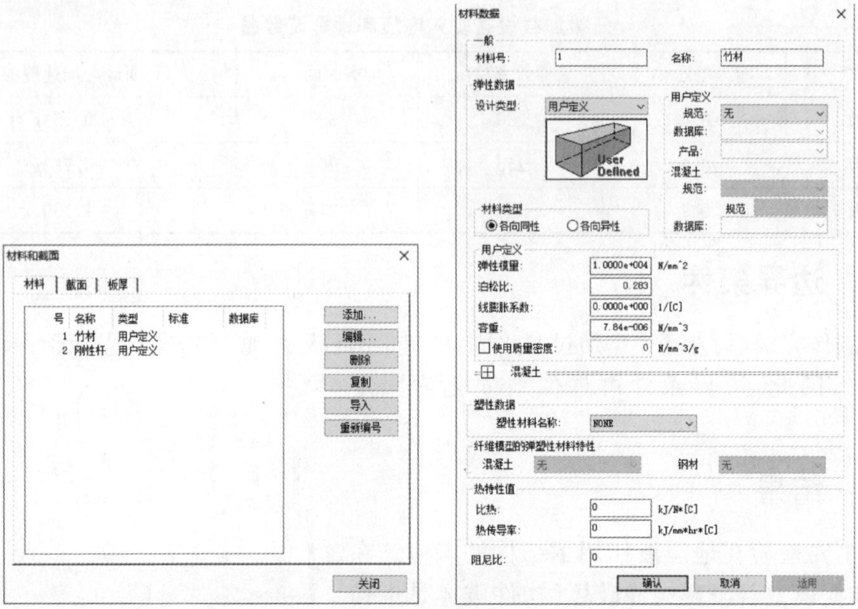

图5　定义材料

(4)主菜单>特性>截面特性值>添加>箱型截面>用户>名称:B 15×15×1.5>H:15,B:15,tw:1.5,tf1:1.5,tf2:1.5>适用>名称:B 15×10×1.5>H:15,B:10,tw:1.5,tf1:1.5,tf2:1.5>适用>T型截面>用户>名称:T 10×8×2×2>H:10,B:8,tw:2,tf:2>确定,如图6所示。

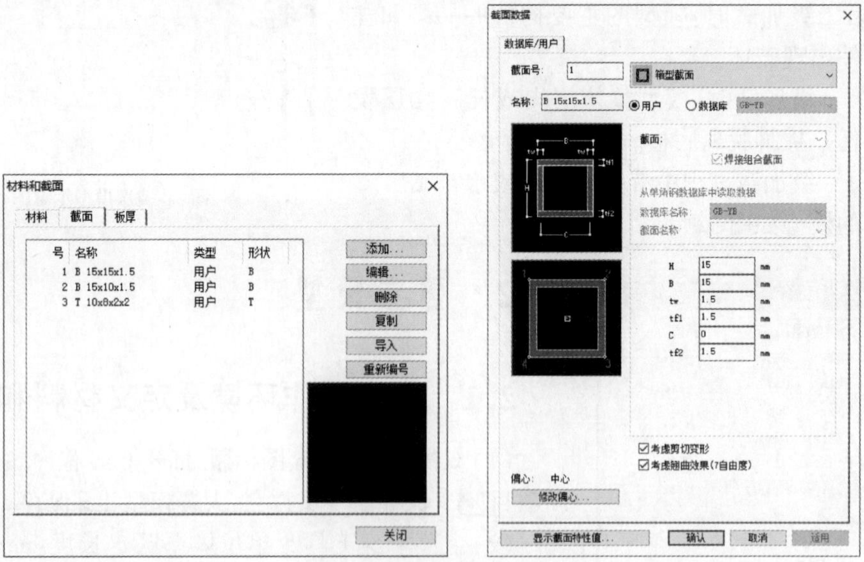

图6　定义截面

注:关于是否考虑翘曲效果(7个自由度),对于冷弯薄壁型钢截面,例如角钢、槽钢等,对结果的扭曲验算有影响,所以应该考虑;对于其他通用截面,例如箱形、工字钢、实腹长方形截面,对结果的扭曲验算没有影响,勾选与否不会对结果产生影响。

2.2 建立大赛模型

(1)主菜单 > 节点/单元 > 节点 > 建立节点 > 坐标(x,y,z)中分别输入(0,0,0) > 点击适用或 Enter 键,继续建立节点(220,0,0)、(220,220,0)、(0,220,0)、(110,110,0) > 关闭。

(2)主菜单 > 节点/单元 > 单元 > 建立单元 > 材料:竹材 > 截面:B 15 × 10 × 1.5 > 节点连接:依次连接节点号(1,2)、(2,3)、(3,4)、(4,1) > 关闭,如图 7 所示。

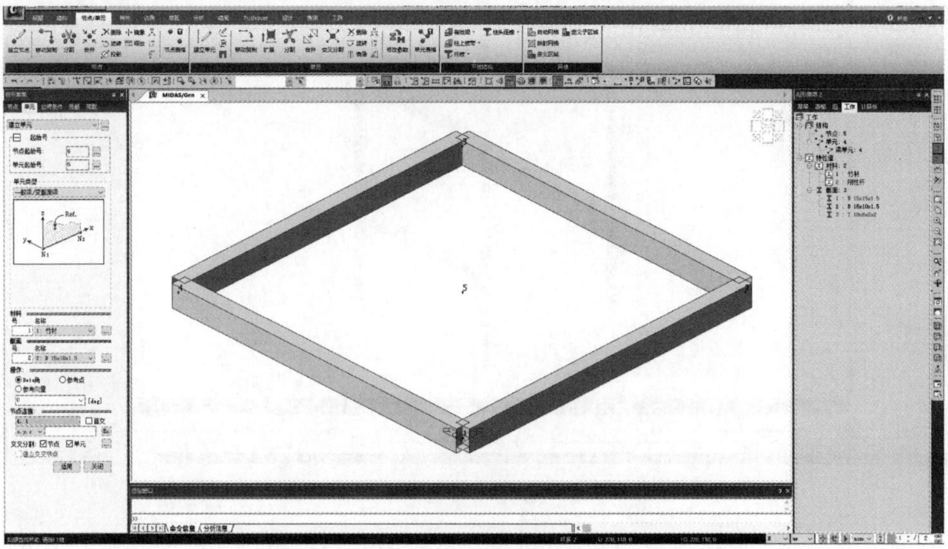

图 7　建立节点、单元

注:在输入坐标数值时,逗号应为英文中的逗号,也可以用空格代替逗号。

(3)主菜单 > 节点/单元 > 单元 > 扩展 > 扩展类型:节点→线单元 > 单元类型:梁单元 > 材料:竹材 > 截面:B 15 × 15 × 1.5 > 生成形式:复制和移动 > 等间距,(dx,dy,dz):(0,0,−304) > 复制次数:1 > 快捷工具栏 > 单选选择节点 1 ~ 4 > 适用,如图 8 所示。

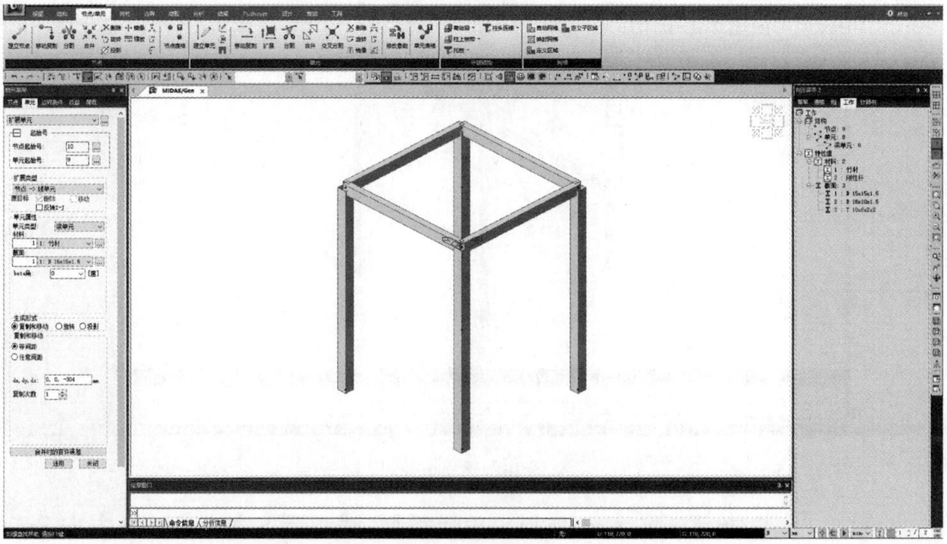

图 8　扩展单元

(4)主菜单 > 节点/单元 > 单元 > 移动复制 > 形式:复制 > 等间距,(dx,dy,dz):(0,0,-184) > 复制次数:1 > 交叉分割:勾选节点和单元 > 快捷工具栏 > 窗口选择步骤2建立的1~4号单元 > 适用,如图9所示。

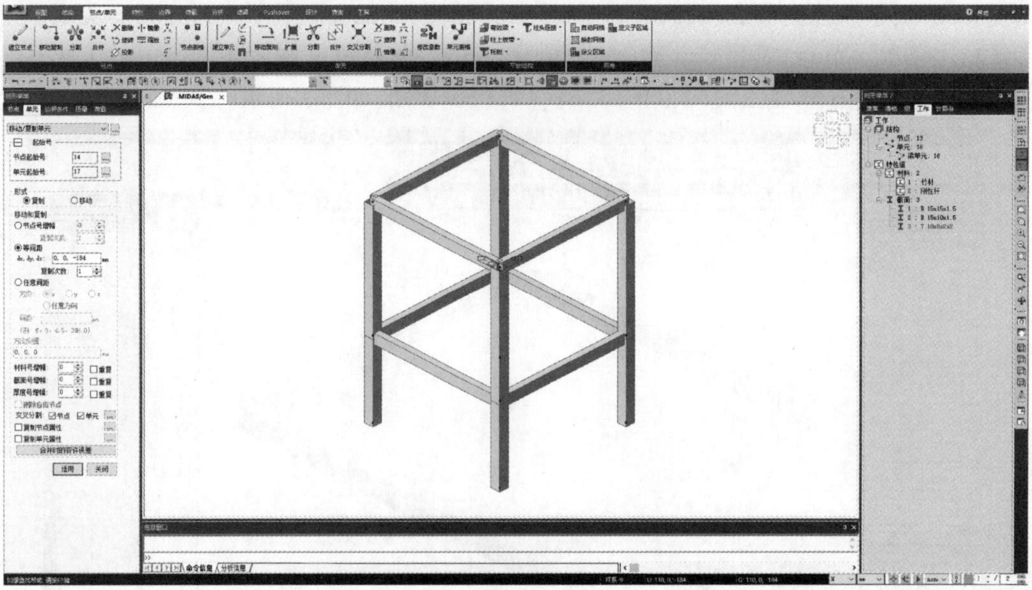

图9 复制单元

(5)在界面右下角将捕捉器调整为2,主菜单 > 节点/单元 > 单元 > 建立单元 > 材料:竹材 > 截面:T 10×8×2×2 > 节点连接,依次捕捉构件1~4的中点 > 关闭,如图10所示。

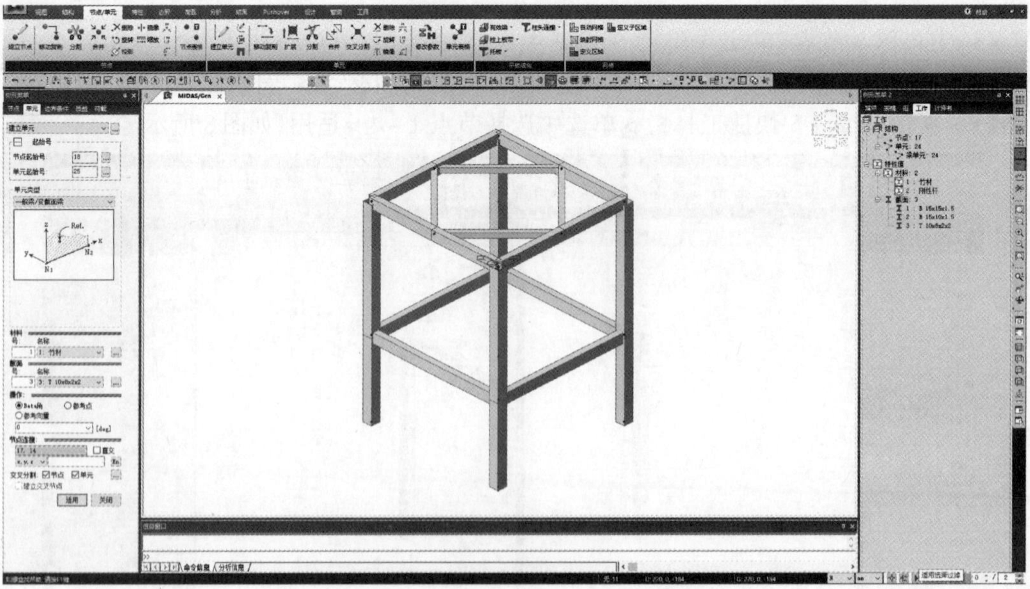

图10 建立单元

(6)主菜单 > 节点/单元 > 单元 > 分割 > 单元类型:线单元 > 等间距 > x方向分割数量:8 > 窗口选择构件17、20、22、24 > 适用,如图11所示。

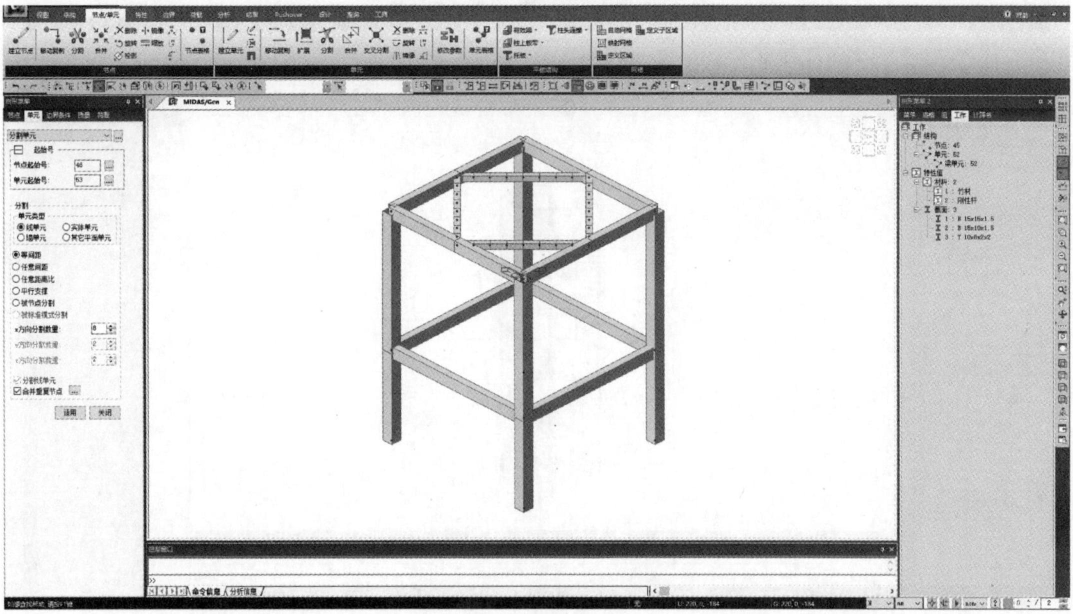

图 11 分割单元

(7) 主菜单 > 结构 > 建筑 > 控制数据 > 复制层数据 > 复制次数:3 > 距离(全局 Z):232 > 添加 > 窗口选择上部模型(9 ~ 16 号构件不选择) > 适用,如图 12 所示。

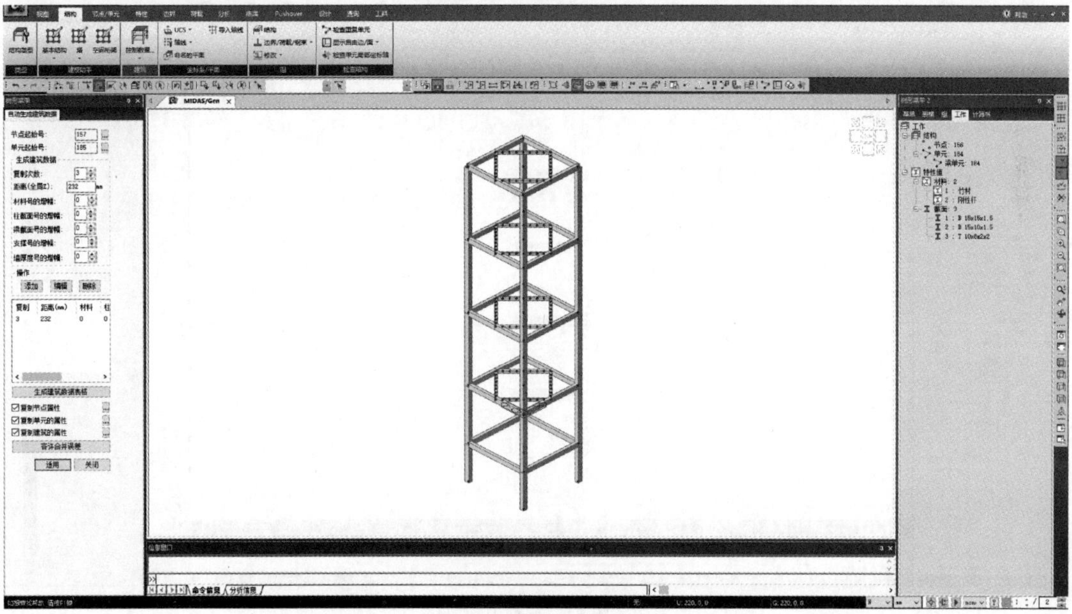

图 12 复制层数据

(8) 主菜单 > 节点/单元 > 单元 > 扩展 > 扩展类型:节点→线单元 > 单元类型:梁单元 > 材料:刚性杆 > 截面:B 15 × 15 × 1.5 > 生成形式:复制和移动 > 任意间距 > 方向:z > 间距:91.742,55.516 > 快捷工具栏 > 单选选择节点 126、128 > 适用,如图 13 所示。

注:扩展距离是由文献[23][24]中相关的计算公式所得,详细计算过程可查看相应文献。

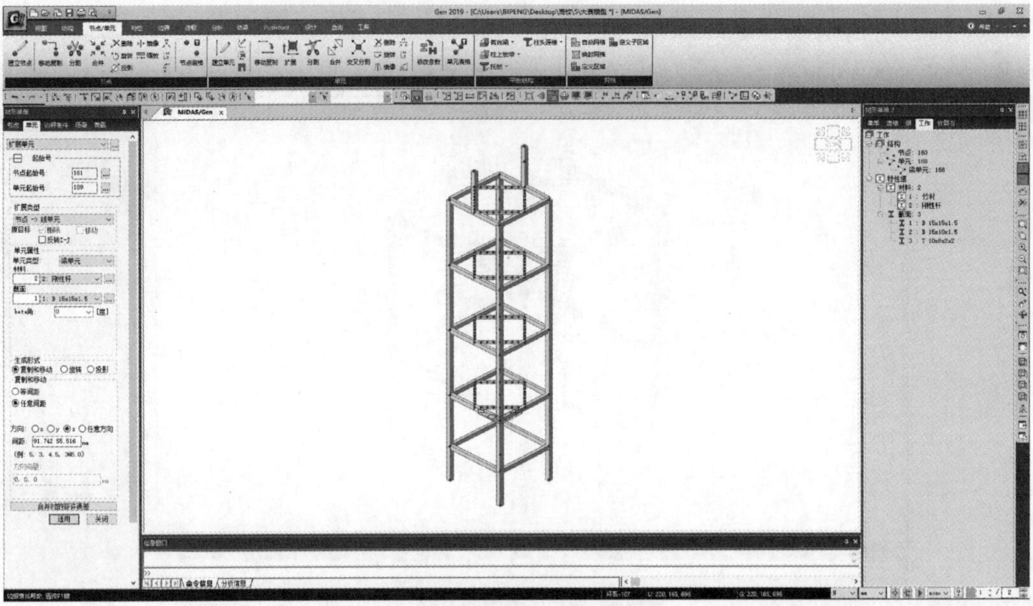

图13　扩展单元

(9)主菜单 > 节点/单元 > 节点 > 移动复制 > 任意间距 > 方向:z > 间距:91.742,55.516 > 快捷工具栏 > 单选选择节点124 > 适用,如图14所示。

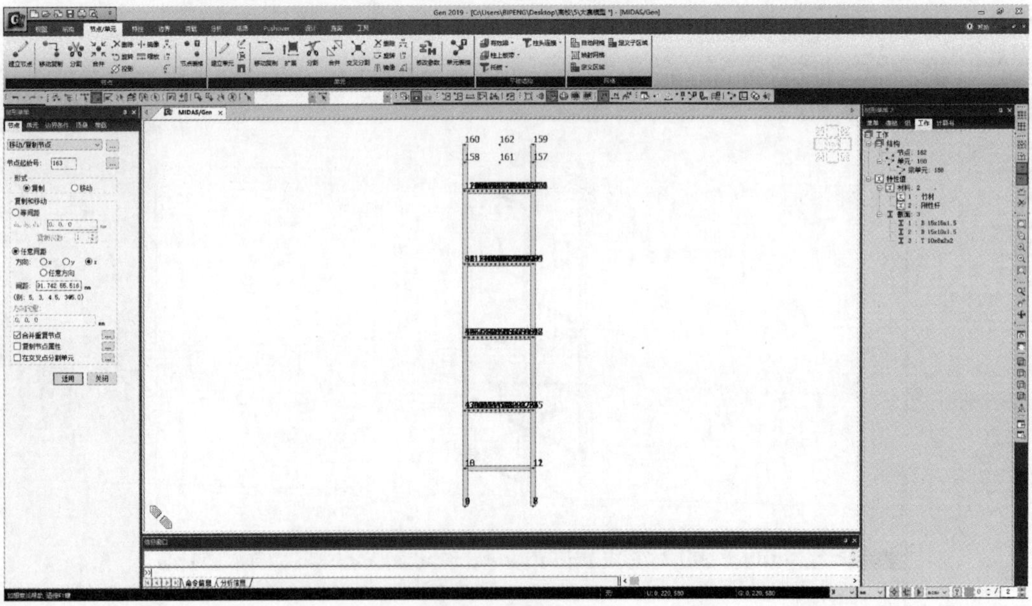

图14　移动节点

2.3　定义边界条件

(1)主菜单 > 边界 > 一般支承 > 选择:添加 > 勾选"D-ALL" > 勾选"Rx、Ry、Rz" > 窗口选择柱底节点 > 适用 > 关闭,如图15所示。

注:选择节点可以使用快捷图标栏中的单选。

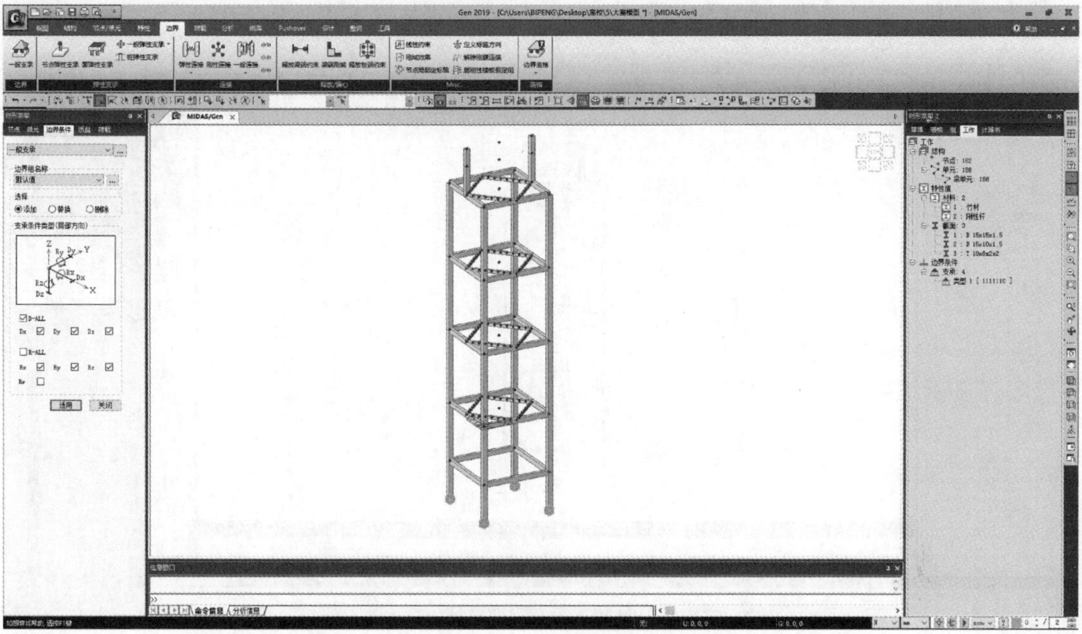

图 15　定义一般支撑

(2)主菜单 > 边界 > 连接 > 刚性连接 > 主节点号:窗口中点选节点 161 号 > 类型:刚体 > 窗口选择 157、158 号节点 > 适用 > 关闭,如图 16 所示。

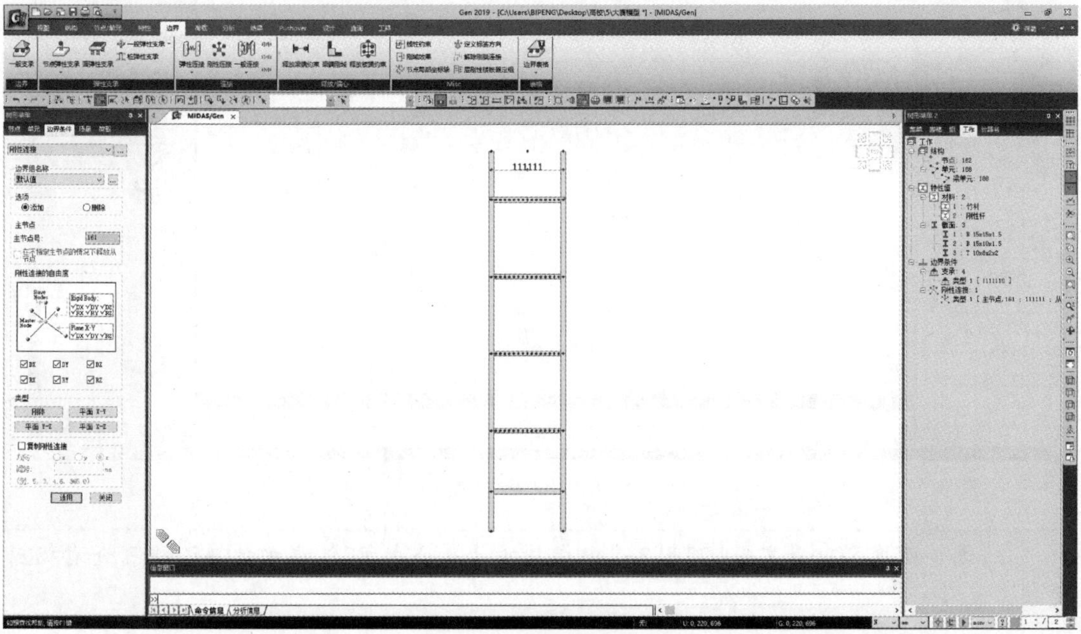

图 16　定义刚性连接

与上述方法相同,依次将主节点 5、50、87、124 与周边节点用刚性连接耦合到一起,如图 17 所示。

(3)主菜单 > 边界 > 连接 > 弹性连接 > 弹性连接数据:一般 > SDx:0.095N/mm(其余均为 1) > 两点:模型窗口中依次点击连接节点(160,162)、(162,159) > 关闭,如图 18 所示。

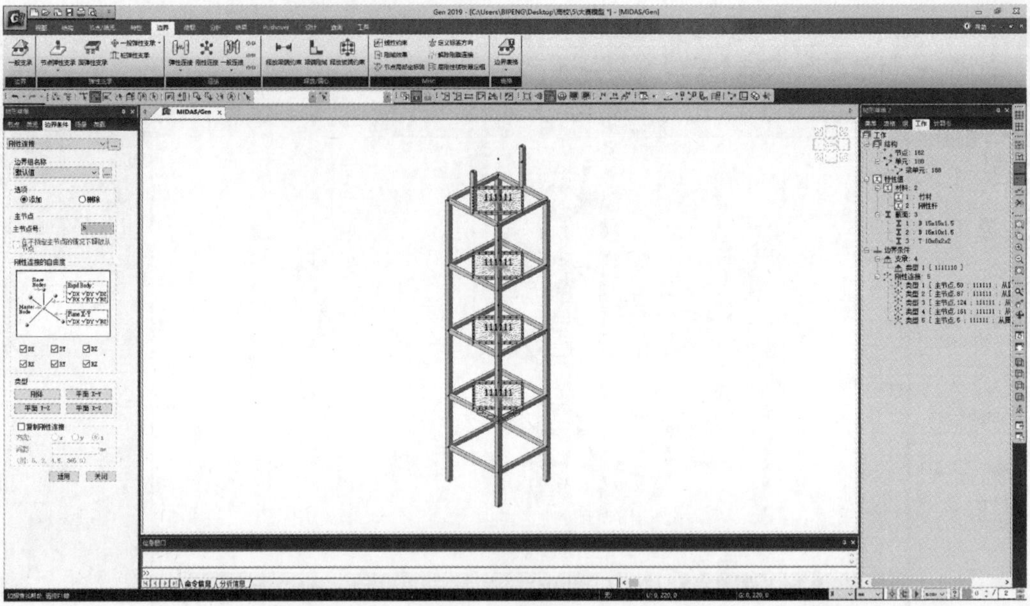

图17　定义刚性连接

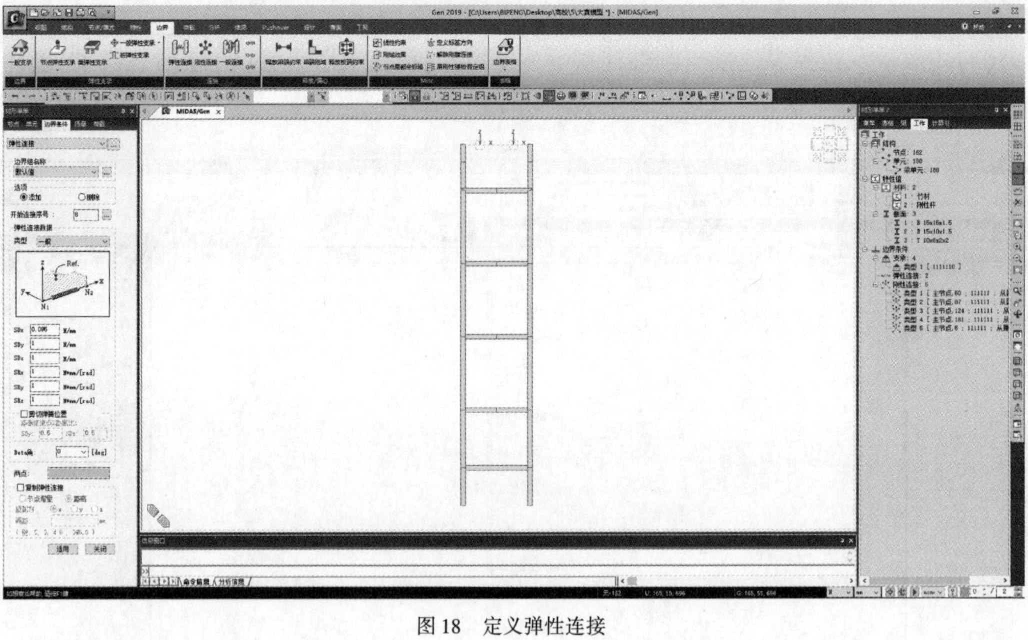

图18　定义弹性连接

注：弹簧刚度 SDx 是文献[23][24]中相关的计算公式所得，详细计算过程可查看相应文献。

2.4　定义荷载

(1)主菜单 > 荷载 > 荷载类型 > 静力荷载 > 建立荷载工况 > 静力荷载工况 > 名称：自重 > 类型：恒荷载(D) > 添加 > 名称：铁块荷载 > 类型：恒荷载(D) > 添加 > 名称：水箱自重 > 类型：恒荷载(D) > 添加 > 关闭，如图19所示。

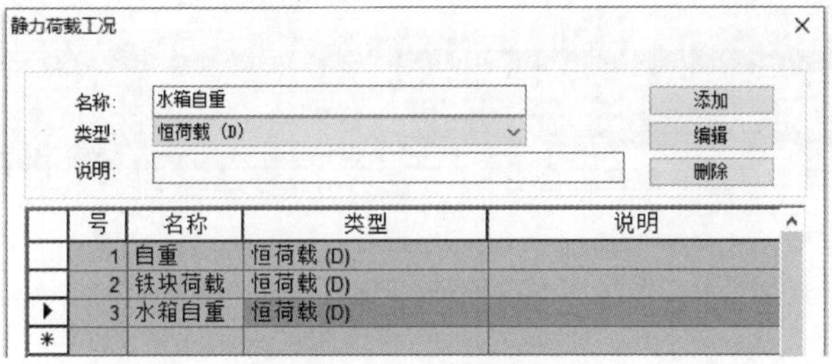

图 19　定义静力荷载工况

(2)主菜单 > 荷载 > 荷载类型 > 静力荷载 > 结构荷载/质量 > 自重 > 荷载工况名称：自重 > 自重系数，Z：-1 > 添加。

(3)主菜单 > 荷载 > 荷载类型 > 静力荷载 > 结构荷载/质量 > 节点荷载 > 荷载工况名称：铁块荷载 > 节点荷载：FZ = -70.6N > 快捷工具栏 > 窗口选择节点 5、50、87 > 适用，如图 20 所示。

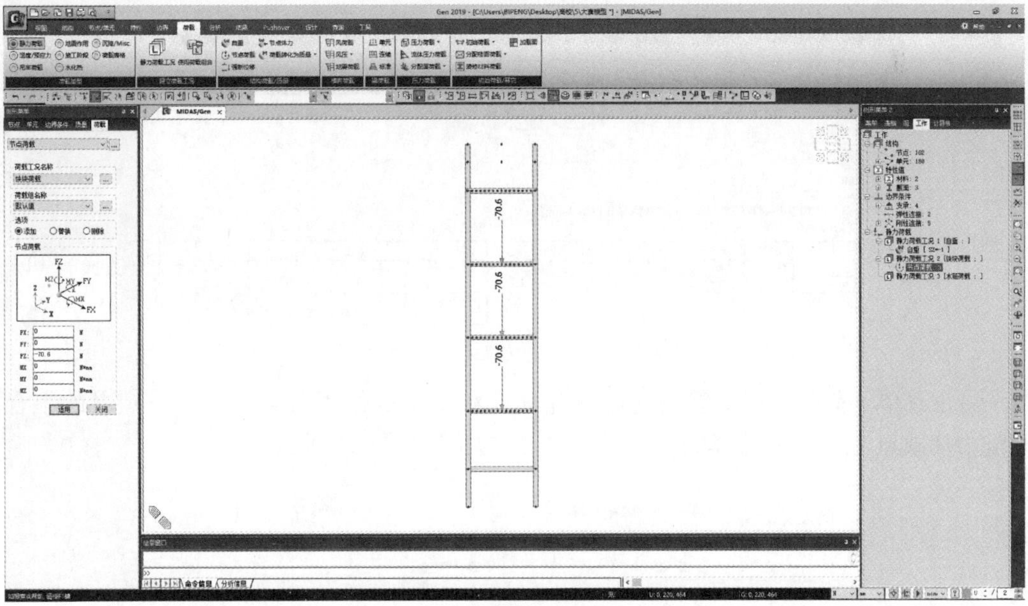

图 20　施加节点荷载

> 注：根据竞赛赛题要求，将各层上放置铁块转换为相应的荷载后添加到节点上。由于添加荷载的节点通过刚性连接与周边节点耦合，所以节点荷载由所有耦合节点共同承担，这样更符合实际的受力情况。

(4)主菜单 > 荷载 > 荷载类型 > 静力荷载 > 结构荷载/质量 > 节点荷载 > 荷载工况名称：水箱荷载 > 节点荷载：FZ = -48.77N > 快捷工具栏 > 窗口选择节点 124 号 > 适用，如图 21 所示。

> 注：由于没有水箱的密度、质量等数据，例题中的水箱荷载只包括水的重量，实际计算时要考虑水箱的重量。水的重量需要根据文献[23][24]计算出水的高度后，再进行计算。

(5)主菜单 > 结果 > 荷载组合 > 名称：静力荷载 > 类型：相加 > 荷载工况[系数]：自重(ST)[1.0]、铁块荷载(ST)[1.0]、水箱自重(ST)[1.0] > 关闭，如图 22 所示。

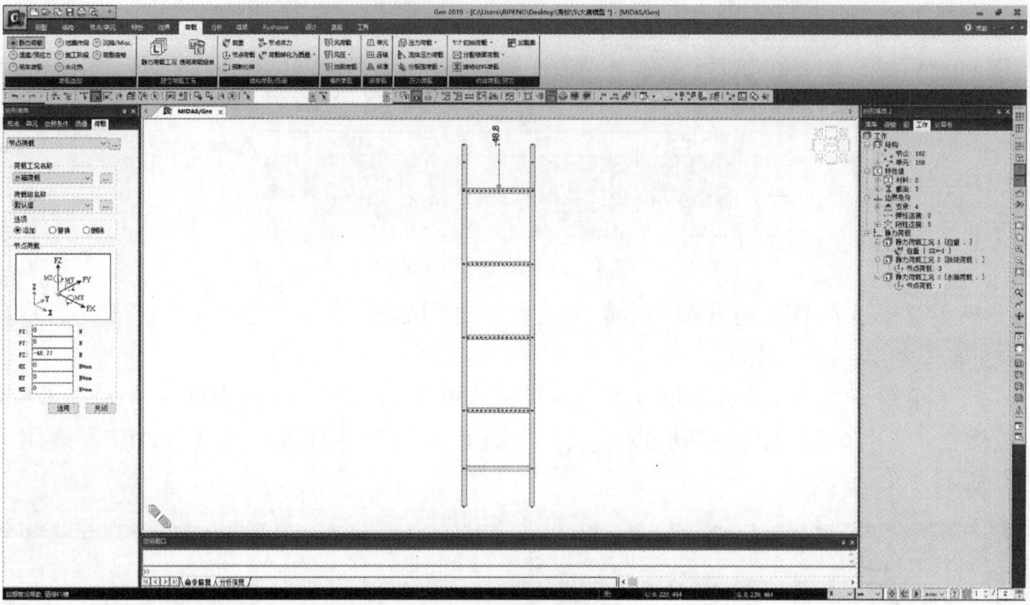

图 21　施加节点荷载

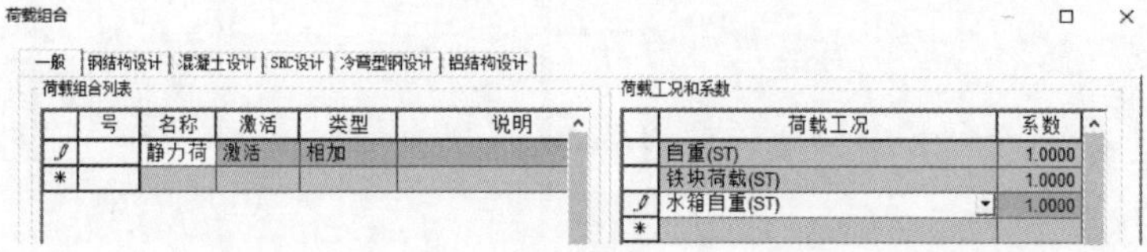

图 22　建立荷载组合

（6）主菜单 > 荷载类型 > 静力荷载 > 建立荷载工况 > 使用荷载组合 > 将定义的组合中 CB：静力荷载点击 -> 转到选择的组合中 > 适用 > 关闭，如图 23 所示。

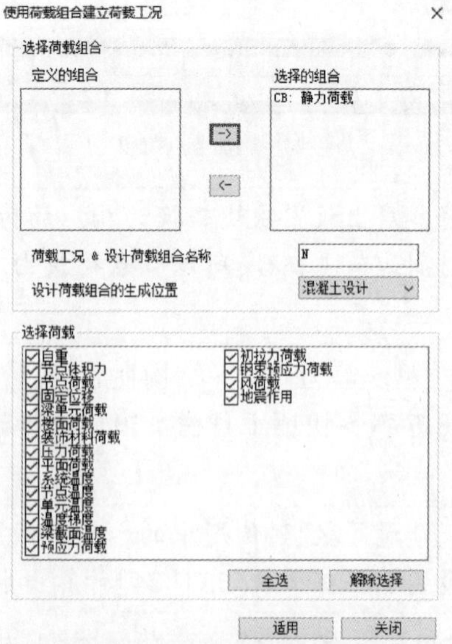

图 23　定义非线性荷载工况

注：由于在时程分析中，地震波的时程要接续静力分析结构，静力分析则要考虑到每一个静力荷载工况，为了方便接续，需要将每一个静力的荷载工况组合为一个工况。其中，步骤(5)和步骤(6)就是为了将所有静力工况组合为一个工况。

(7)主菜单 > 荷载类型 > 地震作用 > 时程分析数据 > 荷载工况 > 添加 > 名称：地震波 > 分析类型：非线性 > 分析方法：直接积分法 > 时程类型：瞬态 > 几何非线性类型：不考虑 > 分析时间：10sec > 分析时间步长：0.01sec > 输出时间步长(步骤数)：1 > 加载顺序：勾选接续前次 > 荷载工况，ST：N 静力荷载 > 阻尼计算方法：质量和刚度因子 > 阻尼类型：点选“从模型阻尼中计算” > 因子计算：点选“周期” > 振型 1：(周期：0.4505)、(阻尼比：0.012) > 振型 2：(周期：0.1438)、(阻尼比：0.012) > 更新阻尼矩阵：是 > 确认，如图 24 所示。

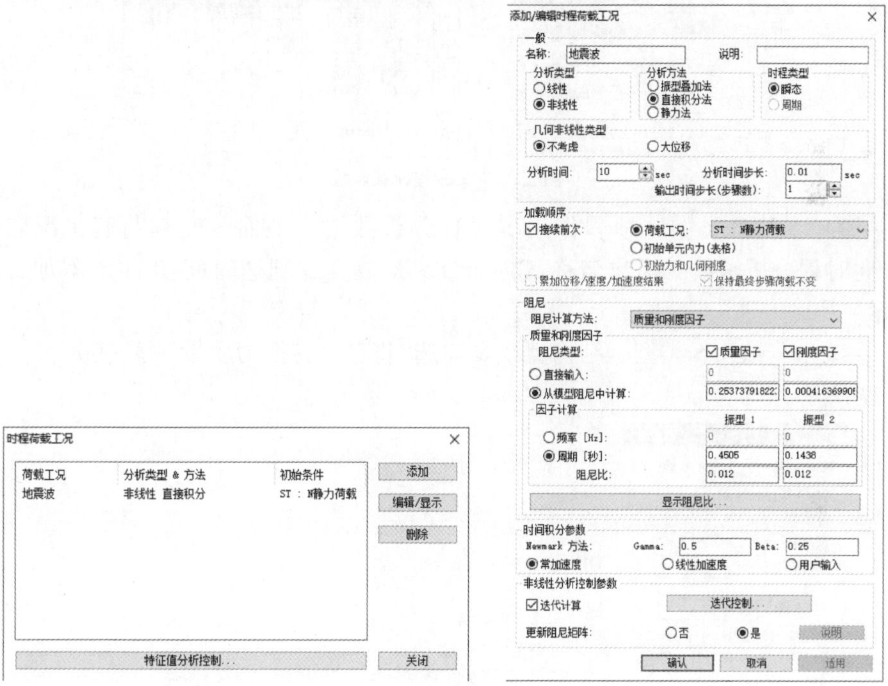

图 24　定义时程荷载工况

注：①由于竹材的物理特性存在很大的差异性，例题中竹材的阻尼比取 0.012 仅供参考。在实际比赛时，参赛者要通过试验测定出材料和结构的各项参数。

②例题中分析时间为 10s，实际比赛时，参赛者要根据赛题的规定进行更改。

③进行因子计算时，需要输入模型的周期值。因此，在进行时程分析前，需要先进行一次特征值分析，求解出结构的前三阶自振周期。

④当第一振型的周期和第二振型的周期相同时，可将第三振型的周期作为第二振型的周期。

(8)主菜单 > 荷载类型 > 地震作用 > 时程分析数据 > 时程函数 > 添加时程函数 > 地震波 > 地震：1940，El Centro Site，180 Deg > 确认 > 放大 > 最大值：0.353g > 确认，如图 25 所示。

注：①由于没有竞赛地震波数据，例题采用 El Centro 波进行分析。

②竞赛提供了振动台和台面的最大加速度值，因此，需要对地震波的最大加速度进行调

幅。第一级加载时，台面最大加速度为 0.353g，则最大值处填 0.353g。第二级和第三级相同，此处不再赘述。

③地震波长为 55s，但由于第 7 步设置了分析时间为 10s，因此，分析的是地震波的前 10s。

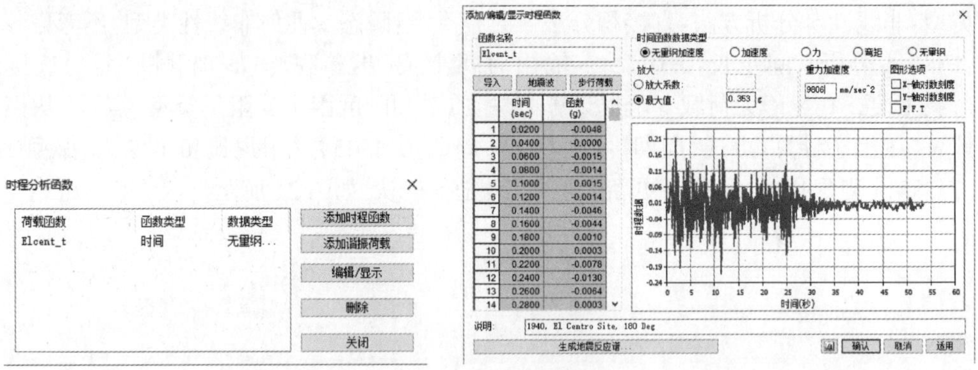

图 25　定义时程荷载函数

(9) 主菜单 > 荷载类型 > 地震作用 > 时程分析数据 > 地面 > 时程荷载工况名称：地震波 > X-方向时程分析函数 > 函数名称：Elcent_t > 系数：1 > 到达时间：0sec > 添加 > 关闭，如图 26 所示。

(10) 主菜单 > 结构 > 类型 > 结构类型 > 勾选"将自重转换为质量""转换为 X、Y、Z" > 确认，如图 27 所示。

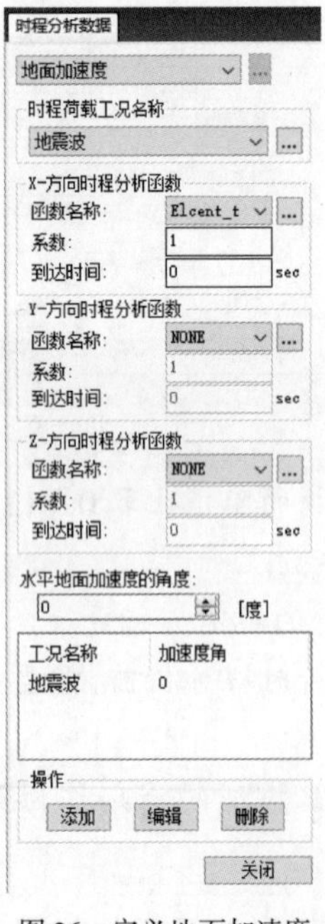

图 26　定义地面加速度

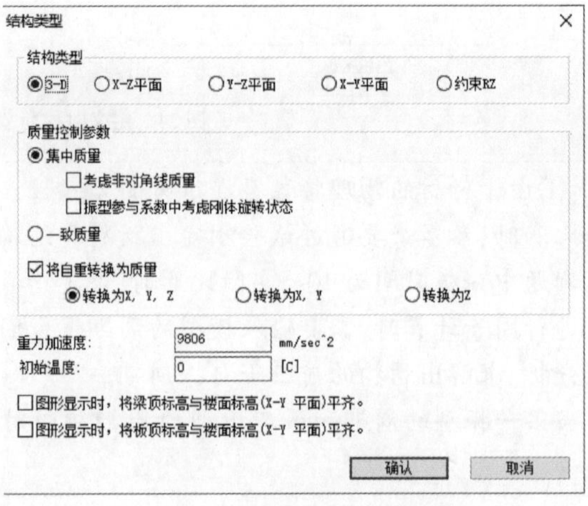

图 27　将自重转换为质量

(11) 主菜单 > 荷载 > 荷载类型 > 静力荷载 > 结构荷载/质量 > 荷载转换为质量 > 质量方向：X、Y、Z > 荷载工况：铁块荷载 > 组合值系数：1 > 添加 > 荷载工况：水箱自重 > 组合值系数：1 > 添加 > 确认，如图 28 所示。

2.5 运行分析

(1)主菜单 > 分析 > 分析控制 > 特征值 > 分析类型 > 特征值向量:Lanczos > 振型数量:8 > 确认,如图 29 所示。

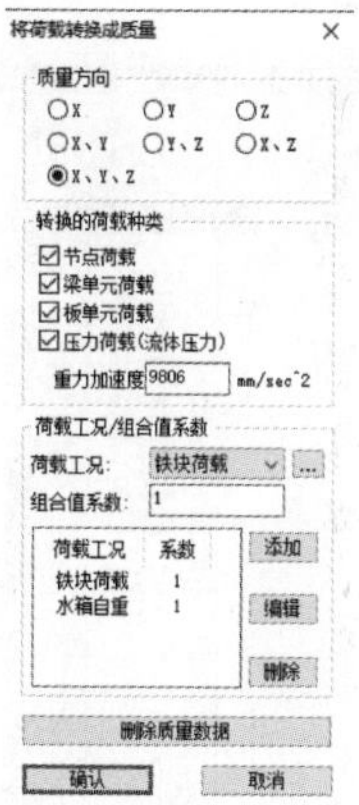

28 将荷载转换为质量

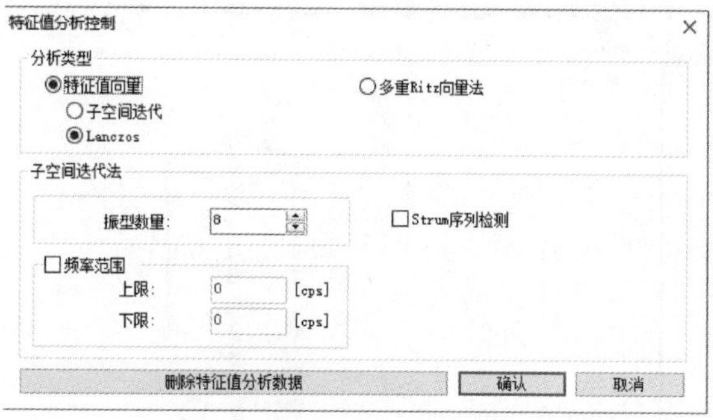

图 29 定义特征值分析控制

(2)主菜单 > 分析 > 运行分析,或者直接点击快捷菜单中的运行分析,如图 30 所示。

图 30 运行分析及前后处理模式切换

2.6 分析结果

(1)主菜单 > 结果 > 结果 > 变形 > 位移等值线 > "荷载工况/荷载组合"选择"ST:N 静力荷载","位移"选择"DXYZ","显示类型"勾选"等值线、变形、图例",点击"适用",如图 31 所示。由图中可知,模型在静力荷载下最大位移为 0.125mm,位移较小。

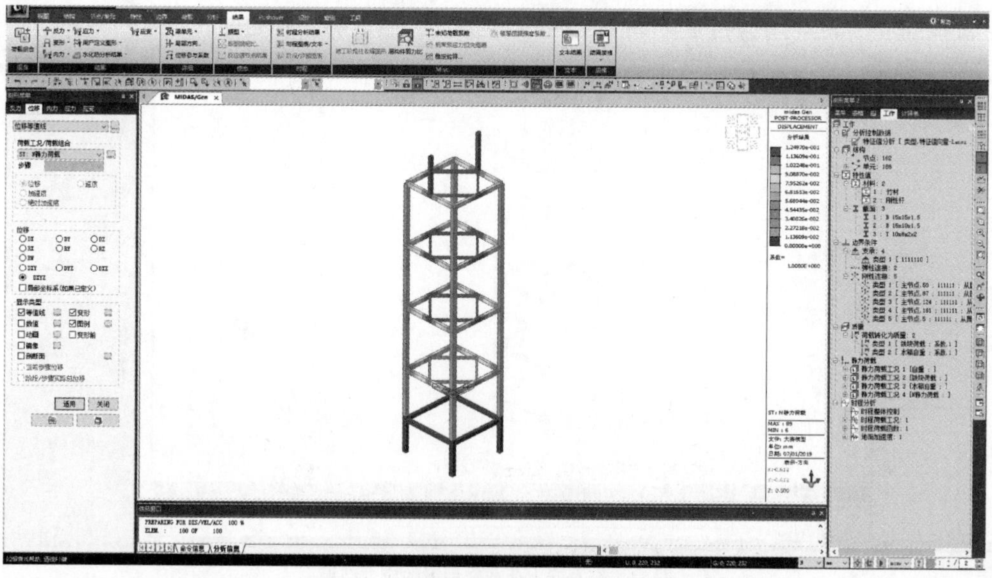

图 31 查看静力荷载作用下的位移结果

(2)主菜单 > 结果 > 结果 > 变形 > 位移等值线 > “荷载工况/荷载组合”选择“THmax：地震波”，“位移”选择“DXYZ”，“显示类型”勾选“等值线、变形、图例”，点击“适用”，如图 32 所示。由图中可知，模型在静力荷载和地震波共同作用下，最大位移为 24.44mm，位移仍可接受。

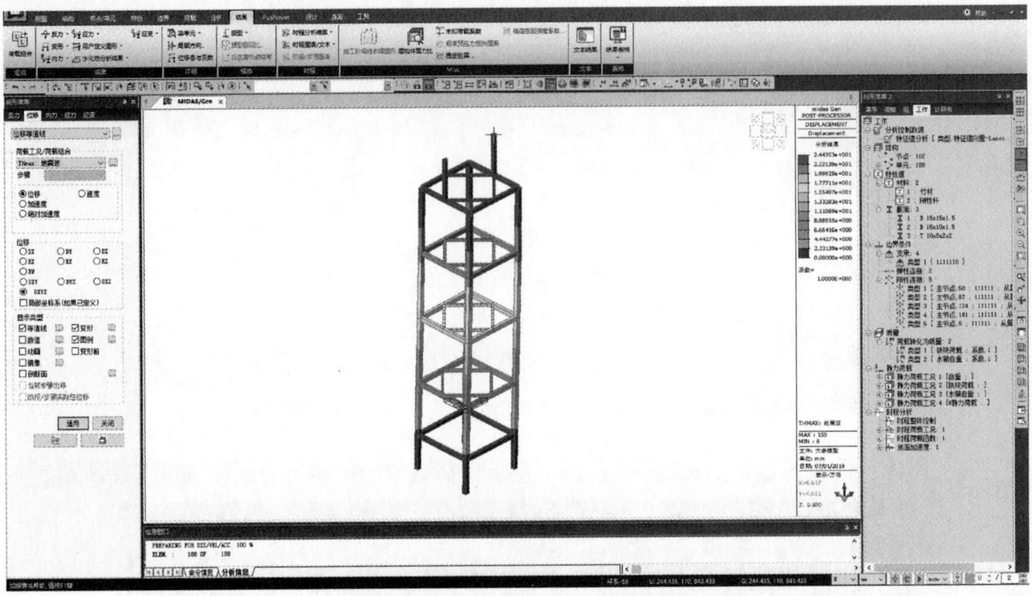

图 32　查看地震荷载作用下的位移结果

(3)主菜单 > 结果 > 结果 > 应力 > 梁单元应力 > “荷载工况/荷载组合”选择“ST：N 静力荷载”，“应力”选择“组合应力”，“显示类型”勾选“等值线、变形、图例”，点击“适用”，如图 33 所示。由结果可知，杆件最大拉应力为 2.295N/mm^2，最大压应力为 2.253N/mm^2。结合第(1)步查看的结果可知，模型在静力荷载作用下不会发生破坏。

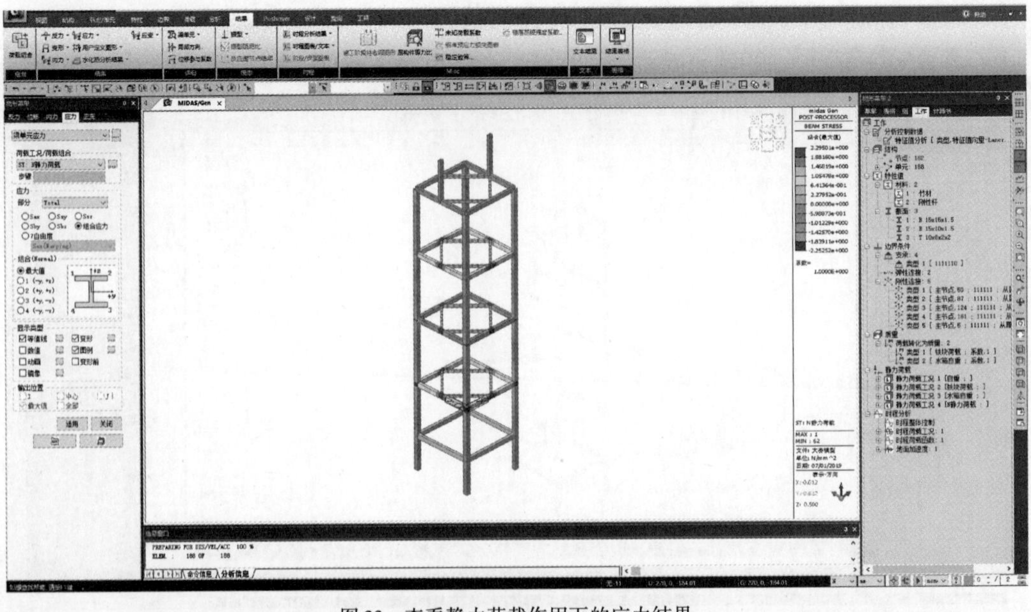

图 33　查看静力荷载作用下的应力结果

(4)主菜单 > 结果 > 结果 > 应力 > 梁单元应力 > “荷载工况/荷载组合”选择“THmax：地震波”，“应力”选择“组合应力”，“显示类型”勾选“等值线、变形、图例”，点击“适用”，如图 34 所示。由结果可知，杆件最大拉应力为 52.803N/mm^2，最大压应力为 −0.0002N/mm^2。结合第(2)步查看的结果可知，模型在地震波作用下不会发生破坏。

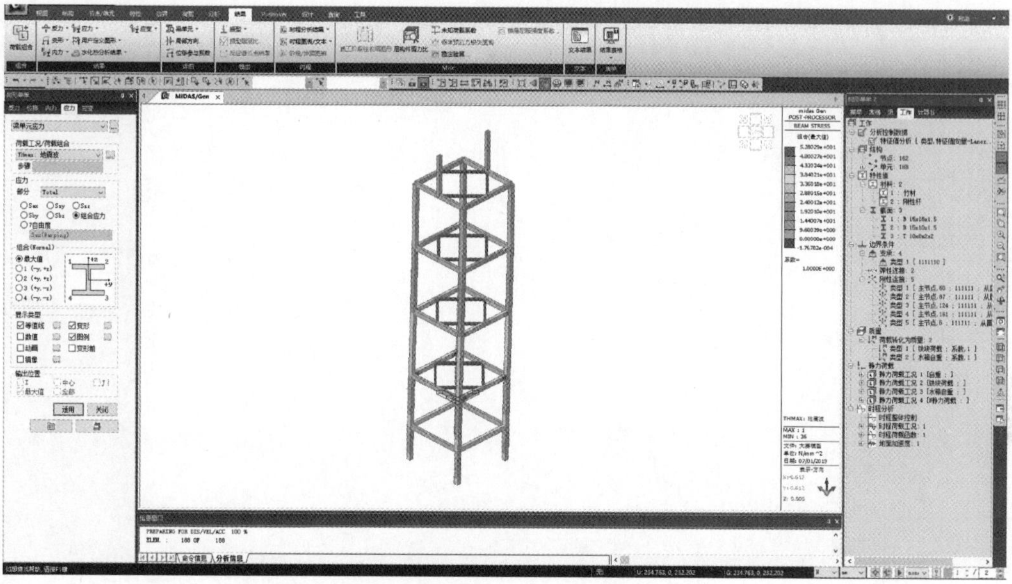

图 34　查看地震荷载作用下的应力结果

(5)主菜单 > 结果 > 时程 > 时程分析结果 > 应力(梁、桁架) > 时程荷载工况名称：地震波 > 步骤：1.93 > 成分：组合 > 组合(轴向 + 弯矩)：最大值 > 显示类型：勾选“变形、等值线、图例” > 点击“适用”，如图 35 所示。

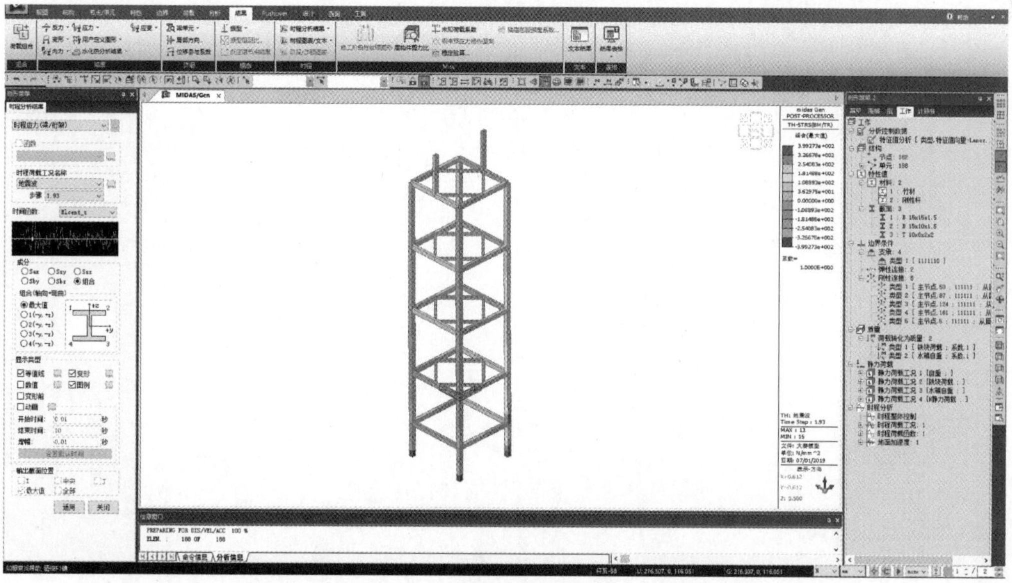

图 35　查看 1.93 步骤数地震荷载作用下的应力结果

注：通过步骤数或直接在波形上点击，可查看模型在地震波任意阶段的应力状态。

3 计算结果分析

由以上模型分析结果，在规定荷载以及地震波作用下，模型的位移较小，应力值未超过材料本身的强度，预计模型在整个加载过程中不会发生破坏。

第四届全国大学生结构设计竞赛
——体育场悬挑屋盖结构

1 赛题分析

竞赛模型为体育场看台上部悬挑屋盖结构,采用木质材料制作,具体结构形式不限,如图1所示。模型包括下部看台、过渡钢板和上部挑篷结构三部分,其中前两部分通过螺栓连接,由组委会提供;挑篷结构由参赛选手设计制作,并通过螺栓与过渡钢板连接。

下面介绍使用 midas Gen 建立体育场悬挑屋盖结构模型,分别施加竖向静力荷载和风荷载,设定边界条件,最终得到结构在各种荷载情况下的整体位移与强度值,查看整体变形与稳定情况。本例题数据仅供参考。

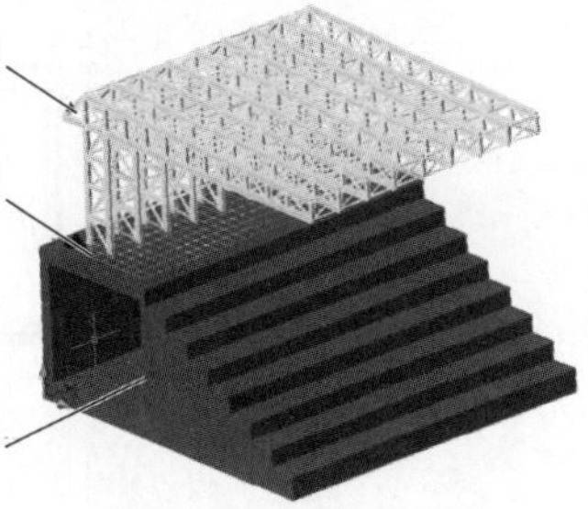

图1 悬挑屋盖结构示意图

1.1 材料

本届竞赛选用桐木制作结构构件,桐木参考力学指标见表1。

桐木参考力学指标 表1

密 度	顺纹抗拉强度	抗压强度	弹性模量
$0.31g/cm^3$	30MPa	35MPa	1.0×10^4MPa

(1)弹性模量:1.0×10^4MPa = 10000N/mm^2。

(2)泊松比:桐木的泊松比平均值为0.4。

(3)线膨胀系数:此模型不考虑温度影响,此参数可以不填写。

(4)重度:$0.31g/cm^3\times9.8N/kg=3.038\times10^{-6}N/mm^3$。

(5)围护结构选用布纹纸,密度为120g/m^3。

1.2 模型

竞赛组委会提供了模型底部看台的基本尺寸,如图2所示。其中,参赛模型通过螺栓固定在看台顶部的过渡钢板上,模型底部尺寸为150mm×600mm。

同时,为了保证竞赛的公平性、合理性和可操作性,竞赛赛题对悬挑结构模型有以下要求:

(1)在距挑篷前缘60mm区域内(图3中的A点附近),必须保证屋面平坦,不得有明显的倾斜和弯曲,以便竞赛过程中的加载与测量。

(2)挑篷结构上弦前缘(图3中的A点)高度不得低于650mm,在挑篷结构的下方(图3中B点以下右侧区域)不得出现任何构件。

(3)屋面前缘最低点不得低于后缘的最高点,即图3中的A点高度不低于C点高度。

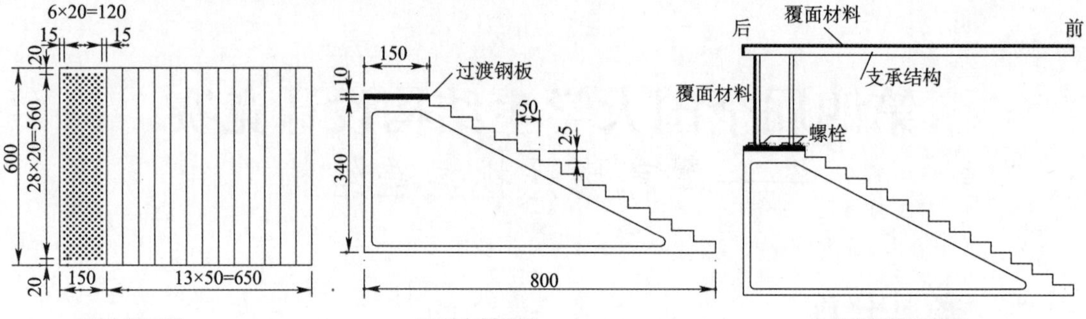

a)看台平面图　b) 看台剖面图　c) 悬挑结构示意图

图2　看台几何尺寸示意图(尺寸单位:mm)

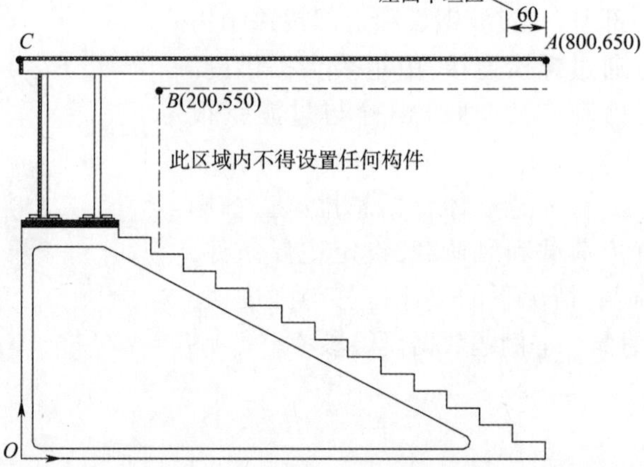

图3　模型几何尺寸要求示意图(尺寸单位:mm)

1.3　荷载

竞赛中,在悬挑屋盖上施加竖向静载和风荷载,详细情况如下:

(1)工况1:静力荷载工况。在距悬挑屋盖前缘50mm处缓慢施加一重物加载块,测量屋盖前端在重物荷载作用下的竖向位移(图4),记为d_1。重物加载块为钢质,截面尺寸为20mm×20mm,长600mm,质量约1.88kg,在屋面上沿垂直悬挑方向放置,测量完毕后取下。

(2)工况2:风荷载(风速为9m/s)。在悬挑屋盖前1m处设置一鼓风机,进行风速加载,测量并记录9m/s风速下屋盖前端的位移时程,如图5所示,根据竞赛相关规定计算得到结构的风振极值响应,记为d_2。

(3)工况3:风荷载(风速为12m/s)。进行12m/s风速加载,检验模型的极限承载能力,若模型出现损坏即视为比赛失败。

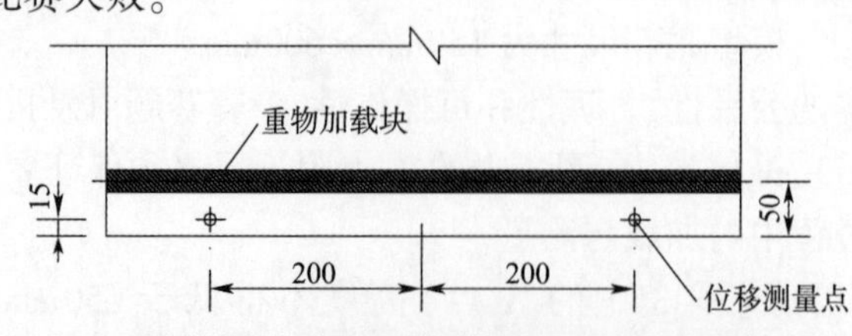

图4　屋盖前缘加载位置和测量位置平面图(尺寸单位:mm)

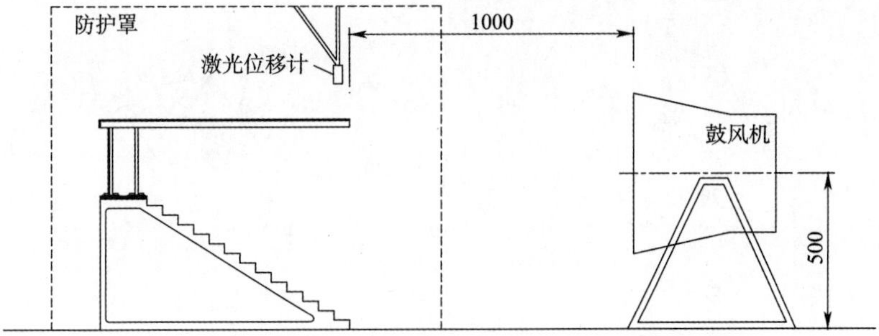

图5　模型及鼓风机位置示意图(尺寸单位:mm)

1.4　边界条件

模型制作完成后,参赛模型通过螺栓固定在看台顶部的过渡钢板上,如图2所示,边界条件设置为固定连接。

1.5　结果

竞赛主要测量在静力荷载和风荷载(风速为9m/s)两种工况下结构的位移。采用非接触测量方式,共两个位移测量点,同时记录。

在静力荷载工况下,结构的位移记为 d_1;在风荷载(风速为9m/s)工况下,结构的位移记为 d_2。最终,模型的综合位移为 $D=0.5(d_1+d_2)$,将该值作为评价结构刚度的依据。

建立的模型如图6所示。

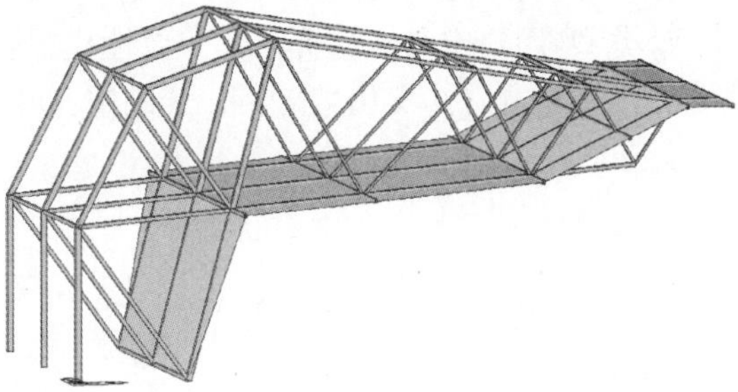

图6　竞赛模型示意图

2　建立模型

2.1　建模前准备

在AutoCAD中,绘制如图7所示的平面图形并另存为.dxf格式文件,图中数字为杆件的长度,单位为mm。

注:①AutoCAD中绘制的图形必须保存成.dxf文件才可以导入到midas Gen中,.dwg格式的文件无法导入到midas Gen中。

②AutoCAD图形导入midas Gen时,AutoCAD中的原点会默认导入到midas Gen中的原点。因此,在绘制AutoCAD图形时,最好从原点开始绘制。

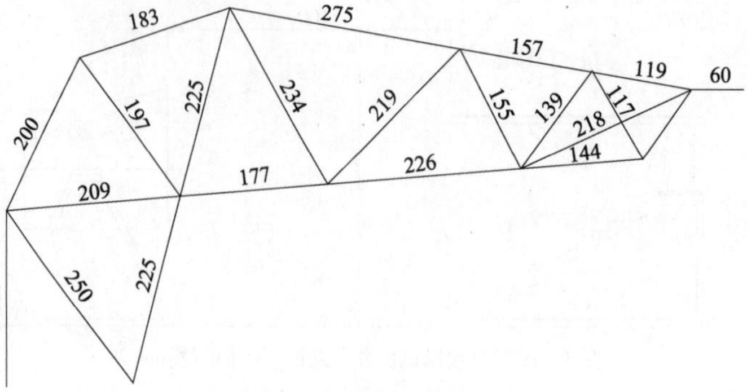

图7　AutoCAD 模型(尺寸单位:mm)

2.2　设定操作环境及定义材料和截面

(1)双击 midas Gen 图标，打开 Gen 程序 > 主菜单 > 新项目 > 保存 > 文件名:大赛模型-1 > 保存。

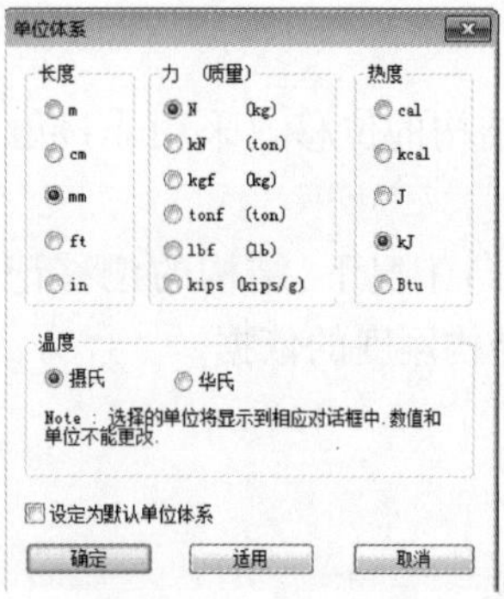

图8　定义单位体系

(2)主菜单 > 工具 > 单位体系 > 长度:mm,力:N > 确定。亦可在模型窗口右下角点击图标 N mm 的下拉三角,修改单位体系,如图8所示。

(3)主菜单 > 特性 > 材料特性值 > 添加 > 名称:桐木 > 设计类型:用户定义 > 规范:无 > 弹性模量:1×10^4 N/mm^2,泊松比:0.4,容重:3.038×10^{-6} N/mm^3 > 适用 > 添加 > 名称:布纹纸 > 设计类型:用户定义 > 规范:无 > 弹性模量:1×10^2 N/mm^2,泊松比:0.1,容重:1.176×10^{-6} N/mm^3 > 确定,如图9所示。

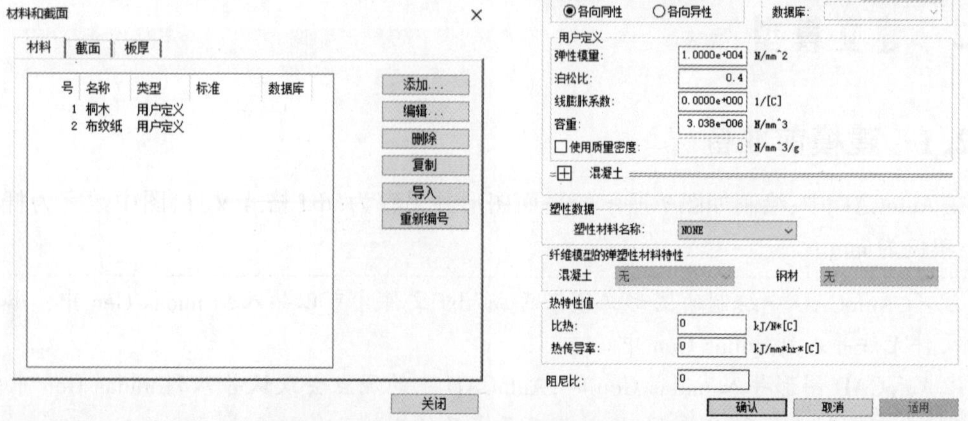

图9　定义材料

(4)主菜单 > 特性 > 截面特性值 > 添加 > 箱型截面 > 用户 > 截面名称:B 5×3×1 > H:5,B:3,tw:1,tf1:1 > 适用 > 截面名称:B 5×5×1 > H:5,B:5,tw:1,tf1:1 > 适用 > 截面名称:B 7×5×1 > H:7,B:5,tw:1,tf1:1 > 适用 > 截面名称:B 7×7×1 > H:7,B:7,tw:1,tf1:1 > 确定,如图10所示。

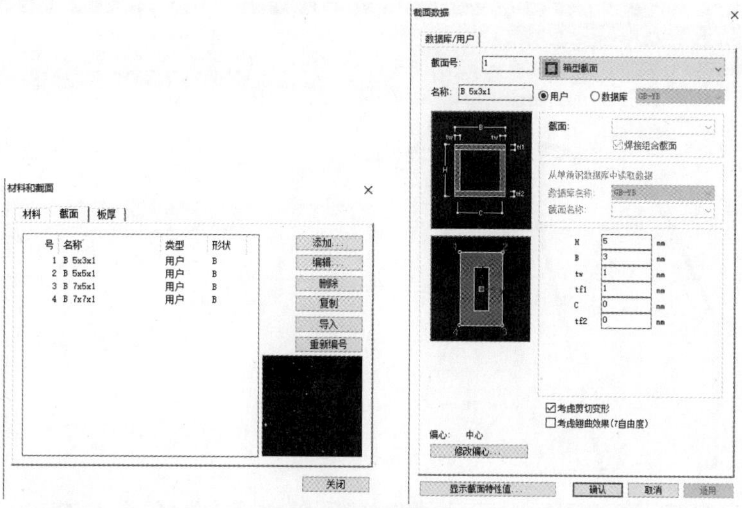

图10　定义截面

(5)主菜单 > 特性 > 截面 > 厚度 > 添加 > 面内面外:1mm > 确定。

2.3　建立大赛模型

(1)单击程序左上角,导入 > AutoCAD DXF 文件(D) > 搜索要导入的.dxf 文件 > 所有层:选择要导入的图层 > 单击将所选图层移动至选择的层 > 旋转角度,Rx:90 > 确定,如图11所示。

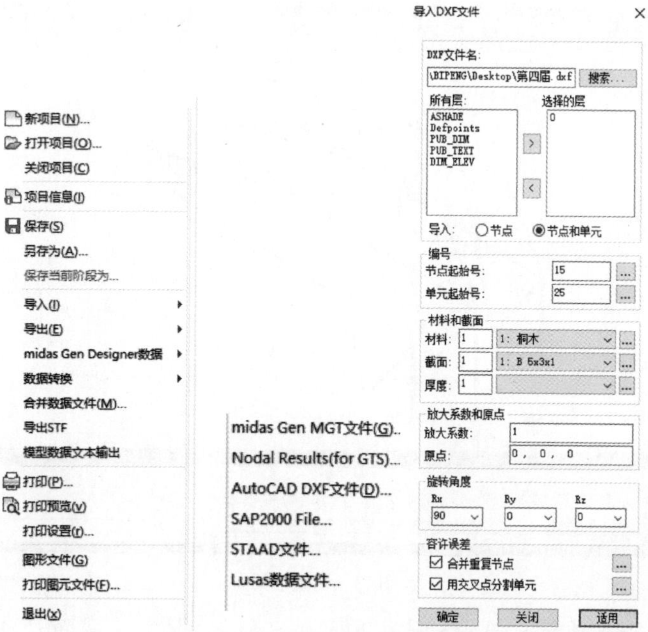

图11　导入 AutoCAD 文件流程

(2)快捷工具栏点击将模型调整到正视图 > 快捷工具栏点击显示模型单元号 > 树形菜单 > 工作运用拖放的编辑方式,将1~5号构件改为截面4。

采用相同的方法,将6~8、10~12和15号构件改为截面3;将13、14和16号构件改为截面2;将9、18~24号构件改为截面1,如图12所示。

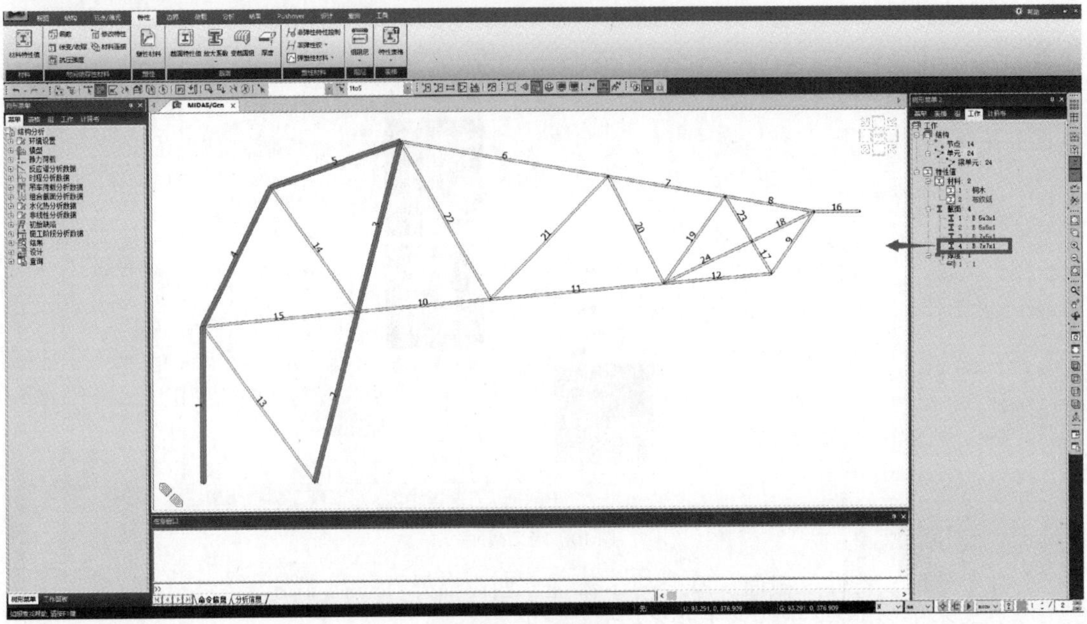

图12　修改截面颜色

(3)主菜单 > 节点/单元 > 单元 > 移动复制 > 形式:复制 > 等间距,(dx,dy,dz):(0,200,0) > 复制次数:2 > 快捷工具栏 > 点击全选 > 适用,如图13所示。

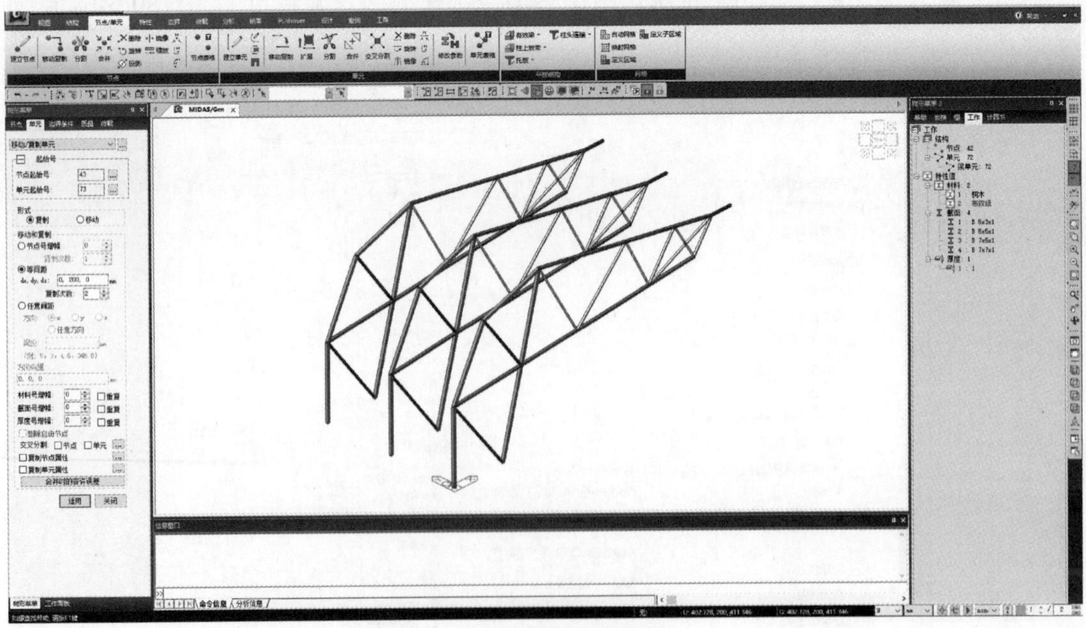

图13　复制单元

(4)主菜单 > 节点/单元 > 单元 > 建立单元 > 材料:桐木 > 截面号:B5×3×1 > 节点连

接，依次点击(2,30)、(5,34)、(4,33)、(12,35)、(10,36)、(6,37)、(9,41)、(14,42)、(11,40)、(13,39)、(8,32)、(3,31) > 关闭，如图 14 所示。

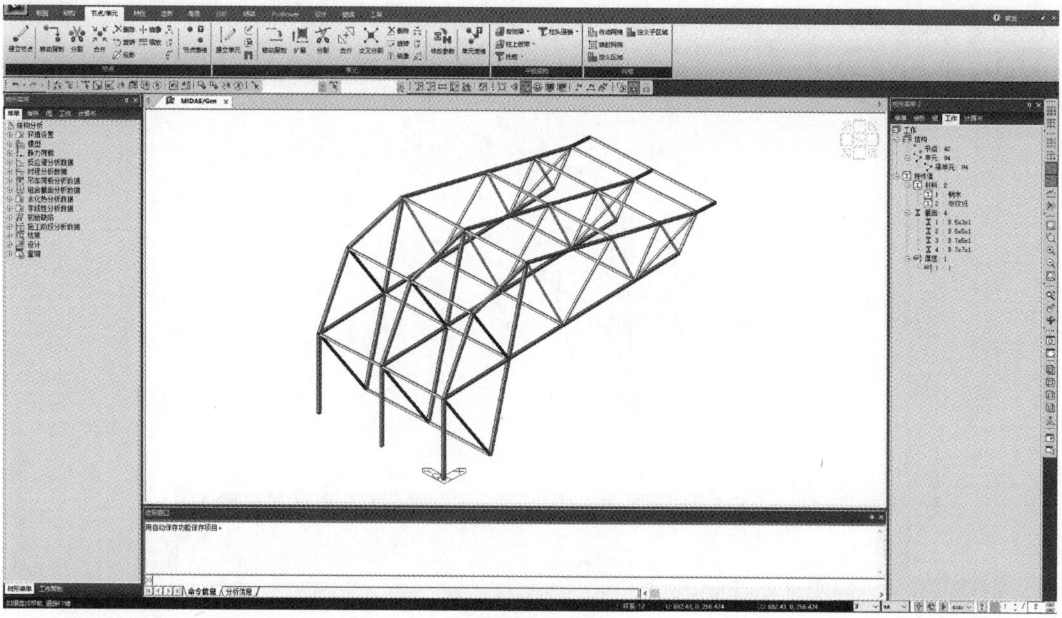

图 14　建立单元

(5)主菜单 > 节点/单元 > 单元 > 扩展 > 扩展类型：节点→线单元 > 材料：桐木 > 截面：B5 ×3 ×1 > 生成形式：复制和移动 > 等间距，(dx,dy,dz)：(0,80,0) > 快捷工具栏 > 窗口选择选择节点 41、37、42、40、39、32 > 适用 > 更改(dx,dy,dz)：(0，-80,0) > 快捷工具栏 > 窗口选择，选择节点 9、6、14、11、13、8 > 适用，如图 15 所示。

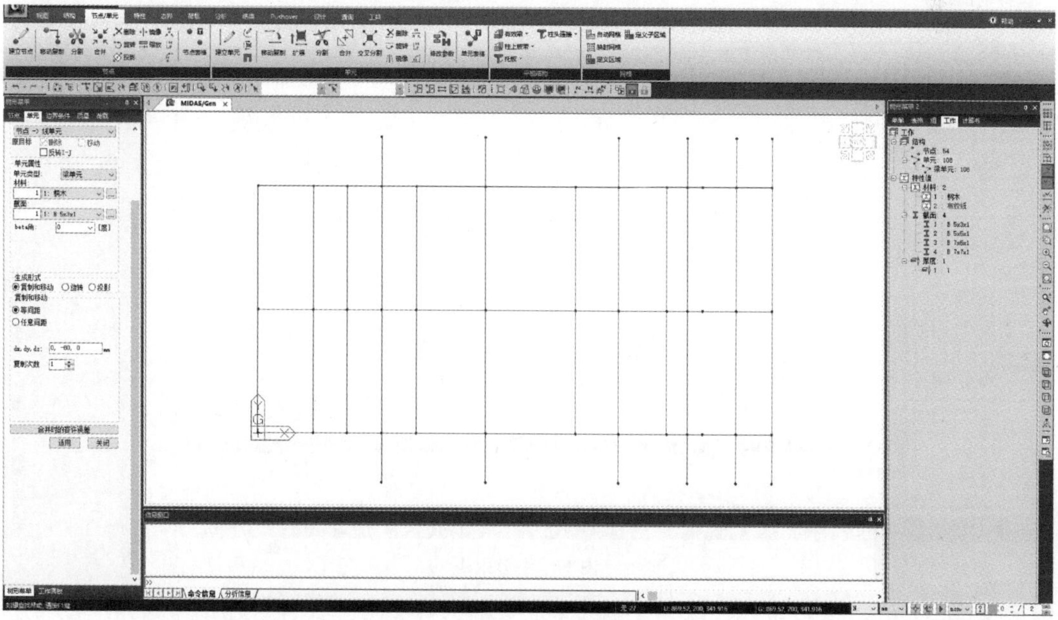

图 15　扩展单元

(6)主菜单 > 节点/单元 > 单元 > 建立单元 > 材料：桐木 > 截面号：B5 ×3 ×1 > 节点连

接,依次点击(47,44)、(44,48)、(48,46)、(46,45)、(45,43)、(43,31)、(51,49)、(49,54)、(54,52)、(52,53)、(53,50)、(50,3)>关闭,如图16所示。

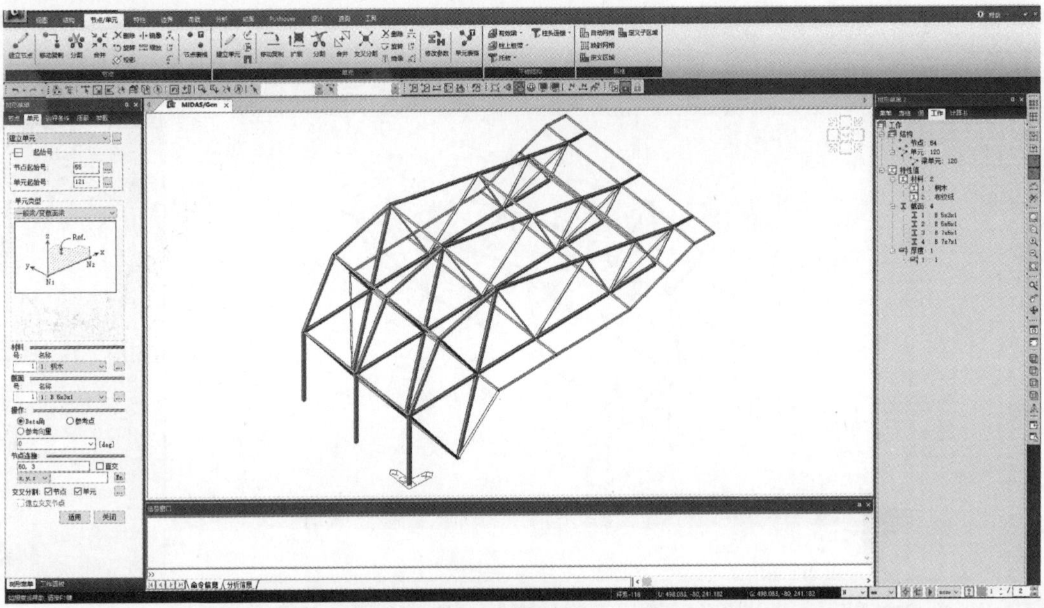

图16 建立单元

(7)主菜单>节点/单元>网格>自动网格>方法:线单元>网格尺寸:1000mm>单元类型:板>材料:布纹纸>厚度:1>快捷工具栏>多边形选择,分别选择各部分的构件>适用,如图17所示。

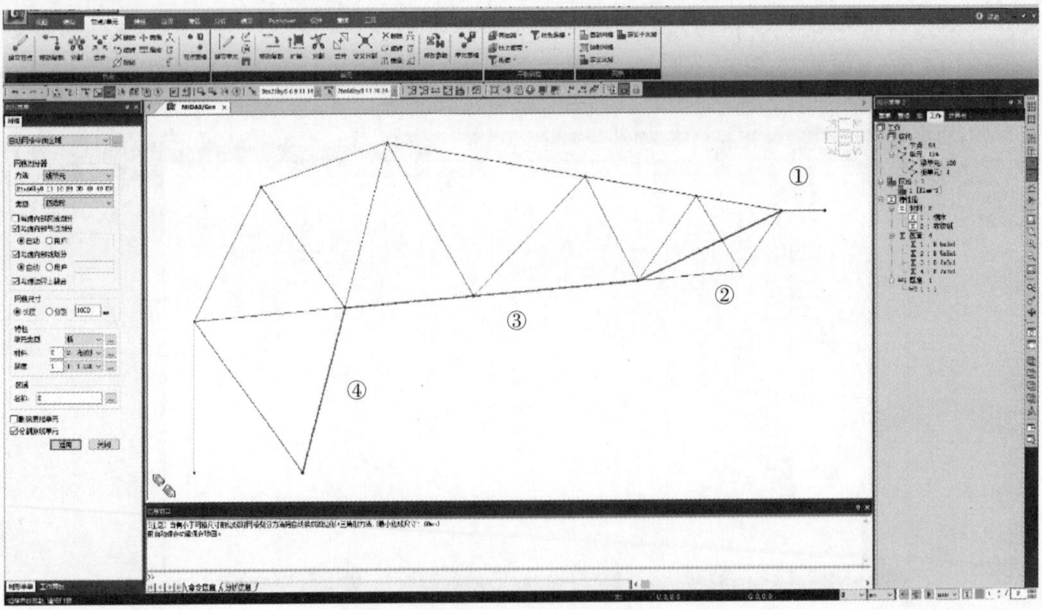

图17 划分网格

(8)主菜单>节点/单元>单元>删除单元 删除 >树形菜单工作>截面>双击B5×3×1截面,右键点击激活>快捷工具栏>窗口选择,选择构件93、94、109~120>适用>关闭,如图18所示。

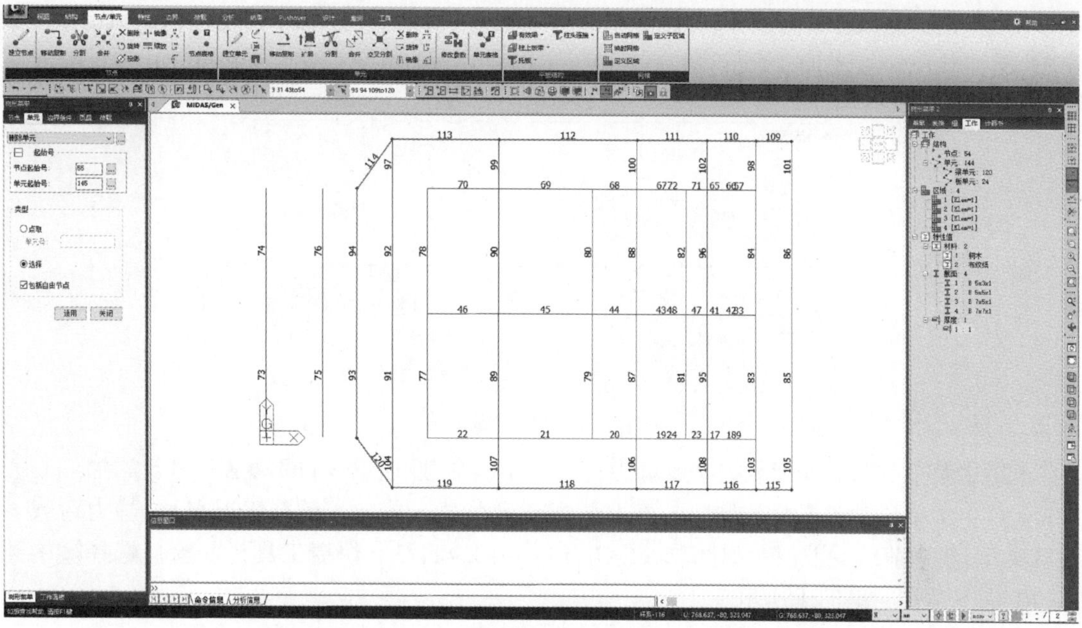

图 18 删除单元

2.4 定义边界条件

主菜单 > 边界 > 一般支承 > 选择:添加 > 勾选“D-ALL” > 勾选“Rx、Ry、Rz” > 窗口选择柱底节点 > 适用 > 关闭,如图 19 所示。

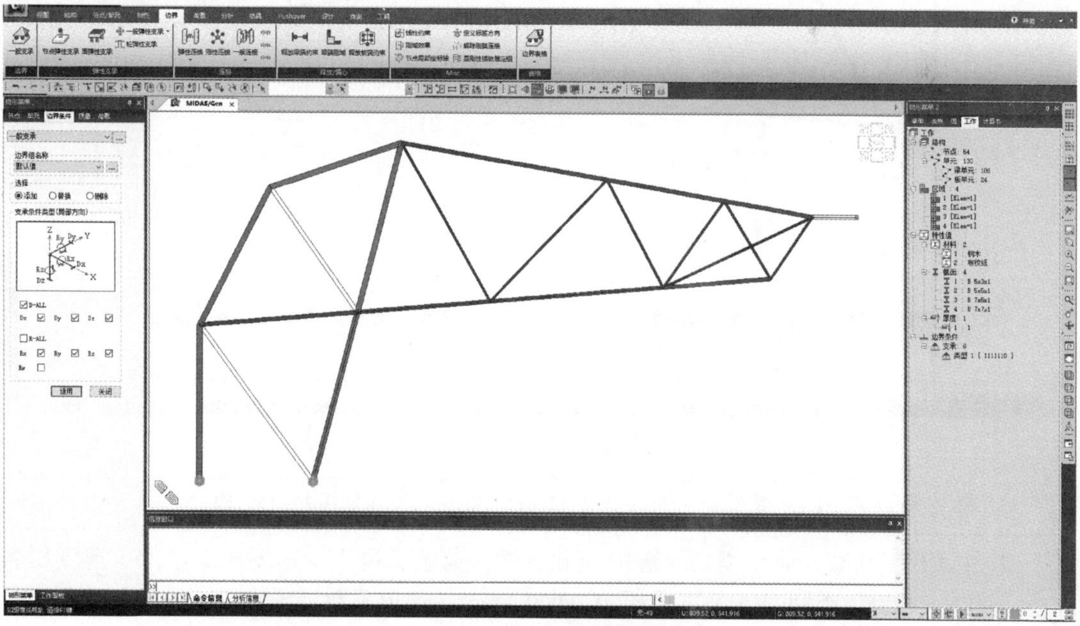

图 19 定义边界条件

2.5 定义荷载

(1)主菜单 > 荷载 > 荷载类型 > 静力荷载 > 建立荷载工况 > 静力荷载工况 > 名称:自

重 > 类型：恒荷载（D） > 添加 > 名称：静力荷载 > 类型：恒荷载（D） > 添加 > 名称：风荷载 9 > 类型：风荷载（W） > 添加 > 名称：风荷载 12 > 类型：风荷载（W） > 添加 > 关闭，如图 20 所示。

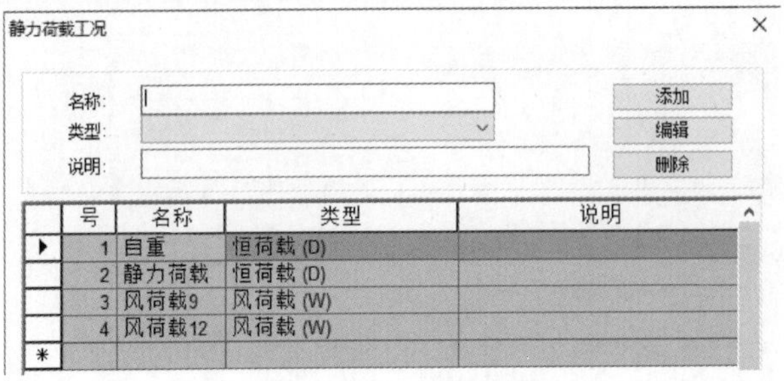

图 20　定义静力荷载工况

（2）主菜单 > 荷载 > 荷载类型 > 静力荷载 > 结构荷载/质量 > 自重 > Z = −1 > 添加。

（3）主菜单 > 荷载 > 荷载类型 > 静力荷载 > 梁荷载 > 单元 > 荷载工况名称：静力荷载 > 荷载类型：集中荷载 > 数值：绝对值 > x1：10，P1：−18.424/3 > 快捷工具栏 > 窗口选择构件 16、40、64 > 适用，如图 21 所示。

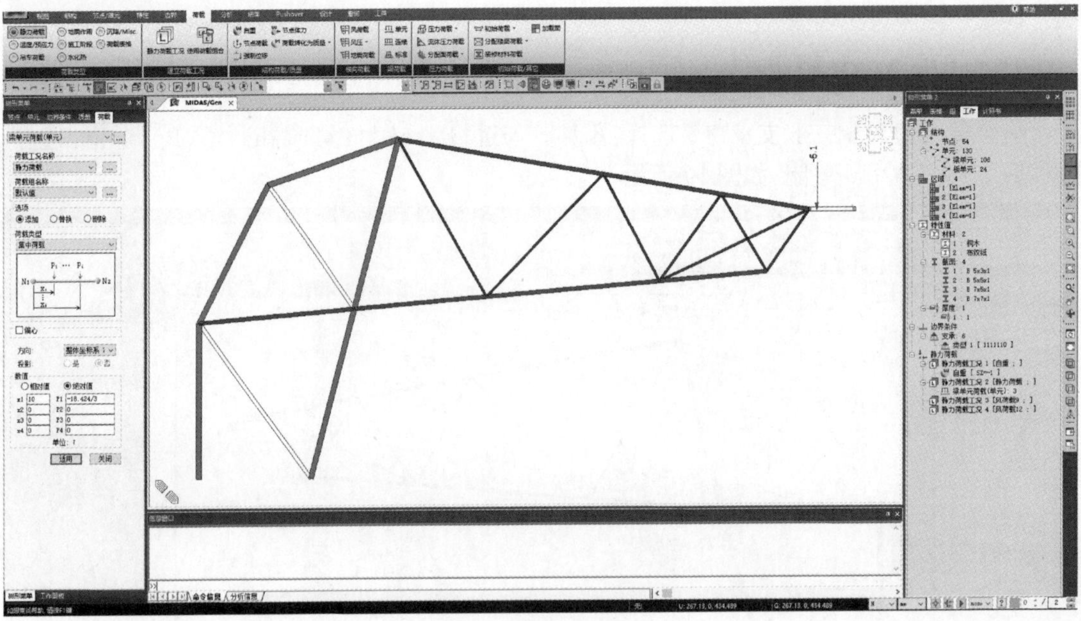

图 21　施加梁单元荷载

注：静力加载时，重物质量约 1.88kg，重量为 1.88kg × 9.8N/kg = 18.424N。

（4）主菜单 > 荷载 > 荷载类型 > 静力荷载 > 横向荷载 > 风压 > 速度压 > 添加 > 速度压名称：风荷载 9 > 粗糙度类别：A > 基本风压：0.0488kN/m² > 地形系数：1 > 确认 > 添加 > 速度压名称：风荷载 12 > 粗糙度类别：A > 基本风压：0.08676m² > 地形系数：1 > 确认，如图 22 所示。

注：基本风压需要根据竞赛提供的风速进行换算，基本公式为：$w_0 = \rho v_0^2/2$，式中，w_0 为基本风压，$\rho = 1.205\mathrm{kg/m^3}$ 为空气密度，v_0 为基本风速。

（5）主菜单 > 荷载 > 荷载类型 > 静力荷载 > 横向荷载 > 风压 > 面风压 > 荷载工况名称：

风荷载 9 > 方向：Normal > 内部节点选择中间柱脚节点 > 速度压名称：风荷载 9 > 顺风向基本周期和横风向基本周期：点击…默认设置点击确定 > 体形系数，cf：－1 > 选择：单元 > 单元类型：板 > 树形菜单 > 单元 > 板单元右键激活 > 快捷工具栏 > 窗口选择 121 ~ 140 号板单元 > 风荷载形状 > 调整风压宽度为 560mm，进深为 870mm > 关闭 > 适用，如图 23 所示。

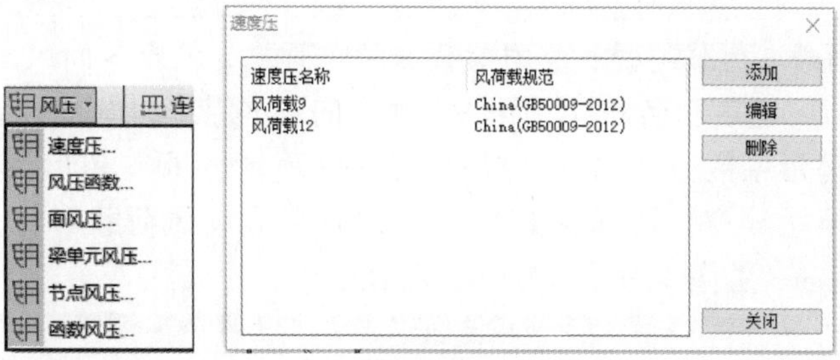

图 22 定义风压

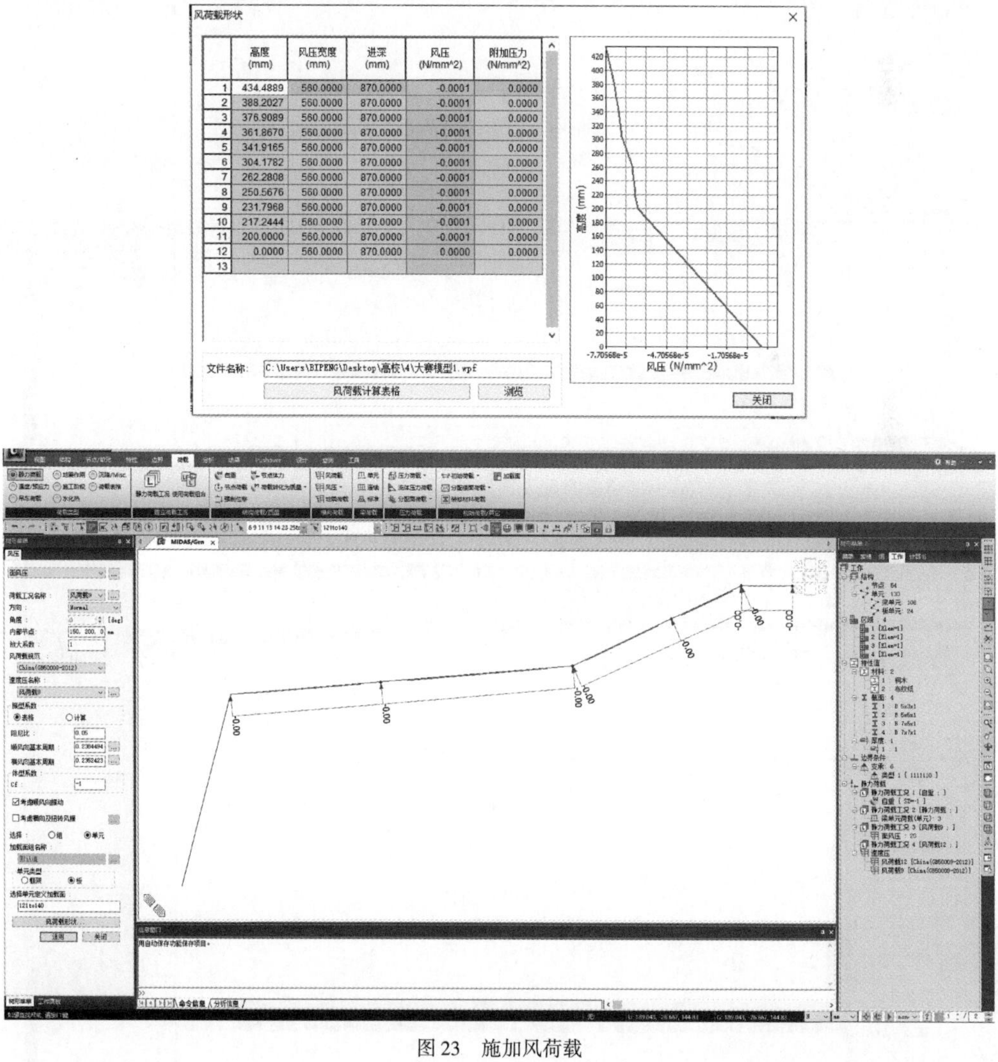

图 23 施加风荷载

注：①当风荷载形状相反时，可以改变体形系数正负号来改变风荷载加载方向。

②当风荷载形状出现交错方向时，删除已经添加的风荷载，调整内部节点后再次添加。

③风荷载较小，由于显示问题，显示为0.00。实际上，有相应的风荷载数值。

④顺风向基本周期和横风向基本周期的取值，可以按规范给出的估算公式进行估算，也可以先使用 midas Gen 做特征值分析求出基本周期，再手动填入到该处。

(6)主菜单 > 荷载 > 荷载类型 > 静力荷载 > 横向荷载 > 风压 > 面风压 > 荷载工况名称：风荷载9 > 方向：X-Y > 速度压名称：风荷载9 > 顺风向基本周期和横风向基本周期：点击默认设置点击确定 > 体形系数，cf：-1 > 选择：单元 > 单元类型：板 > 树形菜单 > 单元 > 板单元右键激活 > 快捷工具栏 > 窗口选择 141 ~ 144 号板单元 > 风荷载形状 > 调整风压宽度为 560mm，进深为 870mm > 关闭 > 适用，如图 24 所示。

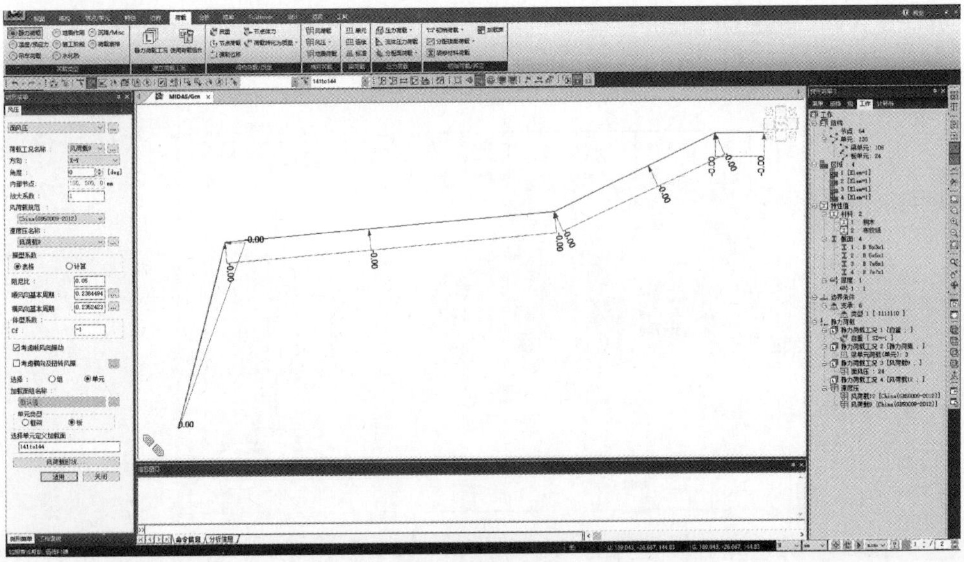

图 24　施加面风压

(7)重复上述第(5)步和第(6)步，将风荷载12工况加载到模型上，如图 25 所示。

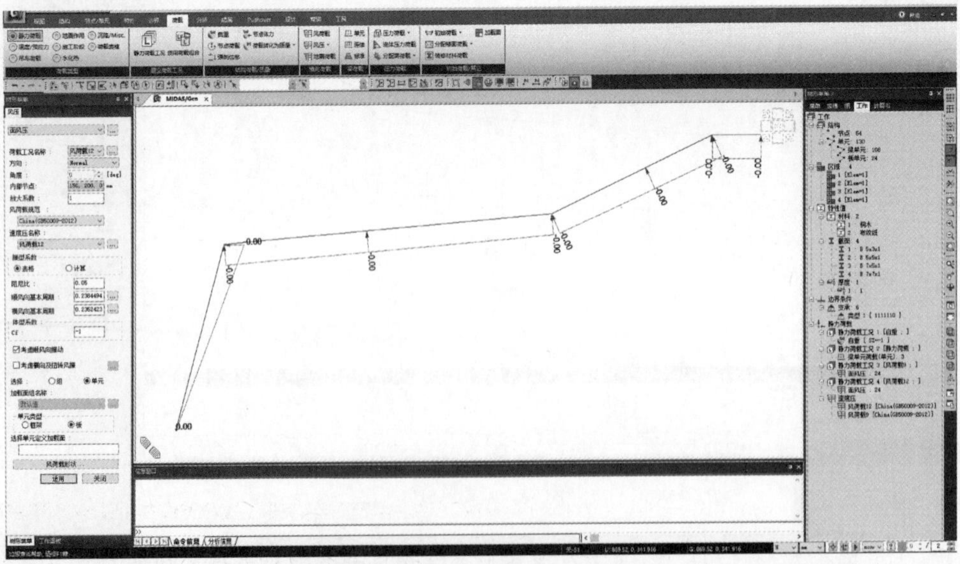

图 25　施加面风压

2.6 运行分析

主菜单 > 分析 > 运行分析，或者直接点击快捷菜单中的运行分析，如图 26 所示。

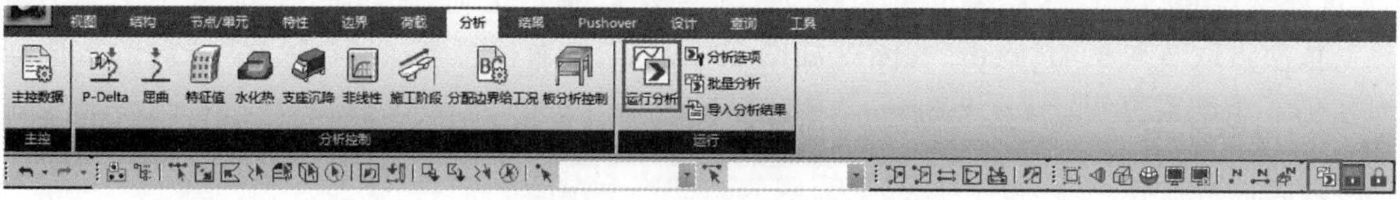

图 26 运行分析及前后处理模式切换

2.7 定义荷载组合

主菜单 > 结果 > 组合 > 荷载组合 > 名称：静力荷载工况 > 荷载工况和系数：自重，1.0；静力荷载，1.0 > 名称：风荷载 9 > 荷载工况和系数：自重，1.0；风荷载 9，1.0 > 名称：风荷载 12 > 荷载工况和系数：自重，1.0；风荷载 12，1.0，如图 27 所示。

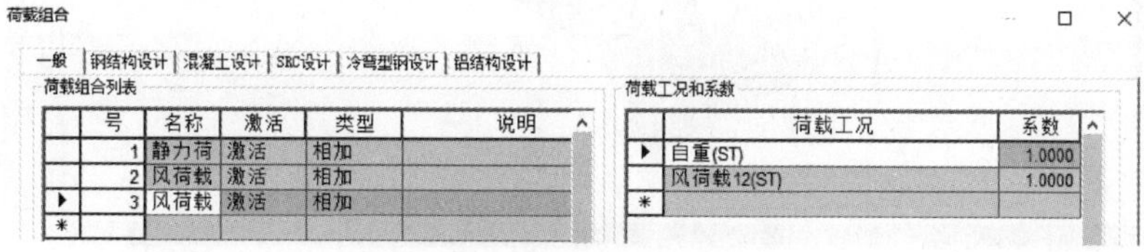

图 27 生成荷载组合

2.8 分析结果

(1) 主菜单 > 结果 > 结果 > 变形 > 位移等值线 > “荷载工况/荷载组合”选择“CB：静力荷载”，“位移”选择“DZ”，“显示类型”勾选“等值线、变形、图例”，点击“适用”，如图 28 所示。

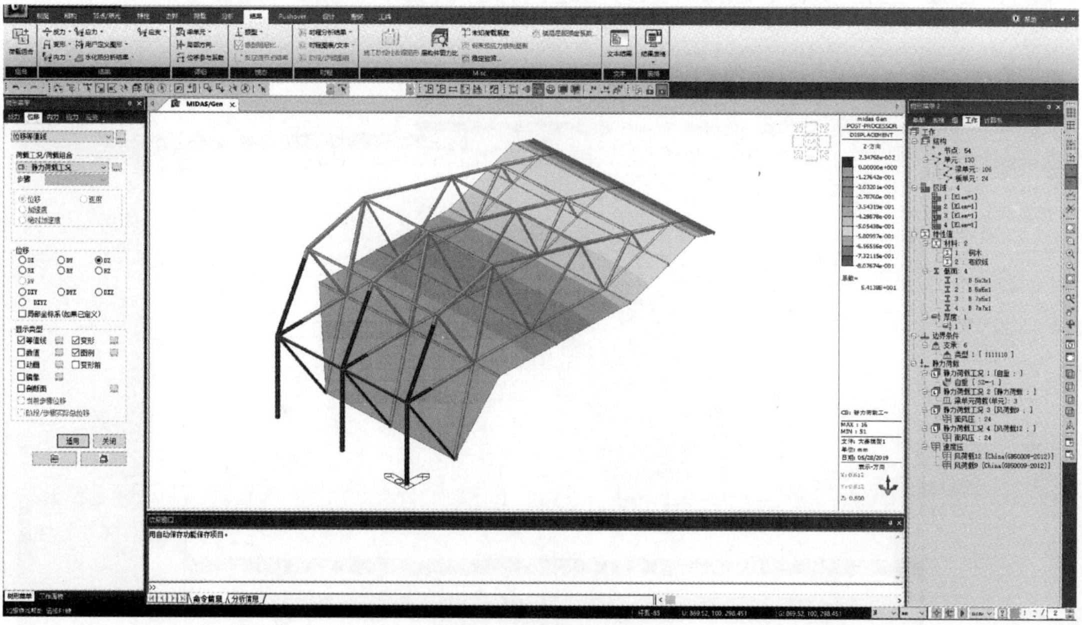

图 28 查看位移结果

注：位移等值线只能查看整体结构的位移趋势和大致的数值，若要查看更为准确的数值，需要根据下一步的方法来查看。

(2)主菜单>结果>结果>变形 >查看位移>"荷载工况/荷载组合"选择"CB：静力荷载"，依次点取节点9、41，点击"关闭"，如图29所示。查看信息窗口，其中，DZ方向的数值即为d_1值。由结果得到d_1 = 0.8038mm，方向向下。

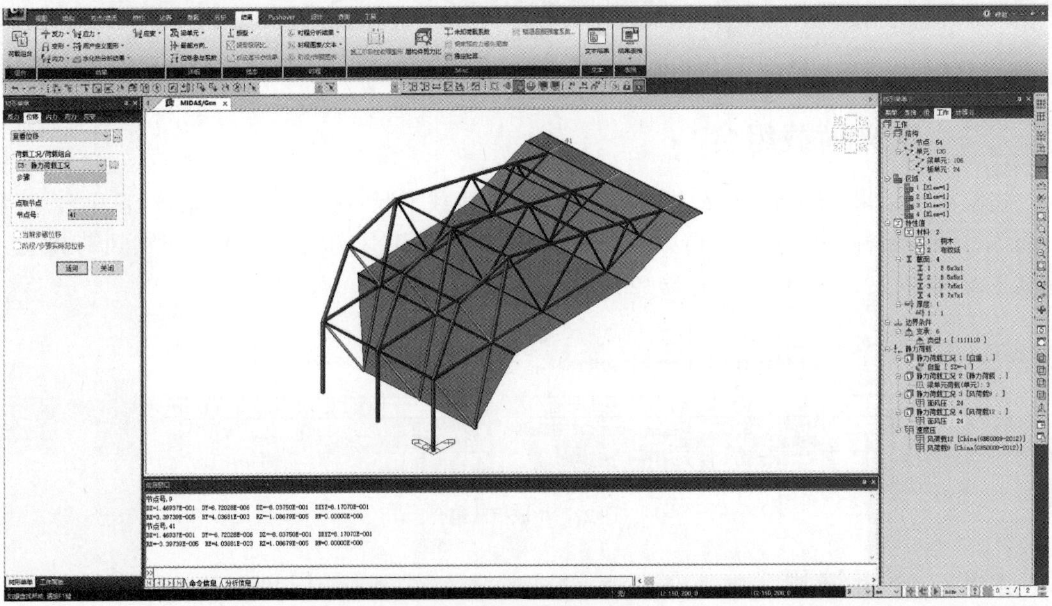

图29　查看节点结果

(3)主菜单>结果>结果>变形 >位移等值线>"荷载工况/荷载组合"选择"CB：风荷载"，"位移"选择"DZ"，"显示类型"勾选"等值线、变形、图例"，点击"适用"，如图30所示。

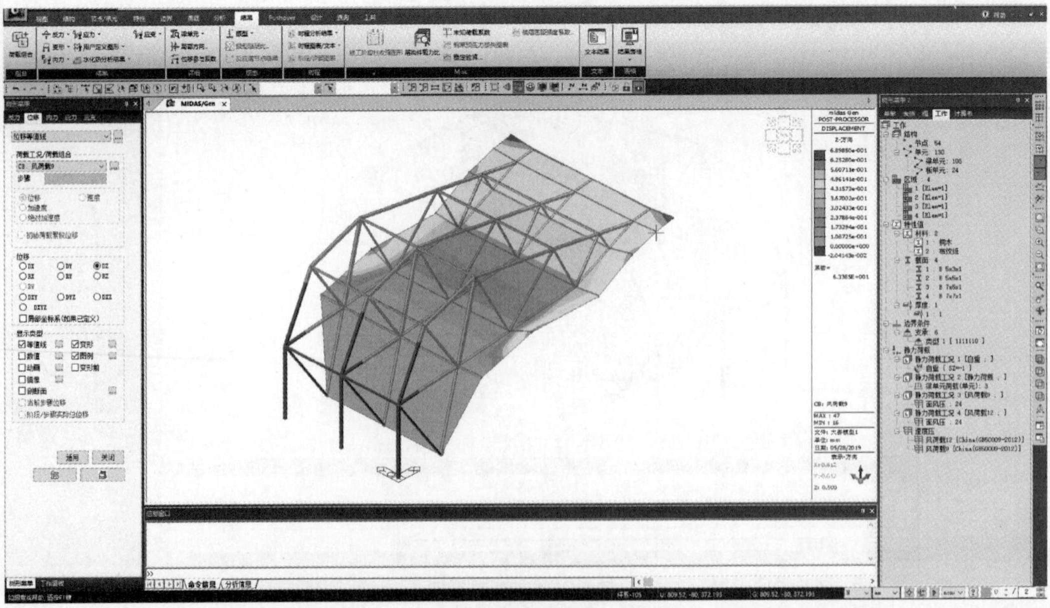

图30　查看位移结果

(4)主菜单 > 结果 > 结果 > 变形 > 查看位移 > "荷载工况/荷载组合"选择"CB:风荷载",依次点取节点 9、41,点击"关闭",如图 31 所示。查看信息窗口,其中 DZ 方向的数值即为 d_2 值。由结果得到 $d_2 = 0.5687$mm,方向向上。

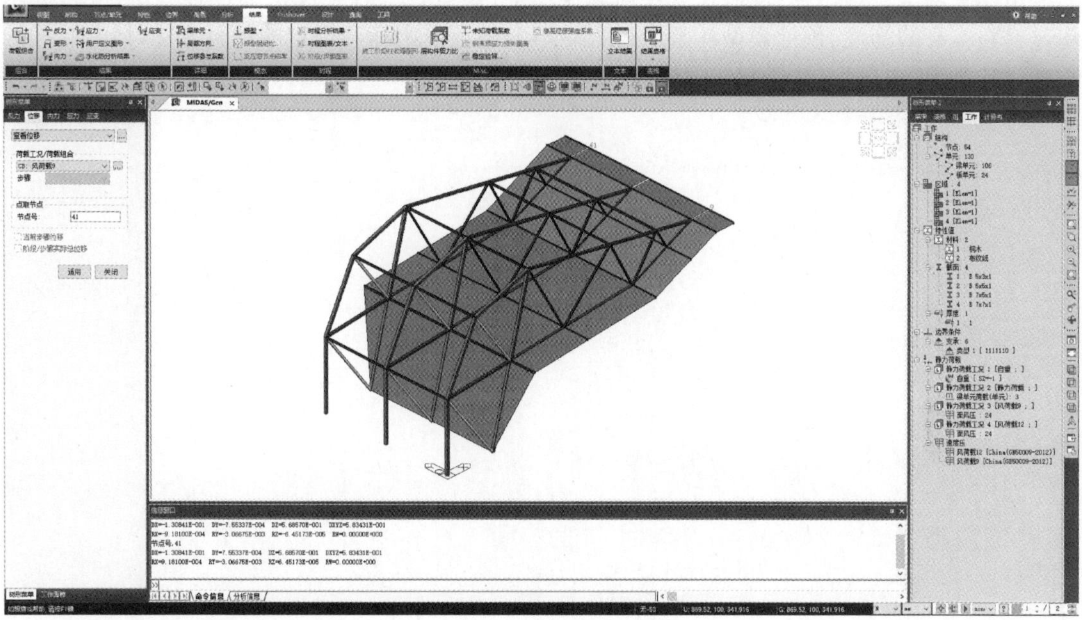

图 31　查看节点位移

(5)主菜单 > 结果 > 结果 > 应力 > 梁单元应力 > "荷载工况/荷载组合"选择"CB:风荷载 12","应力"选择"组合应力","显示类型"勾选"等值线、变形、图例",点击"适用",如图 32 所示。由结果可知,杆件最大拉应力为 4.74N/mm^2,最大压应力为 6.42N/mm^2。

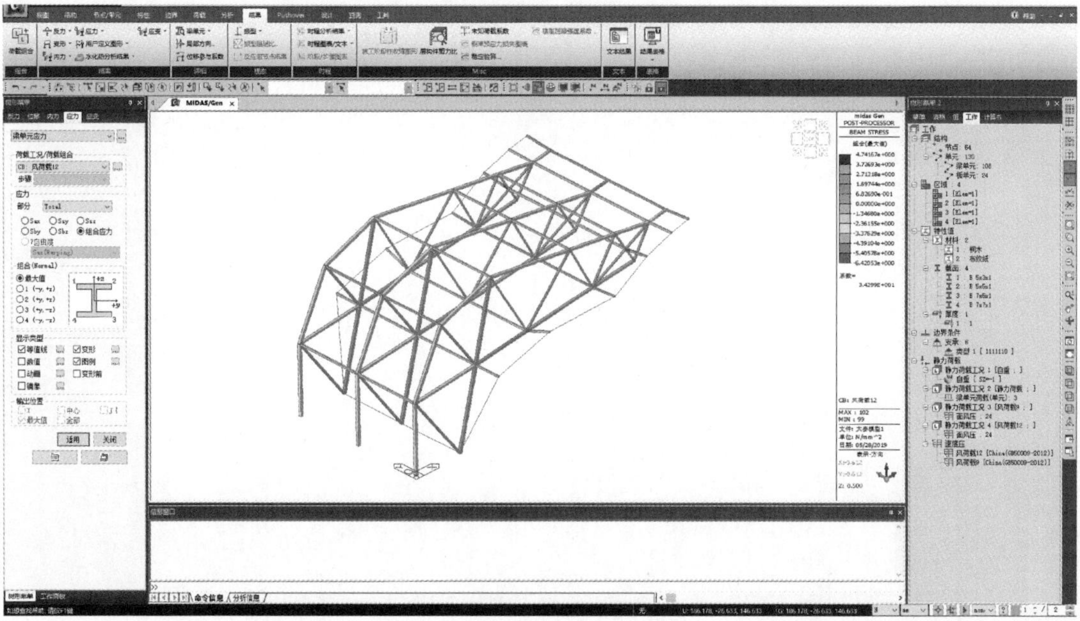

图 32　查看梁单元应力结果

3　计算结果分析

由以上模型分析结果可知，在规定荷载作用下，模型在三种工况下的位移较小，应力值未超过材料本身的强度，预计模型在整个过程中不会破坏。由竞赛规定的计算方法可知，结构的综合位移为 $D = 0.5 \times (0.8038 + 0.5678) = 0.68625\mathrm{mm}$。

第二届全国大学生结构设计竞赛
——两跨双车道桥梁结构

1 赛题分析

本例题利用 midas Civil 建模功能建立两跨双车道桥梁的整体分析模型,施加相应的移动荷载,最终得到结构在组合工况下的最大挠度。

在模型的模拟过程中,希望能让读者了解有限元模拟的主要思路及注意事项,对于结构主要受力构件的受力状态有整体的认识,同时对移动荷载的加载方式及主要计算原理有更直观的理解。

1.1 材料

模型制作材料为竞赛组委会统一提供的 $230g/m^2$ 巴西白卡纸、铅发丝线(鞋底)和白胶。

1.2 模型

本届竞赛考察大跨桥梁的结构设计,并进行移动小车加载,这有助于读者对影响线内容的理解。根据赛题的要求,本桥(图 1)上部结构采用 2×1017.5mm = 2035mm 的跨径组合,纵向 4 片主梁,主梁间距 90mm,主梁之间通过横梁和桥面系连接,从而形成整体结构受力的状态。

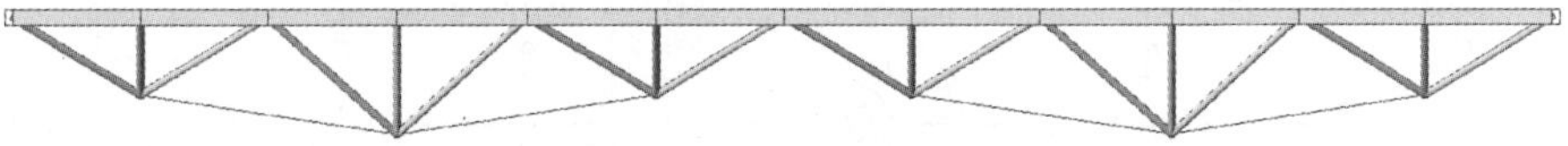

图 1 竞赛模型示意图

下部结构墩柱采用圆管形截面,其中跨中位置中间墩柱高 150mm,两侧墩柱高 100mm。墩底采用铅发丝线(鞋底)连接,其他位置采用白胶连接。

模型的长度不得大于 2035mm,模型的外轮廓横向最大宽度不得大于 300mm,桥面设置两个车道,每个车道宽不得小于 100mm,因两车道之间设有行车导索,所以车道之间不能有立柱、拉索一类的构件。桥面以下的模型高度不得大于 150mm,桥面高差不得大于 20mm。

1.3 荷载

(1)模型加载试验采用两辆重量相同的小车(图 2、图 3),分别行驶在同方向的不同车道上。当第一辆小车匀速行驶到距离出发点为 1m 时,第二辆小车开始起动。每当小车到达模型较大跨跨中时(如两跨相同,则为行驶方向第二跨),小车必须停止10s,同时测量跨中位移,然后继续匀速缓慢通行,整个加载过程的总时间不得超过150s。小车由参赛选手牵引,牵引过程中不允许接触小车。

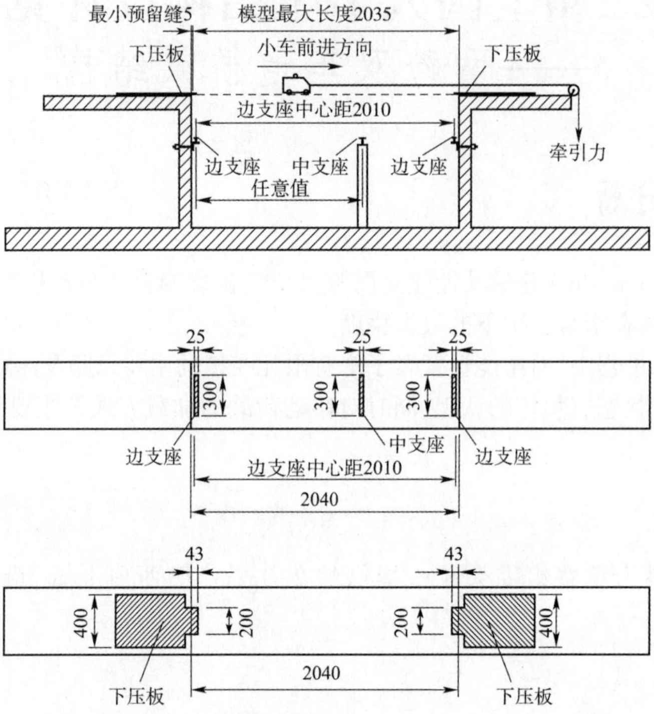

图2 加载装置示意图(尺寸单位:mm)

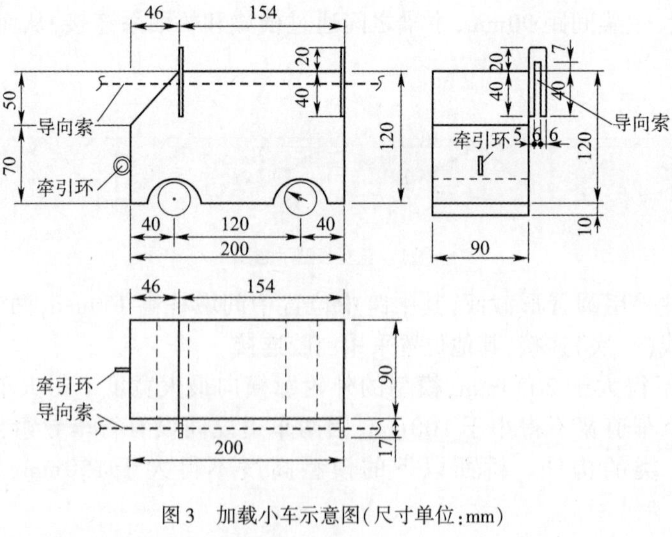

图3 加载小车示意图(尺寸单位:mm)

(2)加载小车质量分为6kg、7kg、8kg、9kg、10kg五个级别,参赛队只有两次加载机会,赛前需报告第一次加载质量级别,各队可视第一次加载情况在现场决定第二次加载质量级别。

(3)加载小车外轮廓最大尺寸为长 200mm、宽 90mm、高 150mm,小车有前后两个车轮,车轮中心轴距离为 120mm,前后轮均为圆柱体,圆柱高度为 80mm,车体底平面距离地面 15mm,如图 4 所示。

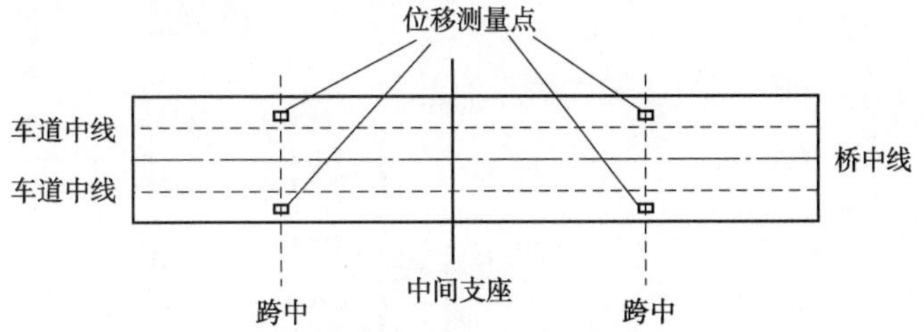

图 4　位移测量点位置示意图

1.4　边界条件

加载装置设置 3 个支座,位于一条直线上,外侧两个支座的中心距为 2010mm,中间支座位于外侧两支座之间的任意位置。支座沿顺桥方向宽度为 25mm,支座沿横桥方向长度为 300mm。3 个支座均可为模型提供竖向支承,不提供水平作用力和转动约束,各支座均可以根据需要调整高度。

1.5　结果

比赛中要保证模型跨中最大竖向位移不超过规定限值 20mm,并且保证主要构件的稳定性,不会因为失稳、结构变形过大和破坏等原因,使小车滑落或使除小车车轮外的其他部分与桥面板或桥梁的其他构件接触。

2　建立模型

2.1　设定操作环境及定义材料和截面

(1)双击 midas Civil 图标,打开 Civil 程序 > 主菜单 > 新项目 > 保存 > 文件名:大赛模型 > 保存。

(2)主菜单 > 工具 > 单位体系 > 长度:mm,力:N > 确定。亦可在模型窗口右下角点击图标 N mm 的下拉三角,修改单位体系,如图 5 所示。

(3)主菜单 > 特性 > 材料特性值 > 添加 > 名称:230k > 设计类型:用户定义 > 规范:无 > 弹性模量:$2 \times 10^3 N/mm^2$,泊松比:0,容重:0 > 适用。

主菜单 > 特性 > 材料特性值 > 添加 > 名称:铅发丝线 > 设计类型:用户定义 > 规范:无 > 弹性模量:$1.63 \times 10^3 N/mm^2$,泊松比:0,容重:0 > 确认,如图 6 所示。

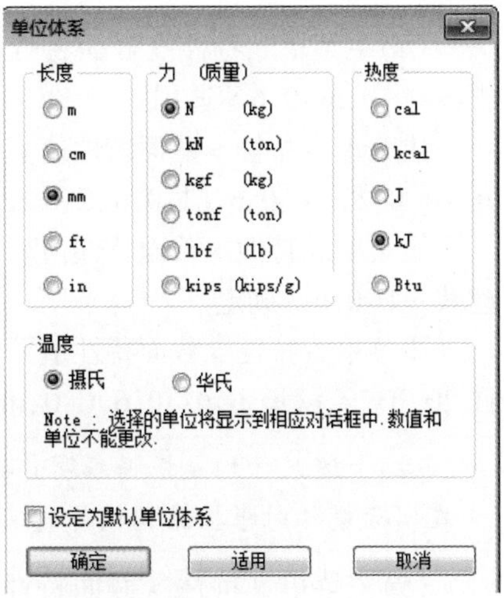

图 5　定义单位体系

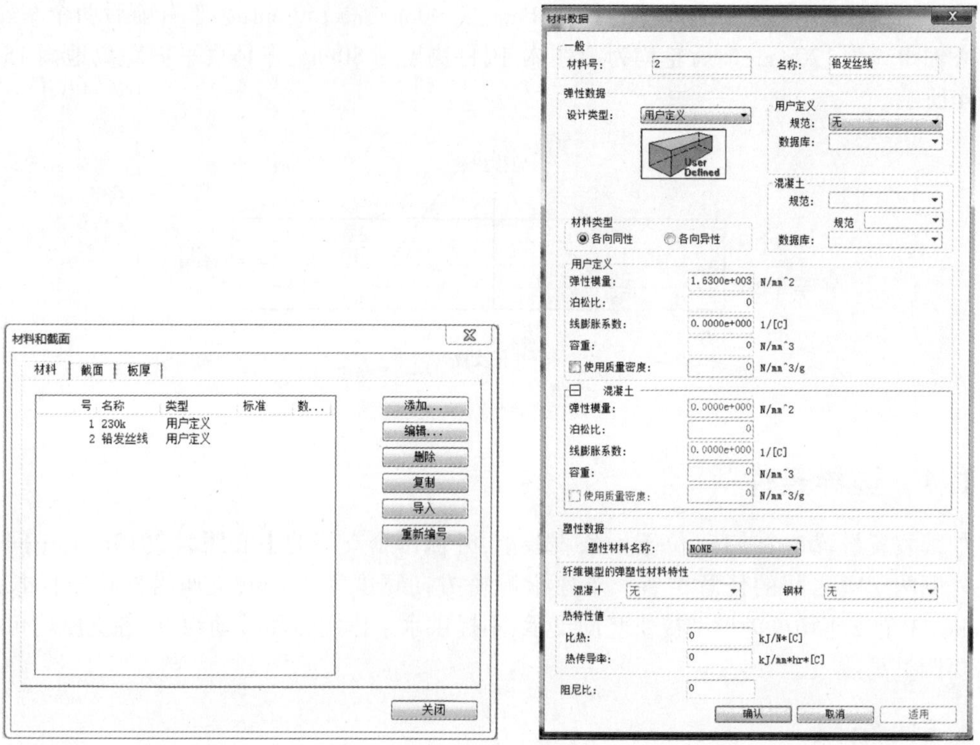

图6　定义材料

注:①根据赛题要求,本模型给定的材料为230g/m^{2}巴西白卡纸、铅发丝线(鞋底)和白胶。白胶主要用于结构构件之间的连接,有限元模型中不会用到该材料,所以只需要定义另外两种材料的特性即可。

②由于没有查到230g/m^{2}巴西白卡纸的弹性模量,所以在定义的时候暂定一个数值,该数值不能作为其他模型模拟的参考。

③两种材料容重定义为0,即不计两者产生的自重效应,后面在荷载部分会说明这样设置的原因。

(4)主菜单>特性>截面特性值>添加>数据库/用户>管型截面>用户>名称:墩柱>D:10,tw:0.6>适用。

主菜单>特性>截面特性值>添加>数据库/用户>箱型截面>用户>名称:纵梁>H:20,B:20,tw:0.6,tf1:0.6,C:0,tf2:0.6>确定。

主菜单>特性>截面特性值>添加>数据库/用户>实腹圆形截面>用户>名称:铅发丝线>D:0.6>确定。

主菜单>特性>截面特性值>添加>数据库/用户>箱型截面>用户>名称:横梁>H:20,B:20,tw:0.6,tf1:0.6,C:0,tf2:0.6>确定,如图7所示。

注:上述尺寸均是根据参赛作品的照片大致拟合的尺寸,和实际截面尺寸可能不一致,读者在实际模拟时根据结构构件的实际尺寸来定义即可。

(5)主菜单>特性>截面特性值>板厚>添加>面内和面外:0.6>确定,如图8所示。

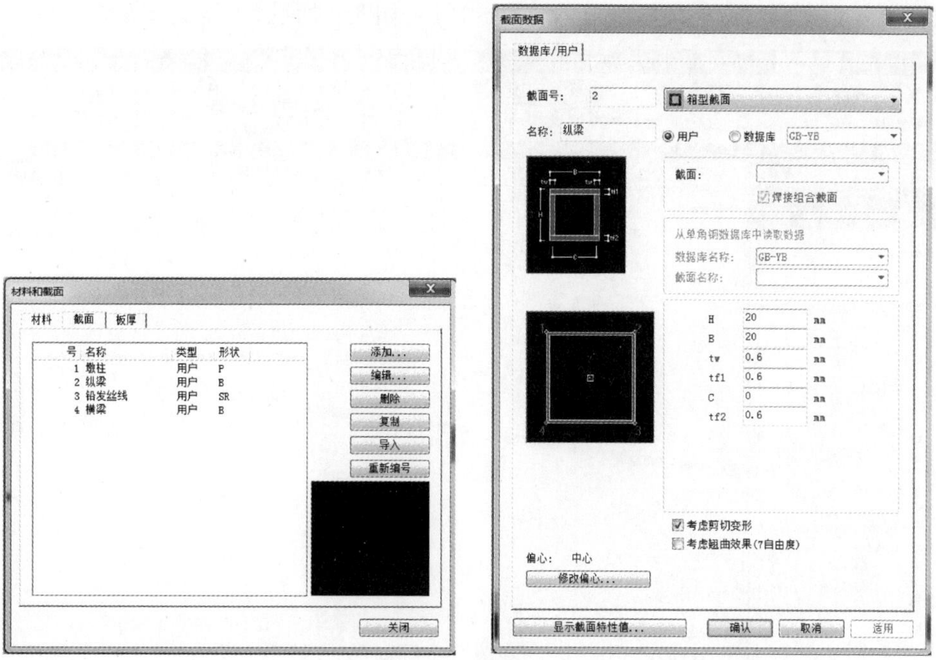

图7　定义截面

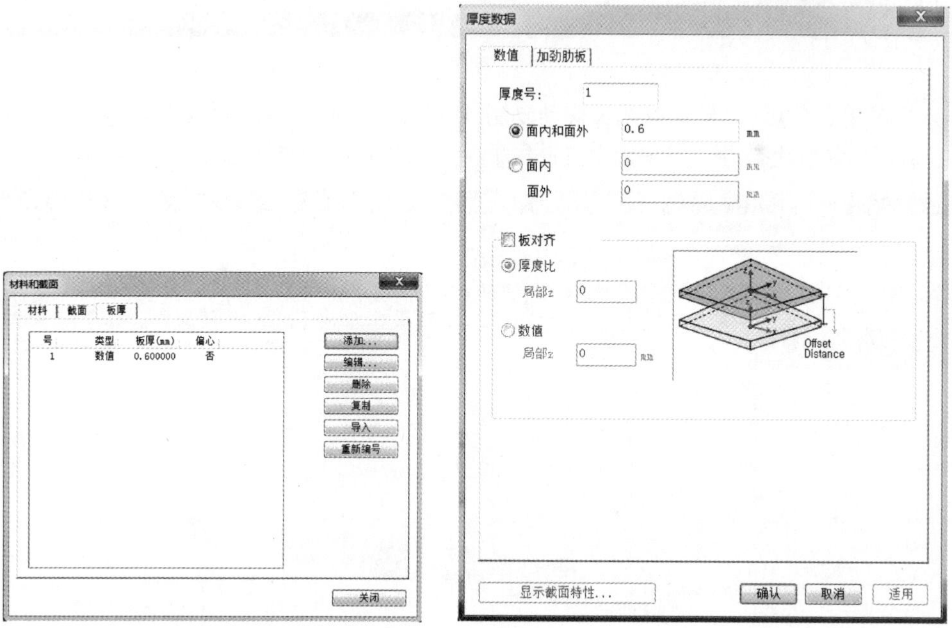

图8　定义厚度

2.2　建立大赛模型

(1)主菜单 > 节点/单元 > 节点 > 建立节点 > 坐标(x,y,z)中分别输入(0,0,0) > 点击适用或 Enter 键。

(2)主菜单 > 节点/单元 > 单元 > 扩展 > 扩展类型:节点→线单元 > 单元类型:梁单元 > 材料:1230k > 截面:2 纵梁 > 生成形式:复制和移动 > 等间距,(dx,dy,dz):(2035,0,0) >

复制次数:1 > 在模型窗口中选择生成的节点 > 适用,如图 9 所示。

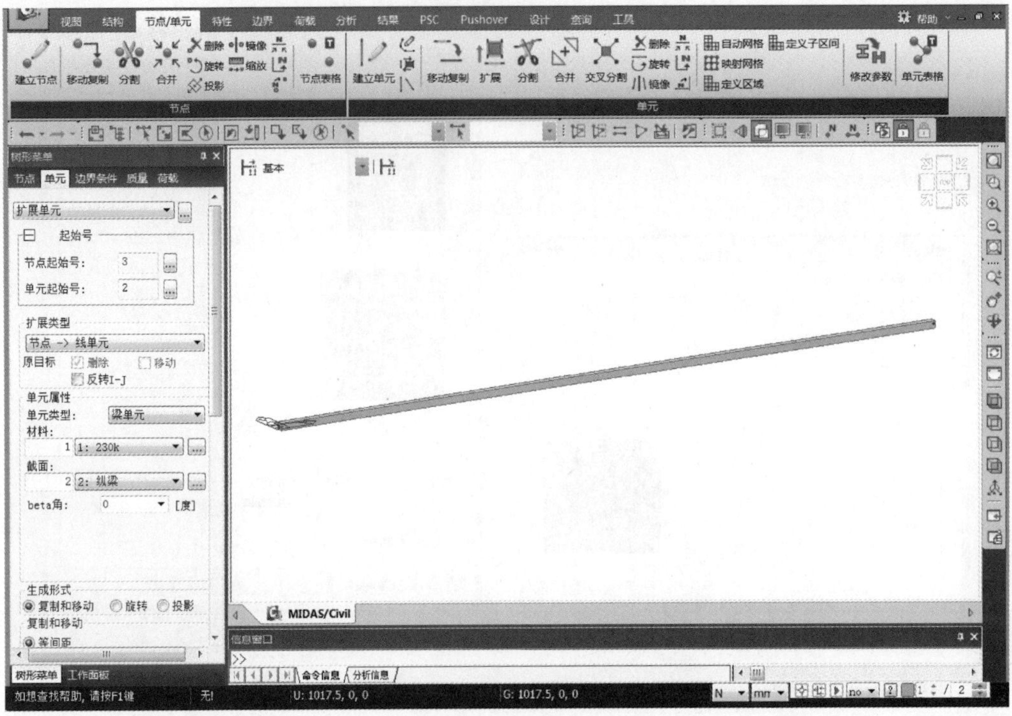

图 9　生成主梁

(3) 主菜单 > 节点/单元 > 单元 > 移动复制 > 形式:复制 > 等间距 > 方向,(dx,dy,dz):(0,90,0) > 适用 > 复制次数:3 > 点击窗口选择上一步骤生成的梁单元 > 适用,如图 10 所示。

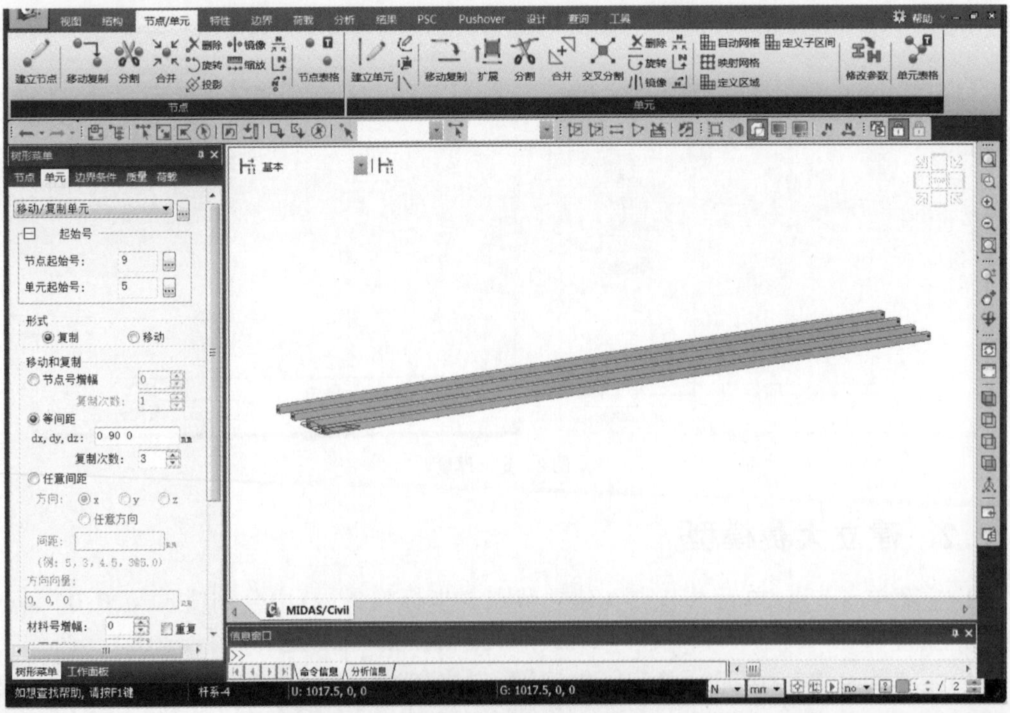

图 10　复制主梁

(4)主菜单 > 节点/单元 > 分割 > 单元类型:线单元 > 等间距,x 方向分割数量:12 > 点击选取单元 > 适用,如图 11 所示。

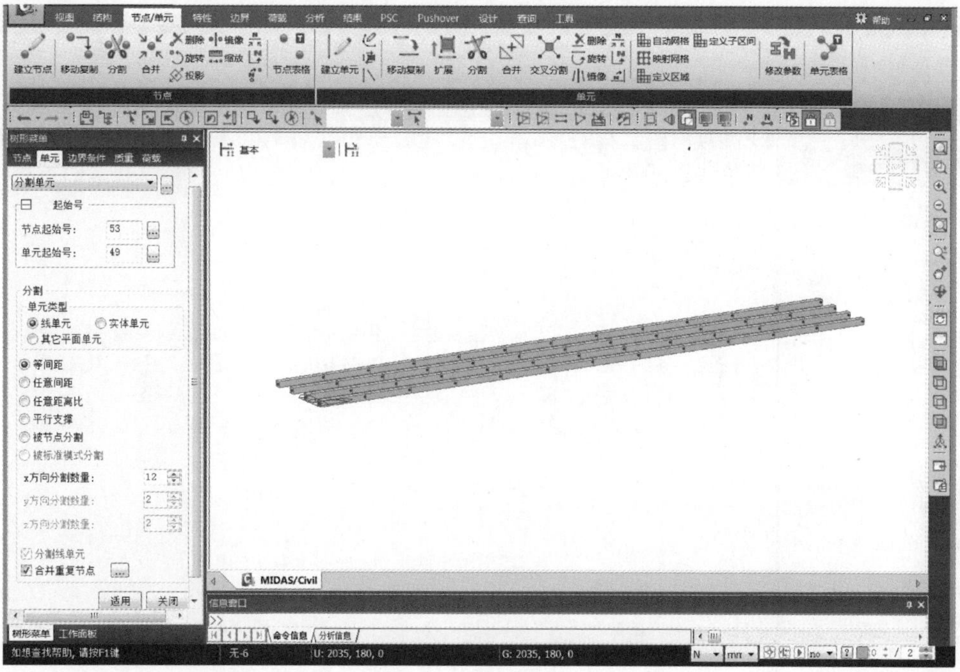

图 11　分割单元

(5)主菜单 > 节点/单元 > 单元 > 建立单元 > 单元类型:一般梁/变截面梁 > 材料名称:1230k > 截面名称:4 横梁 > 交叉分割:节点和单元都勾选 > 节点连接:(1,7)(模型窗口捕捉节点),建立梁单元,如图 12 所示。

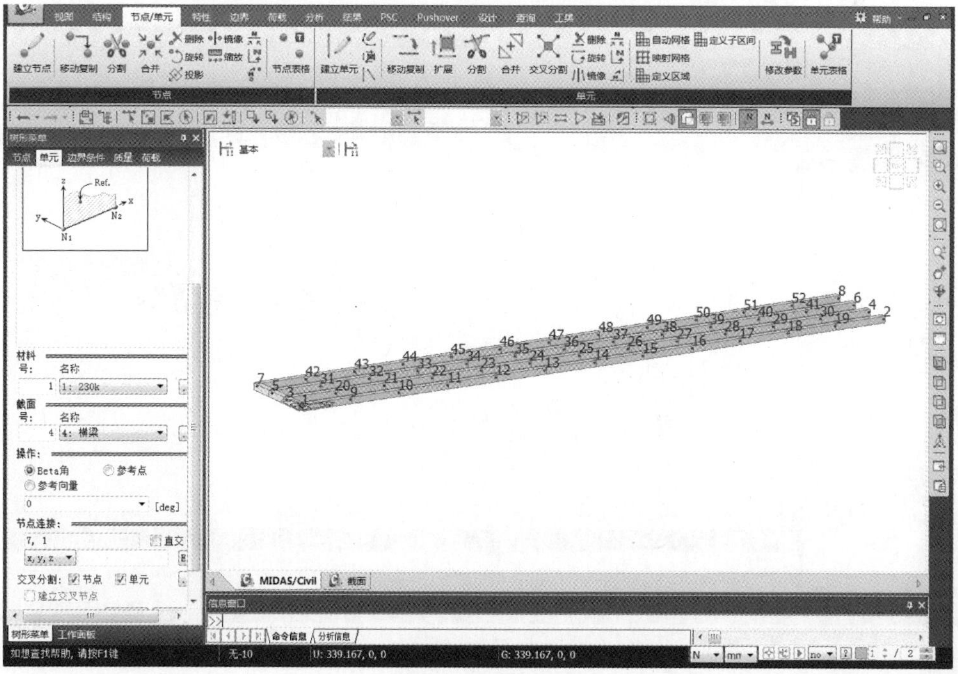

图 12　建立横梁

(6)主菜单 > 节点/单元 > 单元 > 移动复制 > 形式:复制 > 等间距 > 方向,(dx,dy,dz):(169.5833,0,0) > 适用 > 复制次数:12 > 点击选择最新建立的个体 > 适用,如图 13 所示。

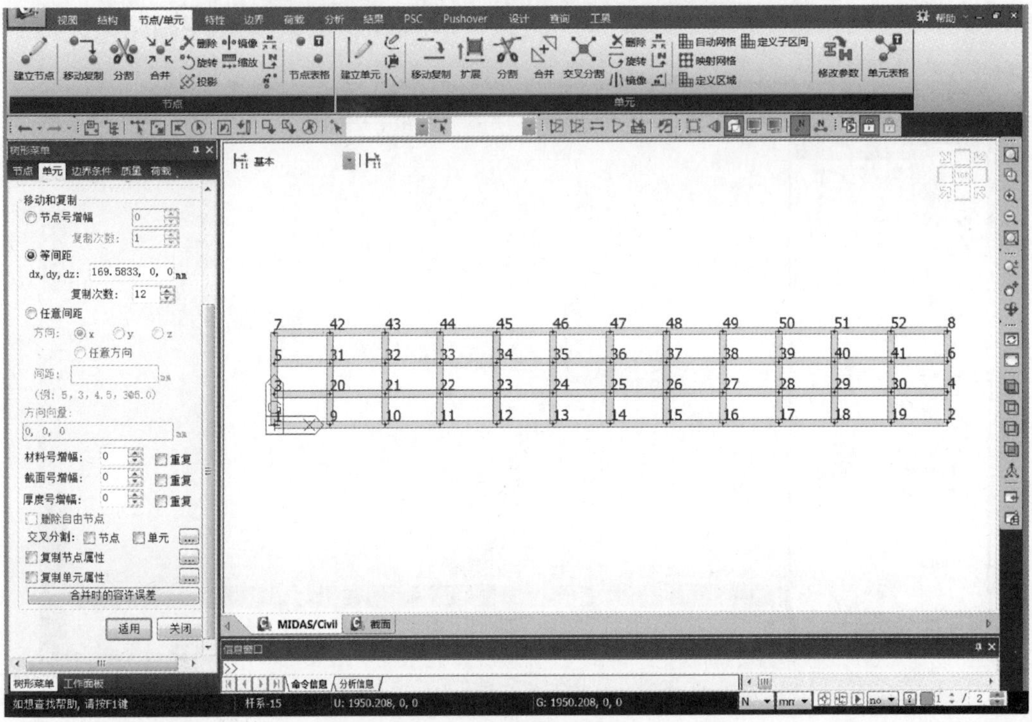

图 13　复制横梁单元

(7)主菜单 > 节点/单元 > 节点 > 移动复制 > 形式:复制 > 等间距 > 方向,(dx,dy,dz):(0,-45,-150) > 复制次数:1 > 模型窗口选择节点 31、33、35、37、39、41 > 适用,如图 14 所示。

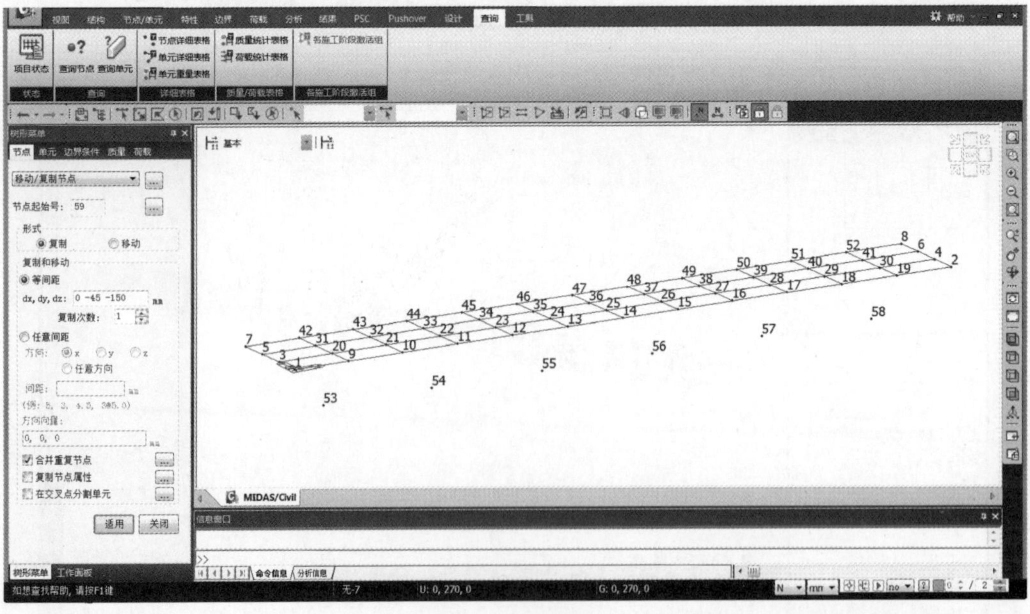

图 14　复制节点

注：为了方便模型选取，可以点击消隐查看单元。

(8)主菜单 > 节点/单元 > 节点 > 移动复制 > 形式：移动 > 等间距 > 方向，(dx,dy,dz)：(0,0,50) > 模型窗口选择节点 53、55、56、58 > 适用，如图 15 所示。

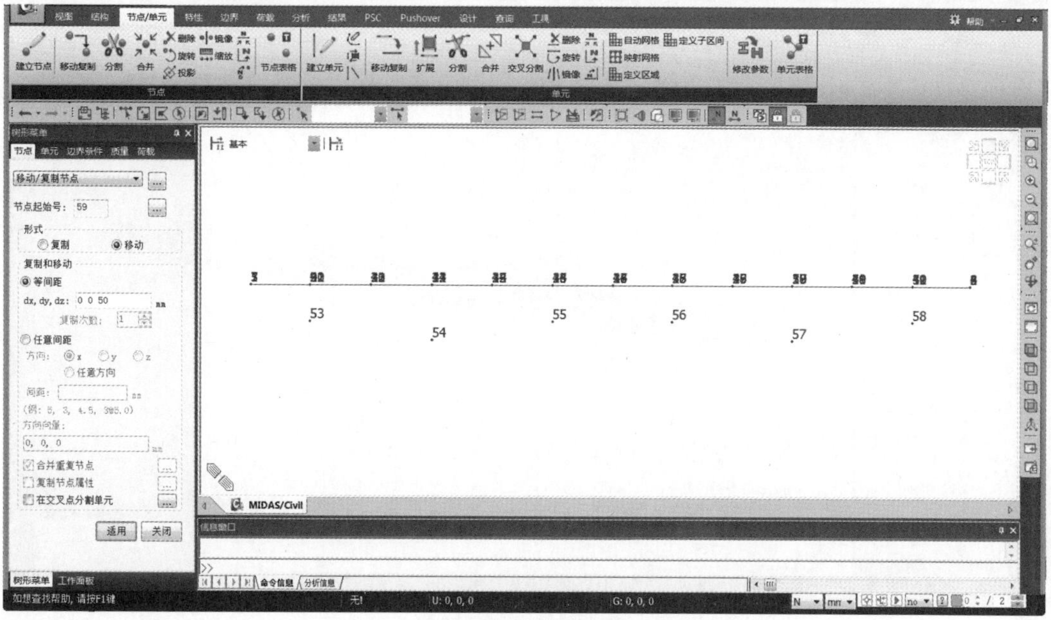

图 15　移动节点

(9)主菜单 > 节点/单元 > 单元 > 建立单元 > 单元类型：一般梁/变截面梁 > 材料名称：1230k > 截面名称：1 墩柱 > 交叉分割：节点和单元都勾选 > 节点连接：模型窗口捕捉节点，建立梁单元，如图 16 所示。

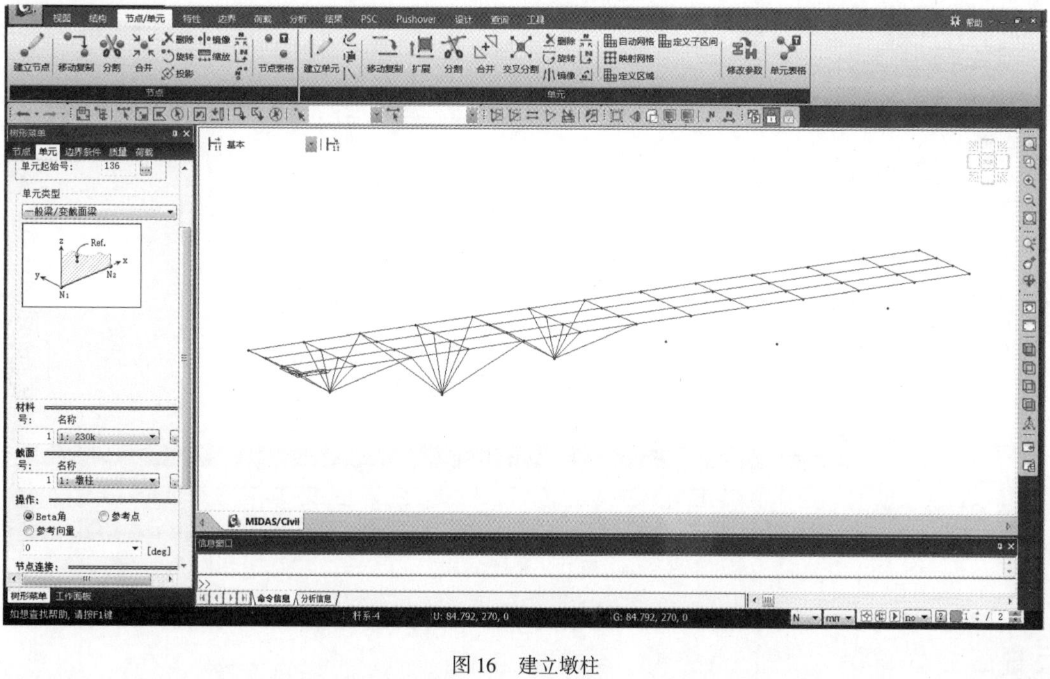

图 16　建立墩柱

(10)主菜单 > 节点/单元 > 单元 > 镜像 > 形式:复制 > 镜像平面:y-z 平面,x:1017.5(可在模型窗口点击节点 47 与节点 14,获得两点间距离) > 模型窗口选择建立的墩柱梁单元 > 适用,如图 17 所示。

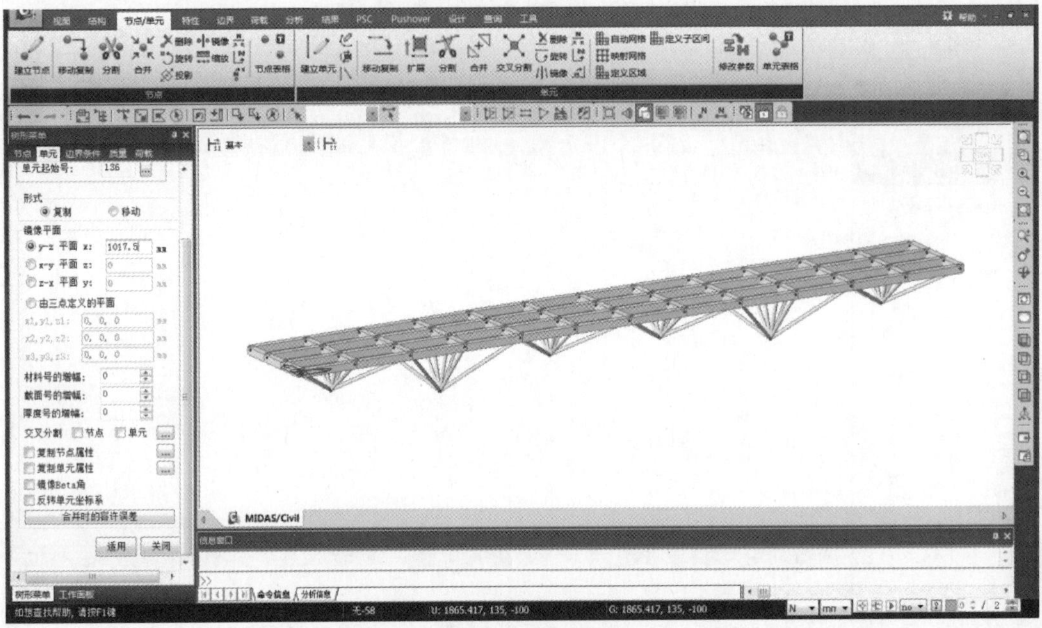

图 17　镜像建立墩柱

(11)主菜单 > 节点/单元 > 节点 > 移动复制 > 形式:复制 > 等间距 > 方向,(dx,dy,dz):(0,0,10) > 复制次数:1 > 点击窗口选择框红处节点 > 适用,如图 18 所示。

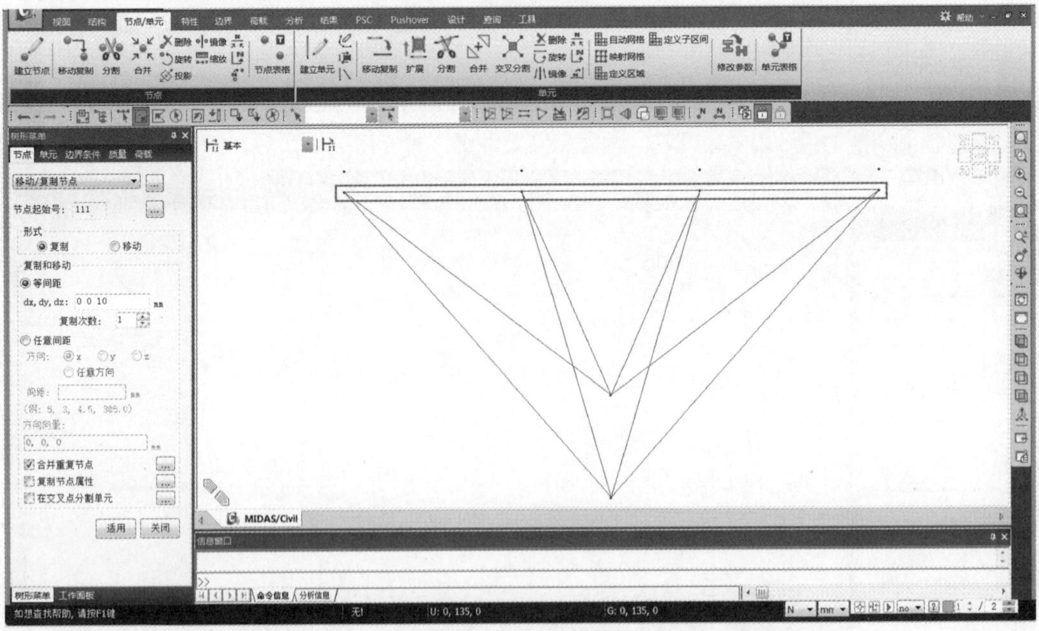

图 18　复制节点

(12)在快捷图标栏中点击"最新建立的个体",将刚刚复制的节点选择并激活(点击 F2 键)。

(13)主菜单 > 节点/单元 > 单元 > 建立单元 > 单元类型:板 > 材料名称:1230k > 厚度:10.6 > 节点连接:模型窗口捕捉四个角点,建立板单元,如图19所示。

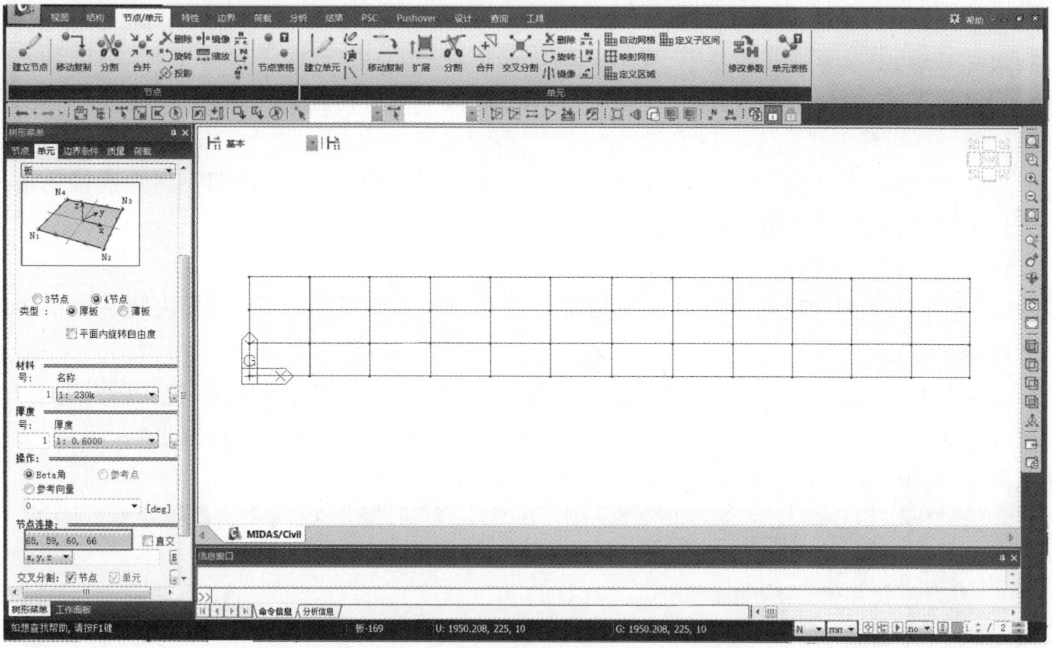

图19　建立板单元

(14)快捷图标栏中点击全部激活键(Ctrl + A),点击消隐。

(15)主菜单 > 节点/单元 > 单元 > 建立单元 > 单元类型:一般梁/变截面梁 > 材料名称:2 铅发丝线 > 截面名称:3 铅发丝线 > 交叉分割:节点和单元都勾选 > 节点连接:模型窗口捕捉节点53、54、55、56、57、58,建立梁单元,如图20所示。

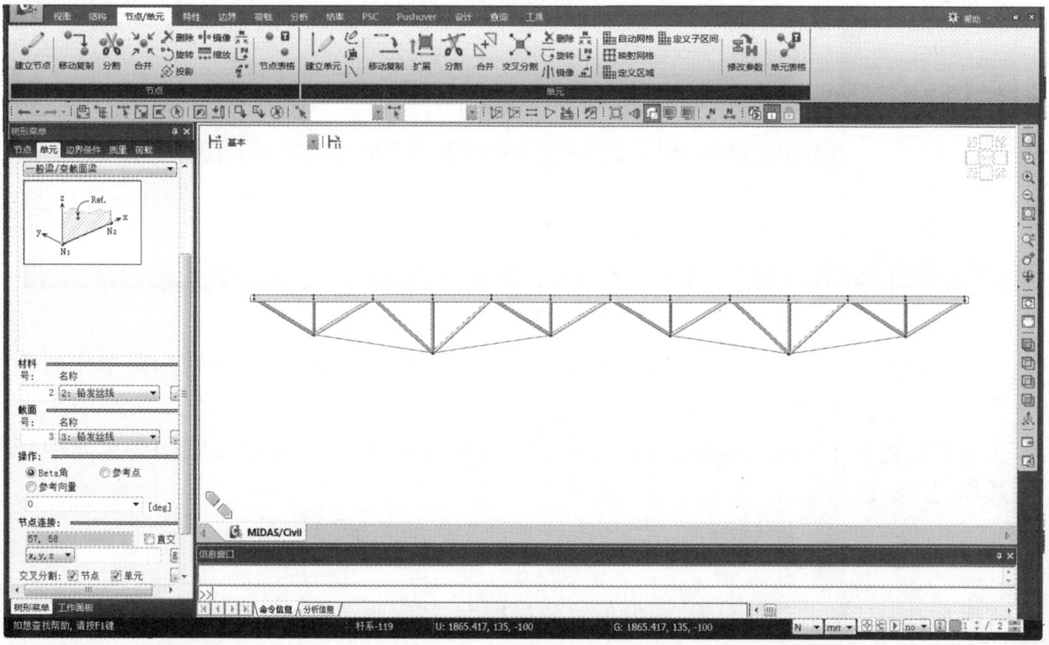

图20　建立墩柱间拉丝单元

2.3 定义边界条件

根据赛题关于支座布置的要求可知，三个支座均可为模型提供竖向支承，不提供水平作用力和转动约束，但在有限元模型里，要保证结构是不变体系（静定或者超静定）。本桥是一个两跨的连续梁桥，所以需要设置边支座和中支座，本例中支座为固定支座，两侧边支座为活动支座。

另外，在建立整体模型的过程中，桥面系和主梁之间是分离的，两者需要建立连接约束来形成传力路径，这样荷载施加在桥面系上时，才可以将力传递下来。

首先建立桥面系和主梁之间的约束。

(1)点击快捷图标栏模型窗口选择桥面板单元和主梁横梁单元，点击快捷图标栏中的激活键(F2)。

(2)主菜单 > 边界 > 连接 > 弹性连接 > 弹性连接数据，类型：刚性 > 勾选“复制弹性连接” > 距离：12@169.58333（主菜单 > 查询 > 查询节点 > 窗口点击节点1与节点9之间的距离）> 分别连接节点(1,59)、(3,61)、(5,63)、(7,65) > 关闭，如图21所示。

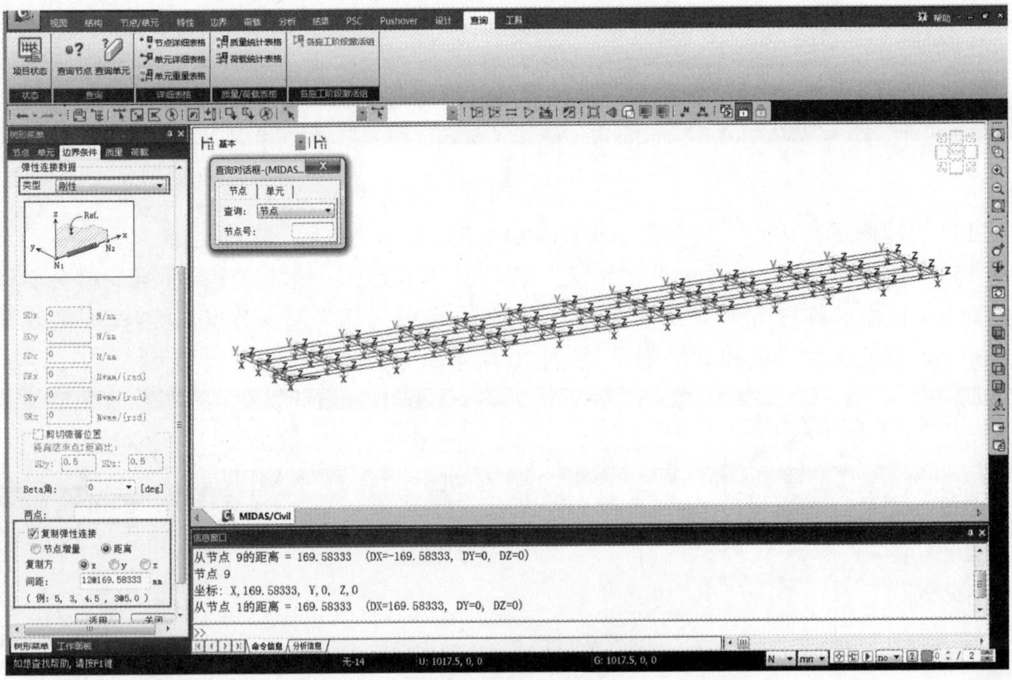

图21 定义弹性连接

(3)主菜单 > 边界 > 一般支承 > 选择：添加 > 勾选“Dy、Dz” > 选择结构梁单元两侧节点 > 适用。

主菜单 > 边界 > 一般支承 > 选择：添加 > 勾选“Dx、Dy、Dz” > 选择结构梁单元中间节点 > 适用，如图22所示。

2.4 定义荷载

本模型涉及的荷载包括自重、铅发丝线的初拉力、赛题要求施加的移动荷载。在实际制作过程中，应该找到结构在初拉力和自重作用下的平衡状态，再施加移动荷载。由于赛题中主要关注的是移动小车加载,故本模型主要考虑移动荷载的施加。

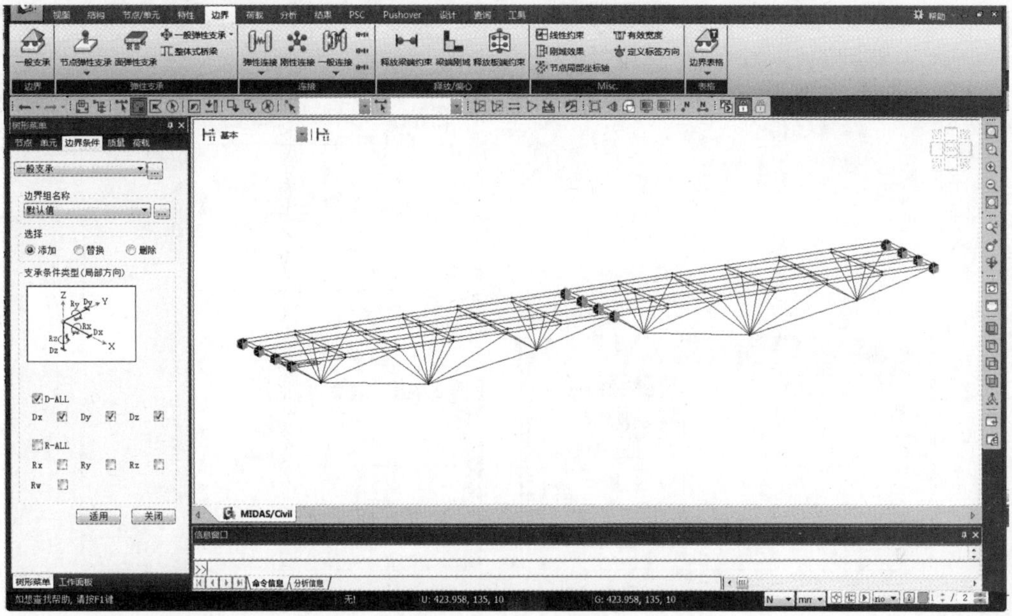

图 22　定义一般连接

(1)主菜单 > 荷载 > 荷载类型 > 移动荷载 > 移动荷载规范:China > 移动荷载 > 移动荷载分析数据 > 交通车道面 > 交通车道面 > 添加 > 车道面名称:车道 1 > 车道宽度(b):135mm,W 车轮距离:90mm,与车道基准线的偏心距离(a):45mm,桥梁跨度:1017.5mm > 车辆移动方向:往返 > 选择:两点 > 模型窗口单击 63 号、64 号节点 > 适用 > 添加 > 车道面名称:车道 2 > 车道宽度(b):135mm,W 车轮距离:90mm,与车道基准线的偏心距离(a):-45mm,桥梁跨度:1017.5mm > 车辆移动方向:往返 > 选择:两点 > 模型窗口单击 59 号、60 号节点 > 确定,如图 23 所示。

注:由于在模型中桥面系采用了板单元进行的模拟,所以本次移动荷载车道位置的定义采用车道面的方式。

(2)主菜单 > 荷载 > 荷载类型 > 移动荷载 > 移动荷载分析数据 > 车辆 > 用户自定义 > 汽车:车辆荷载 > 车辆荷载名称:10kg 重小车移动荷载 > 车辆荷载,P:50,D1:120 > 添加 > 车辆荷载,P:50,D2:0 > 确认,如图 24所示。

注:根据赛题要求,本次定义汽车荷载采用自定义的方式,本模型中定义了 10kg 的小车的车辆荷载信息,其他类型可以参考。其中 P 值为轴重,程序会根据车道面定义中车轮的间距,均分到两侧车轮。车轮间距为 $D_1 = 120$mm,由于是两轴车,D_2 已经不存在,故输入 0 以表示结束即可。

图 23　定义车道面

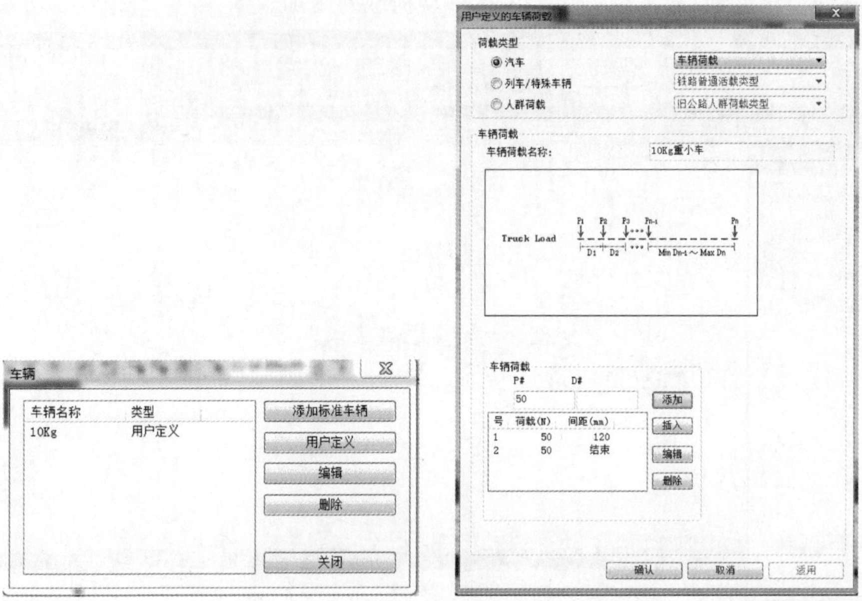

图24　定义车辆荷载

(3)主菜单 > 荷载 > 荷载类型 > 移动荷载 > 移动荷载分析数据 > 移动荷载工况 > 添加 > 荷载工况名称:移动荷载 > 桥类型:公路桥梁/新 > 添加 > 车辆组,VL:10kg 重小车 > 系数:1 > 加载的最少车道数:0 > 加载的最多车道数:2 > 将“车道列表”中的车道1、车道2跳转至“选择的车道”中 > 确认,如图25所示。

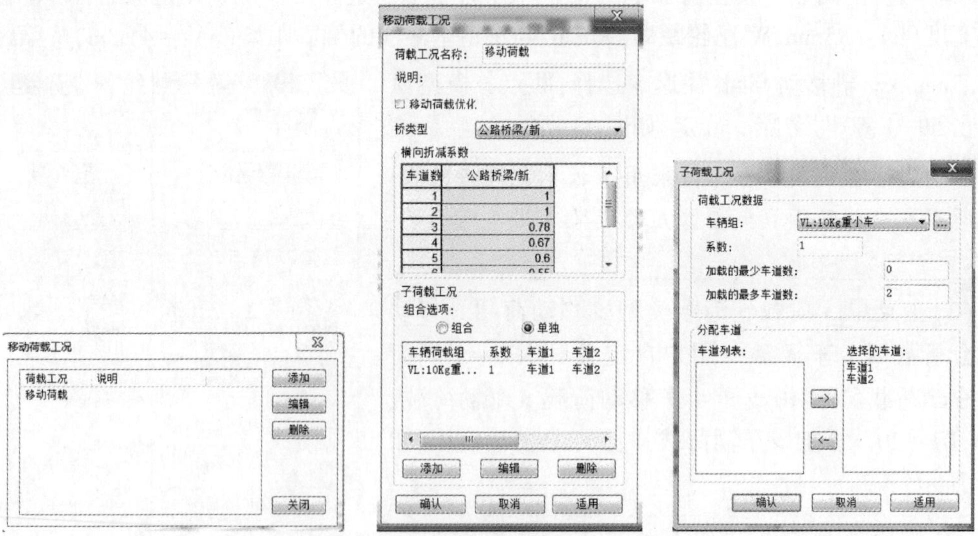

图25　定义移动荷载工况

注:本模型不考虑冲击系数的影响。

2.5　运行分析

主菜单 > 分析 > 运行分析,或者直接点击快捷菜单中的运行分析,如图26所示。

图 26　运行分析及前后处理模式切换

2.6　分析结果

主菜单 > 结果 > 结果 > 变形 > 位移等值线 > “荷载工况/荷载组合”选择“MVmin：移动荷载”，“位移”选择“DZ”，“显示类型”勾选“等值线、变形、图例”，点击“适用”，如图 27 所示。查看移动荷载下的竖向位移结果，在移动荷载(MVmin)工况下，最大位移为 41mm。

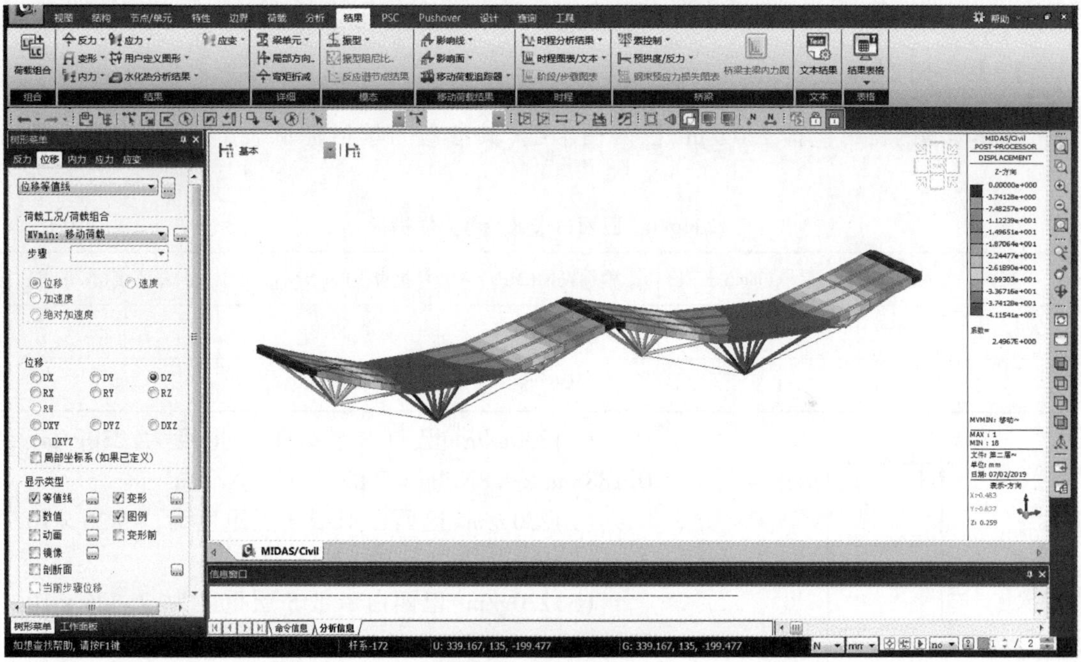

图 27　查看位移

第一届全国大学生结构设计竞赛

——高层建筑结构

1 赛题分析

本例题使用 midas Gen 建立一个高层建筑结构模型，分别施加竖向静力荷载、侧向静力荷载和侧向拟动力荷载，得到结构在各荷载下的位移值，结合模型特点，分析结构受力特性。

1.1 材料

制作模型的材料包括 230g/m^2 巴西白卡纸（其参考力学指标见表 1）、蜡线、透明纸和白胶。

230g/m^2 巴西白卡纸参考力学指标 表 1

层　数	层厚(mm)	弹性模量(MPa)	抗拉强度(N/mm^2)	抗压强度(N/mm^2)
3	0.9	221.91	17.3	7.5
5	1.5	369.85	16.4	8.3

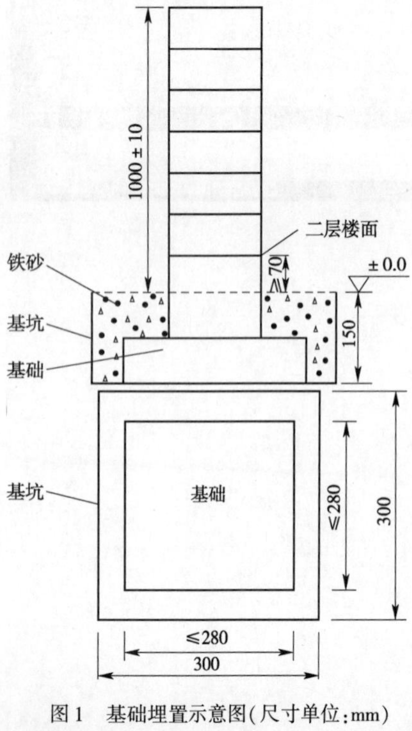

图 1　基础埋置示意图（尺寸单位：mm）

（1）230g/m^2 巴西白卡纸 1 层重度为：$230g/m^2 \div 0.288mm \times 9.8N/kg = 7.826 \times 10^{-6}N/mm^3$。

（2）230g/m^2 巴西白卡纸 3 层重度为：$7.826 \times 10^{-6} N/mm^3 \times 3 = 2.3478 \times 10^{-5}N/mm^3$。

（3）230g/m^2 巴西白卡纸 5 层重度为：$7.826 \times 10^{-6} N/mm^3 \times 5 = 3.913 \times 10^{-5}N/mm^3$。

1.2 模型

参赛模型包括上部结构和基础两部分。上部结构高度为 1000mm ± 10mm，层数不少于 7 层，底层层高不得小于 70mm，如图 1 所示。底层不设楼盖和外墙，其余各层必须设置楼盖，层间必须加设透明纸。各层外墙（或外围尺寸）以外的部分不得使用蜡线。模型顶面必须保证可以承放底面积为 150mm × 150mm 的加载物。

竞赛组委会提供一个 300mm × 300mm × 150mm（长 × 宽 × 高）的基坑用于埋置基础，因此，基础的平面尺寸不得超过 280mm × 280mm，最大埋深为 150mm，如图 1 所示。

1.3 荷载

竞赛赛题中，在模型顶部依次施加三种荷载工况，详细情况如下：

(1)工况1：竖向静力荷载工况。在模型顶部一次性施加质量为8kg、底面尺寸为150mm×150mm的加载物，以检验模型承受竖向荷载的能力。

(2)工况2：侧向静力荷载工况。进行侧向静荷载试验（维持8kg竖向荷载），最多可进行3次加载，第一次统一施加5kg，第二次和第三次由参赛者自行选择（或放弃），加载质量为1～5kg（在第一次5kg的基础上），最小级差为1kg。

(3)工况3：侧向冲击荷载工况。进行侧向冲击荷载试验（维持8kg竖向荷载，卸下侧向静荷载），冲击荷载由加载重物自由落体产生，下落高度为100mm。最多可进行2次冲击加载，每次均由参赛者自行选择（或放弃），加载质量为1～5kg，最小级差为1kg，如图2所示。

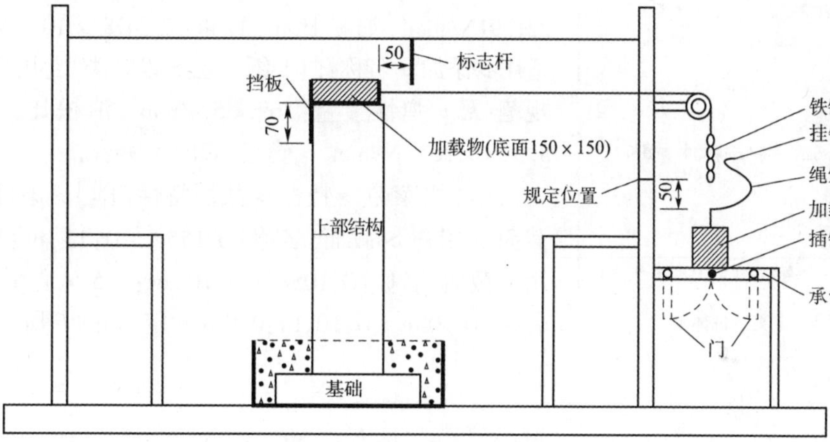

图2　加载装置示意图（尺寸单位：mm）

1.4 边界条件

模型制作完成后，模型加载前先将模型的基础部分放入基坑内，再用铁砂填埋覆盖，由此固定模型。填埋层的顶面作为上部结构底层的±0.00标高平面，如图1所示。因此，边界条件设置为固定连接。

1.5 结果

竞赛主要测试模型抗侧力能力，竖向施加静力荷载时，不计分。施加侧向静力荷载和侧向冲击荷载时计分，主要判分标准如下：

(1)若模型在加载过程中出现结构破坏，则认为该级及后续加载失败，退出比赛。

(2)若加载过程中侧向位移超过规定限值(50mm)，则认为该级加载失败。

建立的模型如图3所示。

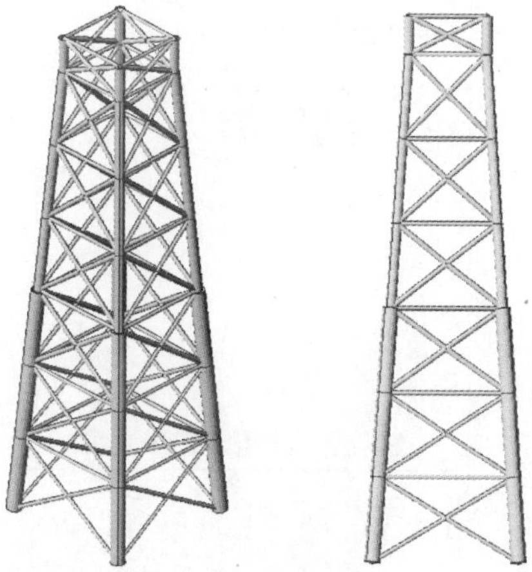

图3　竞赛模型示意图

2　建立模型

2.1　设定操作环境及定义材料和截面

(1)双击 midas Gen 图标,打开 Gen 程序 > 主菜单 > 新项目 > 保存 > 文件名:大赛模型 > 保存。

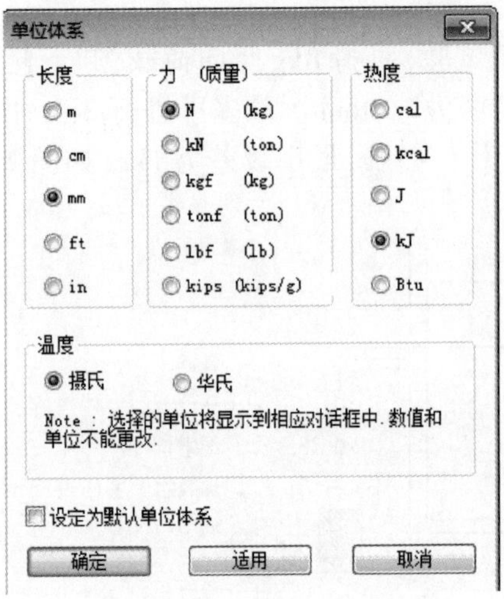

图4　定义单位体系

(2)主菜单 > 工具 > 单位体系 > 长度:mm,力:N > 确定。亦可在模型窗口右下角点击图标

的下拉三角,修改单位体系,如图4所示。

(3)主菜单 > 特性 > 材料特性值 > 添加 > 名称:白卡纸3层 > 设计类型:用户定义 > 规范:无 > 弹性模量:221.91N/mm^2,泊松比:0,容重:2.3478 × 10^{-5} N/mm^3 > 适用 > 添加 > 名称:白卡纸5层 > 设计类型:用户定义 > 规范:无 > 弹性模量:369.85N/mm^2,泊松比:0,容重:3.913 × 10^{-5}N/mm^3 > 确定,如图5所示。

(4)主菜单 > 特性 > 截面特性值 > 添加 > 管型截面 > 用户 > 截面,名称:D 155c > D:15,tw:1.5 > 适用 > 截面,名称:D 105c > D:10,tw:1.5 > 适用 > 截面,名称:D 103c > D:10,tw:0.9 > 确定,如图6所示。

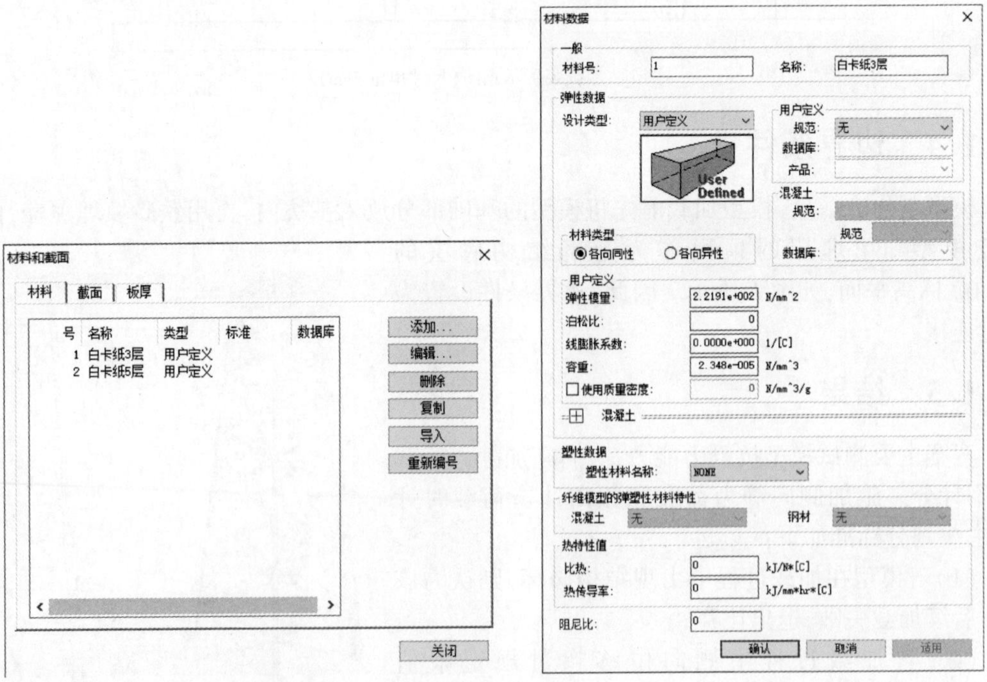

图5　定义材料

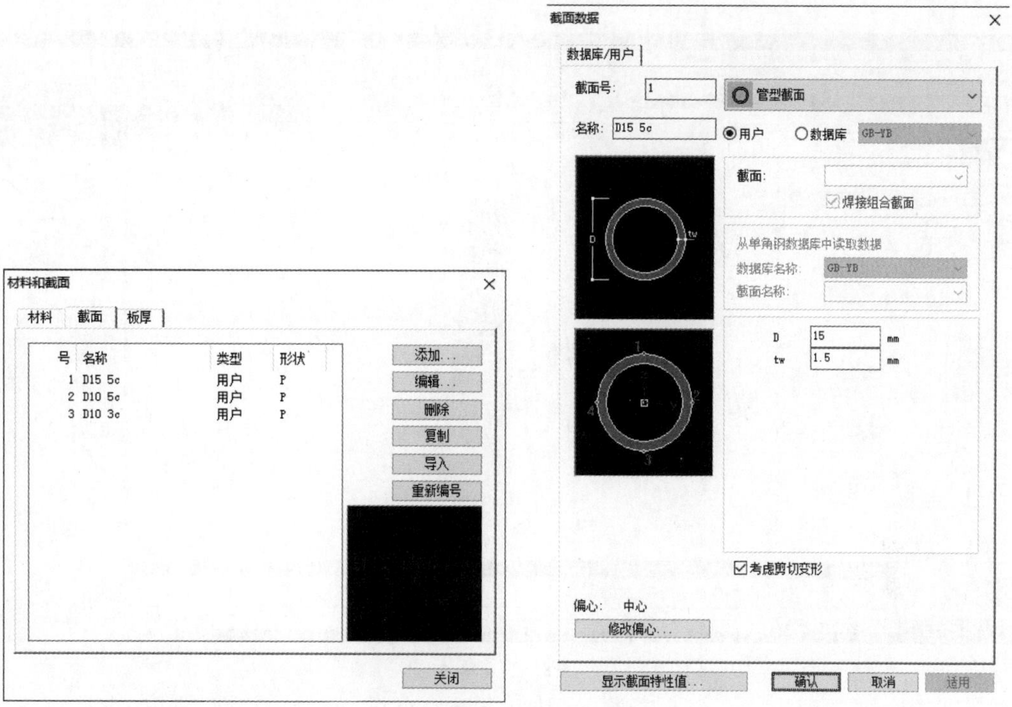

图6　定义截面

(5)主菜单>特性>截面>厚度>添加>面内和面外:1mm>确定,如图7所示。

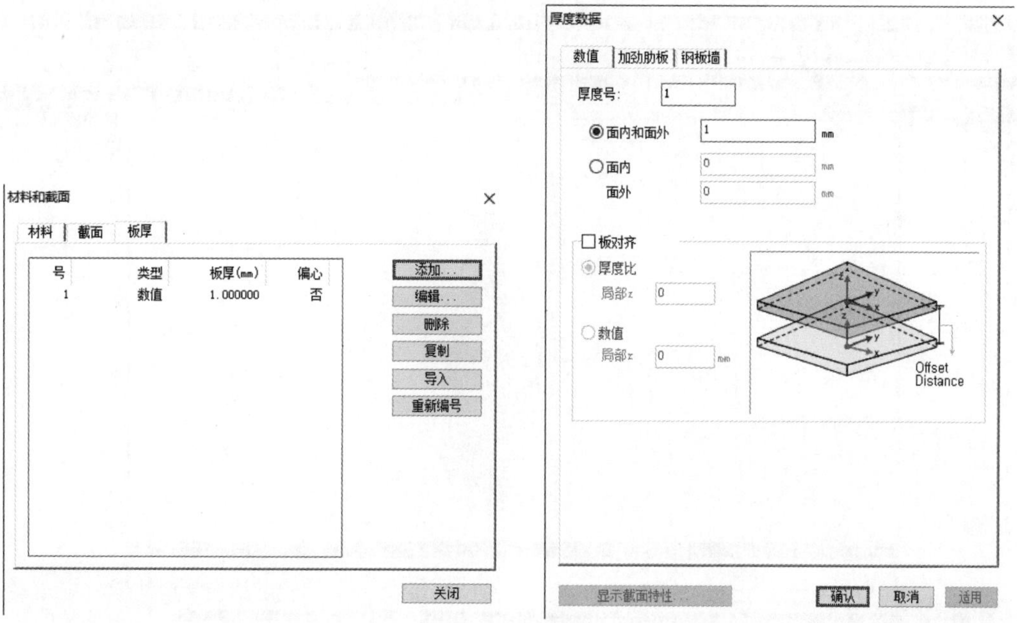

图7　定义厚度

2.2　建立大赛模型

(1)主菜单>结构>建模助手>基本结构>壳>类型:选择矩形台>B1:280,B2:280,B3:150,B4:150,H:930,m:1,n:1,l:6>材料:白卡纸3层>厚度:1>确认,如图8所示。

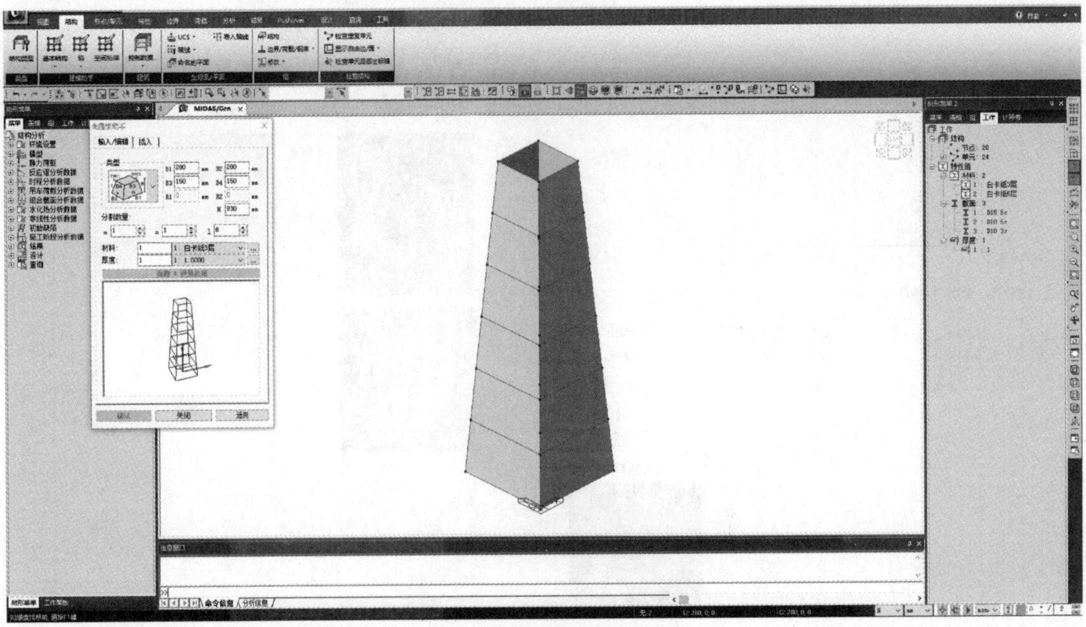

图8　建立单元

(2)主菜单＞节点/单元＞建立转换直线单元＞材料:白卡纸3层＞截面号1:D155c＞快捷工具栏＞点击全选＞适用,如图9所示。

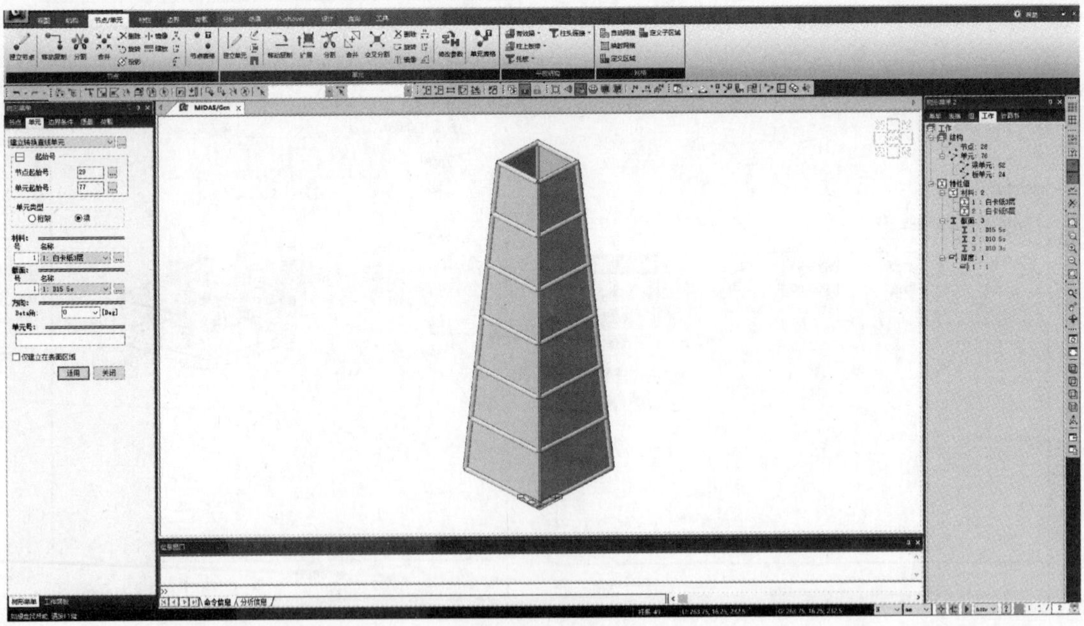

图9　建立梁单元

(3)树形菜单中双击板单元,然后点击Delete键,如图10所示。

(4)点击右上角动态视图控制切换到正视图＞主菜单＞节点/单元＞单元＞移动＞复制＞等间距,(dx,dy,dz):(0,0,70)＞复制次数:1次＞交叉分割:勾选节点和单元＞窗口选择,选择构件27、31、34、36＞适用,如图11所示。

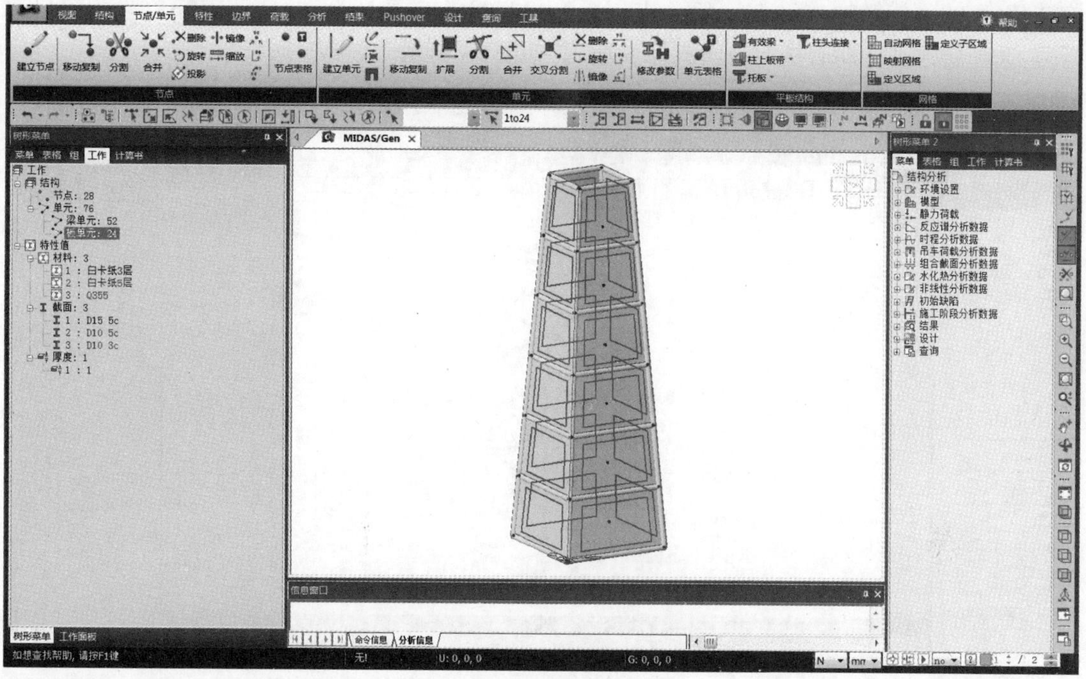

图 10　删除板单元

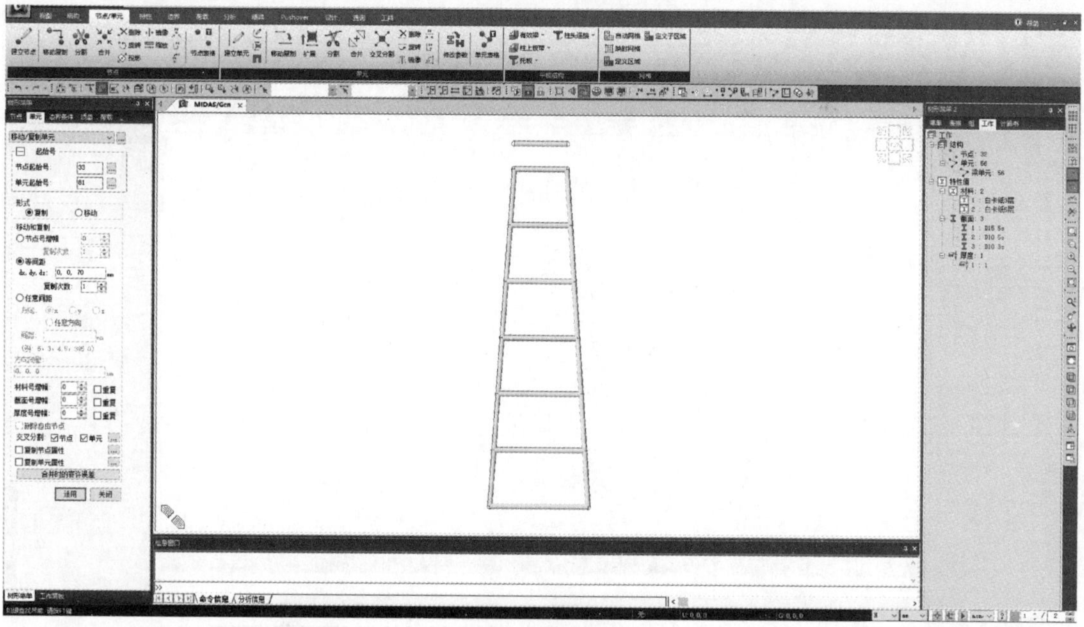

图 11　复制单元

(5)主菜单 > 节点/单元 > 单元 > 建立单元 > 材料:白卡纸 3 层 > 截面号:D155c > 节点连接,依次点击(13,30)、(14,29)、(21,31)、(28,32)、(1,4)、(2,3)、(3,6)、(4,5)、(5,8)、(6,7)、(7,10)、(8,9)、(9,12)、(10,11)、(11,14)、(12,13)、(13,29)、(14,30) > 关闭,如图 12所示。

(6)主菜单 > 节点/单元 > 单元 > 旋转单元 > 形式:复制 > 旋转:等角度 > 复制次数:3 >

旋转角度:90 > 旋转轴:绕 z 轴 > 第一点:(140,140,0) > 交叉计算:勾选节点和单元 > 窗口选择,选择新建立的所有柱间斜向支撑 > 适用,如图 13 所示。

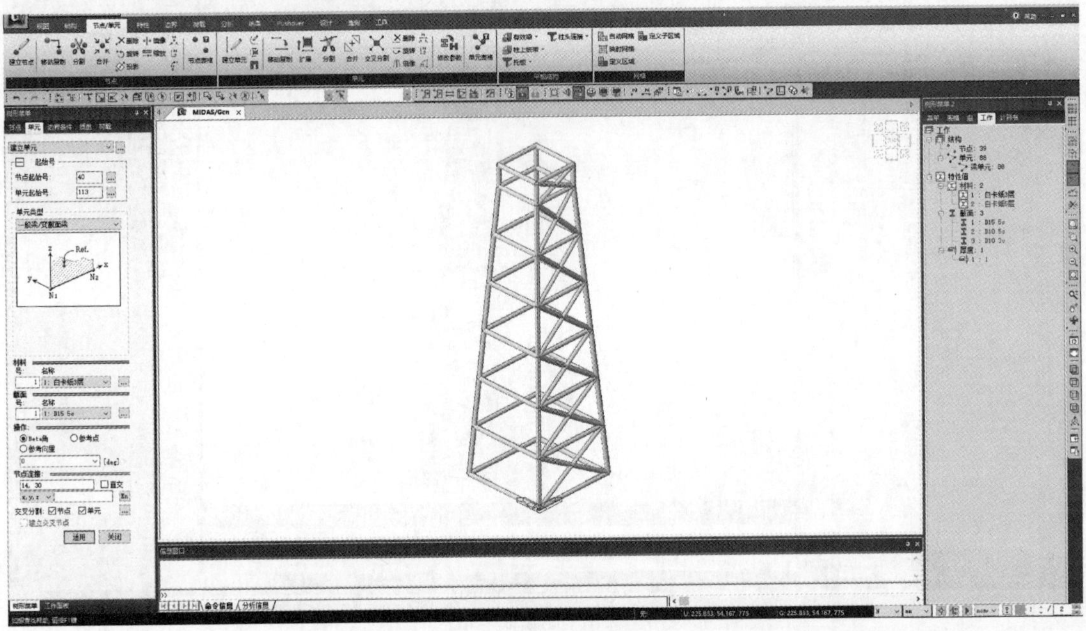

图 12　建立斜撑单元

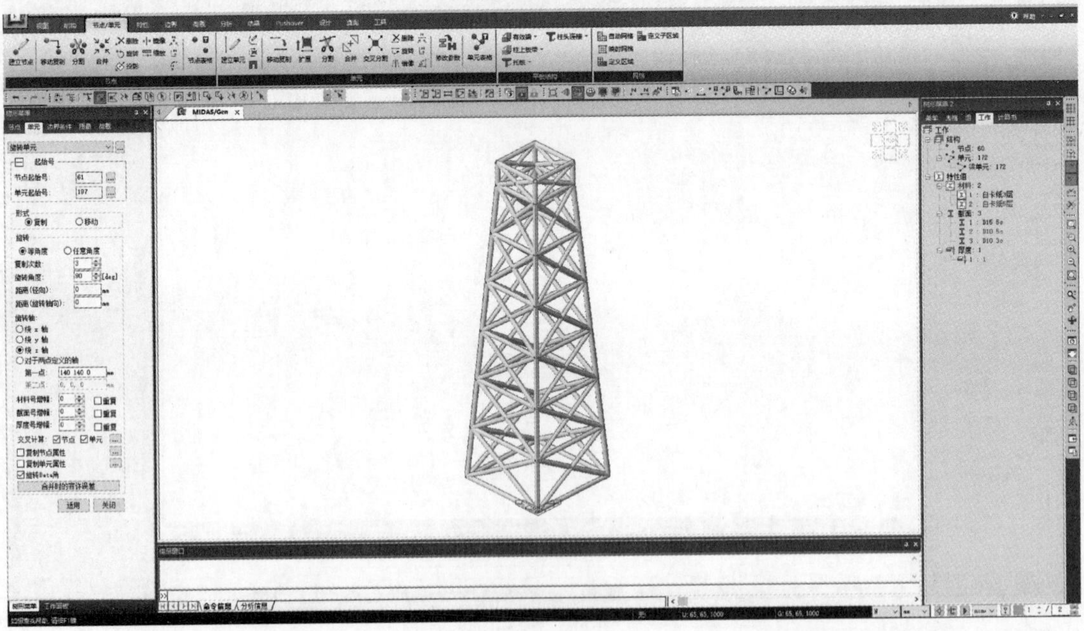

图 13　复制单元

(7)主菜单 > 节点/单元 > 单元 > 删除 > 快捷工具栏 > 窗口选择,选择构件 37、41、44、47 > 适用 > 关闭,如图 14 所示。

(8)在界面右下角,将筛选器调整为 xy > 快捷工具栏中点击全选 > 树形菜单 > 截面,运用拖放的编辑方式将与 xy 平面平行的构件截面改为 D105c。

采用相同的方法,对模型进行调整,见表 2。

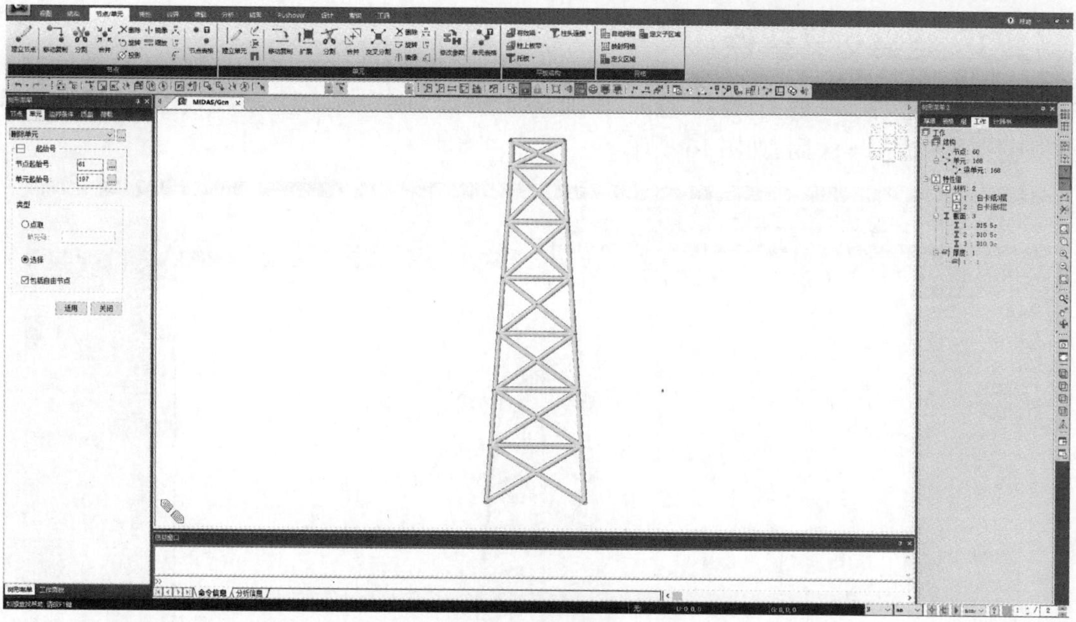

图 14　删除单元

截面调整数据　　表 2

柱子截面	斜向支撑截面	水平向支撑截面
D155c	D103c	D105c

注：筛选器只有调整为 none 时，才能够在模型中任意选择构件。每次使用完筛选器后，记得将其调回到 none。

(9)树形菜单 > 截面 > 选择截面 D103c > 右键：选择 > 运用拖放的编辑方式将截面中 D103c 的构件材料修改为白卡纸 3 层。

采用相同的方法，运用拖放的编辑方式将截面中 5c 的构件材料修改为白卡纸 5 层，如图 15 所示。

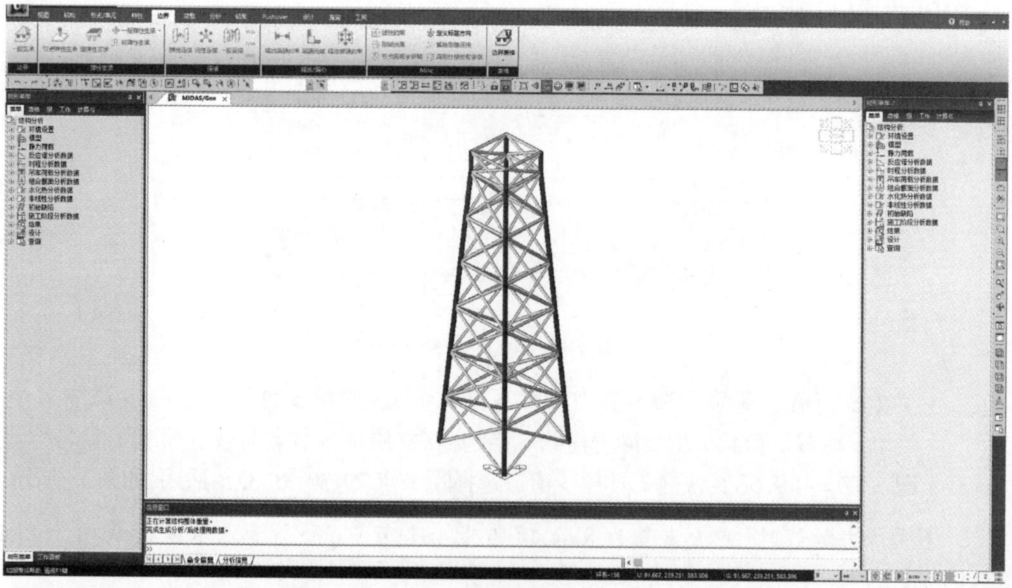

图 15　修改颜色

2.3 定义边界条件

主菜单 > 边界 > 一般支承 > 选择:添加 > 勾选“D-ALL” > 勾选“Rx、Ry、Rz” > 窗口选择柱底节点 > 适用 > 关闭,如图 16 所示。

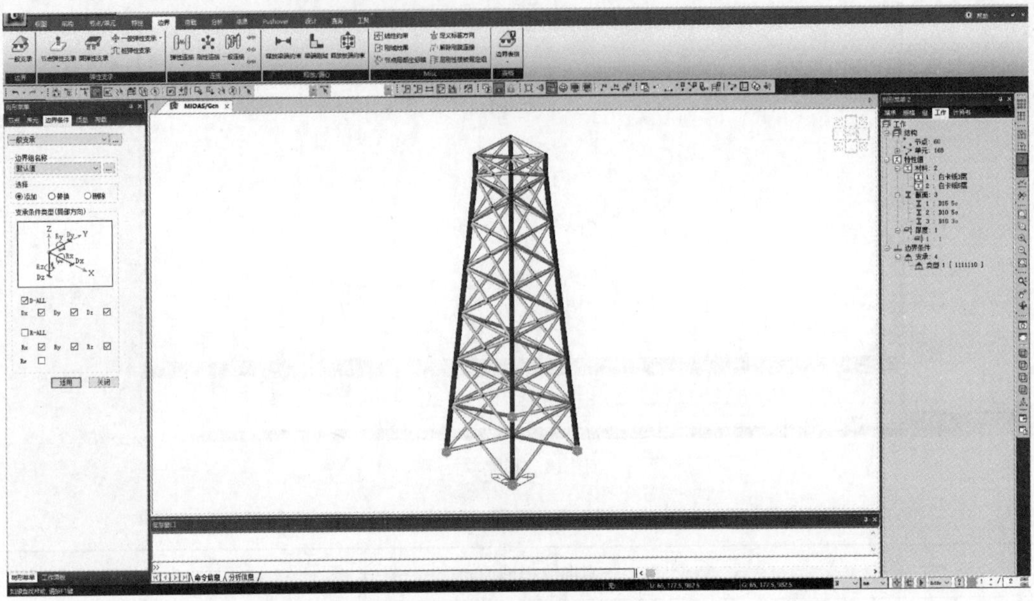

图 16　定义边界条件

2.4 定义荷载

(1)主菜单 > 荷载 > 荷载类型 > 静力荷载 > 建立荷载工况 > 静力荷载工况 > 名称:自重 > 类型:恒荷载(D) > 添加 > 名称:竖向静力荷载工况 > 类型:恒荷载(D) > 添加 > 名称:侧向静力荷载工况 > 类型:恒荷载(D) > 添加 > 名称:侧向冲击荷载工况 > 类型:恒荷载(D) > 添加 > 关闭,如图 17 所示。

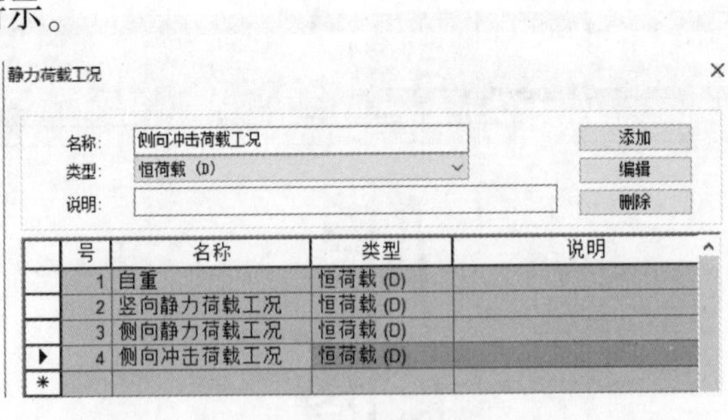

图 17　定义静力荷载工况

(2)主菜单 > 荷载 > 荷载类型 > 静力荷载 > 结构荷载/质量 > 自重 > Z:-1 > 添加。

(3)主菜单 > 荷载 > 荷载类型 > 静力荷载 > 结构荷载/质量 > 节点荷载 > 荷载工况名称:竖向静力荷载工况 > FZ = -19.6N > 快捷工具栏 > 窗口选择节点 29、30、31、32 > 适用,如图 18 所示。

注:竖向静力加载时,重物质量为 8kg,顶部为 4 个节点,每个节点承受荷载约为 8kg × 9.8N/kg ÷ 4 = 19.6N。

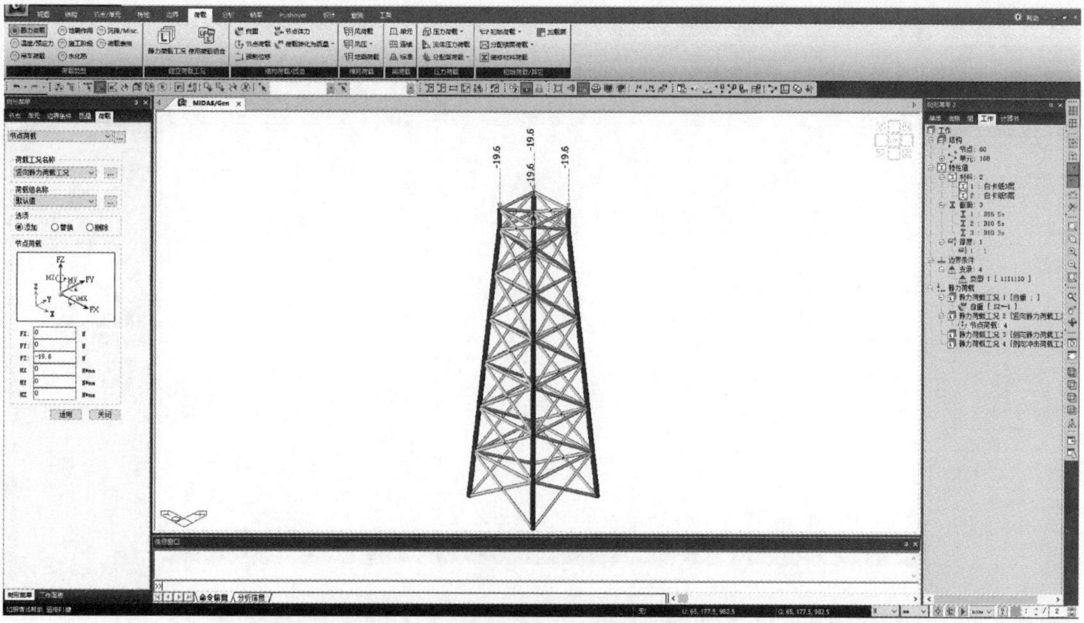

图18　施加竖向静力荷载

(4)主菜单 > 边界 > 连接 > 刚性连接 > 主节点号，模型窗口中点选60号节点 > 类型：刚体刚接 > 快捷工具栏 > 窗口选择节点13、28、30、32 > 适用，如图19所示。

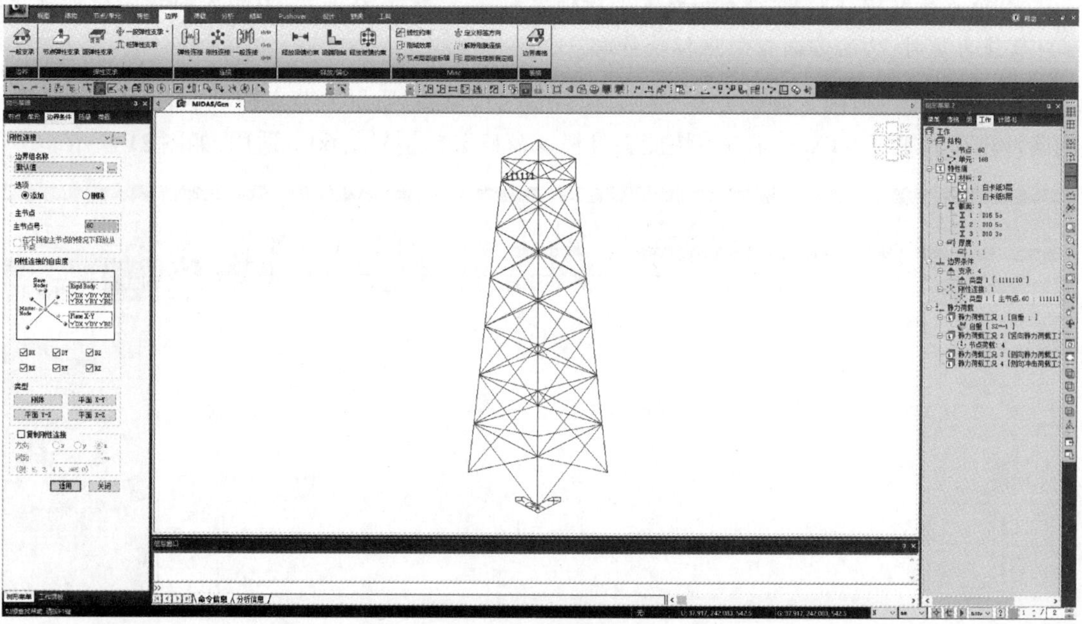

图19　创建刚性连接

注：在快捷图标栏中点击消隐，可以不显示构件的截面形式。

(5)主菜单 > 荷载 > 荷载类型 > 静力荷载 > 结构荷载/质量 > 节点荷载 > 荷载工况名称：侧向静力荷载工况 > FX = 147N > 快捷工具栏 > 窗口选择节点60 > 适用，如图20所示。

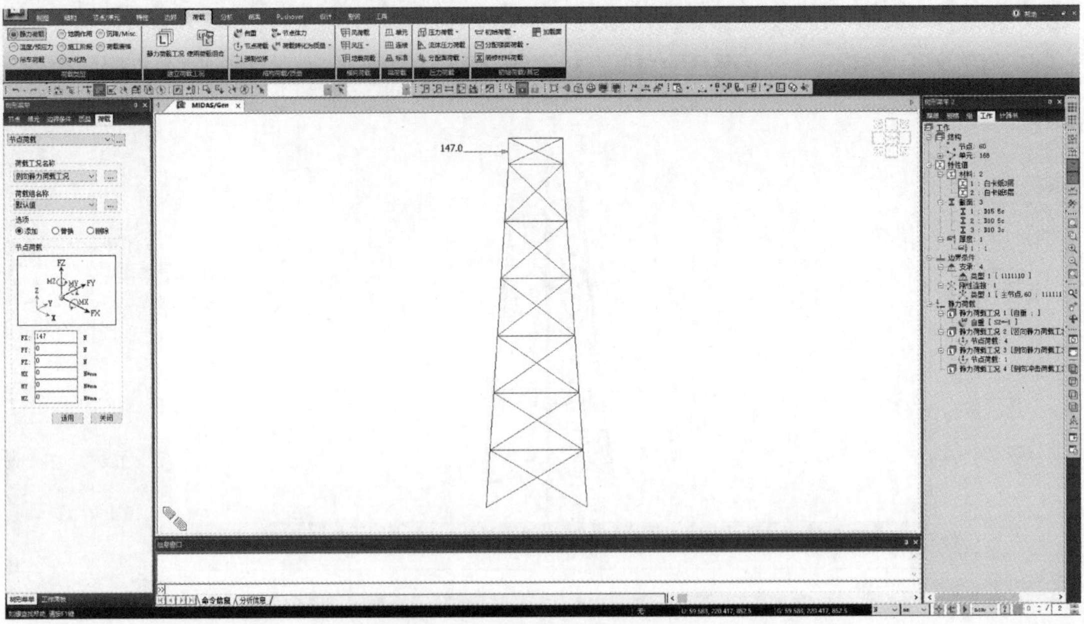

图20　施加侧向静力荷载

注:①侧向静力加载时,最大加载为15kg重物。侧向加载面共有4个节点(不考虑支撑形成的交叉点),每个节点承受荷载约为15kg×9.8N/kg=147N。

②节点荷载中,FX、FY、FZ和整体坐标轴方向一致,数值为正时,力的方向指向坐标轴正向;数值为负时,力的方向指向坐标轴负向。

(6)主菜单>荷载>荷载类型>静力荷载>结构荷载/质量>节点荷载>荷载工况名称:侧向冲击荷载工况>FX=147N>快捷工具栏>窗口选择节点60>适用,如图21所示。

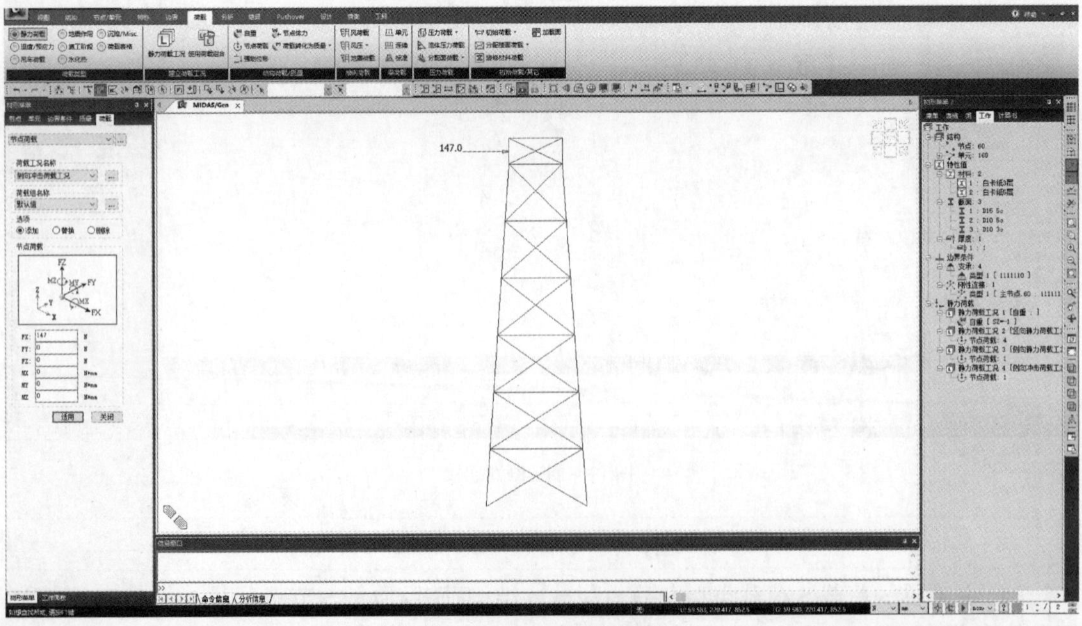

图21　施加侧向冲击荷载

注：侧向冲击荷载最大加载为 10kg，侧向加载面共有 4 个节点（不考虑支撑形成的交叉点），同时，考虑动力荷载放大（取放大系数为 1.5），则每个加载点受力为 $10\text{kg}\times 9.8\text{m/s}^2\times 1.5=147\text{N}$。

2.5 运行分析

主菜单 > 分析 > 运行分析，或者直接点击快捷菜单中的运行分析，如图 22 所示。

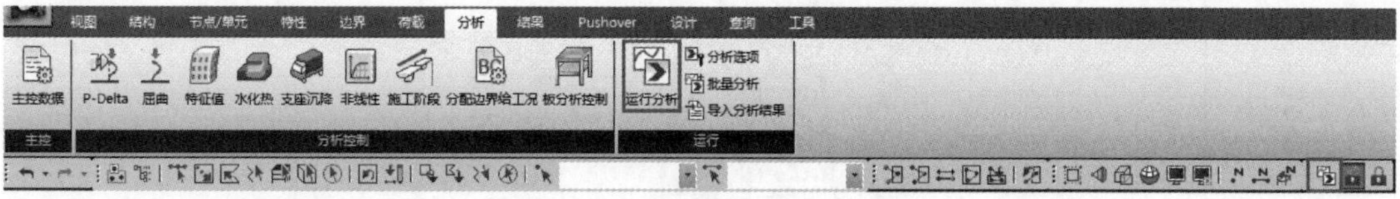

图 22　运行分析及前后处理模式切换

2.6 定义荷载组合

主菜单 > 结果 > 组合 > 荷载组合 > 名称：竖向静力荷载工况 > 荷载工况和系数：自重（ST）1.0，竖向静力荷载工况（ST）1.0 > 名称：侧向静力荷载工况 > 荷载工况和系数：自重（ST）1.0，竖向静力荷载工况（ST）1.0，侧向静力荷载工况（ST）1.0 > 名称：；侧向冲击荷载工况 > 荷载工况和系数：自重（ST）1.0，竖向静力荷载工况（ST）1.0，侧向冲击荷载工况（ST）1.0，如图 23 所示。

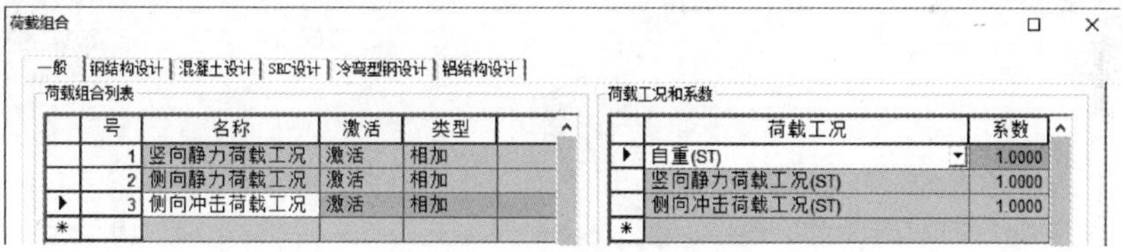

图 23　生成荷载组合

2.7 分析结果

（1）主菜单 > 结果 > 结果 > 应力 > 梁单元应力 > “荷载工况/荷载组合”选择“CB：竖向静力荷载工况”，“部分”选择“组合应力”，“显示类型”勾选“等值线、变形、图例”，点击“适用”，如图 24 所示。由结果可知，杆件最大拉应力为 0.16N/mm^2，最大压应力为 0.42N/mm^2，杆件应力较小，没有超过材料极限应力值。

（2）主菜单 > 结果 > 结果 > 变形 > 位移等值线 > “荷载工况/荷载组合”选择“CB：竖向静力荷载工况”，“位移”选择“DX”，“显示类型”勾选“等值线、变形、图例”，点击“适用”，如图 25所示。由结果可知，模型最大位移在顶端，为 41.47mm，没有超出比赛限值 50mm。使用相同的方法，可查看模型在侧向冲击荷载作用下的位移。

注：位移等值线只能查看整体结构的位移趋势和大致数值，若要查看更为准确的数值，需要根据下一步的方法来查看。

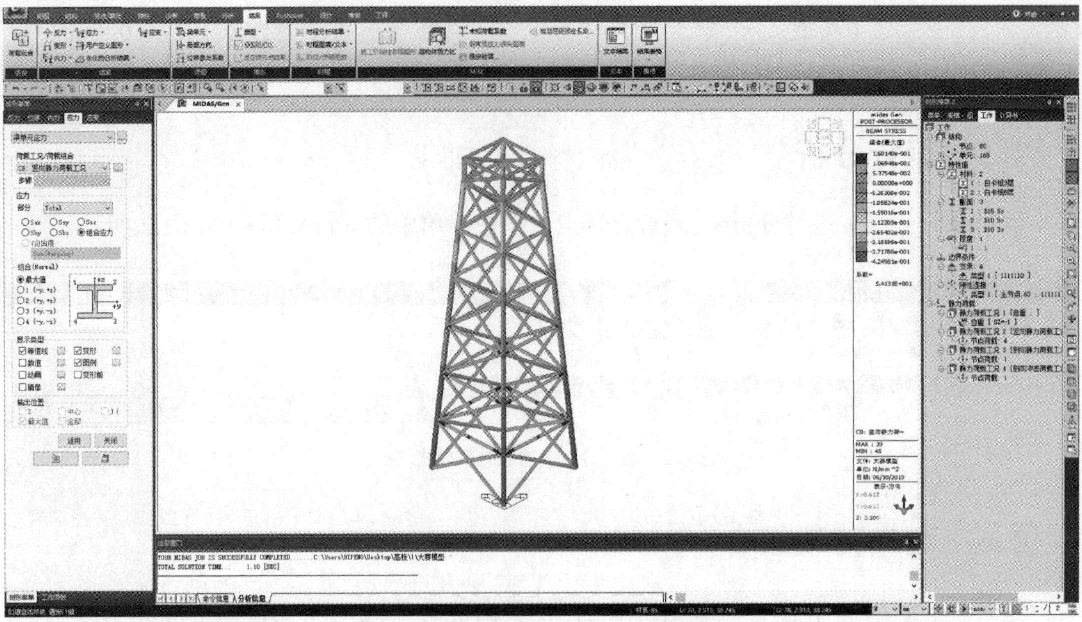

图24　查看梁单元应力图

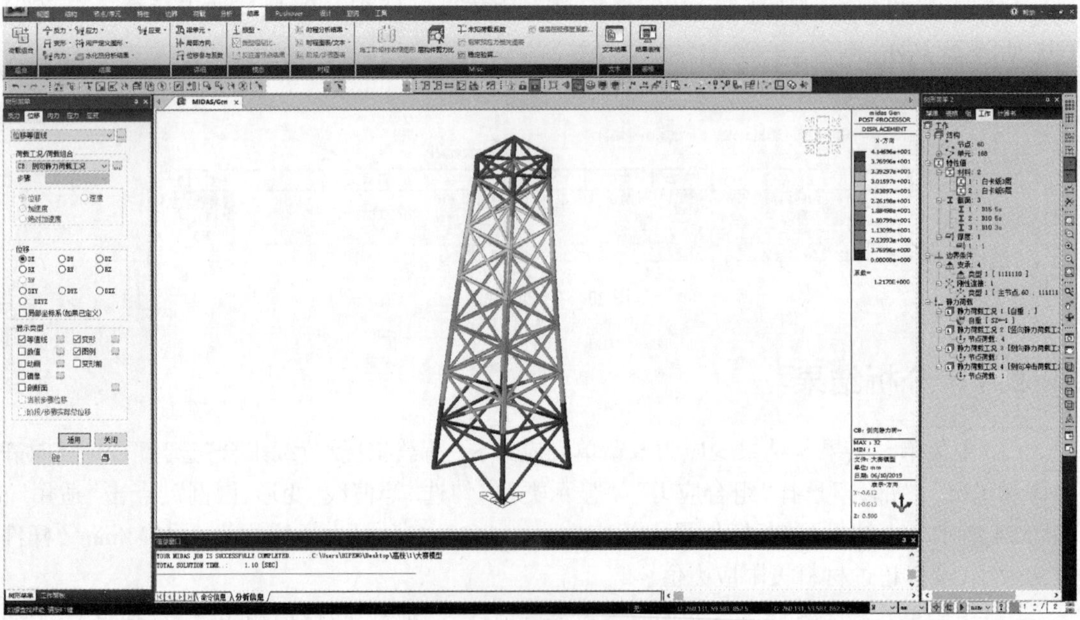

图25　查看位移

(3)主菜单＞结果＞结果＞应力＞梁单元应力＞“荷载工况/荷载组合”选择“CB:冲击荷载工况”,“部分”选择“组合应力”,“显示类型”勾选“等值线、变形、图例”,点击“适用”,如图26所示。由结果可知,杆件最大拉应力为3.84N/mm^2,最大压应力为4.66N/mm^2,最大拉、压应力值均未超出杆件极限应力值。

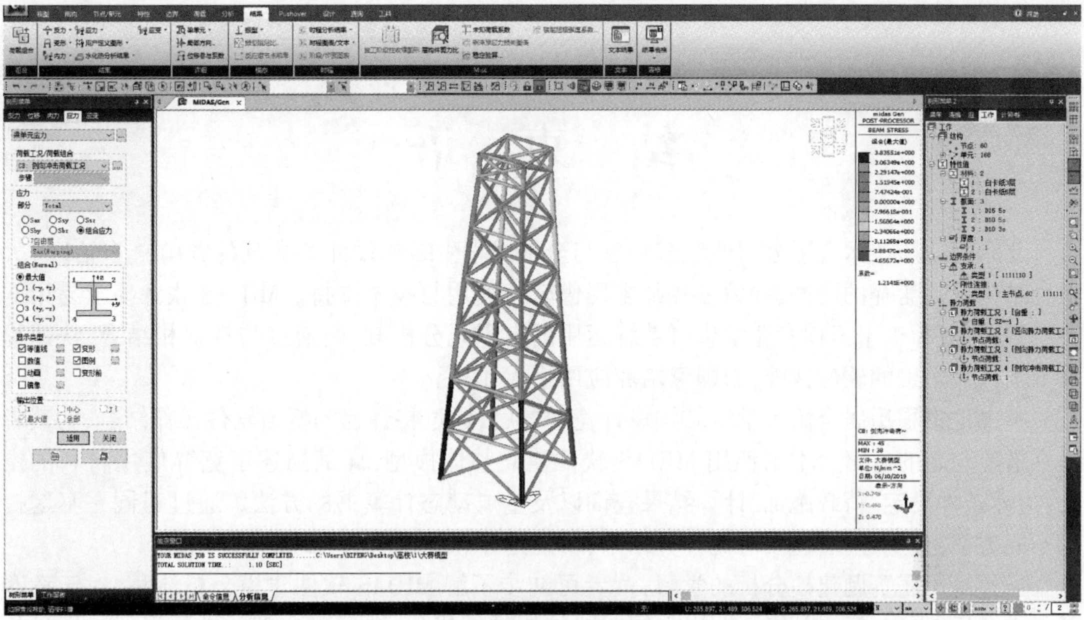

图 26　查看梁单元应力图

3　计算结果分析

由以上模型分析结果，在规定荷载作用下，模型在三种工况下的位移、应力值均未超过材料限值，预计模型在整个加载过程中不会破坏，能够满足竞赛要求。

结　束　语

北京迈达斯技术有限公司连续多年参与全国大学生结构设计竞赛及各省(市、自治区)大学生结构设计竞赛的协办,并为参赛师生提供软件使用与技术支持。MIDAS 软件易学易用的特点,使之成为土木工程专业学生可熟练运用的有限元分析软件,通过与竞赛相结合,快速提升了当代大学生的软件技能,为国家培养应用型人才。

本书汇集了历届全国大学生结构设计竞赛赛题,通过将赛题解析与软件操作结合,为读者提供借鉴与新的思路。本书使用 MIDAS 软件建立整体模型,详细描述了竞赛使用材料的定义、边界条件设定、荷载施加、计算结果查询以及生成动态计算书的方法。通过对同一赛题提出不同方案,分别建立模型,对比计算结果,帮助指导和筛选出更合理的结构形式。

通过对历届赛题建模分析的学习,读者可初步了解 MIDAS 软件建模分析流程,对于竞赛可以举一反三,完成类似题目的分析,同时对结构进行优化,选择更合理的结构形式。通过将软件分析与理论相结合,可以帮助读者深入理解结构力学相关概念,为日后课程学习及掌握有限元分析软件打下坚实基础。

致　谢

全国大学生结构设计竞赛是2007年由教育部、财政部联合批准的九大学科竞赛项目之一，由中国高等教育学会工程教育专业委员会、高等学校土木工程学科专业指导委员会、中国土木工程学会教育工作委员会和教育部科学技术委员会环境与土木水利学部主办，各高校轮流承办，企业资助协办。从2005年第一届竞赛至今已组织13届全国大学生结构设计竞赛，该竞赛从2017年开始实行全国大学生结构设计竞赛和各省(市)分区赛两个阶段，参赛高校和学生数量逐年增加，每年有上万人次参加校级、省级和全国结构设计竞赛活动，成效显著。

全国大学生结构设计竞赛是培养大学生创新意识、工程设计创造能力和团队协作精神的有效途径。竞赛秉承“创新、合作、交流”的宗旨，践行“展示才华、提升能力、培养协作、享受过程”的理念，遵循“公平、公正、公开”的原则，它已成为高校土建类学科专业开展创新创业教育、实践教学改革和校企科技协同的成功案例和典范，为大学生科技创新活动起到示范与推动作用，竞赛也被誉为“土木工程专业教育皇冠上最璀璨的明珠”。

科教与企业协同合作有助于高校学科竞赛的可持续发展，北京迈达斯技术有限公司是从事建筑结构、桥梁结构、岩土隧道及仿真等工程领域的分析与设计软件开发、销售、培训和咨询业务的软件公司，也是多年来为大学生结构设计赛题分析提供软件应用的赞助方。贵公司秉承着“技术创造幸福”和“助力高校、回馈高校、服务高校”的理念，主动对接和积极参与资助全国和各省(市)大学生结构设计竞赛活动，为参赛选手们提供关于结构设计竞赛理论方案分析和数值模拟等软件使用培训和指导，对进一步提高大学生结构设计竞赛质量起到积极作用，并得到师生们的一致好评。

《MIDAS软件在全国大学生结构设计竞赛的应用》是以全国大学生结构设计竞赛历届赛题为案例，详述模型的建立和结果分析，帮助参赛高校师生利用和掌握先进的有限元分析技术，并对结构设计方案进行优化，这对参赛师生有着借鉴和参考价值，也是社会企业为高校学科竞赛出力和回馈的具体表现。希望贵公司和更多企业一如既往地关心和支持大学生学科竞赛活动，再次感谢北京迈达斯技术有限公司对全国大学生结构设计竞赛的大力资助！

全国大学生结构设计竞赛秘书处

2019年11月

参 考 文 献

[1] 全国大学生结构设计竞赛委员会. 关于公布 2019 年第十三届全国大学生结构设计竞赛题目的通知[R]. 2019.

[2] 全国大学生结构设计竞赛委员会. 关于公布 2018 年第十二届全国大学生结构设计竞赛题目的通知[R]. 2018.

[3] 全国大学生结构设计竞赛委员会. 关于公布 2017 年第十一届全国大学生结构设计竞赛题目的通知[R]. 2017.

[4] 全国大学生结构设计竞赛委员会. 关于公布 2016 年第十届全国大学生结构设计竞赛题目的通知[R]. 2016.

[5] 全国大学生结构设计竞赛委员会. 关于公布 2015 年第九届全国大学生结构设计竞赛题目的通知[R]. 2015.

[6] 全国大学生结构设计竞赛委员会. 关于公布 2014 年第八届全国大学生结构设计竞赛题目的通知[R]. 2014.

[7] 全国大学生结构设计竞赛委员会. 关于公布 2013 年第七届全国大学生结构设计竞赛题目的通知[R]. 2013.

[8] 全国大学生结构设计竞赛委员会. 关于公布 2012 年第六届全国大学生结构设计竞赛题目的通知[R]. 2012.

[9] 全国大学生结构设计竞赛委员会. 关于公布 2011 年第五届全国大学生结构设计竞赛题目的通知[R]. 2011.

[10] 全国大学生结构设计竞赛委员会. 关于公布 2010 年第四届全国大学生结构设计竞赛题目的通知[R]. 2010.

[11] 全国大学生结构设计竞赛委员会. 关于公布 2008 年第二届全国大学生结构设计竞赛题目的通知[R]. 2008.

[12] 全国大学生结构设计竞赛委员会. 关于公布 2005 年第一届全国大学生结构设计竞赛题目的通知[R]. 2005.

[13] 唐晓东,陈辉,郭文达,等. midas Gen 典型案例操作详解[M]. 北京：中国建筑工业出版社,2018.

[14] 北京迈达斯技术有限公司. midas Gen 在线帮助手册[R/OL]. 2019.

[15] 侯晓武. midas Gen 常见问题解答[M]. 北京：中国建筑工业出版社,2014.

[16] 肖汝诚. 确定大跨径桥梁合理设计状态理论与方法研究[D]. 上海:同济大学. 1996.

[17] 中华人民共和国交通运输部. 公路斜拉桥设计细则：JTG/T D65-01—2007 [S]. 北京:人民交通出版社,2007.

[18] 北京迈达斯技术有限公司. midas Civil 在线帮助手册[R/OL]. 2019.

[19] 邱顺冬. 桥梁工程软件 midas Civil 常见问题解答[M]. 北京：人民交通出版社,2009.

[20] 邵旭东. 桥梁工程[M]. 2 版. 北京:人民交通出版社,2011.

[21] 中华人民共和国住房和城乡建设部. 建筑抗震设计规范:GB 50011—2010 [S]. 北京: 中国建筑工业出版社,2010.

[22] 蔡振碧,杨诚成. 球与平板碰撞时间的理论计算及实测[J]. 实验室研究与探索,1995,(3):28-31.

[23] 阎石,陈克用,贾影,等. 利用悬挂水箱减震的控制参数分析[J]. 沈阳建筑工程学院学报(自然科学版),2003,19(3): 161-164.

[24] Housner G. W. Dynamic pressure on accelerated fluid containers [J]. Bulletin of the Seismological Society of American,1957,47(1):15-35.